电梯结构原理及安装维修

第6版

主 编 陈家盛

副主编 魏 军

参 编 曹 前 韩建军 陈 伟

U0280633

机械工业出版社

本书以第 5 版为基础，以作为职业院校电梯专业课教材为目标，以利于读者自学和教师教学为原则进行全面修订。这次修订过程中，为控制篇幅，删除了交流双速集选 PLC 控制 5 层 5 站电梯的控制原理和交流单速电动机 VVVF 拖动、计算机控制电梯电气控制系统工作原理；补充了采用 NICE3000^{new} 控制器的 VVVF 电梯电气控制系统工作原理；修订了无脚手架电梯安装方法；依据国家现行法规、标准的规定，补充了电梯和自动扶梯的使用、管理、检验以及维护保养的规范要求等内容。

本书共分六章，分别是：电梯的发展、分类、规格参数、技术标准及与建筑物的关系；电梯的机械系统；电梯的电气控制系统；电梯的安装与调试；电梯的管理与维修；自动扶梯及自动人行道。各章后面有应了解掌握的主要问题及复习思考题，书的附录部分是各章复习思考题的参考答案。

本书补充修订过程中始终贯彻系统实用、由浅入深、循序渐进的编写原则，并跟随电梯最新的专业技术标准、安全技术规范的规定，注意分散自学或教学过程中的难点，以利于自学或教学。本书修订后更适合作为各类职业院校和部分大专院校开设的电梯专业课教材，以及电梯从业人员岗前岗后培训教材；对于电梯技术有关人员、建筑设计人员、招投标人员等，本书也具有较高的参考价值。

本书配有电子教案和 PPT 课件，选用教材的老师请登录 www.cmpedu.com 注册并免费下载。

图书在版编目（CIP）数据

电梯结构原理及安装维修/陈家盛主编．—6 版．—北京：机械工业出版社，2020.9（2024.8 重印）
ISBN 978-7-111-66539-7

Ⅰ.①电…　Ⅱ.①陈…　Ⅲ.①电梯–安装–教材②电梯–维修–教材　Ⅳ.①TU857

中国版本图书馆 CIP 数据核字（2020）第 176258 号

机械工业出版社（北京市百万庄大街 22 号　邮政编码 100037）
策划编辑：付承桂　责任编辑：付承桂　翟天睿
责任校对：李　婷　封面设计：马精明
责任印制：邓　博
北京盛通数码印刷有限公司印刷
2024 年 8 月第 6 版第 5 次印刷
184mm×260mm·19.75 印张·502 千字
标准书号：ISBN 978-7-111-66539-7
定价：59.00 元

电话服务　　　　　　　　　　网络服务
客服电话：010-88361066　　　机　工　官　网：www.cmpbook.com
　　　　　010-88379833　　　机　工　官　博：weibo.com/cmp1952
　　　　　010-68326294　　　金　书　网：www.golden-book.com
封底无防伪标均为盗版　　机工教育服务网：www.cmpedu.com

电梯作为建筑物内几乎不可替代的交通运输工具，与人们的日常生活息息相关，几乎是人们出行、办公的第一步和回家的最后一步。随着我国不断推进的城镇化建设，宾馆、饭店、办公楼、综合购物商场、特别是住宅楼鳞次栉比，对电梯的需求量持续增加。伴随着科学技术的日新月异，新材料、新技术、新工艺不断在电梯上得以应用，确保电梯能够快速、安全、可靠并舒适地运行。据国家市场监督管理总局统计，截至 2019 年底，我国在用电梯超过 700 万台，电梯从业人员有上百万人。

乘客乘用电梯时接触到的电梯部件很少。电梯是一种零碎、分散、非一目了然的机电类特种设备。全面了解掌握电梯的结构原理，培养一名合格的电梯从业人才，绝不是短时间内能做到的易事。正因如此，目前国内各电梯制造、安装、维修企业深感人员紧缺，招聘并培养一名合格的电梯安装、维修人员相当困难。

笔者自 1965 年从事电梯行业至今五十余载，其间曾多次应邀为各种电梯培训班讲解电梯结构原理及安装维修技术，20 世纪 80 年代后期至 90 年代初，笔者曾为西安市第二技校两届三年制电梯安装维修班系统地讲授"电梯结构原理及安装维修"课程。1990 年机械工业出版社出版发行的《电梯结构原理及安装维修》是本书的第 1 版，是笔者在当年授课教案基础上整理而成的。时隔 30 年，机械工业出版社的编辑应广大读者要求，约请笔者以本书 1990 年第 1 版为基础，跟随电梯产品的发展进步和读者要求，阶段性地补充修订，本书于 2000 年的第 2 版、2006 年的第 3 版、2010 年的第 4 版、2012 年的第 5 版在国内出版发行，期间共印刷 30 余次，以满足读者需求。本书长时间受读者喜爱，与机械工业出版社编辑认真听取读者意见、及时约请笔者组织补充修订，以及笔者多位同事、朋友的认真编写有关。其中，第 1 版第三章第七节由广东中山职业技术学院的刘宁芬高级工程师执笔编写；第 2～4 版第五章由广东中山职业技术学院的曹前老师执笔修订；第 2 版第二、四章由长安大学姚秋霞老师执笔修订；第 3、4 版第二、四章由西安特检院韩建军高级工程师执笔修订；第 3、4 版第一章由丛建民工程师执笔修订；第 3、4 版第六章、第三章第十、十一节和第 5 版第六章及第三章第十二、十三节由上海三菱电梯陕西分公司魏军工程师执笔编写修订。本书第 1 版的文稿由原西北纺院机电系主任伍恩华教授审阅。在此对曾参与本书第 1～5 版编写和补充修订的同事及朋友，一并表示衷心感谢！

本次修订（第 5 版修订为第 6 版）过程中，除根据我国电梯发展情况增加部分新内容外，以职业院校电梯专业课教材为目标，仍保持系统实用、通俗易懂、由浅入深、循序渐进、跟随电梯行业技术标准、符合国家相关安全技术规范的要求、注意分散自学或教学过程中的难点等为基本原则。对于近年来电梯电气控制系统采用的新技术、新材料、新工艺以及国家加强电梯安全管理和规范使用要求做了补充修订。修订后的第 6 版，更利于读者自学，更利于职业院校选作电梯专业课教材；也可以作为各省市自治区电梯从业人员的岗位技能培训教材；对电梯行业监管人员、电梯使用单位的管理人员、紧急救援人员、电梯采购招标人员和建筑设计人员也有较高的参考价值。

　　本书第6版第一、二章由西安来恩电梯有限责任公司陈伟工程师执笔补充修订；第三章第十一、十二节由广东中山职业技术学院曹前工程师执笔补充修订；第四章由西安特种设备检验检测院韩建军正高级工程师执笔补充修订；第五章和第六章由上海三菱电梯有限公司陕西分公司魏军高级工程师执笔补充修订并协助主编终审第6版全书；第三章第一～十节由陈家盛高级工程师执笔补充修订。全书的补充修订工作由陈家盛主编规划、组织实施和润色。

　　本书这次补充修订改版工作仍感时间短、资料不足以及笔者水平有限，介绍的内容还不够贴合现场实际。因此，不妥和差错之处在所难免，敬请读者批评指正。

陈家盛

目 录

第一章

电梯的发展、分类、规格参数、技术标准及与建筑物的关系

第一节 电梯产品的隶属、发展、运行简况和综合技术质量考核指标

一、电梯产品的隶属关系和在生产生活中的作用

依据 2003 年国务院颁布、2009 年又补充修订的《特种设备安全监察条例》的规定，电梯隶属涉及人们生命安全、危险性比较大的"机电类特种设备"。其中《特种设备安全监察条例》所称的电梯，是指动力驱动，利用沿刚性导轨运行的箱体或者沿固定线路运行的梯级（踏步），进行升降或者平行运送人、货物的机电设备，包括载人（货）电梯、自动扶梯、自动人行道等三种类型的设备。我国的电梯和其他类别的特种设备一样，其制造、安装、改造、修理单位均归属国家市场监督管理总局，按照施工类别划分目录实施许可管理，即电梯的制造、安装、改造、维修单位必须取得国家市场监督管理总局或省、市级市场监督管理局颁发的许可资格证，方能从事电梯制造、安装、改造、修理业务。电梯和自动扶梯及自动人行道的维修人员，必须经当地市场监督管理局主管部门认可的资质单位培训、考试合格，并取得上岗证后方能持证上岗作业。

本书因篇幅限制，只介绍《特种设备安全监察条例》中所指的曳引驱动电梯、自动扶梯和自动人行道等三类特种设备的结构原理及安装维修方面的内容，在介绍过程中，将设计制造、安装调试、验收合格直至交付使用前称之为产品，交付使用后称之为设备，但有时是不能严格区分的。

我国的电梯工业发展迅速。伴随着科学技术日新月异的发展、人们物质文化生活水平的不断提高，随着国家加快城镇化建设，实现"居者有其屋"等方针政策的深化执行，大大促进了建筑业的快速发展，大批高层住宅楼、写字楼、办公楼、宾馆饭店、大型综合商业体等拔地而起。作为多层建筑物内上下交通运输设备的电梯、自动扶梯和自动人行道也随之快速发展起来，电梯和汽车一样已成为人们日常生活中不可或缺的交通运输设备。

二、电梯的发展简史

据有关资料介绍，公元前 2800 年在古代埃及，为了建造当时的金字塔，就曾使用过由

1

人力驱动的升降机。公元 1765 年瓦特发明蒸汽机后，于 1858 年美国研制出以蒸汽机为动力、并通过传动带和蜗轮减速装置驱动的电梯。1878 年英国的阿姆斯特朗发明了水压梯，并随着水压梯的发展，淘汰了以蒸汽为动力的电梯。后来又出现了采用液压泵和控制阀以及直接柱塞式和侧立柱塞式结构的液压梯，这种液压梯几经完善后至今仍为人们所采用。

但是，电梯得以快速发展和广泛使用，还是始于 18 世纪末发明了电动机并随着电动机制造和应用技术而发展。19 世纪初开始使用交流感应单速和双速电动机作为动力源的交流单、双速电动机拖动的电梯，特别是交流双速电动机的出现，显著改善了电梯的运行性能（即整机性能）。由于交流感应电动机制造成本低廉、维修方便，采用交流双速感应电动机作为驱动电动机的低速低层站载货电梯，由于功能适用，目前国内仍有数量不少的这类载货电梯在继续运行。20 世纪初，美国奥的斯电梯公司首先使用直流电动机作为驱动电动机，生产出槽轮式驱动的曳引式直流电梯，从而为后来的高行程、高速度电梯的发展奠定了基础。20 世纪 30 年代美国纽约市 102 层的摩天大楼建成，美国奥的斯电梯公司为这座大楼制造和安装了 73 台电梯，最高运行速度 $V = 6.0\text{m/s}$，是直流电动机驱动的曳引式高速梯。此后电梯这个产品与多层建筑物之间开始良性互动地发展起来。我国自 1978 年实行改革开放政策至今 40 多年来，若没有电梯产品的快速发展为先导，十几层、几十层的高楼大厦鳞次栉比的境况可能只是一种梦想。由此联想起 20 世纪 80 年代初，我国政府批准创建的国内第一家中外合资企业——"中国与瑞士迅达"合资的"中迅电梯有限公司"是一项多么有远见之举。

我国对电梯的使用历史悠久，自 1908 年在上海汇中饭店等一些高层建筑里开始安装使用一批进口电梯起，至新中国成立全国各大中城市安装使用的电梯已有数百台。上海、天津、沈阳等地也相继建立了几家从事电梯安装维修业务的电梯修配厂。1956 年上海、天津、沈阳等几家电梯修配厂又相继改名为上海电梯厂、天津电梯厂和沈阳电梯厂。1965 年，为解决我国西北、西南地区电梯产品配套问题，当时主管电梯产品的国家一机部又在西安市设立了西安电梯厂。1967 年后又在北京、上海、广州、苏州等地设立了四家电梯制造厂，从而全国共计有八家电梯制造厂，号称"八大家"，从此我国的电梯工业开始蓬勃发展起来。自 20 世纪 50 年代中后期，我国开始批量生产电梯后，就自主生产的电梯产品去装备人民大会堂、北京饭店、北京地铁车站、北京机场等一批代表新中国蓬勃发展的标志性建筑。

我国电梯工业的再发展，得益于 20 世纪 70 年代末起，国家实行全方位的改革开放政策和国家领导层对发展电梯产品的远见之举，以及国家相关部门适时颁布执行一批具有国际水准的电梯专业技术标准，特别是《特种设备安全监察条例》的实施。在国家宏观政策的推动下，我国的电梯产品技术、质量、产量开始有序地、日新月异地发展起来。

三、电梯的运行简况

电梯在做垂直运行过程中，有起点站也有终点站。对于三层站以上建筑物内的电梯，起点站和终点站之间还设有停靠站。起点站一般设在 1 层，终点站设在最高楼，设在 1 楼的起点站常被称作基站（电梯无运行指令时返回的层站，也就是建筑物内人员流量最大的层站）。起点站和终点站称为两端站，两端站之间的层站称为中间层站。

各停靠层站设有层门（也称厅门），层门旁设有召唤箱，召唤箱上设有供乘用人员召唤电梯用的召唤按钮。一般电梯在两端站的召唤箱上各设置一只按钮（或触钮，下略），中间层站的召唤箱上各设置两只按钮。对于无司机控制的电梯（指的不是运送杂物的电梯，而是不常见的无司机控制货客梯种），在各层站的召唤箱上各设置一只按钮。电梯的轿厢内都设置有操纵箱，操纵箱上设置有手柄开关（20世纪80年代中期后不再生产）或与层站对应的按钮以及开关门按钮，供司机或乘用人员适时控制电梯上下运行。召唤箱上的按钮称为外指令按钮，操纵箱上的按钮称为内指令按钮。按下外指令按钮发出的电信号称为外指令信号，按下内指令按钮发出的电信号称为内指令信号。由于20世纪80年代中期后设计生产的微动按钮按下时的行程不足1mm，有如触摸按钮般的手感，而触摸按钮又存在灵敏度高低难于掌握且电子电路相对复杂等缺陷，此后的触摸按钮开始被微动按钮所取代。

作为电梯基站的层门旁装设的召唤箱上，除设置一只召唤按钮外，一般还设置一只电锁开关（锁梯开关），以便下班需要关闭电梯时，司机或管理人员把电梯开（或召）回基站后，可以通过该电锁开关的专用钥匙扭动该电锁开关，把电梯的层、轿门关闭妥，并自动切断电梯的控制电源或动力电源，实现关门断电，关闭电梯。

电梯的运行工作情况与汽车有共同之处，但是汽车的起动、加速、停靠等全靠司机控制，而且在运行过程中可能遇到的情况比较复杂，因此汽车司机必须经过严格的培训和考核。而电梯的自动化程度比较高，一般电梯的司机或乘用人员，只需通过按下操纵箱上的层楼按钮向电气控制系统下达一个指令信号，电梯就能自动关门、定向、起动、加速、满速向下达指令信号的层站运行，到达已下达指令信号层站的设定距离时提前自动减速、平层停靠、施闸开门。对于自动化程度高的电梯，司机或乘用人员还可一次下达一个以上的内指令信号，电梯便能依次起动运行和停靠施闸开门，依次完成全部指令任务。而且运行方向前方的层站有顺向的外召唤信号时，电梯到达有顺向外召唤信号的层站还能提前自动减速平层停靠施闸开门接送乘员。尽管电梯和汽车在运行过程中有许多不同的地方，但仍有许多共同之处，其中乘客电梯的运行工作情况类似于公共汽车，在起点站和终点站之间往返运行，在运行方向前方的层站有顺向指令信号时，电梯到站前能提前自动减速，平层时能自动停靠施闸开门接送乘客。而载货电梯的运行工作情况则类似卡车，执行任务多为一次性的。20世纪80年代中期前设计生产的载货电梯，司机或乘用人员控制电梯上下运行时一般一次只能下达一个指令任务，当一个指令任务完成后再下达另一个指令任务，在执行任务的过程中，从一个层站出发到达另一个层站过程中，若中间层站出现顺向指令信号，电梯到达有顺向指令信号的层站一般都不能自动停靠施闸开门，所以载货电梯的自动化程度比乘客电梯低。但20世纪80年代末期后，随着可编程序逻辑控制器（PLC）和计算机在载货电梯电气控制系统中的应用，随着提高电梯功能成本（只需改变控制程序）的降低和人们对提高载货电梯功能的要求，此后生产的载货电梯功能有客梯化之势。

四、电梯的综合技术质量考核指标

如果有人问您，您所在楼里的电梯运行效果怎么样，您可能会回答：挺好的，运行过程挺平稳的，很少出毛病，挺皮实的，也没有发生过碰撞伤人的事等。这种宏观评价电梯运行效果、质量、安全可靠性能的描述，在电梯从业者中称之为电梯综合技术质量考核指标，并概括为"安全、可靠、舒适"六个字。近年来随着人们环保意识的增强和国家节能减排政策的深化执行，人们衡量一台电梯运行效果高低好坏的综合技术质量考核指标又增加了"节能"二字，成为"安全、可靠、舒适、节能"八字衡量指标。其中：

1）安全：使用过程中是否安全，是否发生过人身伤害和设备事故等；

2）可靠：是否皮实耐用、故障率低等；

3）舒适：起动时乘员没有受压感、减速过程没有失重感，运行过程中没有前后左右晃动和上下抖动感，噪声低等；

4）节能：交流电动机 VVVF 拖动电梯曾经是最节能的电梯，因永久磁铁的应用，永磁同步电动机 VVVF 拖动电梯又比普通交流电动机 VVVF 拖动电梯节能 20%～25%。

第二节　电梯的分类

电梯的分类比较复杂，电梯专业技术标准和电梯从业者常从以下角度进行分类。

一、按用途分类

（1）乘客电梯　为运送乘客而设计的电梯。主要用于住宅楼、办公楼、写字楼、宾馆饭店、大型商场等客流量大的场合。这类电梯运行速度快，功能完善，自动化程度高。为便于乘客进出，轿厢的宽度大于深度，装饰讲究，安全设施齐全。

（2）载货电梯　为运送货物并有人员伴随而设计的电梯。主要用于两层楼以上的车间、仓库等场合。这类电梯的轿厢装饰不太讲究，但为适应额定载重量变化范围大等具体情况，轿厢尺寸、开门尺寸的变化范围也比较大。这类电梯对功能、自动化程度的要求不高，运行速度比较低，但对平层精准度的要求较高，以利货物搬运出入方便。

（3）病床电梯　为运送一个躺在病床上的病员和有医护人员伴随而设计的电梯。这种电梯的轿厢深度远大于宽度，其功能要求和装饰要求与乘客电梯相似。

（4）住宅电梯　为住宅楼里上下运送乘客和家具货物而设计的电梯。这种电梯的功能要求与乘客电梯相似，但对轿厢的装饰要求一般略低于乘客电梯，一般住宅电梯的轿厢比乘客电梯的轿厢稍高，电气控制系统可采用"下集选"控制方式。

（5）客货电梯　为运送乘客或货物而设计的电梯。这种电梯的功能要求与乘客电梯相似，但对轿厢的装饰要求相对低些。

（6）杂物电梯　为图书馆、宾馆、饭店等场所运送图书、食品等小型货物而设计的电梯。这种电梯的安全设施不太齐全，为限制人员进入轿厢，进入轿厢的门洞、轿厢的面积和净高度、额定载重量、额定运行速度等尺寸和参数在 GB 25194—2010《杂物电梯制造与安装安全规范》）中有严格的限制性规定。

（7）特种电梯　除上述几类常用电梯外，还有为特殊环境、特殊条件、特殊要求而设计的特种电梯。如船舶电梯、观光电梯、防爆电梯、防腐电梯、车辆电梯、斜行电梯等。

二、按速度分类

（1）低速梯　额定运行速度 $V \leqslant 1.0\mathrm{m/s}$ 的电梯。

（2）快速梯　额定运行速度 $1.0\mathrm{m/s} < V < 2.5\mathrm{m/s}$ 的电梯。

（3）高速梯　额定运行速度 $V \geqslant 2.5\mathrm{m/s}$ 的电梯。

三、按曳引电动机的供电电源分类

（1）交流电源供电的电梯　采用交流电源供电的电梯在我国有以下三种。

1）采用交流双速电动机作为变极调速拖动的电梯，简称交流双速梯。近年来生产的交流双速梯多用于低层站、大载重量，额定运行速度 $V \leqslant 0.63\mathrm{m/s}$ 的载货电梯。

2）采用交流双绕组双速电动机作为调压调速拖动的电梯（以下简称 ACVV 拖动电梯）。

进入 21 世纪后这类电梯已不再生产。

3）采用交流单速电动机或永磁同步电动机作为调频调压调速拖动的电梯，简称 VVVF 交流电动机或永磁同步电动机拖动的电梯。近年来有后者取代前者之势。

（2）直流电源供电的电梯　采用直流电源供电的电梯，简称直流梯。这种电梯的曳引电动机为直流电动机，该电动机的电枢电源由直流发电机-电动机组的直流发电机供电。由于直流发电机和直流曳引电动机均有电刷，因此维修麻烦；交-直流转换过程的能耗高，噪声大。20 世纪 80 年代中期前，这种电梯在我国曾广泛用在整机性能要求比较高的中高档乘客电梯上，于 80 年代中后期被明令禁止生产。

四、按有、无减速器分类

1）有减速器的电梯。

2）无减速器的电梯。

五、按驱动方式分类

1）曳引式电梯　曳引电动机通过减速器、曳引绳轮、驱动曳引轮槽内的曳引绳及与曳引绳两端连成一体的轿厢和对重装置做上、下运行的电梯，或者曳引电动机直接驱动曳引轮槽内的曳引绳及与曳引绳两端连成一体的轿厢和对重装置做上、下运行的电梯。

2）液压式电梯　电动机通过液压系统直接驱动轿厢上、下运行的电梯。

3）强制驱动电梯　用链或钢丝绳悬吊的非摩擦方式驱动的电梯。

六、按有、无电梯机房分类

1）有电梯机房的电梯。

2）无电梯机房的电梯。

七、有机房电梯按机房的位置和形式分类

1）机房位于井道上部并按标准要求建造的电梯。

2）机房位于井道上部，机房面积等于井道面积，净高度不小于 2300mm 的小机房电梯。

3）机房位于井道下部的电梯。

八、无机房电梯按曳引机安装位置分类

1）曳引机安装在上端站轿厢导轨上的电梯。

2）曳引机安装在上端站对重导轨上的电梯。

3）曳引机安装在上端站楼顶板下方承重梁上的电梯。

4）曳引机安装在井道底坑地面、井道底坑侧壁或侧面的电梯等。

九、按控制方式分类

1）轿内手柄开关控制的电梯（20 世纪 80 年代中期后不再生产）。

2）轿内按钮开关控制的电梯。

3）轿内、外按钮开关控制的电梯。

4）轿外按钮开关控制的电梯（杂物电梯就是这种控制方式的电梯）。

5）信号控制的电梯（20世纪80年代中期后不再生产，因为集选控制电梯也具有信号控制电梯的功能）。

6）集选控制的电梯。

7）2台集选控制电梯分别置于无司机运行模式下作并联运行控制的电梯，也称为2台电梯并联。

8）3台以上集选控制电梯分别置于无司机运行模式下作集中调配运行控制的电梯，也称为群控电梯。

十、按拖动方式分类

1）交流感应单速电动机直接起动的拖动电梯。

2）单、双绕组交流双速感应电动机变极调速拖动的电梯。

3）直流电动机拖动的电梯。

4）双绕组交流双速感应电动机调压调速（ACVV）拖动的电梯。

5）单速交流感应电动机或永磁同步电动机调频调压调速（VVVF）拖动的电梯。

第三节　电梯的主要参数和主参数

一、电梯的主要参数

电梯用户向电梯制造厂订购电梯时必须提供的参数称为主要参数，不准确掌握这些参数，电梯制造厂就无法设计、制造出满足电梯用户需求的电梯产品。每台电梯的主要参数至少有以下16个：

1）额定载重量（kg）：设计规定的电梯载重量。

2）轿厢尺寸（mm）：宽×深×高。

3）轿厢形式：包括单或双面（前后）开门及其他特殊要求等，如轿顶（含吊顶）、地板和轿壁材质、颜色的选择，对电风扇、电话的要求等。

4）轿门形式：包括封闭式中分开门、封闭双折式中分开门、封闭双折式旁开门等。

5）开门宽度（mm）：轿厢门和层门完全开启时的净宽度。

6）开门方向：以人在层门（也称层门）外面对层门为准，门向左方向开启称左开门，门向右方向开启称右开门，两扇门分别向左、右两边开启称为中开门或中分门。

7）曳引方式：常用的电梯曳引方式有半绕1:1吊索法、全绕1:1吊索法、半绕2:1吊索法等多种。其中，半绕1:1吊索法、全绕1:1吊索法的轿厢运行速度等于曳引钢丝绳的运行速度；半绕2:1吊索法的轿厢运行速度等于曳引钢丝绳运行速度的一半。上述提及3种曳引方式的结构示意图如图1-1所示。

8）额定运行速度（m/s）：设计规定的电梯运行速度。

9）拖动方式：常用的有交流双速电动机变极调速拖动、交流双速电动机调压调速（ACVV）拖动、交流单速电动机调频调压调速（VVVF）拖动、永磁同步电动机调频调压调速（VVVF）拖动方式等。

10）控制方式：常用的有轿内按钮控制、轿内外按钮控制、轿外按钮控制、单台集选控制、两台集选并联控制、三台以上集选梯群控等。

11）停层站数（站）：电梯井道需要设置有供乘员或货物出入轿厢的门洞，该门洞处被称为站，每台电梯设置的站的数量。

12）顶层高度（mm）：上端站的楼层地面与机房楼板下方最突出构件之间的垂直距离称为顶层高度。该顶层高度与电梯的额定运行速度有关。在一定范围内，额定运行速度越快，该距离越长。

13）底坑深度（mm）：电梯井道底层楼面与井道底坑地面之间的垂直距离称为底坑深度。该底坑深度与电梯的额定运行速度有关。在一定范围内，额定运行速度越快，该距离越长。

14）提升高度（mm）：底层楼面与顶层楼面之间的垂直距离称为电梯的提升高度。

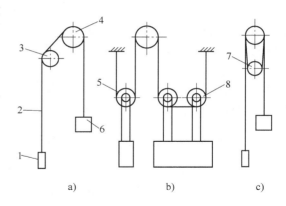

图 1-1　电梯常用曳引系统的结构示意图
a）半绕 1:1 吊索法　b）半绕 2:1 吊索法
c）全绕 1:1 吊索法
1—对重装置　2—曳引绳　3—导向轮　4—曳引轮
5—对重轮　6—轿厢　7—复绕轮　8—轿顶轮

15）井道高度（mm）：井道底坑地面与机房楼板下最突出构件之间的垂直距离称为井道高度。

16）井道尺寸（mm）：宽×深。

除以上 16 个参数外，有机房电梯的机房是大机房还是小机房也应填写清楚，若选用永磁同步电动机 VVVF 拖动者应注明永磁同步电动机 VVVF 拖动等字样。以上参数和要求，电梯制造厂在每台电梯投产前都必须掌握，否则生产出来的电梯就可能不满足电梯用户的使用要求，甚至安装不到已建造好的电梯井道中去。除此之外，用户对电梯的功能要求、层门轿门轿厢的材质和装饰要求、对主要零部件的产地配置要求和其他特殊要求等也应与电梯制造厂商定后以合同形式签字确认。

二、电梯的主参数

电梯的主要参数有上述 16 个，在上述 16 个参数中额定运行速度（m/s）和额定载重量（kg）又被称为主要参数中的主参数。因为一部电梯的额定运行速度（m/s）或额定载重量（kg）一旦发生级别性变化时，就会引起电梯部分主要参数和众多电梯机、电部件在结构、尺寸、参数方面的变化。因此它是一部电梯众多参数中的两个主参数。

第四节　我国电梯专业技术标准对主要参数及其井道、机房型式尺寸的规定

一、概述

由于电梯产品与建筑物的关系比一般机电设备要密切得多，电梯的零部件分散安装在电梯机房、井道底坑、井道墙壁四周、各层站层门洞内外等各个角落。由此可见，一台运行效果好的电梯产品，首先应保证所有电梯零部件能按电梯制造厂设计图纸、相关电梯专业技术

标准和相关规范的规定要求，顺利地将所有零部件安装到用户按建筑设计院设计的图纸建造起来的电梯机房、井道、层门预留洞中去，然后才能通过认真调试和维护保养去确保电梯有满意的使用效果。因此，要完成一部使用效果好的电梯设备，除制造和安装质量外，还应协调好电梯设计制造与电梯机房、井道建筑设计之间的相互配合关系。老标准 JB1435—1974 和现行标准 GB/T 7025.1、2—2008 就是统一和协调电梯产品设计与电梯安装建筑物设计之间关系的电梯专业技术标准。

二、电梯产品设计制造与电梯井道、机房设计建造需执行的电梯专业技术标准

为了统一和协调电梯产品设计制造与电梯安装建筑物设计建造之间的关系，我国曾于20 世纪70 年代中期颁布执行过 JB 1435—1974、JB 816—1974、JB/Z 110—1974 等一批电梯产品的部级标准（以下简称老标准）。自20 世纪70 年代末，为适应电梯行业快速发展的新形势，国家又先后颁布执行 GB/T 7025.1 ~ 2、GB 7588、GB 10060 等一批具有国际水准的国家级电梯专业技术标准（以下简称新标准）。先后颁布执行的老、新标准代号、名称及其颁布或修改执行年号的对照表如表 1-1 所示。老标准中的 JB 1435—1974 和新标准中的 GB/T 7025.1 ~ 2 都是协调电梯设计制造与电梯机房、井道设计建造之间相互配合关系的专业技术标准。表 1-1 中的 GB 不带 "/T" 表示强制性国家标准、GB/T 表示推荐性国家标准、JB 表示部标准。其中 GB 7588—2003《电梯制造与安装安全规范》是强制性标准，也被称为电梯的母标准。

表 1-1　电梯新、老标准代号、名称、颁布或修改年号对照表

老　标　准		新　标　准	
代　号	名　　称	代　号	名　　称
JB 816—1974	电梯技术条件	GB/T 7024—2008	电梯、自动扶梯、自动人行道术语
JB 1435—1974	电梯井道、机房形式、基本参数尺寸	GB/T 7025.1—2008	电梯主参数及轿厢、井道、机房的型式与尺寸　第1部分：Ⅰ、Ⅱ、Ⅲ、Ⅵ类电梯
JB/Z 110—1974	电梯系列型谱	GB/T 7025.2—2008	电梯主参数及轿厢、井道、机房的型式与尺寸　第2部分：Ⅳ类电梯
TJ 231（四）—1978	机械设备安装工程施工及验收规范第四册：起重设备、电梯、连续运输设备安装	GB/T 7025.3—1997	电梯主参数及轿厢、井道、机房的型式与尺寸　第3部分：Ⅴ类电梯
YB 2002—1978	电梯用钢丝绳	GB 7588—2003	电梯制造与安装安全规范
YB 531—1965	电梯选层器用钢带	GB 50310—2002	电梯工程施工质量验收规范
JB 2199—1977	电梯用电缆	GB/T 10058—2009	电梯技术条件
GBJ 232—1982	电梯电气装置	GB/T 10059—2009	电梯试验方法
		GB/T 10060—2011	电梯安装验收规范
		GB/T 18775—2009	电梯、自动扶梯和自动人行道维修规范
		GB 16899—2011	自动扶梯和自动人行道的制造与安装安全规范

（续）

老　标　准		新　标　准	
代　　号	名　　称	代　　号	名　　称
		GB 21240—2007	液压电梯制造与安装安全规范
		GB 25856—2010	仅载货电梯制造与安装安全规范
		GB 26465—2011	消防电梯制造与安装安全规范
		GB/T 21739—2008	家用电梯制造与安装安全规范
		GB 25194—2010	杂物电梯制造与安装安全规范
注：		GB/T 24478—2009	电梯曳引机
Ⅰ类电梯：为运送乘客而设计的电梯。		GB/T 22562—2008	电梯 T 型导轨
Ⅱ类电梯：为运送乘客，同时也可运送货物而设计的电梯。		GB/T 3878—2011	船用载货电梯
		GB/T 31821—2015	电梯主要部件报废技术条件
Ⅲ类电梯：为运送病床（包括病人）及医疗设备而设计的电梯。		GB/T 8903—2018	电梯用钢丝绳
		JB/T 8545—2010	自动扶梯梯级链、附件和链轮
Ⅳ类电梯：主要为运输通常由人伴随的货物而设计的电梯。		GB/T 24475—2009	电梯远程报警系统
		GB/T 24474—2009	电梯乘运质量测量
Ⅴ类电梯：为杂物电梯。		GB/T 24477—2009	适用于残障人员的电梯附加要求
Ⅵ类电梯：为适应大交通流量和频繁使用而特别设计的电梯，如速度为 2.5m/s 以及更高速度的电梯。		GB/T 24479—2009	火灾情况下的电梯特性
		TSG T5002—2017	电梯维护保养规则
		TSG 08—2017	特种设备使用管理规则
		GB/T 12974—2012	交流电梯电动机通用技术条件
		GB/T 24480—2009	电梯层门耐火试验
		GB/T 24475—2009	电梯远程报警系统
		GB 24804—2009	提高在用电梯安全性的规范

1. 老标准 JB 1435—1974 的规定

我国的电梯产品在 20 世纪 70 年代末前，归口国家第一机械工业部及其下属的起重机械运输研究所管理。一机部及其下属的起重所为我国电梯工业的发展曾颁布实施过 JB 1435—1974、JB 816—1974、JB/Z 110—1974 等一批电梯产品的部标准。这批标准的颁布实施，结束了我国电梯产品设计制造无标准可依的时代，对规范和促进我国电梯工业的发展曾起到过不可磨灭的作用。其中的 JB 1435—1974 标准对乘客电梯、载货电梯、病床电梯、杂物电梯等类别电梯及其井道、机房的型式、基本参数尺寸的规定见表 1-2。表 1-2 是 JB 1435—1974 标准对乘、货、病、杂物电梯及与之配套的井道、机房的型式与尺寸所作规定的汇总表。由于该标准已于 20 世纪 80 年代中期被新颁现行标准 GB/T 7025.1～3—1997 所取代。因此对老标准 JB 1435—1974 的有关规定只做简略介绍，提供的表 1-2 及其内容只供读者学习了解电梯产品过程中参考。

电梯专业技术标准规定的参数尺寸是电梯制造厂设计制造电梯、设计单位设计电梯机房、井道、层门洞时的依据，也是电梯用户选购电梯、安装单位安装电梯时的依据，只有各自按标准要求把工作做好，才能发挥每台电梯设备应有的使用效果。

表 1-2　JB 1435—1974 中对电梯主要参数和井道形式的规定

形式\名称		乘客电梯							载货电梯					病床电梯		杂物电梯	
额定载重量/kg		简易电梯 350	简易电梯 750	500	750	1000	1500	2000	500	1000	2000	3000	5000	1000	1500	100	200
可乘人数/人		5	10	7	10	14	21	28	—	—	—	—	—	14	21	—	—
额定速度/(m/s)		0.5	0.5	1、1.5、1.75	1、1.5、1.75、2、2.5、3				0.5、1		0.5、0.75	0.25、0.5、0.75	0.25	0.5、0.75、1		0.5	
轿厢外廓尺寸（宽×深）/mm	中分式门	—	—	1500×1200	1800×1300	1800×1600	2100×1850	2400×2000	—	—	—	—	—	—	—	—	—
	双折式门	—	—	1500×1200	1800×1300	1800×1600	2100×1850	2400×2000	—	—	—	—	—	1600×2600	1600×2600	—	—
	栅栏门	—	1200×1900	—	—	—	—	—	1500×1500 1500×2000	2000×2000 2000×2500	2000×2500 2000×3000 2500×3500	2500×3000 2500×3500 3500×4000	3500×4000	—	—	—	—
	直分式门	—	—	—	—	—	—	—	—	—	2000×2500 2000×3000 2500×3500	2500×3000 2500×3500 3500×4000	3500×4000	—	—	—	—
	无门	1000×1200	—	—	—	—	—	—	—	—	—	—	—	—	—	750×750	1000×1000
井道形式		封闭式							封闭式、空格式					封闭式		封闭式	
管理方式		无司机	有司机	有司机、无司机、有/无司机两用					有司机、无司机、有/无司机两用				有司机	有司机、有/无司机两用		无司机	

注：1. 额定载重量包括司机重量，不包括轿厢的自重。
　　2. 额定速度指轿厢在额定负载下，其提升和下降速度的平均值。
　　3. 直分式门不推荐使用。

　　20 世纪 70 年代末我国实行改革开放政策后，电梯行业随着建筑业的发展而快速发展起来，20 世纪 70 年代中期颁布的老一代标准已经不能适应电梯产品快速发展的要求。因此，我国于 20 世纪 80 年代中期起又先后颁布一批具有国际水准的国家级电梯专业技术标准。这批标准的颁布和实施至今也已近 30 年了，经过近 30 年时间的实践验证并结合我国具体情况，有的标准已作过不止一次的修订，现行标准的颁布和修订执行代号、名称和年号见表 1-1。

　　2. 国家现行标准 GB/T 7025.1、2—2008 的规定

　　（1）GB/T 7025.1—2008《电梯主参数及轿厢、井道、机房的型式与尺寸　第 1 部分：Ⅰ、Ⅱ、Ⅲ、Ⅵ类电梯》的规定。

　　1）Ⅰ、Ⅱ、Ⅲ、Ⅵ电梯井道底坑深度、顶层高度、机房尺寸的规定。

① 住宅电梯、一般用途电梯、频繁使用电梯的井道底坑深度和顶层高度应符合表1-3的规定。其中：一般用途电梯指适用于速度不超过 2.5m/s 的电梯，若速度超过 2.5m/s，井道的深、宽各增加 100mm；频繁使用电梯指适用于具有比较大的井道尺寸，速度为 2.5m/s 但不超过 6.0m/s 的电梯。

表1-3　Ⅰ、Ⅱ、Ⅵ电梯主要参数及井道底坑、顶层尺寸　　　　（单位：mm）

参数	额定速度 V_n/(m/s)	住宅电梯				一般用途电梯				频繁使用电梯				
	额定载重量（质量）/kg →	320	400/450	600/630	900/1000/1050	600/630	750/800	1000/1050/1150/1275	1350	1275	1350	1600	1800	2000
轿厢高度 h_4		2200	2200	2200	2200	2300	2300	2300	2300	2400	2400	2400	2400	2400
轿门和层门高度 h_3		2000	2100	2100	2100	2100	2100	2100	2100	2100	2100	2100	2100	2100
底坑深度① d_3	0.40②	1400	1400	1400	1400	③	③	③	③	③	③	③	③	③
	0.50	1400	1400	1400	1400	1400	1400	1400	1400	③	③	③	③	③
	0.63	1400	1400	1400	1400	1400	1400	1400	1400	③	③	③	③	③
	0.75	1400	1400	1400	1400	1400	1400	1400	1400	③	③	③	③	③
	1.00	1400	1400	1400	1400	1400	1400	1400	1400	③	③	③	③	③
	1.50	③	1600	1600	1600	1600	1600	1600	1600	③	③	③	③	③
	1.60	③	1600	1600	1600	1600	1600	1600	1600	③	③	③	③	③
	1.75	③	1600	1600	1600	1600	1600	1600	1600	③	③	③	③	③
	2.00	③	1750	1750	1750	③	1750	1750	1750	③	③	③	③	③
	2.50	③	2200	2200	2200	③	2200	2200	2200	2200	2200	2200	2200	2200
	3.00	③	③	③	③	③	③	③	③	3200	3200	3200	3200	3200
	3.50	③	③	③	③	③	③	③	③	3400	3400	3400	3400	3400
	4.00④	③	③	③	③	③	③	③	③	3800	3800	3800	3800	3800
	5.00④	③	③	③	③	③	③	③	③	3800	3800	3800	3800	3800
	6.00④	③	③	③	③	③	③	③	③	4000	4000	4000	4000	4000
顶层高度① h_1	0.40②	3600	3600	3600	3600	③	③	③	③	③	③	③	③	③
	0.50	3600	3600	3600	3600	3800	3800	4200	4200	③	③	③	③	③
	0.63	3600	3600	3600	3600	3800	3800	4200	4200	③	③	③	③	③
	0.75	3600	3600	3600	3600	3800	3800	4200	4200	③	③	③	③	③
	1.00	3700	3700	3700	3700	3800	3800	4200	4200	③	③	③	③	③
	1.50	③	3800	3800	3800	4000	4000	4200	4200	③	③	③	③	③
	1.60	③	3800	3800	3800	4000	4000	4200	4200	③	③	③	③	③
	1.75	③	3800	3800	3800	4000	4000	4200	4200	③	③	③	③	③
	2.00	③	4300	4300	4300	③	4400	4400	4400	③	③	③	③	③

（续）

参 数		住 宅 电 梯				一般用途电梯			频繁使用电梯				
		额定载重量（质量）/kg											
		320	400/450	600/630	900/1000/1050	600/630	750/800	1000/1050/1150/1275	1350	1275	1350	1600	1800	2000
顶层高度[①]h_1	2.50	③		5000		③	5000	5200		5500				
	3.00									5500				
	3.50				③					5700				
	4.00[④]									5700				
	5.00[④]									5700				
	6.00[④]									6200				

① 顶层高度 h_1 和底坑深度 d_3 由于电梯结构的原因允许有所变动，并应符合相关的国家标准的规定。

② 常用于液压电梯。

③ 非标电梯，应咨询制造商。

④ 假设使用了减行程缓冲器。

② Ⅰ、Ⅱ、Ⅵ电梯的机房（若有机房）尺寸应符合表 1-4 的规定。

表 1-4　Ⅰ、Ⅱ、Ⅵ电梯机房（若有机房）尺寸　　　　　（单位：mm）

参 数	额定速度 $V_n/(m/s)$	额定载重量/kg			
		320 ~ 630	800 ~ 1050	1275 ~ 1600	1800 ~ 2000
		$b_4 \times d_4$	$b_4 \times d_4$	$b_4 \times d_4$	$b_4 \times d_4$
电梯机房[①]	(0.63 ~ 1.75)	2500 × 3700	3200 × 4900	3200 × 4900	3000 × 5000
	(2.0 ~ 3.0)		2700 × 5100	3000 × 5300	3300 × 5700
	(3.5 ~ 6.0)		3000 × 5700	3000 × 5700	3300 × 5700
液压电梯机房[①]（如果有）	(0.4 ~ 1.0)	住宅电梯：井道宽度或深度 ×2000mm			

① b_4、d_4 由于电梯结构的原因允许有所变动，并应符合相关的国家标准的规定。

③ Ⅲ类电梯（医用电梯）的井道底坑深度和顶层高度应符合表 1-5 的规定。

表 1-5　Ⅲ类电梯（医用电梯）井道底坑、顶层、机房（若有机房）尺寸

（单位：mm）

参 数			额定载重量/kg			
			1275	1600	2000	2500
轿厢		高 h_4	2300			
轿门和层门		高 h_3	2100			
底坑深度[①]d_3	额定速度 $V_n/(m/s)$					
	0.63		1600			1800
	1.00		1700			1900

（续）

参　　数		额定载重量/kg			
		1275	1600	2000	2500
底坑深度[①]d_3	1.60	1900			2100
	2.00	2100			2300
	2.50	2500			
顶层高度[①]h_1	0.63	4400			4600
	1.00	4400			4600
	1.60	4400			4600
	2.00	4600			4800
	2.50	5400			5600
机房[①]（如果有）	0.63~2.50　面积 A/m^2	25		27	29
	宽度[②]b_4	3200			3500
	深度[②]d_4	5500			5800

① b_4、d_3、d_4、h_1、h_2 由于电梯结构的原因允许有所变动，并应符合相关的国家标准的规定。

② b_4 和 d_4 为最小值，实际尺寸应能提供不小于 A 的地面面积。

2）电力驱动电梯机房、井道、底坑的结构示意图。电力驱动电梯机房（若有机房）、井道、底坑的结构示意图（Ⅰ、Ⅱ、Ⅵ）如图1-2所示。

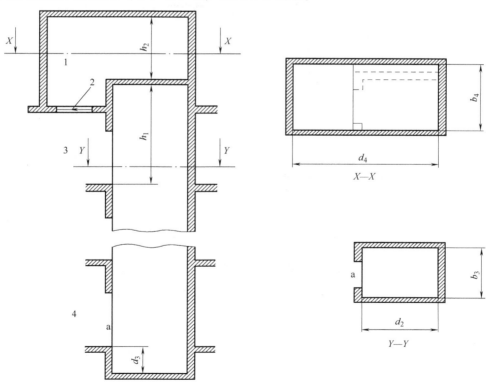

图1-2　电力驱动电梯机房（若有机房）、井道、底坑结构示意图

1—机房　2—活板门　3—顶层端站　4—底层端站

b_3—井道宽度　d_4—机房深度　h_1—顶层高度　h_2—机房高度　b_4—机房宽度

d_2—井道深度　d_3—底坑深度　a—层门

3）Ⅰ、Ⅱ、Ⅵ电梯井道、轿厢、对重装置参数尺寸及安装布置图。

①Ⅰ类电梯中对住宅电梯的井道、轿厢、开门等参数尺寸及轿厢和对重在井道内的安装布置示意图。Ⅰ类电梯中对住宅电梯的井道、轿厢、开门参数尺寸及轿厢和对重在井道内的安装布置示意图如图1-3所示。图中分为A系列和B系列两种，A系列和B系列的差异主要是开门尺寸不同。而且A、B系列电梯应能根据市场需要实现无障碍要求，并在轿厢内有残疾人乘坐手动或电动轮椅的标志。

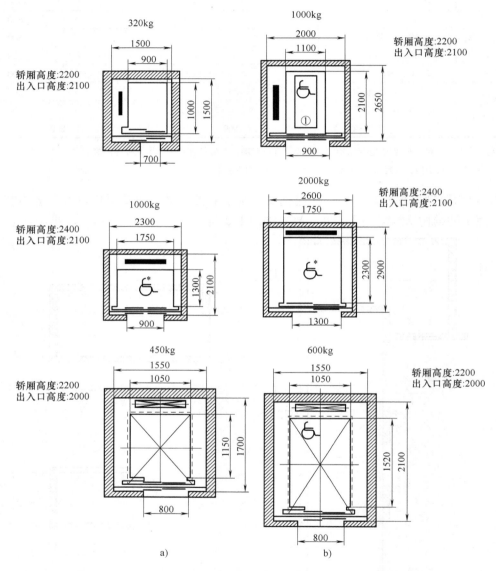

图1-3 住宅电梯井道、轿厢、开门参数尺寸及轿厢和对重的安装布置图

a）A系列 b）B系列

注：1. 适用于不超过2.5m/s的电梯。

2. 电梯标有♿*允许采用电动轮椅（仅适用于要求为电动轮椅的情况）。

3. 尽管图中给出了对重，但所有的电梯尺寸均未考虑不同的驱动系统。

① 担架的尺寸为600mm×2000mm。

②Ⅰ类电梯中对一般用途电梯的井道、轿厢、开门参数尺寸及轿厢和对重在井道内的安装布置图。Ⅰ类电梯中对一般用途电梯的井道、轿厢、开门参数尺寸及轿厢和对重在井道内的安装布置图如图1-4所示。图中根据市场需求分为 A、B、C 三个系列，三个系列的差异主要是开门尺寸不同。同样 A、B、C 三个系列电梯应能根据市场需要实现无障碍要求，并在轿厢内有残疾人乘坐手动或电动轮椅的标志。

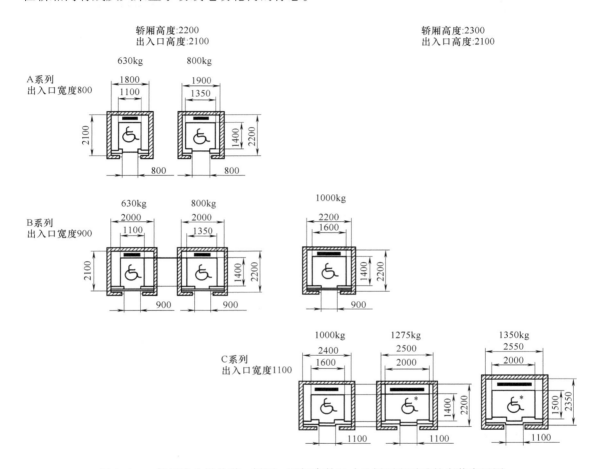

图 1-4 一般用途电梯井道、轿厢、开门参数尺寸及轿厢和对重的安装布置图

注：1. 适用于速度不超过 2.5m/s 的电梯（但速度超过 2.5m/s 时，井道的宽度和深度增加 100mm）。

2. 根据市场需求选择 A、B 或 C 系列。

3. A、B、C 系列符合无障碍要求并附有♿标志。

4. 电梯标有♿*允许采用电动轮椅（仅适用于要求为电动轮椅的情况）。

③Ⅰ类电梯中对频繁使用电梯（Ⅵ类电梯）的井道、轿厢、开门等参数尺寸及轿厢和对重在井道内的安装布置图。Ⅰ类电梯中对频繁使用电梯（Ⅵ类电梯）的井道、轿厢、开门等参数尺寸及轿厢和对重在井道内的安装布置图如图1-5所示。电梯均应符合无障碍要求，轿厢内有允许残疾人乘坐电动轮椅的标志（仅适用于要求为电动轮椅的情况）。

④Ⅲ类电梯（医用电梯）的井道、轿厢、开门等参数尺寸及轿厢和对重装置在井道内的安装布置图。Ⅲ类电梯（医用电梯）的井道、轿厢、开门等参数尺寸及轿厢和对重装置

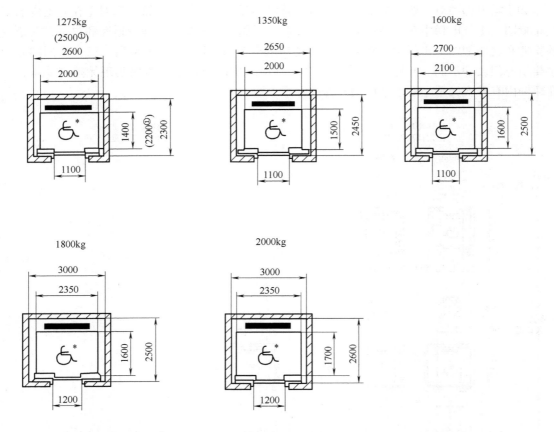

图 1-5 频繁使用电梯的井道、轿厢、开门等参数尺寸及轿厢和对重的安装布置图

轿厢高度：2400

出入口高度：2100

注：1. 由于具有较大的井道尺寸，适用于 2.5m/s 及以上不超过 6m/s 的电梯；

2. 电梯标有 ♿* 允许采用电动轮椅（仅适用于要求为电动轮椅的情况）。

① 括号内的尺寸适用于 2.5m/s 的电梯。

在井道内的安装布置图如图 1-6 所示，图中括号内的尺寸对于液压梯有效。图 1-6 适用速度不超过 2.5m/s 的电梯；电梯有残疾人乘坐电动轮椅的标志时允许采用电动轮椅。

⑤ 常用于 Ⅰ、Ⅱ、Ⅵ 类电梯的其他设计。由于用户要求不同，制造厂家为满足用户特殊要求而设计非标准电梯是常见的事，GB/T 7025.1—2008 已涉及，本书因篇幅限制不再赘述。

（2）GB/T 7025.2—2008《电梯主参数及轿厢、井道、机房的型式与尺寸 第2部分：Ⅳ类电梯》的规定。

1）Ⅳ类电梯。所谓Ⅳ类电梯，就是主要为运输通常由人伴随的货物而设计的电梯。

2）Ⅳ类电梯 A（水平滑动门）、B（垂直滑动门）系列电梯速度、井道与轿厢参数尺寸的规定。

① Ⅳ类电梯 A（水平滑动门）系列电梯井道与轿厢参数尺寸的规定。Ⅳ类电梯 A（水平滑动门）系列电梯速度、井道与轿厢参数尺寸应符合表 1-6 和表 1-7 的规定。

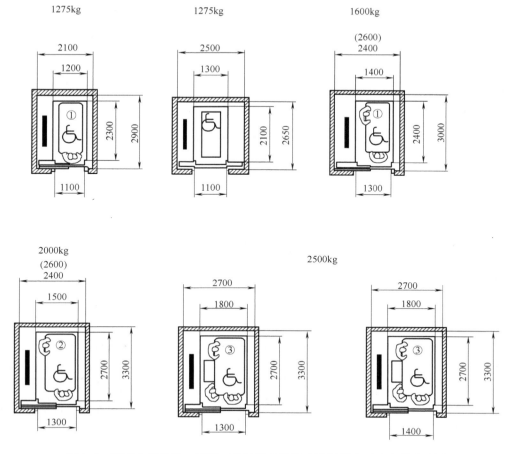

图 1-6　医用电梯井道、轿厢、开门等参数尺寸及轿厢和对重安装布置图

轿厢高度：2300

出入口高度：2100

注：1. 适用于不超过 2.5m/s 的电梯。

2. 括号内的进道尺寸对于液压电梯有效。

3. 电梯标有 ♿* 允许采用电动轮椅（仅适用于要求为电动轮椅的情况）。

4. 尽管图中给出了对重，但所有的电梯尺寸均未考虑不同的驱动系统。

5. 载重量为 1275kg 的中分门电梯常与有相似门设计的其他轿厢设置在同一群组中，它能容纳一个尺寸为 600mm×2000mm 的担架。

① 病床尺寸为 900mm×2000mm。

② 病床尺寸为 1000mm×2300mm。

③ 病床尺寸为 1000mm×2300mm，有其他仪器。

表 1-6　Ⅳ类电梯 A（水平滑动门）系列电梯速度、井道与轿厢参数尺寸（一）

（单位：mm）

参　数	额定速度 V_n/(m/s)	额定载重量（质量）/kg								
		630	1000	1600	2000	2500	3000	3500	4000	5000
轿厢高度 h_4		2100				2500				
轿门和层门高 h_3		2100				2500				

（续）

参　　数	额定速度 $V_n/(m/s)$	额定载重量（质量）/kg								
		630	1000	1600	2000	2500	3000	3500	4000	5000
底坑深度[①]d_3	0.25 0.40 0.50 0.63 1.00	1400			1600					
顶层高度[①]h_1	0.25 0.40 0.50 0.63 1.00	3700			4200		4600			
电力驱动电梯机房[②]$b_4 \times d_4$		2500×3700		3200×4900			3000×5000			
液压电梯机房[②]$b_4 \times d_4$		井道宽度或深度×2000								

注：其他的出入口配置可能会根据市场需求提供，这些变更会影响井道尺寸。

① 某些驱动形式和电梯结构有可能需要较大的顶层高度或底坑深度，并应符合相关的国家标准的规定。

② 机房尺寸和设备空间应符合相关的国家标准的规定，并满足安装现场的情况。

表 1-7　Ⅳ类电梯 A（水平滑动门）系列电梯速度、井道与轿厢参数尺寸（二）

（单位：mm）

参　　数	额定速度 $V_n/(m/s)$	额定载重量（质量）/kg						
		1600	2000	2500	3000	3500	4000	5000
轿厢高度 h_4		2100		2500				
轿门和层门高 h_3		2100		2500				
底坑深度[①]d_3	0.25 0.40 0.50 0.63 1.00	1600						
顶层高度[①]h_1	0.25 0.40 0.50 0.63 1.00	4200		4600				
电力驱动电梯机房[②]$b_4 \times d_4$		3200×4900		3000×5000				
液压电梯机房[②]$b_4 \times d_4$		井道宽度或深度×2000		②				

注：1. 对于采用垂直滑动门的最小楼层间距，咨询电梯制造商。

　　2. 其他的出入口配置可能会根据市场需求提供，这些变更会影响井道尺寸。

① 某些驱动形式和电梯结构有可能需要较大的顶层高度或底坑深度，还应符合相关的国家标准的规定。

② 机房尺寸和设备空间应符合相关的国家标准的规定，并满足安装现场的情况。

　　② Ⅳ类电梯 B（垂直滑动门）系列电梯速度、井道与轿厢参数尺寸的规定。Ⅳ类电梯 B（垂直滑动门）系列电梯速度、井道与轿厢参数尺寸应符合表 1-8 和表 1-9 的规定。

表 1-8　Ⅳ类电梯 B（垂直滑动门）系列电梯速度、井道与轿厢参数尺寸（一）

（单位：mm）

参　数	额定速度 V_n/（m/s）	额定载重量（质量）/kg					
		2000	2500	3000	3500	4000	5000
轿厢高度 h_4		2500/3000					
轿门和层门高 h_3		2100/2700					
底坑深度[①] d_3	0.25 0.40 0.50 0.63	1400					
	1.00 1.60[①] 1.75[①]	1800					
	2.50[①]	2400					
顶层高度[②] h_1	0.25 0.40 0.50 0.63	4500[③]/5000[④]					
	1.00	5000[③]/5500[④]					
	1.60[①]	5100[③]/5600[④]					
	1.75[①]	5200[③]/5700[④]					
	2.50[①]	5650[③]/6150[④]					

注：1. 机房尺寸和设备空间应符合相关的国家标准的规定，并满足安装现场的情况。

　　2. 其他的出入口配置可能会根据市场需求提供，这些变更会影响井道尺寸。

① 仅适用于电力驱动电梯。

② 某些驱动形式和电梯结构有可能需要较大的顶层高度或底坑深度，还应符合相关的国家标准的规定。

③ 轿厢高度为 2500mm。

④ 轿厢高度为 3000mm。

表 1-9　Ⅳ类电梯 B（垂直滑动门）系列电梯速度、井道与轿厢参数尺寸（二）

（单位：mm）

参　数	额定速度 V_n/（m/s）	额定载荷（质量）/kg					
		2000	2500	3000	3500	4000	5000
轿厢高度 h_4		2500/3000					
轿门和层门高 h_3		2500/3000					
底坑深度[①] d_3	0.25 0.40 0.50 0.63	1400[③]/1850[④]					
	1.00 1.60 1.75	1800					
	2.50	2400					

（续）

参 数	额定速度 $V_n/(m/s)$	额定载荷（质量）/kg					
		2000	2500	3000	3500	4000	5000
顶层高度[2]h_1	0.25 0.40 0.50 0.63	4500[3]/5250[4]					
	1.00 1.60	5100[3]/5600[4]					
	1.75	5200[3]/5700[4]					
	2.50	5650[3]/6150[4]					

注：1. 对于采用垂直滑动门的最小楼层间距，咨询电梯制造商。

2. 机房尺寸和设备空间应符合相关的国家标准的规定，并满足安装现场的情况。

3. 根据市场需求可能要设置其他的出入口和驱动形式，这会影响井道尺寸。

① 适用于电力驱动电梯。

② 某些驱动形式和电梯结构有可能需要较大的顶层高度或底坑深度，还应符合相关的国家标准的规定。

③ 轿厢高度为2500mm。

④ 轿厢高度为3000mm。

3）Ⅳ类电梯A（水平滑动门）系列电梯轿厢与对重安装平面布置图。Ⅳ类电梯A（水平滑动门）系列电梯轿厢与对重安装平面布置图如图1-7所示。

4）Ⅳ类电梯B（垂直滑动门）系列电梯虽然市场需求量不大，但按轿厢尺寸、开门尺寸区分，其品种规格则更多。本书因篇幅限制，该类电梯的轿厢与对重安装平面布置图也不再一一提供，读者如需要请查阅标准 GB/T 7025.2—2008 中Ⅳ类电梯的相关内容。

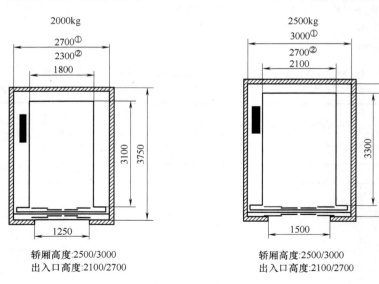

图1-7　Ⅳ类电梯A（水平滑动门）系列电梯轿厢与对重安装平面布置图

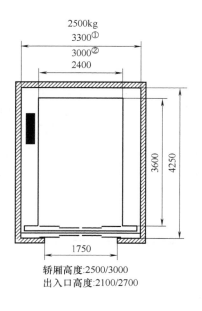
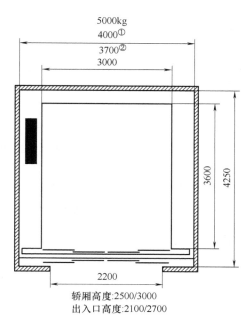

图 1-7　Ⅳ类电梯 A（水平滑动门）系列电梯轿厢与对重安装平面布置图（续）
注：根据市场需求可能要设置其他的出入口和驱动形式，这会影响井道尺寸。
① 曳引式电梯和非直顶式液压电梯。
② 直顶式液压电梯。

第五节　电梯产品（设备）的特点

电梯产品与其他机电产品相比，其独特之处表现在以下五个方面。

一、电梯是一种涉及人们生命安全的机电类特种设备

依据国务院颁布的《特种设备安全监察条例》（549 号）规定，电梯隶属涉及人们生命安全、危险性比较大的"机电类特种设备"。伴随着国家机构改革，电梯的制造、安装、改造、维修单位划归国家市场监督管理总局实施行政许可管理，即电梯的制造、施工单位必须取得国家市场监督管理总局或省、市级市场监督管理局颁发的许可资格证后，方能从事电梯的制造、安装、改造、维修业务且不允许超范围制造和施工。从事电梯、自动扶梯及自动人行道的维修作业人员，必须经当地市场监督管理局主管部门认可的有资质单位培训、考核合格，并取得上岗证后方能上岗作业。

二、电梯是一种零碎、分散、复杂的机电综合产品

电梯虽然够不上机电一体化的产品，但它是一种零碎、分散、复杂的机电综合性产品。一台电梯由机、电两大部分构成，而电梯的机械或电气部分又由规格品种繁多的零部件组成，而且这些零部件或元器件又分散安装在电梯机房、井道、底坑及井道墙壁四周、层门洞内外等，而且井道中间还吊挂着电梯的轿厢和对重装置。由于电梯是一种零碎、分散、复杂、不是一目了然的机电产品，就给电梯从业人员全面掌握电梯的结构原理和安装维修技能带来比较大的困难。

三、电梯是一种以销定产的产品

由于电梯是一种零碎、分散、复杂的机类电综合产品，每一台电梯有16个以上主要技术参数和数量比较多的标配功能和可选择功能，以及因人而异的外装饰要求，而且与安装电梯的建筑物关系又非常密切，同一套图纸建造起来的两台电梯井道，由于用户的要求不同，两台电梯生产出来后也就不可能完全相同。因此，电梯制造厂的营销人员与用户签订营销合同时，对每台电梯的上述要求都应列入合同的相关条款。电梯制造厂的生产部门在下达生产计划和投产前，都应对每台电梯的上述要求逐项核实后方能安排生产，否则生产出来的电梯未必能满足用户的要求。所以，电梯是一种必须根据用户不同要求而设计生产的产品，是一种必须先签订营销合同，然后才能进行设计生产的产品，换句话讲，没有电梯的营销合同，电梯制造厂家就不能实施生产。

四、电梯产品的总装配工作需在远离制造厂的使用现场进行

由于电梯是一种零碎、分散、复杂的机电产品，发货出厂时只能以部件形式分别包装再分类集中装箱发货出厂。电梯到达使用现场后，应由制造方、安装方、使用方共同开箱验货。经三方确认无误后由安装方负责现场安装。由于电梯产品的总装配工作是确保电梯产品质量的关键环节之一，而远离制造厂的使用现场的工作条件又远不如制造厂的生产车间。因此如何确保电梯的安装质量就成为制造方、安装方、使用方最为关心和必须做好的工作。

五、电梯产品发展迅速

我国的电梯产品是20世纪80年代末后才迅速发展起来的，我国目前年产电梯数量居世界前列，在运行电梯超过700万台，产品的技术质量水平已基本与世界同步。进入21世纪后，我国的电梯市场已由卖方市场转变为买方市场，目前国内的电梯从业人员已近百万，但能真正独立完成安装维修作业的人员紧缺，特别是具有较高维修作业能力的人员更为紧缺，已成为保障电梯安全、可靠、舒适运行的瓶颈。

第六节　小机房电梯和无机房电梯

一、小机房电梯和无机房电梯的产生与发展

由于永磁同步无齿曳引机的诞生，得以改变"电动机→减速箱→曳引轮→负载（轿厢和对重）"的传统曳引驱动模式，实现集曳引电动机、曳引轮、制动器、光电编码器于一体的全新模式。由于甩掉传统曳引机的减速器，使曳引机的体积和重量大大减小，使电梯机房面积能够缩小到等于电梯井道横截面积（简称小机房电梯），机房高度可以缩小到2300mm（满足维修电梯时能够通过环链手拉葫芦起吊曳引机的高度），还有不独立设置电梯的机房（简称无机房电梯）。近年来投入使用的电梯中，小机房和无机房电梯占有绝对优势，其成交量占总成交量的90%以上。

二、小机房电梯和无机房电梯的优缺点

1. 小机房电梯的优点

1）小机房电梯是采用永磁同步无齿曳引机的电梯，其优点请查阅本书第三章第十二节

中的表述。

2）由于采用永磁同步无齿曳引机，电梯机房面积可以缩小到等于电梯井道横截面积，机房高度可以缩小到 2300mm，只要满足维修电梯时能够通过环链手拉葫芦将曳引机起吊到一定高度即可。由于缩小了机房的建筑面积和高度，节省了电梯机房的建设费用。

3）电梯的使用维修效果与有机房电梯相同，避免了无机房电梯存在的不足。

2. 无机房电梯的优点和缺点

1）优点：甩掉了电梯机房，节省了电梯机房的建设费用，而且建筑物的屋顶整齐美观。

2）缺点：增加了电梯维修作业难度，电梯的限速器和安全钳一旦动作，现场操作复位比较麻烦，而且一旦发生电梯困人事故，解救比较麻烦，需要专业技术较好的电梯维修人员在现场实施救援。

第一章应了解掌握的主要问题和复习思考题

一、应了解掌握的主要问题

1. 了解电梯的隶属关系、发展简况，掌握电梯的使用操作和电梯的综合技术质量评价指标。

2. 掌握从不同角度对电梯进行分类及其结果。

3. 掌握决定一部电梯的主要参数和主参数。

4. 了解电梯现行主要技术标准的名称、代号和电梯产品的特点。

5. 看懂一部电梯的轿厢和对重在井道内的安装平面布置图。

6. 了解小机房电梯和无机房电梯的优点和缺点。

二、复习思考题

1. 判断题（对打"√"，错打"×"）

（1）电梯的每一次运行所包括的主要环节是基本相同的。　　　　　　　（　　）

（2）各种用途的电梯轿厢内净面积均不得超过国家标准规定的面积。　　（　　）

（3）采用小机房电梯，不但可以节省电梯机房的建设费用，也没有无机房电梯存在的不足。（　　）

（4）电梯井道底坑深度和顶层高度均取决于电梯的额定运行速度和额定载重量。（　　）

（5）液压式电梯轿厢的提升高度和运行速度都受到限制，因此液压电梯的使用场合不多。（　　）

（6）我国现行电梯专业技术标准中有强制性和推荐性两种技术标准，其中的 GB 7588 和 GB/T 10058 均为强制性技术标准。（　　）

（7）载货电梯只能载货不允许载人。　　　　　　　　　　　　　　　　（　　）

（8）曳引方式为"1:1"的电梯曳引绳在曳引轮上的包角小于 180° 但不能小于 135°，曳引方式为"2:1"的电梯曳引绳在曳引轮上的包角等于 180°。（　　）

（9）电梯井道平面布置图是表示轿厢与对重装置在井道内的平面位置布置关系。（　　）

（10）电梯专业技术标准是电梯从业单位设计制造、安装、维修电梯的依据。（　　）

2. 选择题（填写被选项目序号）

（1）快速电梯的额定运行速度是：A（$V \leqslant 1.0 \text{m/s}$）；B（$1.0 \text{m/s} < V < 2.5 \text{m/s}$）；C（$V \geqslant 2.5 \text{m/s}$）（　　）

（2）按国家相关技术标准的规定，决定电梯的开门方向是按以下方式确定的：A（人站在轿厢内，并面对轿门，门向左开启称左开门，门向右开启称右开门）；B（人站在层门外，并面对层门，门向左开启称左开门，门向右开启称右开门）（　　）

（3）电梯轿厢与曳引绳的运行速度和曳引方式有关，若某台电梯的轿厢运行速度等于曳引绳的运行速度，其曳引方式是：A（1:1）；B（2:1）（　　）

（4）按《特种设备安全监察条例》（549 号）的规定，锅炉、压力容器、压力管道、大型游乐设施、电梯、起重机等六类设备属于特种设备，其中的两种设备被称为机电类特种设备，它们是：A（大型游乐

设施和起重机）；B（起重机和电梯）；C（电梯和大型游乐设施） （ ）

（5）电梯的平层准确度取决于：A（电梯的额定运行速度）；B（电梯的额定载重量）；C（电梯的拖动方式）；D（电梯的控制方式） （ ）

（6）在现行的十几个电梯专业技术标准中既是强制性技术标准又被称为母标准的是：A（GB 7588）；B（GB 10060）；C（GB/T 10059） （ ）

（7）电梯从业人员常说的 VVVF 拖动是以下哪种拖动方式的简称：A（交流双速电动机变极调速拖动）；B（交流双速电动机调压调速拖动）；C（交流单速电动机调频调压调速拖动） （ ）

（8）电梯轿厢的内净面积与以下三个参数中的哪个参数有关：A（额定载重量）；B（额定运行速度）；C（井道截面尺寸） （ ）

（9）电梯的额定运行速度是指：A（电动机的运行速度）；B（调试人员调试后的轿厢运行速度）；C（电梯制造厂设计计算后确定的电梯轿厢运行速度） （ ）

（10）电梯的提升高度是指：A（电梯井道底坑地面至井道屋顶板的垂直距离）；B（电梯底层"最低层"的层门踏板与顶层"最高层"的层门踏板之间的垂直距离） （ ）

3. 填空题

（1）《特种设备安全监察条例》中的电梯是指_____驱动，利用沿刚性导轨运行的箱体或者沿固定线路运行的梯级（踏步），进行升降或者平行运送人、货物的机电设备，包括_____、_____、_____三种类型的设备。

（2）电梯是一种零碎、分散、复杂的机电综合产品，产品的总装配（安装）工作需在远离制造厂的_____进行。因此，一部新电梯安装合格交付使用后运行效果的好坏在一定程度上又与_____有关。

（3）电梯乘用人员按下轿内操纵箱上的层楼按钮发出的指令信号称_____指令信号，而乘用人员按下所在层楼厅外召唤箱上的"上或下"行召唤按钮发出的指令信号称_____指令信号。

（4）电梯的拖动方式决定着电梯的_____，而电梯的控制方式则决定着电梯的_____。

（5）决定一部电梯的参数至少有 16 个，掌握了这部电梯的 16 个参数，就基本掌握了这部电梯的概貌，在这 16 个参数中的_____和_____被称为电梯的主参数。因为改变这两个参数中的任何一个参数都可能引发_____的变化，因此称这两个参数为电梯的主参数。

（6）每一台多层站电梯必定有_____站和_____站，每一台按国家现行标准设计制造的电梯还设置有基站，一般电梯用户常把基站设置在_____楼。每一台电梯的井道，在其下端站的下方还设有底坑，底坑的深度与电梯的_____有关。而电梯的上端站俗称顶层，顶层的高度也与电梯的_____有关。

（7）按电梯专业技术标准 GB/T 7025.1～3 的规定，一台额定载重量为 1000kg 的乘客电梯井道，其宽和深是_____ mm 和_____ mm。

（8）按电梯轿厢和对重在井道内的位置布置，一般有以下三种：A、对重在轿厢的_____；B、对重在轿厢的_____；C、对重在轿厢的_____等三种。

（9）本书按我国曾广泛采用过的电梯控制方式分类共有八种，其中_____电梯单机运行时的自动化程度最高，它具有_____运行控制、_____运行控制、_____运行控制等三种运行控制模式。

（10）按控制方式分类中的轿内按钮控制电梯是一种_____司机控制电梯，轿内外按钮控制电梯是一种_____司机操作控制的电梯。

4. 问答题

（1）试述无机房电梯的优缺点、小机房电梯的优点？

（2）为什么额定载重量和额定运行速度是决定一台电梯众多参数中的主参数？

（3）试述电梯产品的主要特点？

第二章

电梯的机械系统

第一节　概　述

电梯由机械和电气两大部分构成。电梯的机械部分由驱动系统、轿厢和对重装置、导向系统、开关门系统、机械安全保护系统等五个子系统构成。电梯的电气部分由操纵箱、控制柜等十多个电器部件及其连接线构成。

一、构成电梯机械部分的五个子系统

1. 驱动系统

电梯的驱动系统有曳引驱动、强制驱动、液压驱动等三种不同的驱动方式。本书主要介绍采用曳引驱动系统（俗称曳引系统）的电梯。曳引驱动系统由曳引机（含有减速器和无减速器两种曳引机及制动器）、导向轮（也称抗绳轮）或轿顶轮（含单、双轿顶轮，其中单轿顶轮还需配置导向轮）和对重轮、曳引钢丝绳和绳头组合（也称曳引绳锥套）等主要部件构成。

2. 轿厢和对重装置

轿厢由轿架、轿壁、轿底、轿顶、轿门、称重装置构成。对重装置由对重架和对重块构成。对于提升高度较高或多层站的电梯，在轿厢和对重之间还加装了平衡钢丝绳或平衡链，以减小电梯运行过程中曳引钢丝绳对平衡系数的影响。

3. 导向系统

导向系统由轿厢和对重导轨、导轨固定支架和导靴等部件构成。

4. 层门和轿门及其开关门系统

层门和轿门及其开关门系统由层门、轿门、开关门机构和门锁构成。

5. 机械安全保护系统

机械安全保护系统由机械安全保护设施和机械安全防护设施构成。机械安全保护设施主要由缓冲器、轿厢下行超速保护装置（限速器和安全钳）、轿厢上行超速保护装置、层门锁装置等部件构成。机械安全防护设施由各种隔离网、罩等机械部件构成。

二、构成电梯电气部分的主要零部件

电梯电气部分由控制柜、操纵箱、指层灯箱、召唤箱、换速平层装置、两端站限位装置

（包括两端站强迫减速开关、限位开关、极限开关）、轿顶检修箱、底坑检修箱等十多个电气部件以及分散安装在相关机械部件中并与其配合完成电梯预定功能的电气零部件组成。分散安装的主要电气零部件有曳引电动机、制动器线圈、开关门电动机及其调速控制装置、限速器开关、限速器绳张紧装置开关、安全钳开关、缓冲器开关以及各种安全防护按钮和开关等。

　　我国生产的电梯产品种类繁多，而构成各类电梯的主要零部件的规格参数可能不同，但它的名称、所起的作用和安装的位置则是基本相同的。这些机、电零部件在电梯机房、井道、底坑、层门的装配关系和位置分布示意图如图 2-1 所示。

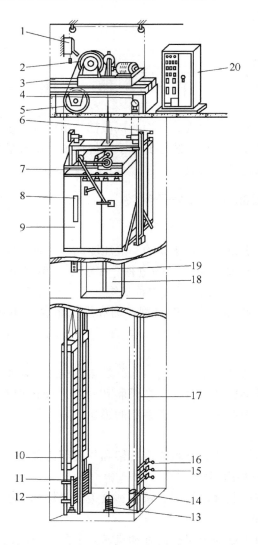

图 2-1　电梯机、电系统主要零部件装配关系示意图

1—极限开关　2—曳引机　3—承重梁　4—限速器　5—导向轮　6—换速平层传感器
7—开门机构　8—操纵箱　9—轿厢　10—对重装置　11—防护栅栏　12—对重导轨
13—缓冲器　14—限速器张紧装置　15—基站厅外开关门控制开关　16—限位开关
17—轿厢导轨　18—厅门　19—召唤按钮箱　20—控制柜

第二节　曳引驱动系统

一、曳引驱动系统的优缺点

如本章第一节所述，电梯采用的驱动系统有曳引驱动、强制驱动（多年未见采用）和液压驱动（有采用但很少）三种不同结构原理的驱动系统。本书因篇幅限制主要介绍采用曳引驱动系统的电梯。

自 20 世纪 30 年代美国纽约市 102 层摩天大楼建成，美国奥的斯电梯公司为这座大楼制造和安装了 73 台电梯，最高运行速度 $V=6.0\text{m/s}$，是直流电动机驱动的曳引式高速梯，从此人们开始认为曳引驱动电梯有着强制驱动电梯和液压驱动电梯无法与之相比的优点，此后生产和投入运行的电梯多为曳引驱动的电梯。因为曳引驱动电梯具有以下主要优点：

1）曳引驱动电梯利用就位于曳引轮槽的曳引绳与曳引轮槽的摩擦力，驱动连接于曳引绳两端的轿厢和对重装置上、下运行。采用这种驱动方式的电梯，当电梯轿厢越过上端站楼面一定距离时，对重装置将坐压在它的缓冲器上，可避免轿厢冲撞井道顶板（或电梯机房地板）的可能，反之亦然，使电梯的安全运行性能大大提高。

2）曳引驱动电梯曳引绳的长度不受限制（理论上如此），即曳引驱动电梯的提升高度不受限制，而且提升高度的改变对电梯驱动系统和其他电梯零部件的影响很小，也不难解决。曳引驱动技术的成功应用和发展，为高行程多层站电梯的发展奠定了良好的基础。

3）在满载上行和空载下行的恶劣工况下，曳引电动机的轴功率输出也只需克服额定载荷 50%~60% 的重力，有比较好的节能效果。

4）曳引驱动比强制驱动的安全性能好，比液压驱动结构简单、建设成本低廉、不受提升高度的限制。

由于曳引驱动方式有着强制驱动和液压驱动方式无法与之相比的突出优点，因此近几十年来，采用曳引驱动方式的电梯约占电梯市场份额的 99% 以上，随着 VVVF 电梯拖动技术的日趋完善，99% 的市场份额还有扩大的空间。

二、曳引驱动系统与曳引方式

采用曳引驱动的电梯有几种曳引方式，所谓曳引方式实质上是挂曳引绳的方式。而且由于曳引方式不同，曳引驱动系统配置的零部件也不同。现以本书第一章第三节中的图 1-1 为例，说明由于曳引方式不同，曳引驱动系统配置的零部件也有区别。其中：

1）图 1-1a 是曳引方式为 1:1 的曳引系统的传动原理示意图，本章的图 2-2 也是 1:1 曳引方式的曳引系统零部件安装布置示意图。从图 1-1a 和图 2-2 可知，这种曳引方式的曳引系统由曳引绳轮、导向轮、轿厢和对重装置构成。曳引绳轮是动力源，导向轮用以调节轿厢和对重装置的中心距以及曳引绳在曳引轮上的包角（不小于 135°）。

2）图 1-1b 是曳引方式为 2:1 的曳引系统传动原理示意图。从图 1-1b 可以看出，由于曳引方式由 1:1 改变为 2:1 后，这种曳引方式的曳引系统由曳引绳轮、两只轿顶轮和一只对重轮、轿厢和对重装置构成。

3）图 1-1c 是曳引方式为复绕 1:1 的曳引系统传动原理示意图。从图 1-1c 可以看出，这种曳引方式的曳引驱动系统由曳引绳轮、复绕轮、轿厢和对重装置构成。这种曳引方式的复绕轮必要时通过调整其安装位置也具有导向轮的作用。

除此之外，也有曳引方式为4:1，采用单轿顶轮、单对重轮以及导向轮的曳引驱动系统等。本书因篇幅限制不再赘述。

三、曳引驱动系统的构成部件及其结构原理

1. 曳引机

曳引机是曳引驱动系统的动力源，是曳引驱动系统的核心部件。曳引机的类别、参数尺寸决定着电梯额定载重量和额定运行速度，决定着电梯的安全、可靠、舒适性和节能效果。因此各电梯制造厂对曳引机的选用都比较重视。由于我国生产的电梯类别、规格品种齐全，与其配套使用的曳引机类别、规格品种繁多，分类也比较复杂，一般从下列角度分类。

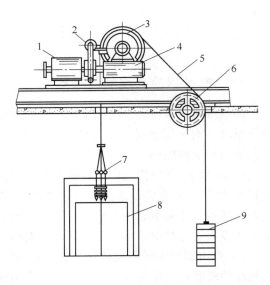

图2-2　1:1曳引驱动系统主要部件安装示意图
1—电动机　2—制动器　3—曳引轮　4—减速器
5—曳引绳　6—导向轮　7—绳头组合
8—轿厢　9—对重

（1）曳引机的分类

1）按曳引电动机的类别分类：

① 采用交流电动机驱动的曳引机。

② 采用直流电动机驱动的曳引机（20世纪80年代末后不再生产）。

③ 采用永磁同步电动机驱动的曳引机。

2）按有无减速器分类：

① 有减速器（以下简称有齿）的曳引机。

② 无减速器（以下简称无齿）的曳引机。

（2）有减速器曳引机在电梯产品中的应用及其结构原理

1）有齿曳引机在电梯产品中的应用。有齿曳引机20世纪末之前用在额定运行速度 $V <$ 2.5m/s 的客、货、住宅、病床电梯上。

2）有齿曳引机的结构原理。有齿曳引机由曳引电动机、减速器、制动器、曳引绳轮构成。为了减小曳引机运行过程中的噪声和提高平稳性，多采用蜗轮副作为有齿曳引机的减速传动装置。20世纪80年代末前国内生产的曳引机均采用阿基米德齿型蜗轮副作为减速传动装置，采用这种蜗轮副的曳引机运行效率约为70%。20世纪80年代末后开始采用K型齿型、渐开线齿型蜗轮副作为减速传动装置后，曳引机运行效率提高到80%以上。与此同时，国外也出现采用星形齿轮减速器、斜齿轮减速器的曳引机等情况。

20世纪80年代中期前国内生产的有齿曳引机多采用下置式曳引机（蜗杆在蜗轮下方），这种曳引机的漏油问题一直是困扰广大电梯从业人员的问题。这种传统老式曳引机的外形结构示意如图2-3a所示。20世纪80年代中期后国内成功设计并批量生产出上置式曳引机（蜗杆在蜗轮上方），上置式曳引机的诞生彻底解决了传统老式曳引机的漏油问题，这种上置式曳引机的外形结构示意如图2-3b所示。

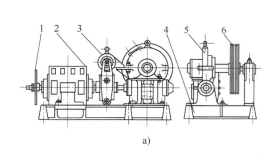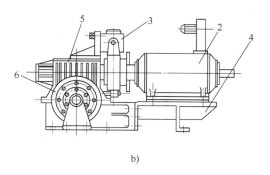

图 2-3　有齿曳引机外形结构示意图

a）下置式（蜗杆在蜗轮下方）曳引机　b）上置式（蜗杆在蜗轮上方）曳引机

1—惯性轮　2—曳引电动机　3—制动器　4—曳引机底盘　5—蜗轮副减速器　6—曳引轮

有齿曳引机的曳引电动机通过联轴器与蜗杆连接，蜗轮与曳引绳轮同装在一根轴上，通过蜗杆与蜗轮之间的啮合关系，曳引电动机通过蜗杆驱动蜗轮和曳引绳轮作正反向运行。而就位于曳引轮槽内的曳引绳两端通过绳头组合（俗称绳头锥套）分别与轿厢和对重装置连成一体。当曳引轮作正反向运行时，通过曳引轮槽与曳引钢丝绳之间的摩擦力（俗称曳引力），驱动固定在曳引绳两端的轿厢和对重装置上下运行。对于曳引驱动的电梯，为确保曳引轮槽与曳引绳之间的摩擦力足够大，即曳引力足够大，常将曳引轮槽加工成如图 2-4 所示的 U 形槽或 V 形槽。对于曳引方式为 2:1 曳引驱动系统的传动原理示意如图 2-5 所示。

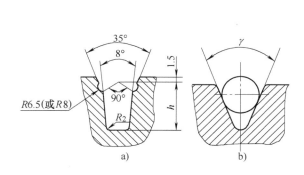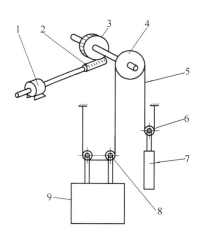

图 2-4　曳引轮槽

a）U 形轮槽　b）V 形轮槽

图 2-5　2:1 曳引驱动系统传动原理示意图

1—曳引电动机　2—蜗杆　3—蜗轮　4—曳引绳轮

5—曳引钢丝绳　6—对重轮　7—对重装置

8—轿顶轮　9—轿厢

在国家标准 GB/T 24478—2009《电梯曳引机》中，只对低速梯曳引机部分参数作纲领性规定。而原部标准 JB/Z 110—1974 的规定稍为详细些，JB/Z 110—1974 的规定见表 2-1。由于表 2-1 是按阿基米德齿型蜗轮副编制的，若采用 K 型齿型、渐开线齿型蜗轮副后，由于运行效率提高了，表 2-1 中的部分参数也应修订。由于 JB/Z 110—1974 已被国家标准 GB/T 24478—2009 所取代，在此提供表 2-1 的参数值只供读者学习了解电梯结构原理时参考。

表2-1 原电梯曳引机系列表（供参考）

载重量/kg	速度/(m/s)	曳引比	中心距/mm	模数	节模比	速度比	曳引轮直径/mm	钢丝绳直径/mm	静阻距/(N·m)	原动机功率/kW	平均转速/(r/min)	电动机型号
100	0.5	1:1	120	5	9	1/38	400	2×9.5	131.4	1.5	930	JHO₂
200	0.5	1:1	120	5	10	1/38	400	2×9.5	262.8	2.2	930	JHO₂
350	0.5	1:1	190	6	9	1/53	540	4×9.5	617.8	2.2	930	JHO₂
500	0.5	1:1	190	6	9	1/53	540	4×9.5	882.6	4	930	JTD
	1.0	1:1	190	6	9	2/53	540	4×9.5	882.6	5.5	930	JTD
	1.5	1:1	190	6	9	3/53	540	4×9.5	882.6	11	960	JTD
	1.75	1:1	190	6	9	3/53	620	4×9.5	1019.9	11	960	JTD
750	0.5	1:1	250	7	9	1/61	620	5×13	1529.8	7.5	940	JTD
	1.0	1:1	250	7	9	2/61	620	5×13	1529.8	7.5	940	JTD
	1.5	1:1	250	7	9	3/61	620	5×13	1529.8	11	960	ZTD
	1.75	1:1	250	7	9	3/61	700	5×13	1745.6	15	960	ZTD
1000	0.5	1:1	250	9	9	1/61	620	5×13	2039.8	7.5	940	JTD
	0.5	2:1	250	7	9	2/61	620	5×13	1019.9	7.5	940	JTD
	1.0	1:1	250	7	9	2/61	620	5×13	2039.8	11	960	JTD
	1.5	1:1	250	7	9	3/61	620	5×13	2039.8	15	960	ZTD
	1.75	1:1	250	7	9	3/61	700	5×13	2334	22	960	ZTD
1500	0.5	1:1	300	8	8	1/67	680	5×16	3353.9	11	960	JTD
	0.75	2:1	250	8	8	2/53	780	5×16	1922.1	11	960	JTD
	1.0	1:1	300	8	8	2/67	680	5×16	3353.9	15	960	JTD
	1.5	1:1	300	8	8	3/67	680	5×16	3353.9	22	960	ZTD
	1.75	1:1	300	8	8	3/67	780	5×16	3844	30	960	ZTD
2000	0.5	2:1	250	7	9	2/61	620	5×13	2040	11	960	JTD
	0.75	2:1	250	8	8	2/53	780	5×16	2569.3	15	960	JTD
	0.5	1:1	360	10	8	1/63	640	6×16	4207.1	11	960	JTD
	1.0	1:1	360	10	8	2/63	640	6×16	4207.1	22	960	JTD
3000	0.25	2:1	300	8	8	1/67	680	5×16	3353.9	11	960	JTD
	0.5	2:1	300	8	8	2/67	680	5×16	3353.9	15	960	JTD
	0.75	2:1	300	10	8	2/51	780	5×16	3844.2	22	960	JTD

3）有齿曳引机的电梯额定运行速度。电梯的额定运行速度 V 等主要参数取决于曳引电动机的功率 P、转速 n、蜗杆与蜗轮的减速比 i_j、曳引轮的直径 D 以及曳引比（曳引方式）i_y，其关系可用式（2-1）表示

$$V = \frac{\pi D \cdot n}{60 i_y i_j} \tag{2-1}$$

式中　V——电梯额定运行速度（m/s）；

D——曳引轮直径（m）；

i_y——曳引比（曳引方式）；

i_j——减速比；

n——曳引电动机转速（r/min）。

例： 若有一台有齿曳引机的曳引轮直径 D 为 0.62m，电动机的实际平均转速 n 为 960r/min，减速比 i_j 为 61:2，曳引比（曳引方式）i_y 为 2:1，求电梯的运行速度。

解： 已知 $D=0.62m$，减速比 $i_j=61:2$，曳引比（曳引方式）$i_y=2:1$，电动机的实际平均转速 $n=960r/min$，代入式（2-1）得

$$V = \frac{\pi D n}{60 i_y i_j} = 3.14 \times 0.62 \times 960 / \left(60 \times \frac{61}{2} \times \frac{2}{1}\right) m/s \approx 0.5 m/s$$

答： 该电梯的运行速度约为 0.5m/s。

4）有齿曳引机的曳引电动机功率。曳引电动机是曳引驱动电梯的动力源。由于曳引电动机的运行工况比较复杂，需要频繁起动、制动、正转、反转，而且负载变化大，经常工作在重复短时状态、电动状态、再生制动状态下。因此要求曳引电动机不但要适应频繁起动、制动、正转、反转、负载变化大的要求，而且要求起动电流小、起动力矩大、机械特性硬、噪声小，当供电电源电压在 ±7% 的范围内变化时，还能正常起动和运行。因此曳引电动机是电机制造厂专门为电梯产品配套设计制造的专用电动机。电梯用交流感应电动机的结构形式和基本参数尺寸，应符合 GB/T 12974—2012《交流电梯电动机通用技术条件》的规定。对于采用有齿曳引机的交流感应曳引电动机的额定功率，一般按式（2-2）计算

$$P = \frac{(1 - K_P)QV}{102\eta} \tag{2-2}$$

式中　P——曳引电动机额定功率（kW）；

　　　K_P——电梯平衡系数（一般取 0.4~0.5）；

　　　Q——电梯额定载重量（kg）；

　　　V——电梯额定运行速度（m/s）；

　　　η——电梯机械总效率。对于采用蜗轮副作为减速装置的有齿曳引机，由于齿型不同，电梯的机械总效率也有区别，一般取 0.5~0.55。

例： 若有一台额定载重量 Q 为 2000kg、额定运行速度 V 为 0.5m/s、平衡系数 K_P 为 0.45，曳引机的减速器采用阿基米德齿型蜗轮副的交流双速梯，求曳引电动机的功率为多少？

解： 已知 $Q=2000kg$，$V=0.5m/s$，$K_P=0.45$（取），$\eta=0.5$（取）。代入式（2-2）得

$$P = \frac{(1-K_P)QV}{102\eta} = (1-0.45) \times 2000 \times \frac{0.5}{102} \times 0.5 kW \approx 10.7 kW$$

答： 曳引电动机的功率为 10.7kW，取 11kW。

5）有齿曳引机的制动器。有齿和无齿曳引机都必须设置制动器。一般有齿曳引机制动器的结构示意如图 2-6 所示。这种制动器由直流电磁线圈、电磁铁心（左右各一只）、闸瓦架和闸瓦及闸皮、制动轮（它属于曳引机的一个部件）、抱闸弹簧等构成。当直流电磁线圈接通直流电源时，在直流电磁线圈周围空间产生一个电磁场，在该电磁场力作用下，两只电磁铁心吸合，与电磁铁心有机械连接关系的闸瓦架挤压抱闸弹簧，铆接在闸瓦上的闸皮离开制动轮，制动器松闸，曳引机可以正反向运行。断开电磁线圈的直流电源时，电磁线圈产生的磁场消失，依靠抱闸弹簧的反作用力，铆接在闸瓦上的闸皮紧抱制动轮，制动器施闸，曳

引机停止运行，起安全保护作用。不同拖动方式的电梯制动器所起的安全保护作用略有区别：

① 交流双速梯的制动器有控制平层准确度和防止电梯溜车的作用；

② 对于零速（接近于零）平层施闸停靠的直流电梯也有控制平层准确度和防止电梯溜车的作用；

③ 对于零速平层停靠施闸的 ACVV 电梯、VVVF 电梯主要是防止电梯溜车的作用。

但是不管哪类电梯的制动器，均应具有当电梯失电时使电梯在标准或规范规定的距离范围内制停电梯的作用。标准还规定制动器必须设有两组独立的制动机构、两只铁心、两组闸瓦架和闸瓦及闸皮、两只制动弹簧等要求。而且若一组制动机构失去作用，则另一组制动机构应能有效地制停电梯。

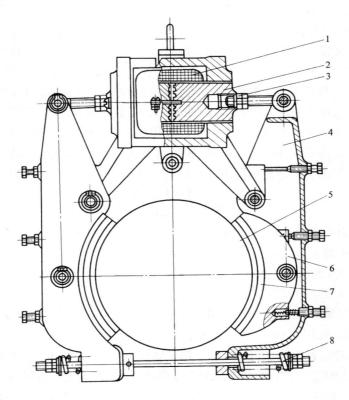

图 2-6 有齿曳引机电磁式直流制动器结构示意图

1—线圈　2—电磁铁心　3—调节螺母　4—闸瓦架　5—制动轮
6—闸瓦　7—闸皮　8—弹簧

有齿曳引机电磁式制动器的制动轮直径、闸瓦宽度及其圆弧角度可参考表 2-2 的规定。为了减小制动器抱闸、松闸时产生的噪声，制动器线圈内两只铁心之间的间隙不宜过大，闸皮与制动轮之间的间隙也是越小越好，一般以松闸后闸皮不碰擦运转着的制动轮为宜。

（3）无齿曳引机的结构原理

1）无齿曳引机在电梯产品中应用。我国 20 世纪 80 年代末前曾批量生产过采用直流电动机作为曳引电动机的无齿曳引机，这种直流电动机拖动的无齿曳引机，主要用在额定运行速度 $V \geqslant 2.5\,\text{m/s}$ 的高档高速乘客电梯上。这种无齿曳引机已于 20 世纪 80 年代末后不再生产，在此不再赘述。

表 2-2　有齿曳引机电磁式制动器的参数尺寸

曳　引　机	电梯额定载重量/kg	制动轮直径/mm	闸　瓦	
			宽度/mm	圆弧角度/(°)
有齿轮	100～200	150	65	88
	500	200	90	88
	750～3000	300	140	88
无齿轮	1000～1500	840	200	88

　　我国除 20 世纪 80 年代末前曾批量生产过无齿曳引机外，近几年来我国的无齿曳引机生产又有了新的发展。近年来生产的无齿曳引机的曳引电动机采用的是永磁同步电动机，国内率先采用永磁同步电动机作为曳引电动机，并率先将永磁同步无齿曳引机推向国内无机房和小机房电梯市场，且取得成功的是芬兰在中国昆山创立的通力中国电梯公司，以此证明永磁同步电动机具有在低速状态下实现大功率输出的特点，能够改变传统的"电动机→减速器→曳引轮→负载（轿厢和对重）"的曳引驱动模式，做到集曳引电动机、曳引轮、制动器、光电编码器于一体的驱动新模式，且具有节能、免维护、环保等优点。这种永磁同步无齿曳引机的结构示意如图 2-7 所示。

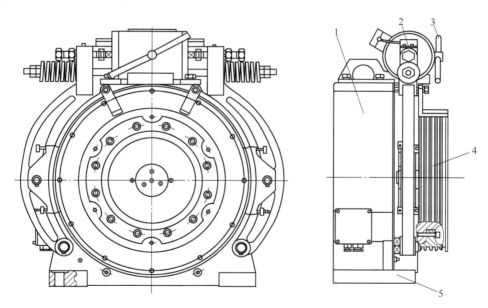

图 2-7　永磁同步无齿曳引机结构示意图
1—永磁同步电动机　2—制动器　3—松闸扳手　4—曳引轮　5—底座

　　在通力中国电梯公司的带动下，近几年来，我国的曳引机专业制造厂和一部分大型电梯制造企业已研制出不少具有各自特式的永磁同步无齿曳引机，使我国电梯产品的节能效果向前推进了一大步。永磁同步无齿曳引机的体积小、重量轻（是传统有齿曳引机重量的 35% 左右）、材料消耗少、结构相对简单、价格也相对低廉，其节能效果比普通交流感应电动机 VVVF 拖动电梯还要节能 20%～25%。由于永磁同步无齿曳引机的节能、环保效果好而深受广大电梯用户的欢迎。目前国内生产的永磁同步无齿曳引机已广泛应用到各种类别、载重量、运行速度的电梯产品上。近几年来，国内电梯市场采用永磁同步无齿曳引驱动的 VVVF 拖动电梯，已占国内电梯市场份额的 90% 以上，而且仍有继续扩大市场占有率的趋势。

永磁同步电动机按结构形式分为内、外转子式两种。所谓内转子式就是转子在定子之内，就定子与转子的相对位置而言，这种永磁同步电动机与以往使用过的普通交直流电动机有点相似。所谓外转子式就是转子在定子之外，这种永磁同步电动机与以往使用过的普通交直流电动机几乎没有相似之处。由于内、外转子式永磁同步电动机自身的差别比较大，因此构成永磁同步无齿曳引机的曳引轮、制动器与永磁同步电动机的组装形式也有比较大的差异。至于永磁同步电动机的结构原理将在本书第三章的第十二节中描述。

2）永磁同步无齿曳引机制动器。永磁同步无齿曳引机的制动器也由直流电磁线圈、电磁铁心、闸瓦架和闸瓦及闸皮、制动轮（它属于曳引机的一个部件）、抱闸弹簧等构成。永磁同步无齿曳引机由于甩掉减速器以及永磁同步电动机自身的特点，使永磁同步无齿曳引机具有自己的特色。对于采用外转子式永磁同步电动机的无齿曳引机，其转子外壳与制动器的制动轮和曳引绳轮易于铸造成一体，制动器的制动轮仍在电动机转动部分与曳引绳轮之间，但主要构成部件的几何形状和尺寸则差异很大。对于采用内转子式永磁同步电动机的无齿曳引机，曳引绳轮也与永磁同步电动机的转动部分同轴，曳引绳轮稳装在永磁同步电动机转轴的左侧或右侧，若曳引绳轮稳装在永磁同步电动机转轴的左侧，则多将制动轮稳装在永磁同步电动机转轴的右侧，制动器的闸瓦架和闸瓦及闸皮、直流电磁线圈、电磁铁心也与制动轮同装在右侧，也易于将制动器的闸瓦架与永磁同步曳引电动机的外壳铸造成一体。由于永磁同步无齿曳引机没有减速器，所以永磁同步电动机输出的转矩就比较大，也就要求永磁同步无齿曳引机制动器产生的制动力矩必须足以制停电梯继续运行，因而永磁同步无齿曳引机的制动器多采用双直流电磁线圈，而且供电电源电压也比较高，以降低直流电磁线圈的电流。永磁同步无齿曳引机制动器的外形结构和形式如图 2-7 所示。

2. 导向轮

导向轮也称抗绳轮。导向轮由轴、轴套和绳轮等机件构成。轴套和绳轮装成一体，再将轴装进轴套里，轴通过轴瓦架（或 U 形螺栓）紧固在曳引机承重梁的下方，其安装示意图如图 2-2 中的 6 所示。导向轮上开有曳引绳槽，槽的直径稍大于曳引绳的直径，但绳槽与绳槽的中心距与曳引轮的绳槽与绳槽的中心距相等。导向轮的作用是调节和控制轿厢架绳头板中心与对重架绳头板中心的距离，以及曳引绳在曳引轮上的包角，该包角对于如图 2-2 所示的曳引方式为 1∶1 的电梯应不小于 135°。

3. 曳引绳和曳引绳补偿装置

（1）曳引绳　电梯的曳引钢丝绳（俗称曳引绳）是连接轿厢和对重装置的机件，承载着轿厢、对重装置和额定载重量的总和。电梯用曳引绳一般采用按国家标准 GB/T 8903—2018 规定生产的电梯用钢丝绳。这种钢丝绳分为 6×19S＋FC 和 8×19S＋FC 两种形式，绳芯有纤维绳芯（FC）和钢芯（WC）两种，其中纤维芯包括天然纤维绳芯和合成纤维绳芯，采用纤维芯的钢丝绳截面结构示意图如图 2-8 所示。其中：6×19S＋NF 为 6 股，每

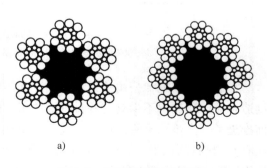

a)　　　　　　　　　　b)

图 2-8　钢丝绳结构示意图
a) 6×19S＋NF 钢丝绳　b) 8×19S＋NF 钢丝绳

股 3 层，外面两层各有 9 根钢丝，最内层为一根钢丝；8×19S＋NF 为 8 股，每股 3 层，外面两层各有 9 根钢丝，最内层为一根钢丝。每种曳引绳的直径有 6mm、8mm、10mm、13mm、16mm、19mm、22mm 等多种规格。电梯用钢丝绳的钢丝化学成分、力学性能以及采用钢芯的钢丝绳性能参见 GB/T 8903—2018《电梯用钢丝绳》的规定。

为了确保人身和电梯设备安全，各类电梯的曳引绳根数以及安全系数一般应符合或基本符合表 2-3 的规定。在电梯产品设计和使用过程中，各类电梯选用的曳引绳根数和每根绳的直径应符合或基本符合表 2-1 中的规定。为了提高曳引绳的使用寿命，不同运行速度电梯的曳引轮直径 D 与曳引绳直径 d 的比值，一般应符合或基本符合表 2-4 的规定。

表 2-3 曳引绳根数与安全系数

电 梯 类 型	曳引绳根数	安 全 系 数
客梯、货梯、医梯	≥4	≥12
杂物梯	≥2	≥10

表 2-4 电梯速度与曳引轮直径和曳引绳直径比值表

电梯额定速度 V	D/d
≥2m/s	≥45
<2m/s	≥40
≤0.5m/s（杂物梯）	≥30

（2）曳引绳补偿装置 每台电梯所用曳引绳的根数和绳的直径与电梯的额定载重量、额定运行速度有关，所用曳引绳的长度与电梯的曳引方式和提升高度有关。当电梯的提升高度比较大时，电梯运行过程中会导致电梯的平衡系数随轿厢位置的变化而变化。这种变化大到一定程度时，除给电梯的调整工作造成困难外，还会降低电梯的整机性能和安全性能。为此，当电梯的提升高度大到一定程度时，电梯设计人员就必须在轿厢和对重装置之间装设如图 2-9 所示的曳引绳重量变化补偿绳或补偿链，以减少电梯平衡系数随轿厢位置的变化而变化。

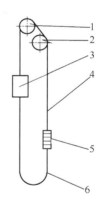

图 2-9 带补偿装置的
电梯装配示意图
1—曳引绳轮 2—导向轮 3—轿厢
4—曳引钢丝绳 5—对重装置
6—补偿绳或补偿链

4. 绳头组合与曳引机承重梁、绳头板大梁

（1）绳头组合 绳头组合俗称曳引绳锥套。曳引绳锥套在曳引方式为 1:1 的曳引系统中，是曳引绳连接轿厢和对重装置的过渡机件。在 2:1 的曳引系统中，则是曳引绳链接曳引机承重梁、绳头板及绳头板大梁的过渡机件。曳引绳锥套按用途分有用于曳引绳直径为 φ8mm、φ11mm、φ13mm 等多种。如按结构形式又有组合式、非组合式、自锁楔式三种，其结构示意如图 2-10 所示。图 2-10a 是非组合式曳引绳锥套的结构示意图，这种曳引绳锥套的锥套和拉杆是锻造成一体的。图 2-10b 是组合式曳引绳锥套的结构示意图，这种曳引绳锥套的锥套和拉杆是两个独立的机件，他们之间用铆钉铆合在一起。图 2-10c 是自锁楔式曳引绳锥套的结构示意图，这种曳引绳锥套是 20 世纪 90 年代中期设计并投入使用的新一代产品，它利用锥套内楔块的斜面在曳引绳受力时自动将曳引绳锁紧，锁紧后用夹板将绳头和曳引绳夹紧即可。这种新一代锥套省去了浇灌巴氏合金的麻烦，曳引绳伸长后的调节也比较方便。

曳引绳锥套与曳引绳之间的连接处，其抗拉强度应不低于曳引绳锥套和曳引钢丝绳的抗拉强度。因此曳引绳头需预先做成类似于大蒜头形状的形式，穿进锥套后再用巴氏合金浇灌固定。采用曳引方式为1:1的电梯，曳引绳、曳引绳锥套、绳头板、轿厢架之间的连接关系如图2-11所示。

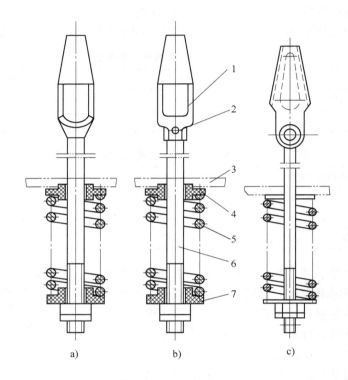

图2-10 曳引绳锥套

a）非组合式 b）组合式 c）自锁楔式

1—锥套 2—铆钉 3—绳头板 4—弹簧垫 5—弹簧 6—拉杆 7—弹簧垫

（2）曳引机承重梁、绳头板大梁与绳头板

1）曳引机承重梁：曳引机承重梁是稳装曳引机，支撑曳引机和对重、轿厢及其载荷的机件。曳引机承重梁一般由2～3根工字钢或两根槽钢和一根工字钢构成。承重梁两端分别稳固在对应井道墙壁的钢筋混凝土台座上。

2）绳头板大梁：曳引方式为2:1的电梯必须设置一组绳头板大梁。这组绳头板大梁由两根20～24号槽钢按背靠背的形式平放在电梯机房安装平面布置图规定的位置上，梁的一端与曳引机承重梁紧固成一体，另一端稳固在对应井道墙壁的钢筋混凝土台座上。采用2:1曳引方式的电梯，曳引绳的一端与曳引绳锥套连接后穿过轿顶轮固定在曳引机承重梁的绳头板上，另一端与曳引绳锥套连接后穿过对重轮固定在绳头板大梁的绳头板上。

3）绳头板：绳头板是曳引绳锥套连接轿厢、对重装置或曳引机承重梁、绳头板大梁的过渡机件。绳头板用厚度为20mm以上的钢板制成。板上有固定曳引绳锥套的孔，每台电梯的绳头板上钻孔的数量与曳引绳的根数相等，孔按一定的形式排列着。每台电梯需要两块绳

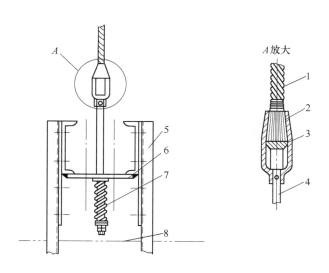

图 2-11　曳引绳锥套与轿厢架连接示意图
1—钢丝绳　2—锥套　3—巴氏合金　4—拉杆　5—轿厢架
6—绳头板　7—弹簧　8—轿厢

头板。曳引方式为 1∶1 的绳头板分别焊接在轿架和对重架上。曳引方式为 2∶1 的电梯，绳头板分别用螺栓固定在曳引机承重梁和绳头板大梁上。

第三节　电梯的轿厢和对重装置

一、轿厢

电梯的轿厢是用于运送乘员和货物的电梯可见组件。轿厢由轿厢架和轿厢体两大部分构成。20 世纪 60 年代后期设计生产的载货电梯轿厢结构示意图如图 2-12 所示。以下对轿厢架和轿厢体做简要介绍。

1. 轿厢架

轿厢架由上梁、立梁、下梁和导靴（导靴属于电梯机械系统中的引导系统，这里暂不介绍）构成。上梁和下梁主要由两根 16～30 号槽钢或用 3～6mm 厚的钢板折压和焊接制成。立梁用槽钢或角钢制成，也可用 3～6mm 厚的钢板折压和焊接制成。其中的上、下梁有两种不同的结构形式：一种将槽钢作背靠背形式放置；另一种将槽钢作面对面形式放置。由于槽钢的放置形式不同，作为立梁的槽钢或角钢的放置形式也有区别，由于作为立梁的槽钢或角钢的摆放形式不同，又造成位于立梁下端的安全嘴结构也有较大的区别。读者或学生有条件时可注意观察。

2. 轿厢体

一般电梯的轿厢体由轿厢底、轿厢壁、轿厢顶、轿厢门等机件构成。一般电梯轿厢的出入口（俗称轿门）高度不小于 2100mm，载货电梯轿厢体的内净高度不小于 2200mm，乘客电梯轿厢体的内净高度不小于 2400mm（因为乘客电梯的轿顶下方还设有装饰吊顶）。电梯轿厢的内净面积，除个别情况下的载货电梯外，均不得超过标准规定的有效面积。载货电梯

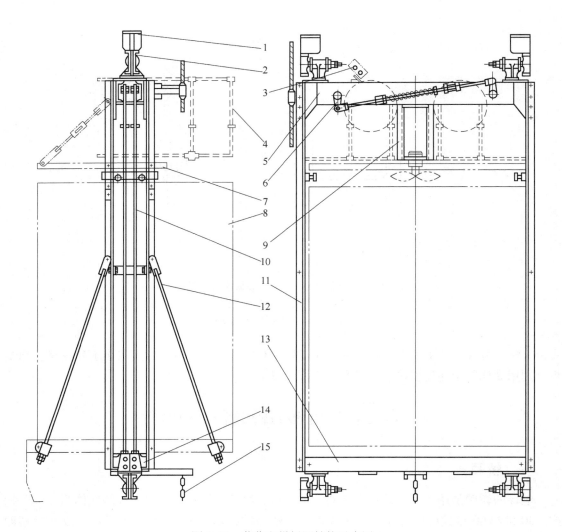

图 2-12 载货电梯轿厢结构示意图

1—导轨加油盒 2—导靴 3—轿顶检修厢 4—轿顶安全栅栏 5—轿架上梁 6—安全钳传动机构
7—开门机架 8—轿厢 9—风扇架 10—安全钳拉条 11—轿架直梁 12—轿厢拉条
13—轿架下梁 14—安全嘴 15—补偿装置

轿厢的内净面积因所载货物比重小体积大，造成轿厢内净面积超过标准规定的有效面积时，安装竣工交付使用前应按标准规定的方法和要求做静载试验，试验合格后方能交付使用。以下对轿底、轿壁、轿顶的结构做简要介绍。

（1）轿底与活络轿厢 早期生产的轿底框架多用 6~10 号槽钢和角钢按设计要求的尺寸剪切后焊接制成。20 世纪 90 年代中期后生产的轿底框架多用 3~6mm 厚的钢板，按设计尺寸冲、剪、折、焊等工艺工序制作而成。对于内净面积大的货梯轿底框架多采用 2~3 个框架拼装而成。轿底框架制作完成后：对于载货电梯轿厢，一般还在轿底框架上铺焊一层花纹钢板；对于乘客电梯轿厢，常用在轿底框架上铺焊一层无纹钢板后再铺一层塑料地板，形式多种多样。

由于乘客电梯、住宅电梯、病床电梯用户常要求采购的电梯应具有满载直驶、超载开门报警、防捣乱等功能。如果电梯用户要求采购的电梯必须具备上述功能时，若电梯轿厢没有设置称重装置，用户要求的上述功能就无法实现。为了实现电梯轿厢的称重功能，必须将轿厢设计成活动轿底或活络轿厢。

1）活动轿底。活动轿底由轿底框和轿底构成。其中的轿底框与轿架立梁连成一体，轿底框四个角各摆放一只弹簧，轿底摆放在四只弹簧上，依靠轿底载重量变化，弹簧受力变形碰压行程开关发出电信号，实现对电梯的运行控制。对于要求不高的无司机控制电梯，曾采用这类轿厢。

2）活络轿厢。活络轿厢由轿架及轿底框和轿厢体两部分构成，两部分之间不用螺栓固定。在确保轿厢体因载重量变化能上下移动的同时，还需确保轿厢不会前后摆动，因而轿顶上需装设四只限位滚轮。而轿底的结构更为复杂，需用槽钢和角钢焊一个轿底框，轿底框通过螺栓与立梁、拉条紧固成一体，再在轿底框架的四个角各设置四只 50mm 厚、100mm × 100mm 大小的弹性橡胶垫，然后将轿厢体放置在四只弹性橡胶垫上，依靠四只弹性橡胶垫的作用，确保轿厢体能随载荷变化上下移动。再通过在轿底设置一套称重装置，以此检测轿厢载荷的变化，并将这种变化转变为电信号传送给电梯的电控系统，由电控系统去实现与载荷变化有关的功能。

（2）轿壁　轿壁多采用厚度为 1.2 ~ 1.5mm 薄板按所需宽和长剪切后经冲孔折弯而成。为提高轿壁板的机械强度，常在轿壁板两端焊或粘有角钢形状的堵头，且在长度方向上焊或粘有加强筋。轿壁板与轿壁板、轿壁板与轿顶、轿壁板与轿底框架之间用螺钉连成一体。不同类别电梯轿厢的轿壁板所采用的材料和表面外的要求不同，一般载货电梯采用普通钢板制作完成后进行表面喷漆，一般乘客电梯轿厢的轿壁板采用花纹不锈钢板制作而成，高档乘客电梯轿厢的轿壁板采用不同花纹的石刻不锈钢板和镜面不锈钢板制作而成，要求多种多样。除此之外，一般乘客电梯和高档乘客电梯在轿顶下方还增设花样繁多的吊顶等。除载货电梯和乘客电梯之外，观光电梯的轿厢更有它独特之处，因篇幅限制在此不再赘述。

（3）轿顶　除观光电梯外，一般电梯轿顶的结构与轿壁相仿。载货电梯的轿顶装有电风扇和照明灯。乘客电梯的轿顶除装设有电风扇和照明灯外，过去和现在生产的乘客电梯、住宅电梯、病床电梯在轿顶下方（100mm 左右处）还装设有花样繁多的吊顶，装设有吊顶的电梯常将照明灯的灯光与不同材质制成不同结构形式的吊顶结合起来，以增加美的效果。

轿顶是电梯安装、维修保养工作的重要平台，因此要求轿顶壁板应能承受 3 个带有一般常用工具的安装或维修人员的重量，且不会产生永久性变形。

轿厢是用于运送乘员和货物的电梯可见组件。因此，各电梯制造厂和电梯用户对轿厢的外观及装饰都比较重视，都希望给人以舒适、豪华的感觉。

二、对重装置

对重装置是曳引驱动电梯特有的装置，它通过曳引绳经曳引绳轮与轿厢连成一体。对重装置和轿厢都处于井道内，电梯运行过程中，对重装置通过导靴在对重导轨上滑行，具有在不同载荷状态下减小曳引电动机转矩输出的功能。

对重装置分无轮和有轮对重装置两种。曳引方式为 1∶1 的曳引驱动系统采用无轮对重装置。曳引方式为 2∶1 的曳引驱动系统采用有轮对重装置。曳引方式为 1∶1 曳引驱动系统采用的无轮对重装置的结构示意图如图 2-13 所示。图 2-13 所示的无轮对重装置主要由对重架、对重块和对重导靴（导靴属于电梯机械系统中的导向系统，将在本章第五节介绍）构成。以下简要介绍对重架和对重块。

1. 对重架

对重架常用两根 14 ~ 18 号槽钢或用 3 ~ 5mm 厚钢板分别折压成槽钢型式后，上、下端分别与两块 12mm 厚、200mm 宽、长度等于载重架宽度的钢板焊接而成。

由于使用场合不同（如电梯类别和额定运行速度），按有、无轮区分的对重装置中，如图 2-13 所示的无轮对重装置常与曳引方式为 1∶1、采用 T 形导轨的乘客、住宅、观光和病床电梯配套使用；而有轮对重装置则与曳引方式为 2∶1、采用 T 形实心或空心导轨的货梯或客梯配套使用。这种有轮对重装置，在对重架上方两块 12mm 厚、200m 宽的钢板中心处需稳装一只形似导向轮的对重轮，而对重架的宽度取决于电梯的额定载重量（因为对重架的长度受缓冲距离的限制），对重架上装设的对重导靴的结构形式则与对重导轨的结构形式或额定载重量有关。

2. 对重块

20 世纪末前生产的电梯对重块多采用铁质材料浇灌制成，近年来多数电梯制造厂商为降低成本开始采用水泥沙石浇灌制作对重块。为了避免

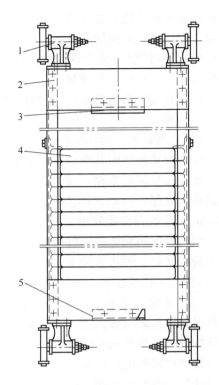

图 2-13 曳引方式为 1∶1 的无轮对重装置
1—导靴 2—对重架 3—绳头板
4—对重块 5—缓冲板

用水泥沙石浇灌成的对重块在搬运过程中发生断裂，先用 1.0mm 厚铁板折压成所需参数尺寸的对重块壳体，并给壳体配上同样厚度的铁皮盖板，铁皮盖板与壳体之间用螺钉固定。用水泥沙石浇灌制作时将盖板拆下，给对重块壳体内浇灌水泥沙石并抹平后，再盖上盖板并将螺钉上紧即可。用水泥沙石浇灌成的对重块重量约 30 ~ 40kg，利于两个安装或维修人员搬动。对于大载重量的货梯，由于水泥沙石的比重轻，一般还需用铸铁制成 75kg、100kg、125kg 等重量的铁质对重块，作为大额定载重量货梯的对重块。对重块放入对重架后应用压板压紧，防止电梯运行过程中对重块窜动而产生噪声，避免发生地震时对重块甩出对重架，造成伤害事故等。

3. 对重装置的重量与平衡系数

由于重量不能随时改变的对重装置，不能平衡轿厢载荷由空载到满载过程的全部载重量，只能平衡轿厢载荷变化的最佳比例，即取中间值 0.4 ~ 0.5，才能发挥最佳平衡效果。因此，国家标准和相关规范均按式（2-3）计算对重装置的重量

$$P_D = G + QK_P \tag{2-3}$$

式中 P_D——对重装置重量（kg）；

  G——轿厢净重（kg）；

  Q——轿厢额定载重量（kg）；

  K_P——平衡系数（取值范围为 0.4 ~ 0.5）。

电梯的平衡系数 K_P 取值 0.4 ~ 0.5，当电梯轿厢的载荷为额定载重量的 40% ~ 50% 时电梯处于平衡载状态，在平衡载状态下曳引电动机的转矩输出最小，而 40% ~ 50% 的额定载荷

也是电梯运行过程中最常遇到的，因此 K_P 取值 0.4~0.5 是最合理的。当 K_P 取值 0.4~0.5 时，当电梯满载上行或空载下运行时，曳引电动机的驱动负载也只有额定载重量的 50%~60%。如果平衡系数 K_P 取值太小，那么电梯重载下行时发生蹾底的概率增大，电梯重载上行时曳引电动机驱动的负载增大，曳引电动机容易发热。所以，电梯安装人员在安装电梯时，一定要按式（2-3）计算出对重装置的重量后再根据每块对重块的重量计算出应放入对重架内的对重块数量。工程竣工后还应按随机技术文件的规定做平衡系数试验测试，确保 K_P 值在 0.4~0.5 的范围内。

例：有一部额定载重量 Q 为 1000kg、轿厢净重 G 为 1200kg 的电梯，若平衡系数 K_P 取 0.45，求对重装置的总重量（含对重架重量及对重块重量之和）P_D 为多少千克？

解：已知 $Q = 1000$kg，$G = 1200$kg，$K_P = 0.45$，代入式（2-3）得

$$P_D = G + QK_P = (1200 + 1000 \times 0.45)\,\text{kg} = 1650\,\text{kg}$$

答：对重装置的总重量 P_D 为 1650kg。

第四节　电梯的开关门系统

一、概述

电梯开关门系统的机械部分由轿门、层门和开关门机构组成，它是电梯设备的重要安全设施之一。轿门、层门和开关门机构是乘用人员乘用电梯时首先接触的部件，其外观和开关门效果的好坏会给乘员留下深深的印记。因此，相关各方都非常重视门动系统的制造、安装、维修保养质量与管理工作，但电梯轿门、层门和其开关门系统一直是造成乘用人员人身伤害事故的部位，尽管所发生的人身伤害事故，大多与乘用人员乘用电梯时的安全知识不足和管理人员管理不当有关。所以，提高开关门系统的安装维修保养与管理质量仍是一个长期的任务。由于轿门和层门的开关频率高，客观环境因素影响大，经常不能按规定要求将门关闭好，造成电梯不能正常运行的情况比较多，所以电梯轿门和层门有"鬼门关"之说。近几年来，随着人们对电梯轿门、层门和开关门系统的重视，随着交流电动机 VVVF 和永磁同步电动机 VVVF 拖动、无连杆同步带传动的开关门系统相继研发成功，开关门系统的运行可靠性和安全性已大大提高，故障率也大大降低。以下对电梯的轿门、层门和开关门机构予以简要介绍。

二、轿门、层门及开关门机构

1. 轿门

轿门是轿厢门的简称，是为了确保安全，在轿厢靠近层门的侧面，设供司机、乘用人员和货物进出轿厢的门。轿门由踏板、上坎、门刀、挂门滚轮组和门扇等机件构成。20 世纪 80 年代末前国内生产的轿门，按结构形式分有栅栏式轿门（20 世纪 80 年代末后不再生产）和封闭式轿门两种。按开关门方式分有手动开关门（20 世纪 80 年代末后不再生产）和自动开关门两种。按开门方向分有左开门、右开门和中开门（俗称中分门）三种。

封闭式轿门扇的结构和轿厢体的轿壁相似。由于轿门开关频繁，为减小开关门过程中的噪声，早期生产的轿门扇背面常做消声处理，近年来由于制造工艺水平比较高和开关门驱动系统的调速性能好，轿门扇背面一般不做消声处理，但开关门过程中的噪声仍能满足标准要求。为避免关门过程中撞击乘用人员或货物，过去和现在生产的轿门都在轿门背面装设以下

几种不同结构形式的防撞装置。

（1）安全触板防撞装置 安全触板防撞装置是一种机械式安全防护装置。装置装设在轿门外侧（背面，下同），中分开门和旁开门都可以装设这种装置。这种装置由一根条状安全触板及一套传动机构和一只行程开关构成，中分门的两扇门和旁开门的快门各装设一套。这种装置的安全触板条长约1600mm、宽约50mm、厚约20mm，采用铝质材料冷拉制成，该安全触板条的安装位置见图2-16中的7。为防止该安全触板条碰刮伤乘员，安全触板条的碰撞面加工成圆弧状。当轿门完全开启时安全触板条与轿门扇端面对齐，但在关门过程中条状安全触板开始向关门方向伸出一定距离（大约35mm），当乘员碰压到伸出的条状安全触板时，其传动机构使装设在轿门扇背面下方的行程开关动作，并给电梯电气控制系统发送一个电信号，电气控制系统接收到该电信号后立即控制电梯停止关门并立即开门。按相关标准规定，安全触板条的撞击力应不大于5N。

（2）光电防撞装置 光电防撞装置是一种非接触式防撞装置，中分开门和旁开门都可以装设这种装置。对于中分门的光电防撞装置，分别装设在两扇轿门（背面）外端面，离地面0.6m和1.3m左右的水平位置处，在其中一扇门内侧的外端面装设一只光源发射端头，而另一扇门内侧的外端面装设一只光源接收端头，当光束被人或物遮挡时，光源接收端的光电晶体管因失去光束照射而截止，电梯停止关门并立即开门。

（3）红外线光幕防撞装置 红外线光幕防撞装置也是一种非接触式防撞装置，中分开门和旁开门都可以装设这种装置。红外线光幕防撞装置与光电防撞装置工作原理相似，但红外线光幕防撞装置的光源发射端发射的光束多，有24、36、48、64、128束等多种，当其中一束光束被人或物遮挡时，对应光源接收端的光电晶体管因失去光束照射而截止，电梯停止关门并立即开门。

（4）光幕安全触板防撞装置 光幕安全触板防撞装置是将光幕板镶嵌在安全触板上，俗称二合一保护装置。能够实现关门过程中的双重保护，其工作原理如（1）和（3）所述。

2. 层门

在电梯停靠层站面对轿门的井道壁上设置供司机、乘用人员和货物进出轿厢的门称为层门，层门也称厅门。层门由踏板、左右立柱、上坎、挂门滚轮组和门扇等机件构成。中分自动开关式层门背面的正视图如图2-14所示。在正常运行状态下，自动开关式层门与轿门的开和关通过装设在轿门上的门刀和装设在层门上的门锁实现同步开关。由于层门面对空旷的候梯厅和广大乘用人员，为了防止垃圾和杂物坠入井道造成人身伤害或设备损坏事故，一般层门均采用封闭式层门，而且层门关闭后，门扇与门扇之间、门扇与门框之间、门扇与踏板之间的间隙均应符合相关标准和规范的规定。

层门是电梯设备的重要安全设施之一，也是容易发生安全事故的部位。电梯相关专业技术标准和规范对层门的安装、管理都有严格的规定。电梯安装、维保、管理人员都应按相关标准和规范的质量和管理要求把工作做好。

3. 开关门机构

电梯轿门和层门的开启和关闭，有手动开关门和自动开关门两种不同的开关方法和结构形式。下面分别做简要介绍。

（1）手动开关门机构 在20世纪50年代中期至80年代中期生产的全继电器控制电梯中，为减少由于继电器控制电路引发的电梯故障，曾设计生产过不少采用手动开、关门机构的载货电梯和少量的乘客电梯，直至20世纪80年中后期才停止生产。但是一些简易电梯至今采用的开、关门机构仍然是手动开、关门机构。手动开、关门机构主要由拉杆装置和门锁

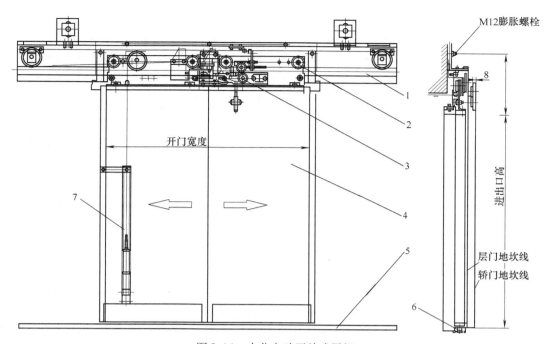

图 2-14　中分自动开关式层门

1—调节导轨　2—调门滑轮　3—门锁　4—门扇　5—地坎　6—门滑块　7—强迫关门装置

装置构成，简称拉杆门锁装置。

拉杆门锁装置由装在轿顶或层门框上的门锁装置和装在轿门和层门上的拉杆装置两部分构成。这种拉杆门锁装置的结构示意图如图 2-15 所示。当门关妥时，拉杆装置的拉杆顶端插入门锁装置的锁壳孔里，并顶压着门电联锁开关，接通门电联锁电路，在正常情况下由于拉杆弹簧的作用，拉杆不会自动脱开门锁装置的锁壳孔，层门外（面对层门）或轿门外（面对轿门）的人员也扒不开层门或轿门。由于轿门上的拉杆门锁装置与层门上的拉杆门锁装置彼此独立，所以开门时需先开启轿门再开层门，关门时反之。

采用手动开、关门机构的电梯必须是有专职司机控制的电梯，开关门时的劳动强度很大，而且门的宽度越大，开关门时的劳动强度越大。随着电工电子器件和控制技术的进步、机械加工设备和加工工艺水平的提高，开关门系统引发的故障已大大降低，采用手动开、关门机构的主要原因已不复存在，手动开、关门机构自然被淘汰。

（2）自动开关门机构　20 世纪 80 年代中期前，国内生产的电梯产品中 85% 以上采用自动开关门，80 年代中期后生产的电梯（不包括简易电梯和杂物电

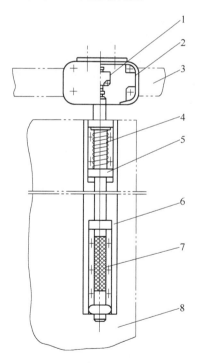

图 2-15　拉杆门锁装置

1—门电联锁开关　2—锁壳　3—吊门导轨
4—复位弹簧　5、6—拉杆固定架
7—拉杆　8—门扇

梯）几乎全是自动开、关门的电梯。

电梯的自动开、关门机构由机、电两部分构成。机械部分由开关门传动机构、轿门和门刀、层门和门锁构成。电气部分由开关门电动机及其拖动、控制器件组成的拖动控制电路部分构成。由于电梯轿、厅门的开关频繁，工作环境受外界影响大，如果电气控制装置的元器件质量差，机械传动机构的加工水平低，维修保养又不及时，那么这个结构相对复杂又是一个机电结合紧密的自动控制系统，故障率必然比较高。近年来随着VVVF拖动及计算机控制技术在电梯开关门系统中的成功应用，电梯开关门系统的故障率已明显降低，电梯运行效果也明显提高。以下对我国曾批量生产过的几种电梯开关门机构做简要介绍。

1）直流电动机拖动、拨杆或连杆传动的电梯开关机构。20世纪60~80年代末前设计生产的直流电动机拖动、拨杆或连杆传动的电梯中分式开关门机构的结构示意图如图2-16所示。图2-16a是20世纪50年代中后期设计并投入使用的拨杆传动中分式电梯开关门机构；图2-16b是20世纪80年代中后期设计并投入使用的连杆传动中分式开关门机构，是图2-16a的升级换代产品。拨杆式比连杆式早近20年，已被淘汰，不复存在。而采用图2-16b的连杆传动中分式开关门的电梯至今仍有在继续运行的。上述两种开关门系统均利用直流电动机良好的调速性能和换向简便等优点，通过皮带轮减速和拨杆或连杆传动实现自动开关门。由于这两种开关门系统的电气控制部分在那个年代全是由触点控制的，机械传动机构的环节多、结构复杂，造成开关门系统的故障率高。

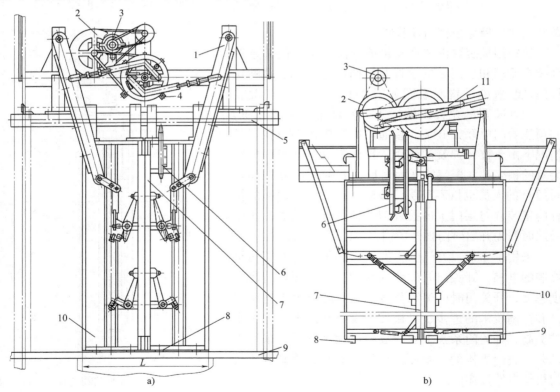

图2-16 直流电动机调压调速驱动及拨杆或连杆传动开关门机构

a）拨杆式中分开关门机构 b）连杆式中分开关门机构

1—拨杆 2—减速带轮 3—开关门电动机 4—开关门调速开关 5—吊门导轨
6—门刀 7—安全触板 8—门滑块 9—轿门踏板 10—轿门 11—杠杆

2）交流感应电动机 VVVF 拖动计算机控制、同步带传动的电梯开关门机构。交流感应电动机 VVVF 拖动计算机控制，同步带传动的电梯开关门机构是进入 21 世纪后设计生产的新一代电梯开关门机构。这种新一代开关门机构的结构示意图如图 2-17 所示。这种新一代电梯开关门机构的机械部分采用同步带传动取代皮带轮和连杆传动机构，简化了减速和传动系统的结构环节，不但减轻了重量也提高了运行可靠性。该开关门机构的电气控制部分采用 VVVF 拖动和计算机控制技术，电梯的开关门由电梯电气控制系统的主计算机下达指令，由开关门电动机按开关门拖动控制计算机给出的速度曲线起动、加速、减速、停止运行。由于该开关门系统的机、电两部分都做了重大改进，使这种电梯开关门系统的故障率大大降低，受到广大电梯从业者的好评。

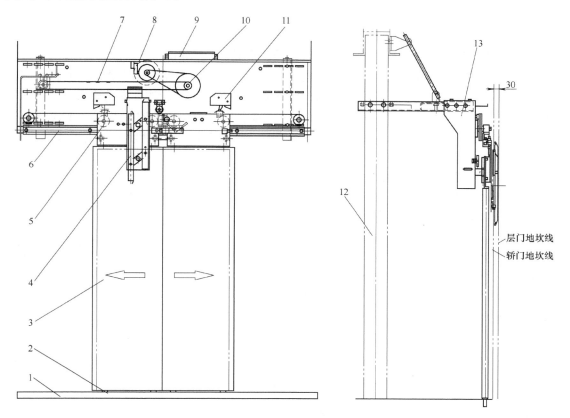

图 2-17　交流 VVVF 拖动计算机控制、同步带传动开关门机构结构示意图
1—轿门地坎　2—轿门滑块　3—轿门扇　4—门刀　5—轿门调门轮　6—吊门导轨
7—齿形同步带　8—光电测速装置　9—交频门机控制箱
10—门电动机　11—门位置开关　12—轿厢侧梁　13—开门机架

3）永磁同步电动机 VVVF 拖动计算机控制、同步带传动的电梯开关门机构。采用永磁同步电动机取代交流感应电动机，由于永磁同步电动机具有在低频、低电压、低速情况下输出足够大的转矩，开关门系统又可以再甩掉一级皮带轮减速机构，系统的中间环节更少、结构更简单、重量更轻，运行更平稳、可靠性更高，安装调试维修更方便。近年来国内已有部分电梯制造厂家批量生产这种电梯开关门系统，这种开关门系统的结构示意图与图 2-17 相似。

三、门锁装置

门锁装置包括手动开关门机构的拉杆门锁装置和自动开关门机构的自动门锁装置两种。

（1）手动开关门机构的拉杆门锁装置　手动开关门机构的拉杆门锁装置就是图2-15所示的拉杆门锁装置。这种拉杆门锁装置的结构和工作原理前面已述及，不再重复。

（2）自动开关门机构的自动门锁装置　自动开关门机构的自动门锁装置是为自动开关门机构设计制造的门锁，因此又称自动门锁。由于它只装在自动开关门电梯的层门上又称层门锁或厅门锁，又由于它有一个形似钩子的锁钩又有钩子锁之称。自动门锁装于层门扇背面的左或右上角，是确保层门不被厅外人员开启的安全装置。层门关妥后，门电联锁电路接通电梯方能起动运行。只有当电梯进入开锁区（层门踏板水平面±200mm左右），并平层停靠时才能通过稳装在轿门上的门刀将层门同步开启。在紧急情况下或维保人员需要进入井道或上轿顶维保电梯时，才能由经过培训的专业人员借助特制机械钥匙从层门外打开层门。

我国自20世纪50年代中后期开始批量生产自动开关门电梯至今曾广泛采用的自动门锁至少有三种。但自20世纪90年代中期GB 7588颁布执行后，按新颁标准的要求，层门锁不能因重力自行将锁打开，即当门锁锁紧的弹簧（或永久磁铁）失效时，其重力不应导致开锁。为满足新颁布标准要求，此后生产的自动门锁多采用如图2-18所示的结构形式。

自动门锁装置是一种机电结合装置。其机械构件应确保将层门锁紧，锁紧件的啮合深度应不小于7mm。其电气构件的电气开关应是安全触点式的，应确保门关妥后电联锁电路可靠接通。如果某电梯的层门是滑动层门，其门扇是数个间接机构连接（如钢丝绳、皮带或链条）组成，而且门锁只锁紧其中一扇门，用这扇单一锁紧的门去防止其他门扇打开，而且这些门扇均未装设手柄或金属钩装置时，未被直接锁紧的其他门扇的闭合位置也应装设一个电气安全触点开关去证实其闭合状态。这个无门锁门扇上的装置被称为副门锁开关，当门扇传动机构出现故障造成门关不到位时，副门锁开关不闭合，电梯也不能起动运行，以利安全等。

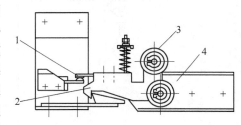

图2-18　自动门锁
1—门电联锁触点　2—锁钩
3—锁轮　4—锁底板

四、紧急开锁装置和层门自闭装置

1. 紧急开锁装置

紧急开锁装置是一种在层门关闭的情况下，由于特殊需要，如救援轿厢内的被困人员，电梯维修人员需要进入井道底坑或上轿顶进行维保工作、检查排除故障等特殊需求而设置的一种在层门外就能将层门锁打开的装置。这种打开层门锁的装置是由装在层门上部的三角孔开锁装置及与之配套使用的三角钥匙构成。三角孔开锁装置的安装位置与电梯的开门方式、即自动门锁的安装位置有关。三角孔开锁装置的结构示意图如图2-19所示。

采用三角钥匙打开层门后面临的是深度不等的电梯井道，存在着相当大的危险性。因此，层门三角钥匙的持有人，应该是电梯使用单位的电梯管理者。该电梯管理者和持三角钥匙打开层门开锁装置的人员，应经当地技监部门认可的有资质单位培训合格，取得上岗证后方能持该三角钥匙，以及持该三角钥匙去打开三角孔开锁装置。三角钥匙上应带有书面使用说明，详细说明其使用方法，对于防止开锁后发生人身坠入井道事故十分有益。实践证明，层门三角钥匙由专人负责保管并掌握正确的使用方法，了解和掌握必要的安全使用知识，对于防止因操作不当而坠入井道事故的发生是十分必要的。尽管相关标准和规范对于层门三角钥匙的管理和使用有严格的规定，但因层门三角钥匙管理使用不当造成坠入井道的人身伤害事故仍时有发生。目前国

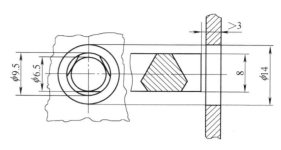

图 2-19　三角孔开锁装置

内电梯制造厂商生产的层门紧急开锁装置中，其三角钥匙的尺寸与形状尚未统一的问题仍有待解决。

2. 层门自闭装置

电梯在正常状态下，由装设在轿门上的门刀驱动层门实现轿门与层门同步开关。在层门未关妥并锁紧的情况下，由于某种原因造成轿厢离开电梯的层门开锁区时，如果层门不能迅速自动关闭，就有可能造成电梯乘用人员误走入井道而发生人身坠落事故。为了防止此类事故的发生，要求轿厢离开层门开锁区时有一套使层门迅速自动关闭的装置，这种自动关闭层门的装置称为层门自闭装置。该装置按结构形式分有压簧式、拉簧式、重锤式三种，其结构示意图如图 2-20 所示。其中，压簧式自闭装置是当层门开启时，依靠被压弹簧的反作用力推动层门自动关闭的装置；拉簧式自闭装置是当层门开启时，弹簧被强行拉伸，一旦轿厢离开层门开锁区，失去门刀或其他阻力时，依靠弹簧的收

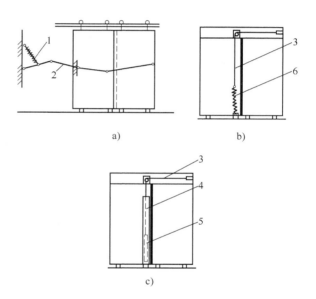

图 2-20　层门自闭装置
a) 压簧式　b) 拉簧式　c) 重锤式
1—压簧　2—连杆　3—钢丝绳
4—导管　5—重锤　6—拉簧

缩力将层门自动关闭的装置；重锤式层门自闭装置则是在层门开启的情况下，一旦轿厢离开层门开锁区，失去门刀或其他阻力时，依靠挂在层门内侧的重锤自身重量将层门关闭并锁紧的装置。

第五节　电梯的引导系统

电梯的引导系统也称为电梯导向系统。引导系统的作用是限定轿厢和对重装置在井道内的上下运行轨迹。因此引导系统包括轿厢和对重装置两个引导系统。引导系统主要由导轨（也称轨导）、导轨固定架（以下简称导轨架）和导靴构成。引导系统构成机件的参数尺寸与电梯的额定载重量和额定运行速度有关。引导系统质量的优劣，决定着电梯运行效果的好

坏。以下对引导系统各构成机件做简要介绍。

一、导轨

每台电梯都有限定轿厢和对重装置运行轨迹的两组四列导轨。导轨是确保轿厢和对重装置按设定要求做上下垂直运行的机件。导轨加工生产和安装质量的好坏直接影响着电梯的运行效果和乘坐舒适感。近年来国内生产的轿厢和对重用T形导轨有实心和空心导轨两种，其横截面图如图2-21所示。

近年来随着我国电梯产业的快速发展，电梯导轨的用量迅速增加。20世纪80年代中期前国内电梯用导轨有T形实心导轨和L形角钢导轨（用作低速小载重量货梯的对重导轨）两种。20世纪80年代中期后随着制造工艺技术水平的提高，开始采用冷拉T形空心导轨取代L形角钢导轨，而且T形实心导轨也由原来的90mm×72mm和120mm×90mm（背宽×高）两种发展至近十种。为了规范导轨的冷轧和加工行为，确保导轨质量，国家标准GB/T 22562—2008对导轨的几何形状、参数尺寸、加工方法、形位公差、检验规则都做了明确的规定。导轨在井道底坑的稳固方式和导轨接头的连接方式一般如图2-22所示。

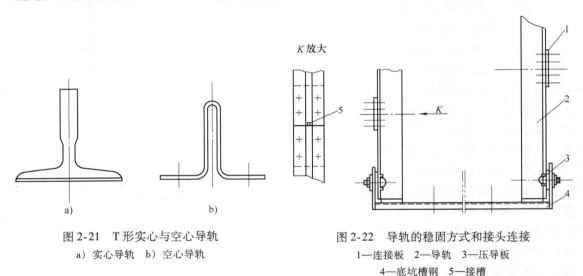

图2-21　T形实心与空心导轨
a）实心导轨　b）空心导轨

图2-22　导轨的稳固方式和接头连接
1—连接板　2—导轨　3—压导板
4—底坑槽钢　5—接槽

二、导轨架

导轨架也称导轨固定架。导轨架按电梯安装平面布置图的要求，分别将轿厢和对重导轨架稳固在井道墙壁上，再将轿厢和对重导轨固定在相应的导轨架上。按相关标准和规范的规定，每根导轨至少应设置两个导轨架，而且两个导轨架之间的垂直距离不得大于2.5m。

导轨架在井道墙壁上的固定方式有埋入式、焊接式、预埋螺栓固定式、膨胀螺栓固定式和对穿螺栓固定式五种。导轨架应用强度足够大的金属材料制作，而且具有针对井道墙壁的建筑误差进行弥补性调整的作用。近年来常见的可调式轿厢导轨架的结构示意图如图2-23所示，常见可调式对重导轨架的结构示意图如图2-24所示。

轿厢和对重导轨在导轨架上只能用压导板或螺栓固定，以利解决由于建筑物正常沉降、混凝土收缩以及建筑偏差等所造成的问题，绝不允许用焊接方式固定。常见的导轨与导轨架的固定装配示意图如图2-25所示。

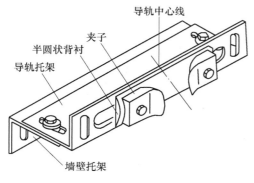

图 2-23　轿厢导轨架结构示意图

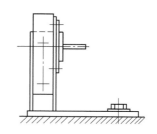

图 2-24　对重导轨架结构示意图

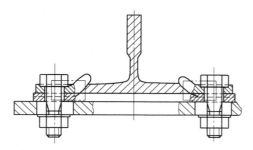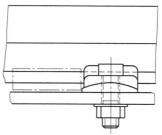

图 2-25　导轨与导轨架的固定装配示意图

三、导靴

每台电梯的轿厢架和对重架的上下四个角各装一只导靴，它是确保轿厢和对重装置沿着轿厢导轨和对重导轨上下运行的重要机件，也是保持轿厢踏板与层门踏板、轿厢体与对重装置在井道内的相对位置处于恒定位置关系的装置。过去和现在生产的电梯产品采用的导靴有滑动导靴和滚轮导靴两种。以下分别予以简要介绍。

1. 滑动导靴

滑动导靴按结构形式和使用场合分有刚性滑动导靴和弹性滑动导靴两种。

（1）刚性滑动导靴　刚性滑动导靴的结构比较简单，它的结构示意图如图 2-26 所示。图 2-26a 所示的导靴采用精密铸造而成的铸铁块经刨削加工而成，它主要用作额定载重量 3000kg 以上、额定运行速度 $V \leqslant 0.63 \text{m/s}$ 电梯轿厢的滑动导靴。而图 2-26b 所示的导靴主要用作额定载重量 3000kg 以下、额定运行速度 $V \leqslant 0.63 \text{m/s}$ 对重装置的滑动导靴，这种导靴近年来开始被 4～8mm 钢板冲压成型后、在滑动工作面包有消声耐磨塑料的改进型刚性滑动导靴所取代。

（2）弹性滑动导靴　弹性滑动导靴的应用范围较为广泛，除大载重量货梯外，额定运行速度 $V < 2.5 \text{m/s}$ 的轿厢和对重装置都可以采用弹性滑动导靴。这种导靴的结构示意图如图 2-27 所示。电梯在运行过程中滑动导靴在导轨上滑行，为了减小滑行过程中的摩擦力，提高电梯的乘坐舒适感，采用刚性滑动导靴的轿厢和对重装置应定期在导轨与导靴滑动接触面处涂抹黄油。一般弹性滑动导靴上装设有自动润滑油盒，因此，采用弹性滑动导靴的轿厢和对重装置，只需定期给润滑油盒内补注油即可。

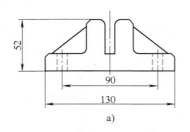

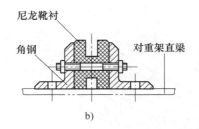

图 2-26　刚性滑动导靴

a）刚性滑动导靴　b）尼龙靴衬的刚性滑动导靴

2. 滚轮导靴

滑动导靴的靴衬无论是铁的还是尼龙的，在电梯运行过程中，滑动着的靴衬与导轨之间总有摩擦力存在，而且这个摩擦力会随着电梯运行速度的升高而加大。该摩擦力一方面会增加曳引机的载荷，增加能耗，还会引发振动和噪声。为了避免上述问题的发生，当电梯的额定运行速度 $V \geq 2.5\text{m/s}$ 时，其轿厢导靴多采用滚轮导靴，滚轮导靴主要由两个侧面滚轮和一个正面滚轮及用钢板焊接成的三个滚轮固定架构成。常见滚轮导靴的结构示意图如图 2-28 所示。电梯在运行过程中，三个滚轮从三个方面挤抱住导轨，确保轿厢和对重装置延着导轨上下运行，由于滚轮上包有消声和耐磨的塑料，因此滚轮导靴不必涂抹润滑油。

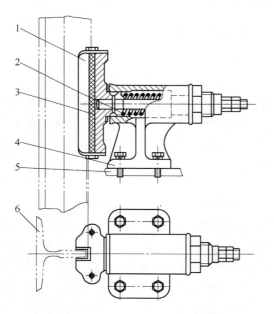

图 2-27　弹性滑动导靴

1—靴头　2—弹簧　3—尼龙靴衬

4—靴座　5—轿架或对重架　6—导轨

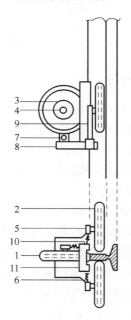

图 2-28　滚轮导靴结构示意图

1、2—端轮及侧轮　3—滚动轴承　4—滚轮轴

5—螺母　6—弹簧　7—活动臂转轴　8—底板

9—活动臂　10—调节螺钉　11—螺柱

第六节　电梯的机械安全保护及安全防护系统

本节介绍的机械安全保护系统（设施）是指本章第一～五节介绍的曳引驱动电梯的安

全保护设施。曳引驱动电梯是目前广泛采用的一种在多层建筑物内做垂直运行的公共交通设备，被国务院定性为涉及人们生命安全、危险性较大的"机电类特种设备"，要求对电梯的设计、制造、安装、使用、维修、检验等环节进行全面监督管理。所有电梯应按 GB 7588—2003 以及第 1 号修改单（2016 年颁布）规定，配置齐全的安全保护设施，并且应可靠有效。

电梯的机械安全保护系统分机械安全保护设施和机械安全防护设施两类。其中，机械安全保护设施包括超速保护装置、缓冲器、门锁、制动器、轿门、层门、安全触板和光电防撞装置或光幕防撞装置以及门锁、层门自闭装置等；机械安全防护设施包括曳引轮、导向轮、链轮、对重装置等运动部件的防护栏、罩、盖等。门锁、制动器、轿门、层门、安全触板或光幕防撞装置及光电防撞装置等在前面已述及，以下对未述及的装置做简要介绍。

一、轿厢下行超速保护装置

曾有乘员向笔者提出这样的疑问，当悬吊电梯轿厢的钢丝绳万一断裂时，有什么样的安全装置来保证乘员的安全呢？提出这样的疑问并非没有道理，但实际上是不可能发生的。因为悬吊电梯轿厢的钢丝绳除曳引式杂物电梯只挂两根钢丝绳外，一般电梯悬吊轿厢的钢丝绳都不少于 3 根，安全系数都不小于 12。所以发生 3 根以上钢丝绳同时断裂，造成轿厢坠落下去的事故从未听说过，也是不可能发生的。但是由于电梯安装人员没有按标准和规范制作曳引绳头，造成个别绳头的钢丝绳与曳引绳锥套脱离的情况倒是听说过。而且由于使用不当或发生机、电故障，如超载或制动器调整不当，造成轿厢超过额定速度向下坠落，导致轿厢蹾底倒是发生过。为了尽量避免此类事故的发生，电梯机械安全保护系统中设置的限速器-安全钳联动装置以及缓冲器装置，就是避免和降低这类事故发生时可能产生损害的装置。为什么限速器-安全钳联动装置和缓冲器装置是避免或减小轿厢、对重装置超速坠落时可能产生损害的装置呢？以下对限速器-安全钳联动装置的作用原理做简要介绍。

1. 轿厢下行超速保护装置

轿厢下行超速保护装置由轿厢下行限速器装置和安全钳装置构成。在正常情况下，该装置具有防止轿厢下行超速而造成轿厢蹾底的作用。轿厢下行限速器装置由限速器、限速器钢丝绳和限速器钢丝绳张紧装置等机件构成。安全钳装置由绳头拉手、拉杆、传动机构、楔块和安全嘴等机件构成。

有机房电梯下行限速装置中的限速器安装在机房内，张紧装置位于井道底坑，用压导板稳装在轿厢导轨上，限速器与限速器绳张紧装置之间由限速器钢丝绳连成一体。限速器钢丝绳一端绕过限速器绳轮与安全钳绳头拉手的上锥套连接，一端绕过限速器绳张紧绳轮与安全钳绳头拉手的下锥套连接。安全钳的绳头拉手通过传动机构、拉杆与安全钳楔块连成一体。限速装置与安全钳装置的装配示意图如图 2-29 所示。对于无机房电梯，由于限速器安装在井道内，应考虑到井道外的人员容易接近，便于检查和测试，否则应能从井道外用远程控制方式实现限速器动作试验和复位，而且能从轿顶或底坑接近限速器对其进行检查维修。

轿厢下行超速保护装置中的限速器按结构形式分有刚性甩锤式限速器、甩球式限速器、弹性甩锤式限速器和离心式压绳限速器四种。其中前三种限速器已于 20 世纪 80 年代末不再生产。目前普遍采用的离心式压绳限速器的结构示意图如图 2-30 所示。

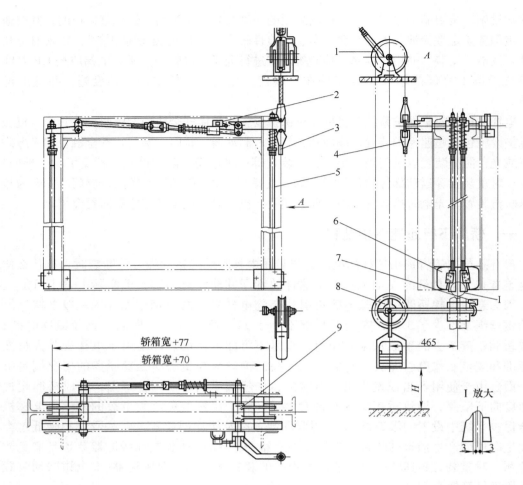

图 2-29 限速装置和安全钳

1—限速器 2—安全钳开关 3—钢丝绳 4—钢丝绳锥套 5—拉杆 6—安全嘴

7—限速器断绳开关 8—张紧装置 9—安全钳的传动机构

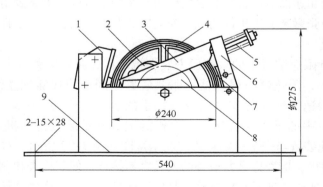

图 2-30 压绳限速器

1—电气开关 2—甩块 3—触杆 4—绳轮 5—弹簧 6—压杆 7—压块 8—制动轮 9—底板

　　轿厢下行超速保护装置中的安全钳按结构形式分有瞬时式安全钳、渐进式安全钳两种。其中的瞬时式安全钳的制停距离比较短，一般只有几厘米至几十厘米，若电梯的额定运行速度比较快，制停时对导轨的损伤也比较大，因此瞬时式安全钳多与刚性甩锤式限速器配合用在额定运行速度 $V \leqslant 0.63\text{m/s}$ 的低速梯上。以往生产使用的瞬时式安全钳的结构示意图如图 2-31 所示。而渐进式安全钳的制动过程比较平缓，制停时对导轨的损伤也比较小，但制停距离比较长且结构比较复杂，这种渐进式安全钳多与离心式压绳限速器配合，适用于额定运行速度 $V \geqslant 1.0\text{m/s}$ 的各类电梯。渐进式安全钳与瞬时式安全钳的区别主要是安全嘴部分，渐进式安全钳的安全嘴由安全箍、外壳、塞铁垫头、滚筒器、楔块等构成，其结构示意图如图 2-32 所示。

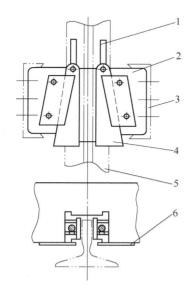 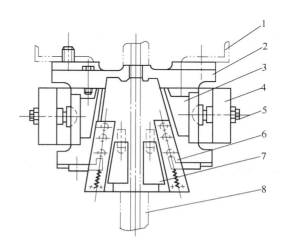

图 2-31　瞬时式安全钳
1—拉杆　2—安全嘴　3—轿架下梁
4—楔块　5—导轨　6—盖板

图 2-32　渐进式安全钳
1—轿架下梁　2—壳体　3—塞铁　4—安全箍
5—调整箍　6—滚筒器　7—楔块　8—导轨

2. 限速装置和安全钳装置的作用原理

当轿厢上下运行时，通过限速器钢丝绳驱动限速器绳轮往返运行。当轿厢的实际运行速度超过额定运行速度的 115% 时，限速器甩块或甩球的离心力增大，甩块或甩球通过连杆、弹簧、传动机构卡住限速器钢丝绳。在限速器钢丝绳被卡住不动的情况下，相当于轿厢不动将安全钳的绳头拉手提拉起来，被提拉起来的安全钳绳子头拉手，通过传动机构将轿架两边立梁内侧四根拉杆（每边两根）向上提拉起来，将与四根拉杆连成一体的四块安全钳楔块向上提拉起来。由于安全钳的安全嘴是一个上小下大的喇叭口形状，安全钳楔块内开有八字形轨道外有盖板，将安全钳楔块向上提拉的结果是四块安全钳楔块同时向两列轿厢导轨的两侧工作面挤压，将轿厢卡死在轿厢导轨上。而且，在安全钳绳头拉手向上提拉的同时，绳头拉手的一端通过拉条提拉起安全钳楔块，而另一端则打上位于轿架上梁上的安全钳开关，安全钳开关的常闭触点断开了电梯的安全电路，使电梯的交直电路同时失电，电梯立即停靠，等待维修人员检查分析处理。电梯的设计理念是安全第一，采取多种措施保护乘用人员和电梯设备的安全。但是电梯设备安全性能的好坏与制造、安装、维护保养、使用等四个方面的质量有关，任何一方未将工作做好都可能造成严重后果。

20 世纪 80 年代中期前设计生产的电梯产品中，刚性甩锤式限速器，被用于额定运行速

度 $V \leqslant 0.63\text{m/s}$ 的低速梯。20 世纪 80 年代中期后设计生产的电梯，多采用离心式压绳限速器取代甩球式限速器。而且根据 GB 7588—2003 的规定，限速器的动作应发生在速度至少等于额定运行速度的 115%，且应小于下列值：

1）对于除了不可脱落滚柱式以外的瞬时式安全装置为 0.8m/s；

2）对于不可脱落滚柱式安全钳装置为 1.0m/s；

3）对于额定运行速度小于等于 1.0m/s 的渐进式安全钳装置为 1.5m/s；

4）对于额定运行速度大于 1.0m/s 的渐进式安全钳装置为 $1.25V + 0.25V$，且应尽量采用接近该值的最大值。

限速器是电梯运行速度的监控机件，应按照电梯检验规则的规定，定期进行动作速度校验，对可调部位调校后应加封记，确保其动作速度在安全规范规定的范围内。

二、轿厢上行超速保护装置

轿厢上行超速保护装置是防止轿厢冲顶的安全保护装置。我国 20 世纪 80 年代末前生产的电梯只设轿厢下行超速保护装置，增设轿厢上行超速保护装置是对电梯安全保护系统的进一步完善。因为轿厢上行时发生冲顶的危险是存在的，例如在对重侧的重量大于轿厢侧时，一旦制动器失效或曳引机齿轮、轴、键、销等发生折断，造成曳引轮与制动器脱开，或由于曳引轮的绳槽磨损严重，造成曳引绳在曳引轮上打滑等，这些都有可能造成轿厢冲顶事故的发生。因而 GB 7588—2003 规定：曳引驱动电梯应装设上行超速保护装置，该装置包括速度监控和减速元件，应能检测出上行轿厢的失控速度，当轿厢速度等于或大于电梯额定速度的 115% 时，应能使轿厢制停，或至少使其速度下降至对重缓冲器设计的承受范围内，该装置应该作用于轿厢、对重、钢丝绳系统（悬挂绳或补偿绳）或曳引轮上。而且该装置动作时，应使电气安全装置动作，使控制电路失电，电动机停止运转，制动器动作。

轿厢上行超速保护装置按其制停和减速装置所作用的不同位置，可以分为安装在轿厢、对重、钢丝绳及曳引轮上等四种实施方式。由于对电梯实施上行超速保护的时间较短，目前仍在完善中，常见的有选择上向限速器、上向超速保护开关的限速器、双向限速器作为速度监控装置等几种方式。

（1）采用双向安全钳或上行安全钳实现轿厢制停或减速方式 采用该方式的限速器采用如图 2-33 所示的双向限速器作为速度监控元件。安全钳采用如图 2-34 所示的双向安全钳，这种安全钳采用上、下行超速保护装置同用一套弹性元件和钳体，且上行制动力和下行制动力可以单独设定的安全钳。上行安全钳由于设有制动后轿厢地板倾斜不大于 5% 的要求，它可以成对配置也可以单独配置。这种方式是一种较为成熟的方式，是有齿曳引电梯较为理想的方案。

（2）采用对重限速器和安全钳方式 作为上行超速保护装置的限速器和安全钳系统，与对重下方有人可达到的空间应增设限速器和安全钳系统不同，上行超速保护装置的安全钳和限速器不要求将对重制停并保持静止状态，而是只要将对重减速到对重缓冲器能承受的设计范围内就可以。可见上行超速保护装置的限速器和安全钳系统的制动力，比对重下方有人可到达空间的限速器、安全钳的制动力要求低，且其安全钳可成对配置，也可以单独配置，但上行超速保护装置的限速器和安全钳系统，必须有一个电气安全装置在其动作时动作，使制动器失电施闸，电动机停转。

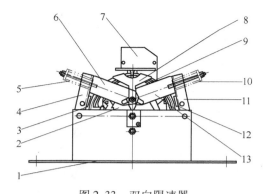

图 2-33　双向限速器

1—底板　2—制动棘轮　3—上向压块　4—上向压杆
5—上向压紧弹簧　6—上向触杆　7—双向电气开关
8—双向开关拨架　9—绳轮　10—下向压紧弹簧
11—下向压杆　12—下向压块　13—下向触杆

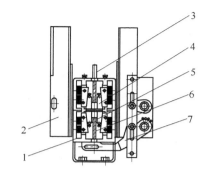

图 2-34　双向安全钳

1—安全钳壳体　2—轿厢侧梁　3—下向安全钳拉杆
4—下向楔块　5—上向楔块　6—上向拉杆
7—上向安全钳拉手

（3）采用钢丝绳制动器方式　它一般安装在曳引轮和导向轮之间，通过夹绳器夹持悬挂着的曳引钢丝绳使轿厢减速。如果电梯有补偿绳，则夹绳器也可以作用在补偿绳上。夹绳器可以机械触发也可以电气触发。触发信号可用限速器上向机械动作或上向电气开关动作来实现，这种方式灵活，适合旧梯改造时选用。

（4）采用制动器方式　这种方式只适用于无齿曳引机驱动的电梯，而且制动器必须是安全型制动器，也就是符合 GB 7588—2003 要求的制动器，它是将无齿曳引机制动器作为减速装置，减速信号由限速器的上行安全开关动作时实现电气触发。这种方案是无齿曳引机最为理想的上行超速保护装置。

上行超速保护装置速度检测元件的动作速度范围从电梯额定速度的 115% 至限速器上限动作速度的 110%，比下向限速器的动作速度范围大，因而可以用限速器装置作为上行超速保护装置的速度检测元件。

三、缓冲器

缓冲器装设在井道底坑的地面上。当由于某种原因，造成轿厢或对重装置超越极限位置而发生蹾底事故时，利用缓冲器的结构特性去吸收或消耗轿厢、对重装置的动能，降低蹾底事故可能产生不良后果的制动装置。

在轿厢和对重装置下方的井道底坑地面上均设有缓冲器。在轿厢下方，对应轿架下梁缓冲板的缓冲器称轿厢缓冲器。在对重架下方，对应对重架缓冲板的缓冲器称为对重缓冲器。同一台电梯的轿厢和对重缓冲器，其结构形式和规格参数是完全相同的。我国 20 世纪 80 年代中期前设计生产的电梯轿厢下方设置两只缓冲器，对重装置下方设置一只缓冲器，往后设计生产的电梯轿厢和对重装置下方多只设置一只缓冲器。

缓冲器按结构形式和材质分有弹簧缓冲器、油压缓冲器和聚氨酯缓冲器三种。按结构形式分类的弹簧、油压缓冲器的结构示意图如图 2-35 所示。

1. 弹簧缓冲器

常见弹簧缓冲器的结构示意图如图 2-35a 所示。采用弹簧缓冲器的电梯是一旦发生轿厢或对重装置蹾底事故时，依靠弹簧的变形去吸收轿厢或对重装置的动能，使轿厢或对重装置在蹾底瞬间的冲击力得到减缓，降低蹾底事故可能产生不良后果的制停装置。弹簧缓冲器受轿厢或对重装置蹾底冲击瞬间依靠弹簧变形去起缓冲作用的过程也是储能的过程，储能过程所储存的能量以弹簧产生的反作用力表现出来，该反作用力会造成轿厢或对重装置反弹，并反复至所储存的能量消失为止，因此弹簧缓冲器又有储能型缓冲器之称。在使用过程中，为了确保不同额定载重量和不同额定运行速度的电梯具有相同的缓冲效果，其弹簧缓冲器选用的缓冲弹簧是有区别的。而一台电梯的轿厢和对重缓冲器的规格参数则是相同的。由于弹簧缓冲器是一种储能型缓冲器，缓冲效果不十分理想，因此弹簧缓冲器多用于额定运行速度 $V \leqslant 0.63\text{m/s}$ 的低速载货电梯。

2. 油压缓冲器

常见油压缓冲器的结构示意图如图2-35b所示。采用油压缓冲器的电梯，是一旦发生轿厢或对重装置蹾底事故时，以油为介质去吸收轿厢或对重装置功能的缓冲器。当油压

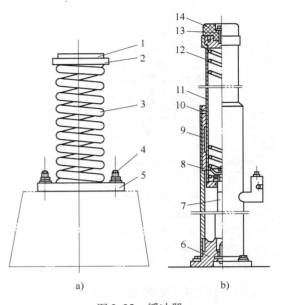

图2-35 缓冲器

a）弹簧缓冲器 b）油压缓冲器

1—缓冲橡皮 2—缓冲头 3—缓冲弹簧 4—地脚螺栓
5—缓冲弹簧座 6—液压缸座 7—油孔立柱
8—挡油圈 9—液压缸 10—密封盖 11—柱塞
12—复位弹簧 13—通气孔螺栓 14—橡皮缓冲垫

缓冲器的柱塞受到轿厢或对重装置蹾底冲击时，依靠油压缓冲器的柱塞受压时使液压缸内的油压增大，造成液压缸内的缓冲器油通过油孔立柱、油孔座和油嘴向柱塞喷流，利用缓冲器油喷流过程中的阻力，对轿厢或对重装置起缓冲作用的缓冲器，因此油压缓冲器是一种耗能型缓冲器。由于油压缓冲器的缓冲过程缓慢、连续且均匀，因此缓冲效果比较好，适用于额定运行速度 $V \geqslant 1.0\text{m/s}$ 的各类电梯。油压缓冲器完成一次缓冲行程后，通过柱塞弹簧的作用使柱塞复位，其柱塞应在120s内恢复到全伸长位置，以备接受新的缓冲任务。若由于复位弹簧或柱塞发生故障，不能恢复到原来位置时，则下次缓冲器动作时将起不到缓冲作用。为确保缓冲器起到应有的缓冲作用，每只缓冲器应装设柱塞位置检测开关，以检查检测缓冲器是否处于正常状态。

21世纪前我国的电梯产品采用的缓冲器只有弹簧缓冲器和油压缓冲器两种。进入21世纪后开始出现采用聚氨酯材料制成的聚氨酯缓冲器，这种新型缓冲器具有体积小、重量轻、软碰撞、无噪声、安装方便、免维护、又可减小底坑深度等特点，近年来开始在 $V \leqslant 0.63\text{m/s}$ 的低速载货电梯中试用，但还不多见。

四、机械安全防护装置

安全防护装置是电梯设备中不可缺少的安全设施，最常用的安全防护装置有轿顶护栏、对重护栅、井道护栅和轿厢护脚板及其他机械部件的安全防护罩等。

1. 轿顶护栏防护装置

轿顶护栏具有防止维修人员不慎坠落井道的作用，然而也有些维修人员将身体依靠护

栏，反而造成人身碰、撞、擦伤等事故，所以对是否要装设轿顶护栏曾存在争议。而新修订的标准 GB 7588—2003 中规定，距轿厢外侧边缘水平方向超过 0.3m 的自由距离时，轿顶应装设护栏。而且标准还对护栏的安装尺寸和位置作了详细规定。并要求护栏上应有俯伏或斜靠护栏危险的警示符号或须知，并在适当位置妥当固定。标准规定轿顶护栏不但必须装设，而且规定得非常具体。

2. 轿厢护脚板防护装置

轿厢护脚板是非常重要的防护装置。如果不设轿厢护脚板，则当轿厢不在平层位置时，轿厢与层门地坎间就存在空间，这个空间会使乘员或维修人员的脚踏入或伸入井道，导致发生人身伤害的可能。因未装设护脚板造成挤、切乘员或维修操作人员的脚的事故时有发生，也曾发生过因未装设护脚板导致乘客、电梯司机坠入井道而死亡的重大事故。

我国早期生产的电梯中（GB 7588—1987 实施前），存在没有护脚板装置的情况比较多，应当及时补装上。GB 7588—2003 规定：每一台轿厢的地坎均应设置护脚板，其宽度应等于层站入口处的净宽度。护脚板的垂直部分以下应成斜面向下延伸，斜面与水平面的夹角应大于 60°，该斜面在水平面上的投影深度不小于 20mm；护脚板垂直部分的高度应不小于 0.75m。护脚板一般用 2mm 厚的钢板制成，装于轿厢地坎下侧且用扁铁支撑，以加强其机械强度。

3. 底坑对重侧防护装置

为了防止人员进入底坑对重侧而造成人身伤害，对重的运行区域应采用刚性隔障防护，该隔障应自电梯底坑地面向上不大于 0.3m 处向上延伸到至少 2.5m 处，其宽度至少等于对重装置宽度且两边各加 0.1m。如果这个隔障是网孔形的，这种隔障可用角钢或扁钢支撑一个护栅架子，然后焊铁皮或铁网。

4. 共用井道的防护装置

在几台电梯共用一个井道时，不同电梯的运动部件之间应设置隔障。此隔障应从轿厢、对重行程的最低点延伸到最低层楼面以上的 2.5m 处。如果电梯轿顶边缘与相邻电梯运行部件之间的水平距离小于 0.5m 时，这种隔障应贯穿整个井道，并每边有大于运动部件 0.1m 的宽度，防止维保人员被相邻电梯运行部件伤害。

5. 机械设备的安全防护装置

按 GB 7588—2003 的规定，对可能发生危险并可能接触的旋转部件，应提供有效防护或设防护罩，特别是转动轴上的键、螺钉、钢带、链条、传动带、齿轮、电动机外伸轴、滑轮等，如限速器、导向轮和轿顶轮及对重轮、曳引轮等旋转部件都应设置防护罩，防止伤害相关人员或杂物落入轮槽，也具有防止曳引绳脱离绳槽等作用。

第二章应了解掌握的主要问题和复习思考题

一、应了解掌握的主要问题

1. 掌握构成电梯机械五个子系统的部件及每个部件的作用、分类、规格参数和工作原理，特别是机械安全保护和安全防护系统的构成部件及其作用原理。

2. 掌握永磁同步无齿曳引机的结构、特点和优点。

3. 掌握曳引电动机功率 P 的计算公式及其应用。

4. 了解电梯平衡系数 K_P 的取值和对重装置总重量 P_D 的计算公式及其应用。

二、复习思考题

1. 判断题（对打"√"，错打"×"）

（1）采用蜗轮副减速器的曳引机，其蜗轮副中的蜗杆有上置式和下置式两种结构形式，上置式的优点是解决了曳引机的漏油问题。　　　　　　　　　　　　　　　　　　　　　　　　　　（　　）

（2）交流双速梯的平层准确度与制动器制动力矩的大小无关。　　　　　　　　　　　　　　（　　）

（3）交流感应电动机 VVVF 拖动电梯制动器的主要作用是防止电梯溜车。　　　　　　　　（　　）

（4）曳引绳锥套的主要作用之一是便于调整曳引绳的张力，使其张力差不大于 ±7%。　　（　　）

（5）对于设有平衡链的电梯，平衡链的作用是减少电梯平衡系数随轿厢位置变化而变化。　（　　）

（6）导轨架应具有针对井道墙壁的建筑误差进行弥补性调整的作用。　　　　　　　　　　（　　）

（7）曳引驱动电梯最常见的曳引方式有 1∶1 和 2∶1 两种，若电梯制造厂采用同一台有齿曳引机而通过改变曳引方式就可实现电梯额定载重量和额定运行速度之间的倍数变化关系。　　　　　　（　　）

（8）曳引驱动电梯的有齿曳引机多采用蜗轮副传动，这种有齿曳引机有一定的自锁功能，其自锁功能的强弱与蜗杆的螺纹头数有关。　　　　　　　　　　　　　　　　　　　　　　　　　　　（　　）

（9）电梯的平衡系数不符合要求时，可以通过在轿顶放置适量的对重铁块进行调节。　　　（　　）

（10）在曳引方式为 1∶1 的曳引驱动系统中，当曳引轮的直径不够大时，常采用导向轮去调节轿厢绳头板与对重装置绳头之间的中心距离。　　　　　　　　　　　　　　　　　　　　　　　（　　）

2. 选择题（填写被选项目序号）

（1）对于额定速度 $V < 2.0 \text{m/s}$ 的曳引驱动客梯、货梯，为提高曳引绳的使用寿命，曳引轮的直径 D 和曳引绳的直径 d 的比值（D/d）应为：A（$\geqslant 50$）；B（$\geqslant 40$）；C（$\geqslant 30$）　　　　　　（　　）

（2）曳引驱动电梯的曳引方式中，最常见的有半绕 1∶1 和半绕 2∶1 吊索法两种，其中半绕 1∶1 吊索法的电梯运行速度是：A（等于曳引绳的运行速度）；B（等于曳引绳运行速度的二分之一）；C（等于曳引绳运行速度的四分之一）　　　　　　　　　　　　　　　　　　　　　　　　　　　　　（　　）

（3）曳引驱动客梯、货梯的曳引绳承载着对重装置和轿厢及其载重量的总和，因此，曳引绳取用的安全系数一般是：A（$\geqslant 15$）；B（$\geqslant 12$）；C（$\geqslant 10$）　　　　　　　　　　　　　　（　　）

（4）打开电梯层门的三角钥匙是重要的安全器件之一，该三角钥匙应由：A（电梯司机保管）；B（电梯主管人员保管）；C（维修人员保管）　　　　　　　　　　　　　　　　　　　　　　　（　　）

（5）对于曳引方式为半绕 1∶1 吊索法的电梯，其导向轮是调节下列部件距离的器件：A（轿厢中心与轿厢导轨的距离）；B（轿厢中心与对重中心的距离）；C（对重中心与对重导轨的距离）　（　　）

（6）耗能型缓冲器动作之后，柱塞恢复到原伸长位置的时间，按相关标准的规定：A（60s）；B（90s）；C（120s）　　　　　　　　　　　　　　　　　　　　　　　　　　　　　　　　　　　（　　）

（7）电梯轿厢内净面积与以下哪个参数有关：A（额定载重量）；B（额定速度）　　　　　（　　）

（8）采用滚轮导靴的电梯为减小滚轮与导轨的摩擦力，应定期给导轨的摩擦部位：A（涂抹黄油）；B（涂抹机油）；C（不必加润滑油）　　　　　　　　　　　　　　　　　　　　　　　　　（　　）

（9）有一部交流感应电动机的定子绕组产生的旋转磁场为 6/24 极，这部电动机的同步转速应为：A（1000/250r/min）；B（1500/250r/min）；C（1000/500r/min）　　　　　　　　　　　　　　（　　）

（10）电梯层门装设的自动门锁的锁钩与挡块的啮合和电联锁触点的通断关系是：A（锁钩的啮合与电气触点同时接通）；B（锁钩与挡块的啮合深度达到 7mm 以上时电气联锁触点接通）；C（电气触点接通后锁钩与挡块啮合）　　　　　　　　　　　　　　　　　　　　　　　　　　　　　　　　（　　）

3. 填空题

（1）按相关标准的规定，电梯机械部分中的以下五个安全部件：＿＿＿＿＿＿＿＿＿＿＿、＿＿＿＿＿＿＿＿、＿＿＿＿＿＿＿＿、＿＿＿＿＿＿＿＿、＿＿＿＿＿＿＿＿的生产厂家应定期做型式试验，并在必要时向有关单位提供合格的型式试验报告。

（2）电梯曳引机上的制动器是重要的安全部件之一，经调整合格后的要求是＿＿＿＿＿＿＿＿＿＿。

（3）电梯常用的缓冲器有弹簧缓冲器、油压缓冲器和聚氨酯缓冲器三种，其中的弹簧缓冲器和油压缓冲器按作用原理分，弹簧缓冲器又称_____型缓冲器，油压缓冲器又称_____型缓冲器。由于_____缓冲器的缓冲效果更好些，因此弹簧缓冲器和聚氨酯缓冲器只适用额定运行速度_____的电梯，而油压缓冲器则适用额定运行速度_____的各类电梯。

（4）曳引绳锥套较常见的结构形式有_____、_____、_____三种。它的主要作用是便于_____。

（5）近年来研发生产的 VVVF 拖动、计算机控制、同步带传动的开关门系统与传统的直流电动机调压调速拖动、连杆传动的开关门系统比较的主要优点是：_____、_____、_____。

（6）按相关标准的规定，采用轿门驱动层门的电梯，其层门上应设有层门自闭装置，这种装置有_____式、_____式、_____式三种，确保无论何种原因开启的层门，一旦轿厢离开该层门的_____时，该层门就将自动关闭。

（7）按 GB 7588 的规定，限速器的动作速度至少应在等于电梯额定速度的_____时发生。但对于与其配套使用的：A、瞬时式安全钳装置应不小于_____ m/s；B、滚柱式安全钳装置应不小于_____ m/s；C、额定速度小于等于 1.0m/s 的渐进式安全钳装置应不小于_____ m/s；D、额定速度大于 1.0m/s 的渐进式安全钳装置应不小于_____。

（8）电梯机械部分的安全设施中除制动器、限速器（含双向）、安全钳（含双向）、缓冲器、自动门锁、层门紧急开锁装置、层门自闭装置、夹绳器等外，还应包括_____、_____、_____、_____、_____等安全防护设施。

（9）为了减小导靴在电梯运行过程中的摩擦力，当电梯的额定运行速度达到_____ m/s 以上时，应采用滚轮导靴。

（10）若有一台电梯因曳引机的制动器失效造成电梯出现溜车时，如果电梯的对重侧重于轿厢侧，电梯的轿厢会_____溜，如果电梯的轿厢侧重于对重侧，电梯的轿厢会_____溜。

4. 计算问答题

（1）有一部电梯的额定载重量为 1000kg、轿厢净重为 1200kg，若对重系数取 0.45，求对重装置的总重量为多少 kg？

（2）有一部交流双速电梯的额定载重量为 1000kg，额定运行速度为 1.0m/s，若整机运行效率取 0.55、平衡系数 K_p 取 0.45，求曳引电动机的功率应为多 kW？

（3）有一台三相交流双速电动机定子绕组产生的旋转磁场的同步转速为 1000/250r/min，求这部电动机旋转磁场的磁极对数？

（4）试简述曳引驱动电梯的主要优点？

（5）试简述采用永磁同步无齿曳引机的特点和优点？

第三章

电梯的电气控制系统

第一节 概 述

电梯的电气控制系统是构成电梯的两大系统之一。电气控制系统由控制柜、操纵箱、指层灯箱、召唤盒、换速平层装置、两端站限位装置（包括两端站强迫减速开关、限位开关、极限开关）、轿顶检修箱、底坑检修箱等十多个部件以及分散安装在相关机械部件中与相关机械部件配合完成电梯预定功能的电气零部件组成。分散安装的主要电气零部件有曳引电动机、制动器线圈、开关门电动机及其调速控制装置、限速器开关、限速器绳张紧装置开关、安全钳开关、缓冲器开关以及各种安全防护按钮和开关等。

电梯的电气控制系统与机械系统比较，具有选择范围大且灵活的特点。一台电梯的类别、额定载重量和额定运行速度确定后，机械系统的主要零部件就基本确定了，而电气控制系统则还有比较大的选择空间，还必须根据电梯的安装地点、乘载对象、整机性能要求、功能要求对拖动方式、控制方式等进行认真选择，才能发挥电梯的最佳使用效果。

电梯的拖动系统决定着电梯的整机性能和节能效果。电梯的控制方式则决定着电梯的自动化程度和使用效率。随着科学技术的发展和改革开放政策的深化贯彻执行，我国电梯电气控制系统发展迅速。目前国内的在运行电梯中：

（1）在拖动系统方面 除额定运行速度 $V \leqslant 0.63 \text{m/s}$ 的低层站、大载重量货梯仍有部分采用交流变极双速电动机调速拖动（以下简称交流双速）外，对于额定运行速度 $V \geqslant 1.0 \text{m/s}$ 的各类电梯均采用交流变频变压调速（以下简称 VVVF）拖动。而且近几年来，随着国家节能减排政策的深化贯彻执行，普通交流电动机 VVVF 拖动又有被节能效果更好的永磁同步电动机 VVVF 拖动取代之势。而交流变压调速（以下简称 ACVV）拖动则成为向 VVVF 拖动发展过程中的过渡性产品。

（2）在中间过程控制方面 采用继电器作为中间过程控制装置的电梯已被改造升级换代。目前国内生产的电梯几乎全是计算机控制的。采用可编程序控制器（PLC）作为中间过程控制装置的电梯，也是向计算机控制电梯发展过程中的过渡性产品。

本章将分别对我国 50 多年来曾批量生产过的有代表性的经实践检验的交流双速、ACVV、VVVF 和直流电动机拖动，轿内按钮和集选继电器控制、PLC 控制、计算机控制等六种电梯电气控制系统的控制原理作简要介绍。本书介绍的电路原理图采用"电梯制造厂电气设计人员的绘图习惯，按 5 层 5 站电梯电路原理图绘制"。如果将本书作为教材，任课老师可将交流双速、轿内按钮继电器控制电梯电气系统为基础，再在其基础上采用比较方法和由浅入深的原则开展教与学，力求达到学者学懂、教者爱教的效果。

第二节　电梯电气控制系统的分类

电梯电气控制系统的分类比较烦琐，一般按以下方式分类。

一、按控制方式分类

1）轿内手柄开关控制电梯的电气控制系统：由电梯司机通过轿内操纵箱上的手柄开关，控制电梯运行的电气控制系统。

2）轿内按钮开关控制电梯的电气控制系统：由电梯司机通过轿内操纵箱上的按钮开关，控制电梯运行的电气控制系统。

3）轿内外按钮开关控制电梯的电气控制系统：由乘用人员自行通过厅门外召唤箱或轿内操纵箱上的按钮开关，控制电梯运行的电气控制系统。

4）轿外按钮开关控制电梯的电气控制系统：由乘用人员通过厅门外操纵箱上的按钮开关，控制电梯运行的电气控制系统。杂物电梯采用的电气控制系统就是这种电气控制系统。

5）信号控制电梯的电气控制系统：由厅门外召唤箱发出的外指令信号或轿内操纵箱发出的内指令信号与井道信息装置检测到的电梯轿厢位置信号比较后自动确定电梯的运行方向，由电梯专职司机下达关门起动信号，门关妥后电梯起动运行的电气控制系统（这种控制系统较少采用，因为集选控制电气系统也具有信号控制系统的功能）。

6）集选控制电梯的电气控制系统：采用这种控制系统的电梯具有"司机控制、无司机控制、检修慢速运行"等三种控制运行模式。有司机模式下的电梯功能与信号控制电梯的功能相同。无司机模式下与轿内外按钮开关控制电梯的功能相同外，增加轿内多指令登记功能。检修慢速运行功能与所有电梯电气系统相同。集选控制电梯是一种单机运行功能最完善的电梯电气控制系统。两台并联和多台群控电梯是由两台或多台集选控制电梯组成的。

7）并联控制的电梯电气控制系统：两台集选控制电梯共用厅外召唤信号，由两台电梯的计算机或 PLC 适时通信联系，调配和确定两台电梯的起动、向上或向下运行的控制系统。

8）群控电梯的电气控制系统：多台集选控制电梯集中排列、共用一个候梯厅和若干个外召唤信号，由计算机按预设定的程序自动调配，确定其运行模式的电气控制系统。

二、按用途分类

按用途分类是指按乘载对象的特点或要求分类。用这种方法分类有下列几种：

1）载货电梯的电气控制系统：适用于低层站的生产车间、厂房里运送货物，运行速度比较慢，对平层准确度要求较高，以利带轮的车辆出入。其控制方式多采用轿内按钮开关控制的电气控制系统。随着科技和社会发展，载货电梯的自动化程度也出现提高的趋势。

2）杂物电梯的电气控制系统：杂物电梯的额定载重量只有 $100 \sim 300 kg$，运送对象主要是图书、饭菜等物品，其安全设施不够完善。国家有关标准规定，这类电梯不许承载人，因此控制电梯上下运行的操纵箱不能设置在轿厢内，只能在厅外控制电梯上下运行。按控制方式分类的轿外按钮开关控制电梯的电气控制系统，多作为这类电梯的电气控制系统。

3）乘客、住宅、病床电梯的电气控制系统：用于多层站，客流量大的宾馆、饭店、医院、写字楼和住宅楼里，作为人们上下楼时的交通运输设备的电梯电气控制系统。要求有比较高的运行速度和自动化程度。其控制方式多采用单台集选控制、两台并联和三台以上群控的电气控制系统。

三、按拖动系统和控制方式分类

1）交流单速电动机直接起动，轿外按钮开关控制电梯的电气控制系统：适用于杂物电梯的电气控制系统。

2）交流双速、轿内按钮开关控制电梯的电气控制系统：适用于额定运行速度 $V \leq 0.63\text{m/s}$ 的一般载货电梯的电气控制系统。

3）交流双速、轿内外按钮开关控制电梯的电气控制系统：适用于客流量不大，乘员相对稳定，额定运行速度 $V \leq 0.63\text{m/s}$，作为员工上下楼或运送货物的客货电梯的电气控制系统。

4）交流双速、集选控制电梯的电气控制系统：适用于额定运行速度 $V \leq 0.63\text{m/s}$，低层站，客流量变化较大的医院、住宅楼、办公楼或写字楼的电梯电气控制系统。

5）交流双速电动机 ACVV 拖动、集选控制电梯的电气控制系统：采用交流双速电动机作为曳引电动机，设有曳引电动机调压变速的控制装置，控制方式为集选控制，具有集选控制电梯的完善功能，适用于 $V \leq 1.75\text{m/s}$，层站较多的宾馆饭店、医院、写字楼、办公楼、住宅楼等的电梯电气控制系统。

6）直流电动机拖动、集选控制电梯的电气控制系统：采用直流电动机作为曳引电动机，设有对曳引电动机进行调压调速的控制装置，起、制动过程的速度变化率连续可调平稳，舒适感好，平层准确度高。但需设直流发电机—电动机组，发电机和直流曳引电动机均有电刷，维修费用高等不足之处。具有集选控制电梯的完善功能。适用于 $V \leq 1.75\text{m/s}$，层站较多的宾馆饭店、医院、写字楼、办公楼等的电梯电气控制系统。

7）交流单速电动机 VVVF 拖动、集选控制电梯电气控制系统：采用交流单绕组单速电动机作曳引电动机，设有调频调压调速装置，起、制动过程的速度变化率连续可调平稳，舒适感好，平层准确，有较好的节能效果。具有集选控制电梯的完善功能，适用各种速度和层站等的电梯电气控制系统。

8）永磁同步电动机 VVVF 拖动、集选控制电梯电气控制系统：改变了电梯传统的"电动机→减速箱→曳引轮→负载（轿厢和对重）"的曳引驱动模式，比交流电动机 VVVF 拖动电梯节能 20% ~ 25%，无减速箱、不需要加油和换油，环保效果好。是宾馆饭店、写字楼、办公楼、住宅楼、医院首选的电梯电气控制系统，近两年来的电梯市场占有率达 90% 以上。

9）交流单速电动机 VVVF 或永磁同步电动机 VVVF 拖动、两台集选控制电梯作并联运行或三台以上集选控制电梯作群控运行的电梯电气控制系统：是宾馆饭店、写字楼、办公楼、住宅楼、医院内两台或三台并列电梯首选的电气控制系统。

四、按操作控制方式分类

主要指按电梯的操作控制方式分类。按这种方式分类有下列几种：

1）有专职司机操作控制的电梯电气控制系统：轿内手柄开关控制、轿内按钮开关控制、信号控制电梯电气控制系统都是需要设专职司机操作控制的电梯电气控制系统。

2）无专职司机操作控制的电梯电气控制系统：轿内外按钮开关控制、两台并联控制、三台以上梯群控制的电梯电气控制系统都是不需要专职司机进行操作控制的电梯电气控制系统。

3）有/无专职司机操作控制电梯的电气控制系统：集选控制电梯的电气控制系统，就是有/无专职司机操作控制的电梯电气控制系统。采用这种操作控制方式的电梯，轿内操纵箱上设置一只转换"有、无、检"三个工作模式的钥匙开关（也可用两只双投手指开关组合实现），管理人员或司机可以根据乘载任务的忙、闲以及出现故障或维护保养等实际需要，用专用钥匙扭动钥匙开关或扳动手指开关，将电梯置于有司机控制、无司机控制、检修慢速运行控制等三种运行模式，以适应不同乘载任务或电梯保养维修工作的电梯电气控制系统。

对于无专职司机控制的电梯，应有专人负责开放和关闭电梯以及经常巡查监督乘用人员正确使用和爱护电梯，并督察做好电梯的日常维护保养工作等。

第三节　几种常用电梯电气控制系统的性能

几种常用电梯电气控制系统的性能（或称功能），在这里是指电梯的自动化程度，不是指电梯的整机性能。电梯的自动化程度取决电梯的控制方式，不同控制方式的电梯自动化程度不同，功能也不同。电梯功能的多少和实现的难易程度与采用的控制装置有关，有些功能若用继电器去实现就非常困难，用 PLC 和计算机去实现就非常容易，进入 21 世纪后，我国生产的电梯功能日益完善就与 PLC 和计算机在电梯电控系统中的应用有关。

一、几种常用控制方式电梯的单机运行性能

20 世纪 60 年代（全继电器控制）中后期设计生产的几种常用控制方式电梯的单机运行性能（基本性能）见表 3-1。

表 3-1　几种常用控制方式电梯的单机运行性能

序号	电气控制系统	运 行 性 能
1	一、轿内手柄开关控制、自动平层、自动开关门电梯电气控制系统	1. 有专职司机控制 2. 自动开关门 3. 到达预定停靠的层站时，提前自动将额定快速运行切换为慢速运行，平层时自动停靠开门 4. 到达两端站时，提前自动强迫电梯由额定快速运行切换为慢速运行，平层时自动停靠开门 5. 厅外有召唤装置，而且召唤时 （1）厅外有记忆指示灯信号 （2）轿内有音响信号和召唤人员所在层站位置及要求前往方向记忆指示灯信号 6. 厅外有电梯运行方向和所在位置指示灯信号 7. 自动平层 8. 召唤要求实现后，自动消除轿内外召唤位置和要求前往方向的记忆指示灯信号 9. 开电梯时，司机必须左或右扳动手柄开关，放开手柄开关有一定范围，需在上平层传感器离开停靠站前一层站的平层隔磁板至准备停靠站的平层隔磁板之间放开手柄开关，手柄开关放开后，电梯仍以额定速度继续运行，到预定停靠层站时提前自动把快速运行切换为慢速运行，平层时自动停靠开门

（续）

序号	电气控制系统	运 行 性 能
2	二、轿内按钮控制、自动平层、自动开关门电梯电气控制系统	1～8 同一的 1～8 9. 开电梯时，司机只需点按轿内操纵箱上与预定停靠层楼对应的指令按钮，电梯便能自动关门、起动、加速、额定满速运行，到预定停靠层站时提前自动将额定快速运行切换为慢速运行，平层时自动停靠开门
3	三、轿内外按钮控制、自动平层、自动开关门电梯电气控制系统	1. 无专职司机控制 2～4 同一的 2～4 5. 厅外有召唤装置，乘用人员点按装置的按钮时 （1）装置上有记忆指示灯信号 （2）电梯在本层时自动开门，不在本层时自行起动运行，到达本层站时提前自动将快速运行切换为慢速运行，平层时自动停靠开门 6～8 同一的 6～8 9. 电梯到达召唤人员所在层站停靠开门，乘用人员进入轿厢后只需点按一下操纵箱上与预定停靠层楼对应的指令按钮，电梯自动关门、起动、加速、额定速度运行，到预定停靠层站时提前自动将额定快速运行切换为慢速运行，平层时自动停靠开门。乘用人员离开轿厢4～6s后电梯自行关门，门关好后就地等待新的指令任务
4	四、轿外按钮控制、自动平层、手动开关门电梯电气控制系统	1. 同三的 1 2. 手动开关门 3. 到达预定停靠的层站平层时自动停靠 4. 到达两端站平层时强迫电梯停靠 5. 厅外有控制电梯的操纵箱，使用人员通过该操纵箱召来电梯和送走电梯 6. 同一的 7 7. 使用人员使用电梯时通过厅外的操纵箱可以召来和送走电梯 （1）若电梯不在本站，只需点按操纵箱上对应本层楼的指令按钮，电梯立即起动向本层站驶来，在本层停靠 （2）若电梯在本层，只需点按操纵箱上对应某层站的指令按钮，电梯起动驶向某层站，在某层站平层停靠
5	五、信号控制电梯的电气控制系统	1～8 同一的 1～8 9. 开电梯时司机可按乘客要求作多个指令登记，然后通过点按起动或关门起动按钮起动电梯，在预定停靠层站停靠开门，乘客出入轿厢后，仍通过点按起动或关门起动按钮起动电梯，直到完成运行方向的最后一个内外指令任务止。若相反方向有内、外指令信号时电梯自动换向，司机点按起动或关门起动按钮后起动运行。电梯运行前方出现顺向召唤信号时，电梯到达有顺向召唤指令信号的层站能提前自动将快速运行切换为慢速运行，平层时自动停靠开门。在特殊情况下，司机可通过操纵箱的直驶按钮，实现直驶
6	六、集选控制电梯的电气控制系统	1. 有/无专职司机控制 2～8 同一的 2～8 9. 在有司机状态下，司机控制程序和电梯性能与信号控制电梯相同。在无司机状态下除与轿内外按钮控制电梯相同外，增加轿内多指令登记和厅外召唤信号参与自动定向及顺向召唤指令信号截梯性能等

二、两台并联和多台群控电梯的运行性能

1. 两台并联电梯的运行性能

甲乙两台电梯作并联运行时，两台电梯必须同为无司机操作控制模式，否则就脱离并联运行模式，即为非并联运行模式。在并联运行模式下的电梯性能如下：

1）当甲乙两台电梯均无内外指令信号时，两台电梯都设定返回基站关门待命（由调试人员现场设置），在两台电梯返回基站关门待命状态下，一旦出现外召唤信号，先返回基站关门待命的电梯予以响应。若无内外指令信号时，只有一台电梯返回基站待命，而另一台电梯在完成最后一个指令任务后就地停靠关门待命时，一旦出现外召唤信号，则就近电梯予以响应。

2）甲梯响应外召唤信号向上行驶过程中，其下方出现上召唤信号时乙梯予以响应。

3）甲梯在基站关门待命时，乙梯返回基站过程中下行顺向外召唤信号予以响应，上行外召唤信号和乙梯上方层站的下行外召唤信号甲梯予以相应。

4）对于多层站电梯，设计人员还需考虑乘员候梯时间长短方面的问题，在此情况下，两台电梯对外召唤信号的响应安排还需改变。

2. 群控电梯的运行性能

群控电梯的运行模式类似公共汽车，除具有并联电梯的性能外，还具有根据客流量大小自动调节发梯频率的功能，确保乘员候梯时间相对合理的性能。

三、可供电梯买方选择（标配功能之外）的电梯性能

随着社会的发展，人们对电梯的了解日益加深；随着我国电梯工业的快速发展和由卖方市场向买方市场转变；随着我国电梯市场竞争的日益剧烈，许多往日为有价的选择功能，现在只要买方提出来卖方也能免费赠送或列入标配功能，这就是激烈的市场竞争给买方带来的收益；将往日的选择功能列入标配功能的有消防、防捣乱、轿内误登记指令信号消除功能等。目前的有价可选择功能已经不多，如停电应急装置等。

第四节　电梯电气控制系统的主要电气部件

一、电梯电气控制系统常用电气元件的文字符号

本书仍将沿用电梯行业 20 世纪 80 年代中后期前，国内各主要电梯制造厂家曾普遍采用过的文字符号编制原则制订本书电气控制电路原理图中常用电气元件的文字符号。这个文字符号的编制原则目前国内仍有不少电梯制造厂家在继续采用，也符合广大电梯从业人员的读图习惯。至于国内的中外电梯合资企业采用的文字符号则各不相同，今后也不太可能统一。

1. 制定和编制本书电气元件文字符号的原则

电气元件的文字符号是按照《电工设备文字符号编写通则》确定和编写的。即每个器件的文字符号一般按数字符号、辅助符号、基本符号、附加符号等四部分组成，其组成格式如下：

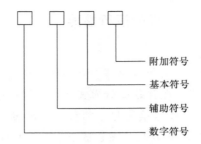

附加符号
基本符号
辅助符号
数字符号

2. 电梯电气控制系统中常用电气元件的文字符号见表3-2和表3-3

表3-2 垂直运行电梯电气控制系统常用电气元件的名称和文字符号

文字符号	名　称	位　置	文字符号	名　称	位　置
SC、XC	上、下方向接触器	控制柜	TFJ	停站辅助控制继电器	控制柜
KC、1KC	快速接触器	控制柜	CZJ	超载继电器	控制柜
KJC	快加速接触器	控制柜	CXJ	超载信号显示控制继电器	控制柜
MC	慢速接触器	控制柜	SPJ	上平层继电器	控制柜
1~3MJC	1~3级慢加速接触器	控制柜	XPJ	下平层继电器	控制柜
DYC	电源接触器	控制柜	1~4SZJ	1~4层站上召唤继电器	控制柜
ZC	制动器接触器	控制柜	2~5XAZJ	2~5层站下召唤继电器	控制柜
ZDC	能耗制动电源接触器	控制柜	2~5HFJ	2~5层站停车换速辅助继电器	控制柜
KMC、KMJ	开门接触器或继电器	控制柜	1、2BMJ	本层开门控制继电器	控制柜
GMC、GMJ	关门接触器或继电器	控制柜	XJ	相序继电器	控制柜
YC、YJ	电压接触器、继电器	控制柜	KRJ	快车热继电器	控制柜
1~5NLJ	主令继电器	控制柜	MRJ	慢车热继电器	控制柜
SKJ、SFJ	上方向控制、辅助控制继电器	控制柜	ADJ	基站上下班送断电继电器	控制柜
XKJ、XFJ	下方向控制、辅助控制继电器	控制柜	1GMJ、1KMJ	后关门、开门继电器	控制柜
YXJ	运行继电器	控制柜			
JXJ	检修继电器	控制柜	GYJ	基站送断电继电器	控制柜
1~3MSJ	1~3级加减速时间继电器	控制柜	1SXK	上端站强迫换速或减速开关	井道上端站
KSJ	快加速时间继电器	控制柜	2SXK	上端站越位控制开关	井道上端站
1~5THJ	1~5层站停车换速继电器	控制柜	1XXK	下端站强迫换速或减速开关	井道下端站
SJJ	司机控制继电器	控制柜	2XXK	下端站越位控制开关	井道下端站
MOJ	关门起动继电器	控制柜	SPG	上平层传感器	轿顶
MSJ	门锁继电器	控制柜	XPG	下平层传感器	轿顶
ABJ	安全触板继电器	控制柜	1~5THG	1~5层站换速传感器	井道
TSJ	停站时间继电器	控制柜	2~5THG$_S$	2~5层上换速传感器	井道
TJ	停站控制继电器	控制柜	1~4THG$_X$	1~4层下换速传感器	井道

（续）

文字符号	名　称	位　置	文字符号	名　称	位　置
CZK	超载开关	轿底	ZDJ	自动状态继电器	控制柜
1～3MSR	阻容延时电阻	控制柜	SDK	上终端极限开关	井道
1～3MSC	阻容延时电容	控制柜	XDK	下终端极限开关	井道
TSR、TSC	TSJ继电器延时电阻、电容	控制柜	BMQ	电梯速度测试编码器	曳引机
CZR、CZC	CZJ继电器延时电阻、电容	控制柜	CT1、CT2、CT3	电流检测传感器	控制柜
CXR、CXC	CXJ继电器延时电阻、电容	控制柜			
SK	有、无司机转换开关	操纵箱	JXK	强制式极限开关	机房
JHK_D	轿顶正常、检修运行转换开关	轿顶检修箱	SJK、XJK	控制式上、下行极限开关	井道
JZK_N	轿内正常、检修运行转换开关	操纵箱	YD	曳引电动机	曳引机
JZK_G	机房正常、检修运行转换开关	控制柜	ZCQ	制动器电磁线圈	曳引机
CLJ_N	轿内电梯运行方向、位置显示器	操纵箱	SDK	光电开关（ACVV拖动电梯）	曳引机
1～$4CLJ_T$	厅外电梯运行方向、位置显示器	召唤箱	PG	编码器（VVVF拖动电梯）	曳引机
FR	制动器电磁线圈限流电阻	控制柜	$616G_5$	变频器	控制柜
JR	制动器经济电阻	控制柜	C_{60P}	欧姆龙型PLC	控制柜
ZL、1ZL	桥式整流模块	控制柜	FX_{2N}	三菱型PLC	控制柜
SHG	上行换速双稳态开关	轿顶	DK	电抗器	控制柜
XHG	下行换速双稳态开关	轿顶	SJF—Q	调压调速器	控制柜
CDD_d	层楼指示器触点组	机房	YB	变压器	控制柜
1～$4SFJ_d$	层楼指示器触点组	机房	$ZLD_{1～4}$	整流二极管	控制柜
2～5XFJ	层楼指示器触点组	机房	1～NFU	熔断器	控制柜
1～3MQR	制动力矩调节电阻	控制柜	ZZK	控制开关	操纵箱
CSF	直流测速发电机	直流曳引机	KGK	基站厅外钥匙开关门控制开关	基站井道
ZD	直流曳引电动机	直流曳引机	TYK	基站厅外开关门钥匙开关	基站召唤箱
DJQ	直流曳引电动机励磁绕组	直流曳引机	TA_N	轿内急停按钮	操纵箱
ZB	晶闸管励磁装置电源变压器	励磁装置	TA_D	轿顶急停按钮	轿顶检修箱
ZF	直流发电机	直流曳引机	ACK	安全窗开关（现已少装设）	轿顶
L_{ZF}	发电机组直流发电机主磁场绕组	直流发电机	AOK	安全钳开关	轿顶
FXQ	发电机组直流发电机消磁绕组	直流发电机	DTK	底坑急停开关	底坑检修箱
NBQ	电源逆变器装置	控制柜	DSK	限速器断绳开关	井道底坑
HQ1、HQ2	互感器	控制柜	KMA_N	轿内开门按钮	操纵箱
R	放电电阻	控制柜	GMA_N	轿内关门按钮	操纵箱
WD	计算机开关电源装置	控制柜	KMA_D	轿顶开门按钮	轿顶检修箱
ZDK	制动器触点	制动器	GMA_D	轿顶关门按钮	轿顶检修箱

（续）

文字符号	名　　称	位　置	文字符号	名　　称	位　置
ABK	安全触板开关	轿门	2～5XZD	2～5层站上行召唤登记灯	召唤箱
MD	开关门电动机	开关门电动机	1～4SZR	1～4上行召唤继电器降压电阻	控制柜
			2～5XZR	2～5下行召唤继电器降压电阻	控制柜
MDQ	开关电动机励磁绕组	开关门电动机	SZD	上行召唤方向指示灯	操纵箱
			XZD	下行召唤方向指示灯	操纵箱
1KMK	开门到位断电开关	开关门机	JSK	轿门锁开关	轿门上方
2KMK	开门调速开关	开关门机	1～5TSK	1～5层站层门锁开关	层门上方
1GMK	关门到位断电开关	开关门机	JA	急停按钮	操纵箱
2～3GMK	关门调速开关	开关门机	FMK	蜂铃或蜂鸣器开关	操纵箱
MDR	开关门调速总电阻（粗调）	开关门机	FM	蜂铃或蜂鸣器	操纵箱
KMR、GMR	开门、关门调速电阻（细调）	开关门机	TSD	厅外电梯上行指示灯	层门上方
			NSD	轿内电梯上行指示灯	轿门上方
KMK	正常运行、检修运行转换开关	操纵箱	1～5NCD	1～5层站轿内电梯位置指示灯	轿门上方
MZK	后开关门控制开关	基站井道	1～5TCD	1～5层站厅外电梯位置指示灯	层门上方
1KMK$_1$	后开门到位断电开关	后开关门机	GZK	照明电源总开关	机房
2KMK$_1$	后开门调速开关	后开关门机	FSK	风扇开关	操纵箱
1GMK$_1$	后关门到位断电开关	后开关门机	FS	风扇	轿厢顶下方
2～3GMK$_1$	后关门调速开关	后开关门机	JZK$_N$	轿内照明灯开关	操纵箱
1MDR	后开关门调速总电阻	后开关门机	JZD$_N$	轿内照明灯	轿厢顶下方
1KMR	后开门调速总电阻	后开关门机	JZK$_D$	轿顶照明灯开关	操纵箱
1GMR	后关门调速总电阻	后开关门机	PCZ	平层感应器装置	轿厢顶
JHK$_D$	轿顶正常或检修运行转换开关	轿顶检测箱	JZD$_D$	轿顶照明灯	轿顶检修箱
MSA$_D$	轿顶检修慢速上行按钮	轿顶检修箱	2～3DCZ	2～3相电源插座	轿顶检修箱
MXA$_D$	轿顶检修慢速下行按钮	轿顶检修箱	MQJ	开门区域继电器	控制柜
SZD	上行召唤方向指示灯	操纵箱	1SHK、2SHK	上行强迫换速开关	井道
XZD	下行召唤方向指示灯	操纵箱			
MSA$_N$	轿内检修慢速上行按钮	操纵箱	1XHK、2XHK	下行强迫换速开关	井道
MXA$_N$	轿内检修慢速下行按钮	操纵箱			
1～5NLA	1～5层站轿内指令登记按钮	操纵箱	SJK	司机控制开关	操纵箱
1～5NLD	1～5层站轿内指令登记灯	操纵箱	KMD	开门按钮指示灯	操纵箱
1～4SZA	1～4层站上行召唤按钮	召唤箱	MDKK	控制柜门机开关	控制柜
2～5XZA	2～5层站下行召唤按钮	召唤箱	MDKN	轿内门机开关	操纵箱
1～4SZD	1～4层站上行召唤登记灯	召唤箱	CSZ	门机测速装置	门电动机

表 3-3 自动扶梯电气控制系统常用电气元件的名称和文字符号

文字符号	名　称	位　置	文字符号	名　称	位　置
M	主电动机	驱动主机	TXK_2	下梯级下陷开关	扶梯
ZDQ	制动器线圈	驱动主机	JXK	检修开关	控制箱
PLC	可编程序控制器	控制箱	YSK_1	上左起动钥匙开关	开关盒
KQK	断路器	控制箱	YSK_2	下左起动钥匙开关	开关盒
CS1	主电动机测速传感器	扶梯	CT_1	检修插座	控制箱
CS2	左扶手带测速传感器	扶梯	CT_2	检修插头	扶梯外
CS3	右扶手带测速传感器	扶梯	LED	显示器	扶梯
SSK_1	上左梳齿异常开关	扶梯	JTA	检修停止按钮	检修箱
SSK_2	上右梳齿异常开关	扶梯	JXA_S	检修上行按钮	检修箱
SXK_1	下左梳齿异常开关	扶梯	JXA_X	检修下行按钮	检修箱
SXK_2	下右梳齿异常开关	扶梯	ZMK	梯级照明开关	检修箱
QLK	驱动链链断开关	扶梯	ZMD_S	上梯级照明灯	扶梯
TLK_1	下左梯级链链断开关	扶梯	ZMD_X	下梯级照明灯	扶梯
TLK_2	下右梯级链链断开关	扶梯	3CZS	三芯插座（上）	控制箱
FSK_1	上左扶手带出入口开关	扶梯	3CZX	三芯插座（下）	检修箱
FSK_2	上右扶手带出入口开关	扶梯	2CZS	二芯插座（上）	控制箱
FXK_1	下左扶手带出入口开关	扶梯	2CZX	二芯插座（下）	控制箱
FXK_2	下右扶手带出入口开关	扶梯	DB	控制变压器	控制箱
WTK_1	上左围裙与梯级间隙开关	扶梯	$1\sim NFU$	熔断器	控制箱
WTK_2	上右围裙与梯级间隙开关	扶梯	JTA_S	上急停按钮	扶梯
WTK_3	下左围裙与梯级间隙开关	扶梯	JTA_X	下急停按钮	扶梯
WTK_4	下右围裙与梯级间隙开关	扶梯	DL	开梯预备铃	扶梯
TXK_1	上梯级下陷开关	扶梯			

二、电梯电气控制系统中的主要电气部件

为了便于电梯的制造、安装、调试和维修，电梯制造厂的设计人员以便于制造、安装、维修保养、使用操作为出发点，将构成电梯电气控制系统的成千上万个电气元件分别组装到控制柜、操纵箱、轿顶检修箱等十多个部件里，但有些电气元件若集中组装成电气部件后反而会给制造、安装、维修保养工作带来麻烦或困难，故将这部分电气元件分散安装到各相关电梯部件中去。以下对集中组装后的电气部件作简要介绍。

1. 操纵箱

除不允许乘员进入轿厢的杂物电梯外，一般电梯的操纵箱均装设在轿厢内，是电梯供司机、乘员、管理人员、维修保养人员操作控制电梯上下运行的平台，也是上述人员了解掌握电梯运行方向和所在位置的装置。操纵箱上装设的电气元件与电梯的控制方式、停靠层站数有关。当年与图 3-15 配套使用的操纵箱如图 3-1a 所示。这种操纵箱下方没有设置暗盒，虽然一些重要器件外露在面板上，由于采用图 3-15 的电梯是一种由专职司机控制的电梯，在那个年代仍未听说发生过大的问题。至于采用图 3-32 的电梯是一种集选

控制电梯，采用的操纵箱虽然与图 3-1a 相仿，但因在无司机模式下乘员混杂，为安全起见，自 20 世纪 60 年代中期开始，在操纵箱下方设置暗盒，将控制开关、三态（电梯运行模式）转换开关、直驶按钮、慢速上下按钮、急停按钮、轿内照明开关等一些存在安全隐患的器件置于操纵箱下方设置的暗盒内，以利确保乘员和电梯设备的安全。图 3-1a 所示的操纵箱上装设的电气元件主要包括与层站对应的内指令按钮、设置电梯运行模式的手指开关或钥匙开关、开关门按钮、电风扇开关、照明灯开关和外召唤指示信号灯等。自 20 世纪 80 年代中期后把数码管和发光二极管作为电梯所在位置显示、运行方向显示器件后，开始将电梯所在位置显示、运行方向显示器件合并到操纵箱中去，合并后的新一代操纵箱如图 3-1b 所示。

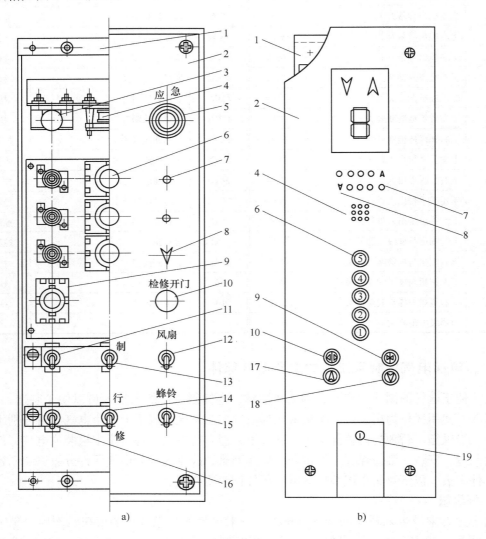

图 3-1　轿内按钮操纵箱

a）老式轿内按钮操纵箱　b）新式轿内按钮操纵箱

1—盒　2—面板　3—急停按钮　4—蜂鸣器　5—应急按钮　6—轿内指令按钮　7—外召唤下行位置灯
8—外召唤下行箭头　9—关门按钮　10—开门按钮　11—照明开关　12—风扇开关　13—控制开关
14—运、检转换开关　15—蜂鸣器控制开关　16—召唤信号控制开关　17—慢上按钮　18—慢下按钮　19—暗盒

2. 指层灯箱

指层灯箱是为电梯司机、管理人员、维修人员、乘员提供电梯运行方向和所在位置指示信号的装置。自20世纪60年代中期至80年代末期批量生产的电梯中，除杂物电梯外均在电梯轿门和厅门上方设置如图3-2所示的指层灯箱。20世纪80年代中期前设置的老式指层灯箱如图3-2a所示。20世纪80年代中期后，开始把数码管和发光二极管组装成新一代指层灯箱，这种新一代指层灯箱如图3-2b所示。此后不久又把新一代指层灯箱合并到操纵箱和召唤箱中去，将新一代指层灯箱与操纵箱合并为一体的新一代操纵箱如图3-1b所示，将新一代指层灯箱与召唤箱合并为一体的新一代召唤箱如图3-3b所示。指层灯箱与操纵箱、召唤箱合并后，指层灯箱就不单独存在了。电路原理图3-15采用如图3-2a所示的老式指层灯箱，图3-2a中装设了电梯运行方向指示灯 TSD 和 TXD，电梯所在位置指示灯（1～N）TCD 和（1～N）NCD 等。

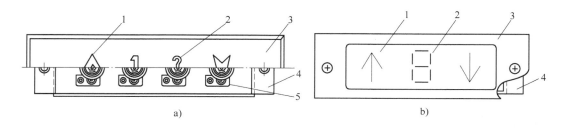

a)　　　　　　　　　　　　　　　　b)

图 3-2　指层灯箱
a）老式指层灯箱　b）新式指层灯箱
1—上行箭头　2—层楼数　3—面板　4—盒　5—指示灯

3. 召唤箱

召唤箱装设在电梯停靠层站层门旁，作为向厅外乘用人员提供召唤电梯的装置。召唤箱根据安装位置的不同，分为位于上、下端站的单按钮召唤箱和位于中间层站的双钮召唤箱两种。20世纪60年代中期至80年代中后期设计生产的位于下端站的单按钮召唤箱的结构示意图如图3-3a所示。位于下端站的单按钮召唤箱装设的召唤按钮为1ZSA，如果电梯的基站也被设置在下端站时，下端站的召唤箱上还需再装设一只控制上班开门开放电梯、下班关门关闭电梯用的钥匙开关 TYK。随着科学技术的发展，20世纪80年代后期开始把数码管和发光二极管组装成的电梯运行方向指示、电梯所在位置指示装置合并到召唤箱中去。合并后的新一代召唤箱的结构示意图如图3-3b所示。

4. 轿顶检修箱

轿顶检修箱是20世纪60年代中后期，全国电梯联合设计组为便于维修人员检查维修维保电梯，提高维修维保过程中的人身和设备安全而设计的装置，后被国内各电梯制造企业选用。当年设计的轿顶检修箱的结构示意图如图3-4所示。这种装置稳装在司机或维修人员打开层门上到轿顶后易于接近的轿架上梁靠近层门处。轿顶检修箱上装设的元器件，以电路原理图3-15为例，有正常运行与检修慢速运行转换开关 JHK_D、开门按钮 KMA_D、关门按钮 GMA_D、急停按钮 TA_D、轿顶检修慢速上行按钮 MSA_D、检修慢速下行按钮 MXA_D、轿顶照明灯开关 JZK_D、轿顶照明灯 JZD_D、电源插座（2～3个）DCZ 等。

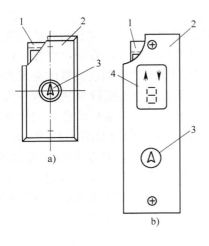

图 3-3 单钮召唤箱

a）老式单钮召唤箱 b）新式单钮召唤指层箱

1—盒 2—面板 3—辉光按钮

4—位置、方向显示

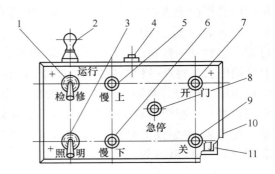

图 3-4 轿顶检修箱

1—运行检修转换开关 2—检修照明灯 3—检修照明
灯开关 4—电源插座 5—慢上按钮 6—慢下按钮
7—开门按钮 8—急停按钮 9—关门按钮
10—面板 11—盒

5. 井道信息采集装置

井道信息采集装置实质上是采集电梯轿厢上下运行过程中所在位置的信息，并将该信息转变为电信号传送给电梯控制系统，用来实现部分电梯功能的控制的装置。如自动确定电梯运行方向、到达准备停靠层站提前换速或减速、平层时停靠开门等。其中应用比较广、效果比较好的有干簧管传感器井道信息采集装置（简称干簧管换速平层装置）、双稳态开关井道信息采集装置、光电开关井道信息采集装置三种。以下分别简要介绍。

（1）干簧管换速平层装置 干簧管换速平层装置多用于交流双速梯和直流拖动电梯，作为电梯到达准备停靠层站提前换速或减速、平层时自动停靠开门的控制装置。这种装置于20世纪60年代中期由当时的上海电梯厂设计生产，20世纪60年代中后期被当时的全国电梯联合设计组选作交流双速、集选继电器控制电梯到达准备停靠层站提前自动换速、平层时自动停靠开门的控制装置，后被国内各电梯制造企业选用，至今国内仍有部分在运行电梯采用这种装置。

1）干簧管换速平层装置的构成部分。干簧管换速平层装置由稳固在轿架立梁上的一根换速隔磁板以及上平层传感器 SPG、下平层传感器 XPG 和稳固在轿厢导轨上的对应各层站的换速传感器（$1 \sim N$）THG 以及对应各层站的平层隔磁板构成。其结构和安装示意图如图 3-5 所示。采用这种装置的电梯，井道里的（$1 \sim N$）THG 与控制柜之间需敷设一路控制线。

2）干簧管换速平层装置中的换速传感器和平层传感器。这种装置中的换速传感器和平层传感器的结构是相同的。每只传感器由一只永久磁铁和一只干簧管分别稳装在一个用工程塑料制成的塑料盒内而成。永久磁铁、干簧管、塑料盒三者之间的装配位置关系如图 3-6 所示。这种传感器相当一只电磁式继电器。图 3-6a 表示未放入永久磁铁 3 时，由于干簧管没有受到磁场力的作用，干簧管内的转换触点中常开触点 1 和 2 是断开的，常闭触点 2 和 3 是闭合的，这情况相当电磁继电器处于失电复位状态。图 3-6b 表示放入永久磁铁 3 后，由于干簧管受到磁场力的作用，干簧管内的转换触点动作，造成常开触点 1 和 2 闭合，常闭触点 2 和 3 断开，这种情况相当电磁继电器得电动作状态。图 3-6c 表示外界将一块具有高导磁率的铁板置于干簧管与永久磁铁之间时，由于永久磁铁产生的磁场被铁板旁路，干簧管内的转换触点失去磁场力的作用，传感器内干簧管的转换触点恢复到图 3-6a 的状态。根据传感器的这一工作特性和电梯的运行特点，设计制造出来的干簧管换速平层装置，借助预设在轿架立梁和轿厢导轨上的干簧管传感器与隔磁板之间的配合动作，实现电梯到达准备停靠层站提前自动换速或减速、平层时自动停靠开门等功能。由于干簧管换速传感器具有电梯位置检测功能，使电梯的电气设计人员能够借助这一功能，实现电梯控制（全继电器控制）系统自动确定电梯运行方向的复杂功能。

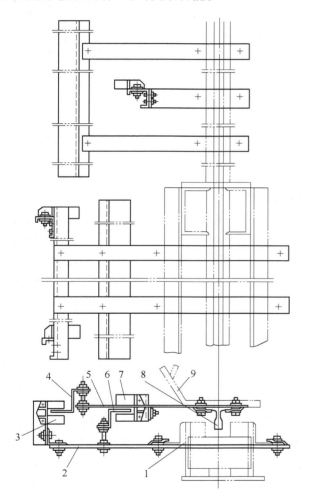

图 3-5　干簧管传感器换速平层装置

1—轿架直梁　2—换速隔磁板及平层传感器固定架
3—平层传感器　4—平层隔磁板　5—平层隔磁板
固定架　6—换速隔磁板　7—换速传感器
8—轿厢导轨　9—撑架

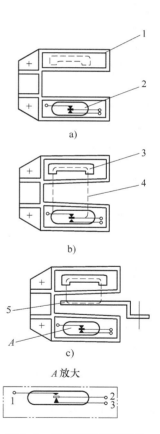

图 3-6　干簧管传感器结构
原理示意图

a）放入永久磁铁之前
b）放入永久磁铁之后
c）插入隔磁板之后

1—盒　2—干簧管　3—永久磁铁
4—磁力线　5—隔磁板

3）干簧管换速平层装置中的几个参数尺寸。干簧管换速平层装置中的上平层传感器和下平层传感器之间的距离为 600～1000mm 不等，平层隔磁板的数量与停靠层站相同，长度与两只平层传感器之间的距离相同。若换速传感器的数量与停靠层站相同，换速隔磁板每台电梯只设置一根的情况下，其长度应等于换速距离的 2 倍。根据现场调试结果，交流双速梯的换速距离与额定运行速度的关系，见表 3-4。

表 3-4　换速距离与额定运行速度的关系

额定速度/（m/s）	提前换速距离/mm	额定速度/（m/s）	提前换速距离/mm
$V \leqslant 0.25$	$400 \leqslant S \leqslant 500$	$0.5 \leqslant V \leqslant 1.0$	$750 \leqslant S \leqslant 1800$
$0.25 \leqslant V \leqslant 0.5$	$500 \leqslant S \leqslant 750$	$1.0 \leqslant V \leqslant 2.0$	$1800 \leqslant S \leqslant 3500$

从表 3-4 可以看出：速度 $V=0.25\text{m/s}$ 的电梯，换速距离为 400～500mm，换速隔磁板的长度应为 800～1000mm；速度 $V=0.5\text{m/s}$ 的电梯，换速距离 700～800mm，换速隔磁板的长度应为 1400～1600mm；速度 $V=1.0\text{m/s}$ 的电梯，换速距离 1600～1800mm，换速隔磁板的长度应为 3200～3600mm。由此可见，只装设一根换速隔磁板和每层站装设一只换速传感器的干簧管换速平层装置，只适用于速度 $V \leqslant 0.5\text{m/s}$ 的电梯。对于速度 $V=1.0\text{m/s}$ 的电梯，由于换速隔磁板太长，稳装困难，需做适当改进，其改进办法是中间层站增装一只换速传感器，上行换速和下行换速分开，如下 2 楼的换速传感器为 2THG_X，上 2 楼的换速传感器为 2THG_S，而换速隔磁板仍为一根、长度为 1600～1800mm 即可。本书中采用电路原理图 3-33 和电路原理图 3-51 的 $V=1.0\text{m/s}$ 电梯，就是采用上述方法解决的。

对于额定运行速度 $V \leqslant 0.5\text{m/s}$ 的 PLC 控制交流双速梯，由于 PLC 的功能强大，编程灵活，也可以把干簧管换速平层装置中的换速传感器和换速隔磁板去掉，只保留上平层传感器 SPG 和下平层传感器 XPG，但两只平层传感器的距离和平层隔磁板的长度应满足换速距离的要求。电梯上行时由上行平层传感器 SPG 兼作上行换速传感器，而下平层传感器 XPG 作为上行平层传感器。电梯下行时由下平层传感器 XPG 兼作下行换速传感器，而上平层传感器 SPG 兼作下行平层传感器。例如，电梯上行至有指令登记信号的层楼时，位于轿顶上的平层传感器 SPG 插入位于井道轿厢导轨上的平层隔磁板，电梯开始换速，平层时当 XPG 插入平层隔磁板时，电梯停靠开门，电梯下行时与此相仿，效果也非常好。至此可以看出，该装置的上下平层传感器是按安装位置的上下命名的，实际应用情况与此相反，即上平层传感器 SPG 控制下平层，下平层传感器 XPG 控制上平层。采用这种装置的电梯现场调试和维保电梯时应注意隔磁板与传感器凹形开口底面的距离，应控制在 4～8mm 的范围内。

（2）双稳态开关井道信息采集装置　双稳态开关井道信息采集装置多用于 ACVV 电梯，作为适时采集电梯井道信息的装置。该装置是中迅电梯有限公司于 20 世纪 80 年代中期从瑞士引进，80 年代中后期被国内部分电梯制造企业和安装改造维修企业选作为 ACVV 电梯采集井道信息的。本书介绍的 ACVV、数字化全闭环、集选 PLC 控制电梯电路原理图 3-51 的电梯上行计数和下行计数信息就是通过这种装置采集的。

1）双稳态开关井道信息采集装置的构成部分。该装置由稳装在轿架立梁上的双稳态开关和稳装在井道轿厢导轨上的圆柱形磁铁（电梯从业者称之为磁豆）构成。其结构和安装示意图如图 3-7 所示。由于稳装在井道轿厢导轨上的只是磁豆，与控制柜之间不需要敷设控制线，减少了线路敷设和配接线工作。

2）双稳态开关井道信息采集装置中的双稳态开关。双稳态开关井道信息采集装置中的双稳态开关，由两只方形永久磁铁和一只干簧管稳装在一个用工程塑料制成的塑料盒内而成。两只方形永久磁铁和一只干簧管在塑料盒内的装配示意图如图 3-8 所示。

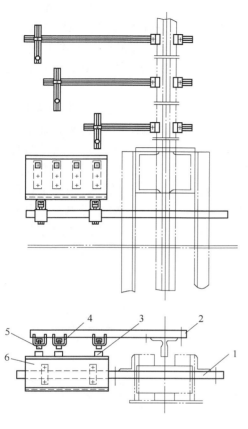

图 3-7 双稳态开关井道信息采集装置
1—双稳态开关座板固定架 2—磁豆固定架
3—双稳态开关 4—磁豆固定塑料架
5—磁豆 6—双稳态开关座板

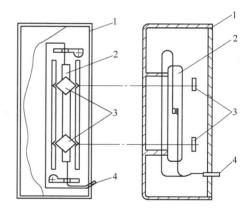

图 3-8 双稳态开关装配示意图
1—外壳 2—干簧管 3—方块磁铁 4—引出线

从图 3-8 可以看出，双稳态开关的结构和工作原理要比干簧管传感器复杂些。双稳态开关的永久磁铁是两块方形永久磁铁，这两块方形永久磁铁的 N 极和 S 极构成闭合的磁回路，它类似于两只电池顺向串联接成的电路。该闭合磁回路的 N 极和 S 极所产生的磁场力用于克服干簧管接点的弹力，使干簧管内的转换接点维持接通或断开中的一种状态，如要使其状态翻转，只有当位于轿顶的双稳态开关在电梯上、下运行过程中路过稳装在井道轿厢导轨上的磁豆时，由磁豆 N 极或 S 极的磁场与两块方形磁铁 N 极和 S 构成的磁场叠加后，才能使干簧管内的转换接点状态翻转。双稳态开关就是将干簧管的转换接点置于稳定的断开状态或接通状态，而称其为双稳态开关。双稳态开关内干簧管转换接点断开或接通状态的稳定性，取决两块方形磁铁的 N 极和 S 极叠加后的磁场强度，如果叠加后的磁场强度太强，那么接近或路过磁豆时干簧管内的接点就不会翻转，如果叠加后的磁场强度太弱，那么接近或路过磁豆时干簧管内的接点就不能维持翻转后的状态。因此，双稳态开关对两块磁铁、磁豆的 N 极、S 极磁场强度以及稳装位置、尺寸都有比较高的要求。

实际使用过程中，当电梯向上运行时，双稳态开关内的干簧管在接近或路过磁豆的 S 极时动作，接近或路过磁豆的 N 极时复位。反之，当电梯向下运行时，双稳态开关内的干簧管在接近或路过磁豆的 N 极时动作，接近或路过磁豆的 S 极时复位。以此向电梯电气控制系统发出预定的电信号，该信号经 PLC 或计算机处理后，实现电梯电气控制系统设定的自动控制功能，包括到达准备停靠层站提前自动减速、平层时自动停靠开门等。本书图 3-51 采用的井道信息采集装置就是这种双稳态开关井道信息采集装置，图中的 SHG 为上行计数双稳态开关，XHG 为下行计数双稳态开关。

（3）光电开关井道信息采集装置　光电开关井道信息采集装置多用于中高档乘客电梯。这种装置由光电开关和遮光板两部分构成。光电开关通过开关固定架稳装在轿架立梁上，遮光板采用隔光材料制成，遮光板通过固定架稳装在轿厢导轨上。光电开关的外形与干簧管传感器相似。用工程塑料制成的外壳有一个凹口，凹口一边装一只发光二极管作为光电开关的光源，对边装一只光电晶体管作为光电开关的接收端。电梯在运行过程式中，当位于轿顶的光电开关凹形口插入位于轿厢导轨上的遮光板时，发光二极管发出的光束被阻隔，光电晶体管截止，输出低电平脉冲信号，电梯电控系统的 PLC 或计算机根据接收到的脉冲信号，适时确认电梯的所在位置，并根据登记记忆的内、外指令信号自动确定电梯的运行方向或发出减速信号、平层停靠信号等。该装置的光电开关有 12V 或 24V（＋）、0V 和 OUT 等三根引出线，12V 或 24V（＋）、0V 与相应的电源端连接，OUT 接至 PLC 或计算机板的脉冲信号输入端。本书电路原理图 3-62 中的 GDK 就是采用这种光电开关装置中的光电开关。

6. 轿厢两端站限位开关装置

轿厢两端站限位开关装置是限制电梯轿厢运行区间的装置，在正常状态下，电梯的轿厢只能在上、下端站的层门踏板之间往返运行。轿厢运行的上限是上端站踏板上平面，轿厢运行的下限是下端站踏板上平面，轿厢运行过程中超越两端站踏板上平面是受到限制的。设置轿厢两端站限位的开关装置是确保司机、乘员和电梯设备安全的装置。轿厢两端站限位的开关装置由两端站强迫换减速（第一道）、两端站越位控制（第二道）、两端站越位极限控制（第三道）等三道安全保护装置构成。该装置的结构和安装示意图如图 3-9 所示。以下对三道限位装置做简要介绍。

（1）轿厢两端站强迫换减速开关装置（俗称第一限位开关装置）　电梯上、下运行至准备停靠层站的换速点时都必须提前正常换速或减速（交流双速梯称为换速，ACVV 和 VVVF 电梯称为减速，以下简称换减速），正常提前换减速点与停靠层站层门踏板上平面的垂直距离与电梯的额定运行速度有关。若电梯上、下运行到两端站的正常换减速点时不能正常换减速又没有采取其他措施的话，则电梯的轿厢就必然

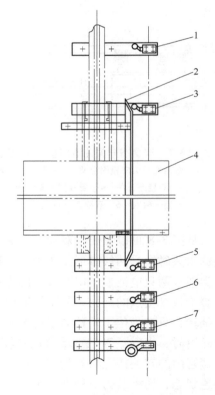

图 3-9　轿厢两端站限位开关装置
1—上行第 2 限位开关　2—开关打板
3—上行第 1 限位开关　4—轿厢
5—下行第 1 限位开关　6—基站厅外开关门控制开关　7—下行第 2 限位开关

要冲顶（但不会冲撞井道屋顶板）或蹾底（坐缓冲器），为了把这种必然变为不必然，在紧随两端站正常换减速之后设置了强迫换减速开关装置。当两端站的正常换减速装置（包括干簧管换速平层装置、双稳态开关井道信息采集装置和光电开关井道信息采集装置等）失效时，由两端站强迫换减速装置及时实施强迫换减速作用，确保电梯轿厢仍能正常提前换减速并平层停靠开门。因此，上下端站的强迫换减速点与正常换减速点的垂直距离不宜过大，一般应控制在正常提前换减速点之后的 10mm 以内。两端站强迫轿厢换减速开关装置是电梯的第一道防止轿厢冲顶或蹾底的安全防护措施。20 世纪 60 年代末前设计生产，至今仍有在正常运行电梯中使用的轿厢两端站限位开关装置的结构及安装示意图如图 3-9 所示。图中的 3 为上端站强迫换减速开关，该开关在本书的电路原理中用 1SXK 表示。5 为下端站强迫换减速开关，该开关在本书的电路原理中用 1XXK 表示。当图 3-9 中的 2 碰压 3 或 5 时，确保电梯仍能实现正常换减速和平层停靠开门。

（2）轿厢两端站越位开关装置（俗称第二限位开关装置）　轿厢两端站越位开关装置是电梯上、下运行过程中，轿厢踏板越过端站层门踏板垂直距离的控制装置，该距离按国家相关电梯专业技术标准和规范的规定一般不大于 60mm。电梯设备设置轿厢两端站越位开关装置有以下两个作用：维修人员修理和维护保养电梯时，可以在检修慢速运行模式下，让轿厢踏板越过上、下端站层门踏板一定距离，利于开展修理和维护保养工作；电梯在正常快速运行过程中，当电梯的正常换减速装置和两端站强迫换减速装置失效时，通过轿厢两端站越位开关装置及时起作用，即轿厢上行越位开关 2SXK 或下行越位开关 2XXK 及时动作，及时切断上行方向接触器 SC 或下行方向接触器 XC 的电路，使 SC 或 XC 及时复位，电梯的制动器及时施闸，可将轿厢冲顶和蹾底造成的后果降低到一定程度等。实际使用过程中的轿厢两端站越位开关如图 3-9 中的 1 和 7 所示，其中的 1 为轿厢上行越位开关，7 为轿厢下行越位开关。本书在电路原理图 3-15 和图 3-33 中的轿厢上行越位开关用 2SXK 表示，下行越位开关用 2XXK 表示。

（3）轿厢两端站越位极限开关装置（俗称极限开关装置）　我国自 20 世纪 50 年代中期开始批量生产电梯至 80 年代中后期，国内生产的电梯（杂物电梯除外）中配置的轿厢两端站越位极限开关装置分为用于额定运行速度 $V \leqslant 1.0\mathrm{m/s}$（交流双速梯）的强制式轿厢越位极限开关装置和用于额定运行速度 $V > 1.0\mathrm{m/s}$ 的直流电动机拖动电梯的端站强迫减速装置两种。本书提供的电路原理图 3-15 和图 3-33 中的轿厢越位极限开关（用 JXK 表示）装置均为强制式轿厢越位极限开关装置。该装置由固定在轿架上、长约 3000mm、用角铁制成的打板（与第一、二限位开关装置共用）和固定在轿厢导轨上的上、下滚轮组和钢丝绳夹板、钢丝绳及两只钢丝绳导向轮和经改制的铁壳开关、张紧重铊等构成，由 ϕ4mm 钢丝绳把上、下滚轮组、钢丝绳夹板经两只钢丝绳导向轮将经改制的铁壳开关、张紧重铊连成一体。其结构和安装示意图如图 3-10 所示。

当随电梯轿厢上、下运行的角铁打板碰压上、下滚轮组时，通过钢丝绳使铁壳开关跳闸，强行切断电梯的总电源，强迫电梯立即停靠施闸。实际使用过程中，该装置上端站的作用点在上端站楼面之上 150mm 以内，下端站的作用点在下端站楼面之下 150mm 以内为好。该装置由于以下两方面原因于 20 世纪末起被控制式轿厢越位极限开关装置所取代：

1）强制式轿厢越位极限开关装置的结构复杂，开关用普通铁壳开关改制，改制工作麻烦且效果不甚好，故障率高；

2）20 世纪 80 年代中后期新颁布的相关电梯技术标准对轿厢越位极限开关装置的结构和强迫电梯停靠的方法没有明确的规定，而国内的中外合资电梯企业配置的轿厢越位极限开

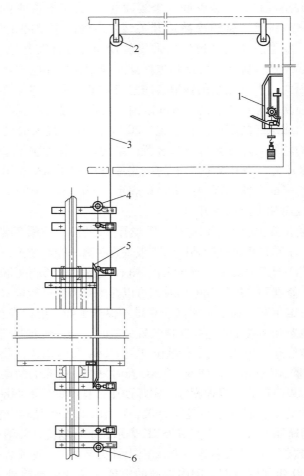

图 3-10 强制式轿厢越位极限开关装置结构原理示意图
1—铁壳开关 2—导向轮 3—钢丝绳 4—上滚轮组 5—打板 6—下滚轮组

关装置与上述第一、二限位开关装置的结构基本相同，既简单方便效果也不错。此后国内采用的强制式轿厢越位极限开关装置被控制式轿厢越位极限开关装置所取代。控制式轿厢越位极限开关装置强迫电梯停靠的方式是切断电梯相关电路的控制电源，结果相同。

至于直流电动机拖动电梯曾广泛采用过的端站强迫减速装置，本书自第5版后，因篇幅限制将其删除，敬请谅解。

7. 底坑检修箱

底坑检修箱是20世纪末设计制造并投入使用的电梯电气部件。其目的是确保电梯维保人员下井道底坑维保电梯时的安全，该部件稳装于井道底坑侧壁，维修人员下井道底坑后易接近和操作之处。该部件装设的电气元件包括急停开关 TA_K、照明灯 CZD_K 及其控制开关 CZK_K 和电源插座（2～3个）DCZ等。该部件的外形结构示意图如图3-11所示。

8. 选层器

选层器是我国20世纪50年代中期至80年代中后期，为实现全继电器控制电梯的预设功能要求，又能将继电器控制的电路环节进行最大限度的简化而设计的电气部件。简化继电器控制的电路环节是为了降低电梯的故障率，提高运行可靠性。当年应用最广泛的有用于载

货电梯电气控制系统的层楼指示器和用于乘客电梯电气控制
系统的选层器等两种。

（1）层楼指示器　用于载货电梯电气控制系统的层楼指
示器的结构和安装示意图如图 3-12 所示。层楼指示器由稳
装在曳引机蜗轮轴上的主动链轮部分及通过自行车链条带动
的指示器部分构成。主动链轮部分由固定在曳引机蜗轮轴上
的链轮轴和链轮构成。指示器部分由自行车链轮、减速牙
轮、稳装三组定触点的圆形塑料板和固定三个动触点的机架
构成。主动链轮和指示器之间依靠自行车链条连成一体。当
电梯上、下运行时，固定在曳引机蜗轮轴上的链轮轴和主动
链轮随之转动，再通过自行车链条带动链轮、减速牙轮副转
动，减速牙轮副带动三个动触点的机架和三个动触点在 270°

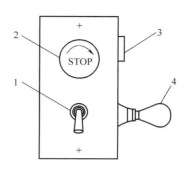

图 3-11　底坑检修箱
1—检修开关　2—急停按钮
3—电源插座　4—照明灯

的范围内往返转动，通过三个动触点与对应的三组定触点之间适时接通与断开，实现：

1）向轿内和厅门外的司机及乘员提供电梯所在位置指示灯信号；

2）自动消除上行召唤登记指示灯记忆信号；

3）自动消除下行召唤登记指示灯记忆信号等三种功能。电路原理图 3-15 就是采用这种
层楼指示器实现上述三种功能的。

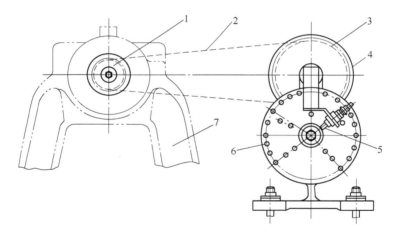

图 3-12　层楼指示器
1—主动链轮　2—自行车链条　3—减速链轮　4—减速牙轮
5—动触点　6—静触点　7—曳引机轴架

（2）选层器　用于乘客电梯电气控制系统的选层器除具有层楼指示器的功能外，还具
有根据电梯的所在位置和内、外指令登记信号自动确定电梯运行方向、到达预定停靠层站提
前一定距离向控制系统发出减速信号、到达平层位置时发出平层停靠开门信号等功能。当年
国内乘客电梯电气控制系统采用的选层器结构和安装示意图如图 3-13 所示。这种选层器由
稳固在轿架上的钢带张紧轮、钢带和稳固在机房地板上在钢带轮、与钢带轮同轴的自行车牙
轮部分及选层器部分构成，两部分之间依靠自行车链条连成一体。电梯轿厢上、下运行时，
位于轿架上的钢带轮通过钢带、自行车链条、选层器传动机构驱动选层器上的拖板模拟电梯
上、下运行，运行过程中装设在拖板上的动触点适时碰触固定在选层器机架上、与电梯停靠

层站相对应的塑料板上的定触点，适时接通或断开相关电路，实现电控系统设定的各种功能。本书的电路原理图中没有采用这种选层器的乘客电梯电气控制系统。

除上述介绍的两种机械式选层器外，当年国内还曾开发研制过电子数字式选层器，虽有样机，但未正式投放市场。

9. 控制柜

控制柜是电梯电气控制系统的控制中心，也是调试和维保人员调整、检查、观察、分析电梯运行状况的平台。控制柜内装设的电气元件主要与电梯的拖动方式、控制方式、额定载重量、额定运行速度、停靠层站数等有关。例如：

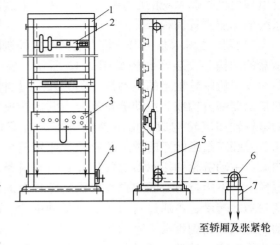

图 3-13 选层器
1—机架 2—层站定滑板 3—动滑板 4—减速箱
5—传动链条 6—钢带牙轮 7—冲孔钢带

1）全继电器控制的交流双速梯，控制柜内装设的元器件主要是电抗器、板形电阻、接触器、中间过程控制继电器、控制变压器、熔断器等。

2）ACVV、VVVF 拖动、PLC 控制电梯，控制柜内装设的元器件主要是交流调压调速器或变频器、PLC、接触器、控制继电器、控制变压器、熔断器或断路器等。

3）VVVF 拖动、全计算机控制电梯，控制柜内装设的元器件主要是计算机主控板、变频器、开关电源板、接触器、控制继电器、控制变压器、熔断器或断路器等。控制柜的结构和安装示意图如图 3-14 所示。

10. 直流开关门电动机调速电阻器箱

采用直流电动机作为电梯开关门拖动电动机，是 20 世纪 60 年代中期由当时的全国电梯联合设计组率先采用，后被国内各电梯厂普遍选用。采用直流电动机作为开关门拖动电动机时的开关门速度调节，是根据直流电动机的转速在励磁绕组的端电压一定时，电动机的转速与电枢绕组的端电压成正比的原理，在电梯开关门过程中，采用电阻与电枢绕组串、并联，再通过行程开关与打板适时配合动作，适时分压，达到对开关门速度进行适时调节的满意效果。当年设计的直流电动机拖动的开关门系统采用的调速电阻，包括一只开关门粗调电阻、一只开门细调电阻和一只关门细调电阻，这三只电阻稳装在一个为其设计制造的方形盒内。该电阻器箱一般稳装在开关门机构旁，以利配接线和开关门速度调整及维修保养。电路原理图 3-15 采用的也是这种直流电动机拖动的开关门系统，其中的开关门粗调电阻用 MDR 表示、开关门细调电阻分别用 KMR 和 GMR 表示。

时至今日，采用直流电动机拖动开关门的在运行电梯仍然不少，如果对这些在运行电梯进行升级换代改造，则其直流电动机拖动的开关门系统必将被结构更简单、故障率更低的交流电动机 VVVF 拖动、计算机控制、无连杆同步带传动的开门系统所取代。

11. 晶闸管励磁装置

晶闸管励磁装置是我国 20 世纪 60~80 年代中后期，作为各种直流快速、高速电梯电气控制系统实现无级调压调速的唯一装置。该装置是把交流电变换为幅值连续可调、极性由电气控制系统的电梯运行方向控制继电器适时切换的直流电源。该电源作为直流发电机–电动机组的

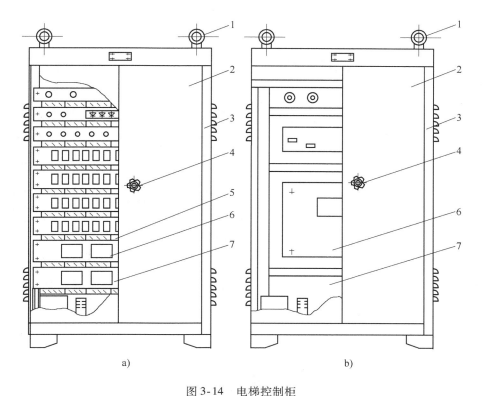

图 3-14 电梯控制柜

a）老式控制柜 b）新式控制柜

1—吊环 2—门 3—柜体 4—手把 5—过线板 6—电器元件 7—电器元件固定板

直流发电机主磁场励磁绕组的供电电源，实现直流发电机电枢绕组输出的电源幅值是按电梯理想速度曲线变化的直流脉动电源，由于该电源就是直流曳引电动机电枢绕组的供电电源，从而实现控制电梯按理想速度曲线运行的效果。在当年的实际应用过程中，用于快速梯和高速梯的晶闸管励磁装置的部分调速电路结构略有区别，因而用于直流快速梯的晶闸管励磁装置和用于高速梯的晶闸管励磁装置又有 K、G 型励磁装置之分。由于直流电动机拖动电梯在我国已于 20 世纪 80 年代末被明令停止生产。本章第九节提供的直流电梯拖动控制原理结构框图，即图 3-51 是我国直流电梯拖动、控制技术发展过程中的一个重要成果，本书从电梯发展的阶段性和系统性及知识性出发，仍将对采用这种励磁装置的直流快速梯拖动控制系统做简要介绍。

第五节 交流双速、轿内按钮继电器控制、5 层 5 站电梯的控制原理

一、概述

20 世纪 60 年代后期设计生产并批量投放市场的交流双速、轿内按钮继电器控制、5 层 5 站电梯电路原理图如图 3-15 所示。采用 3-15 所示电路的电梯，是一种有专职司机控制、适用于 2 层站以上、额定运行速度 $V \leqslant 0.5 \text{m/s}$ 的载货电梯，其主要功能如表 3-1 中的 "一" 所述。这种电梯在正常快速运行过程中司机一次只能下达一个内指令信号，如果下达两个以

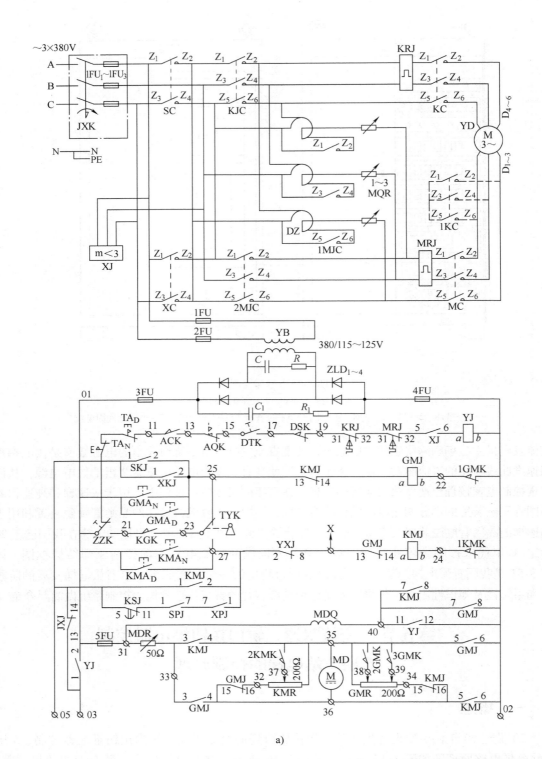

a)

图 3-15 交流双速、轿内按钮继电

a）主拖动、交直流电源、开关门拖动控制电路

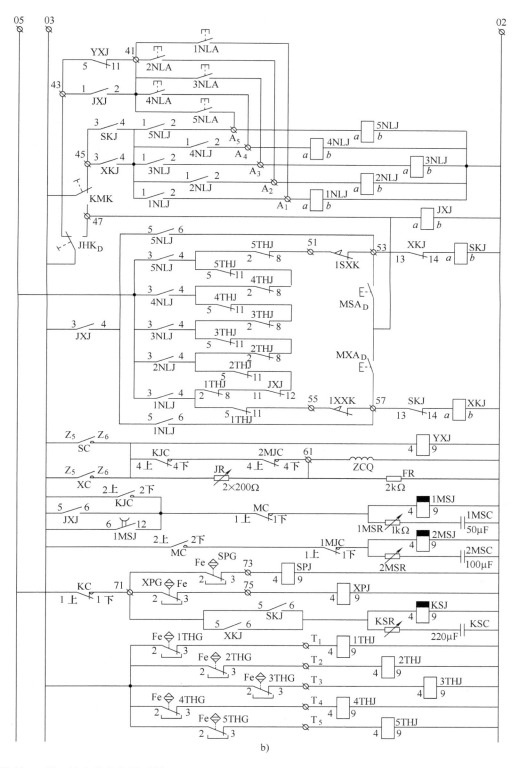

器控制、5层5站电梯电路原理图

b）主令登记、自动定向、换速控制电路

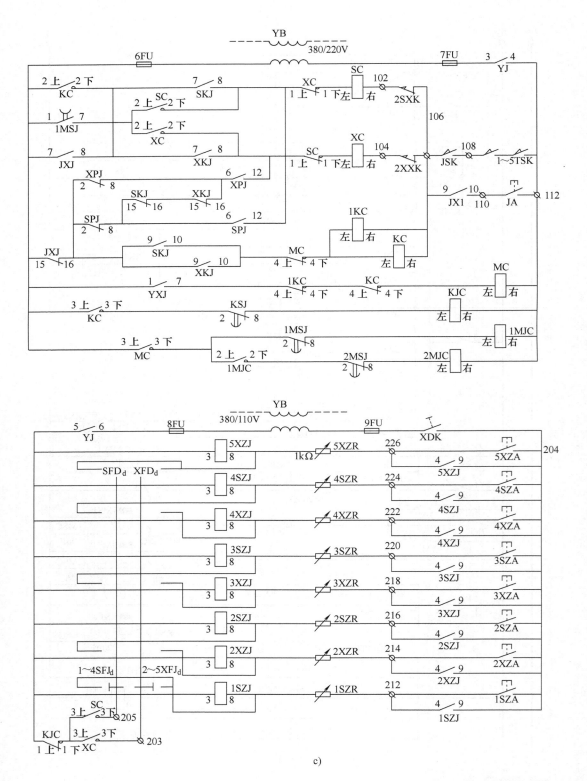

c)

图 3-15 交流双速、轿内按钮继电器

c）交流控制、外召唤登记消号控制电路

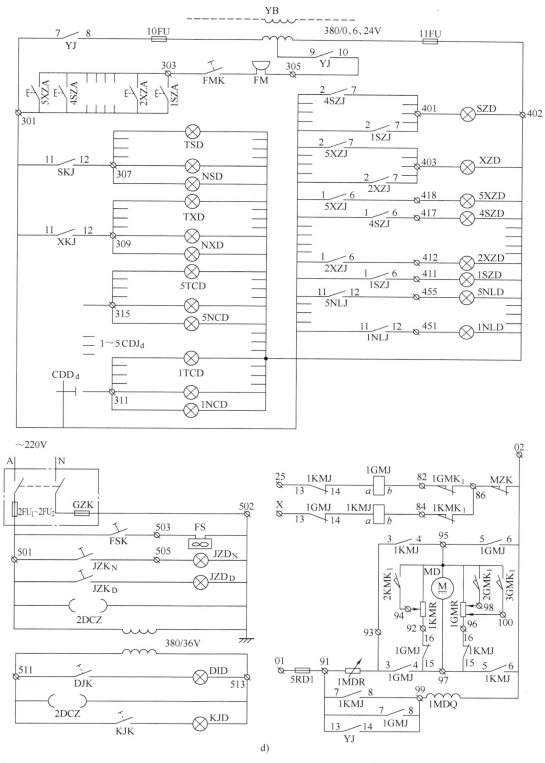

控制、5 层 5 站电梯电路原理图

d）蜂铃、指示灯、照明、后开门拖动控制电路

上内指令信号，则控制系统只执行远离停靠层站那个信号，而且外召唤指令信号不能参与确定电梯的运行方向。在那个全继电器控制的电梯生产年代，该系统是一种控制环节比较齐全、自动化程度比较高、功能适用、操作简便的载货电梯电气控制系统，在被明令停产前，一直是一般货梯用户喜欢选择的电气控制系统，其产量约占我国60年代中后期至80年代末生产的载货电梯中的70%~80%。由于那个年代国内生产的电梯所采用的继电器、接触器和其他有触点电气元件，是从国内知名机床电器厂生产的产品中箍选出来的，但仍不能满足电梯频繁起制动的要求，造成电梯的故障率比较高。直至20世纪80年代末，随着PLC和计算机等新型控制装置及其应用技术的不断引进和涌入，以及在政府相关部门适时颁布相关政策的推动下，国内电梯产品的拖动、控制技术才得以快速发展。

目前国内采用中间继电器作为过程控制器件的电梯可能已不复存在。但这种控制系统具有直观、易学、易懂的特点，对于刚涉足电梯行业者，从这种控制系统入手去了解掌握电梯的基本性能（功能）和控制原理，提高读电路原理图的能力，应该是一种少走弯路，事半功倍的学习方法。据此，本书在第2版到本版的改版过程中一直保留交流双速、轿内按钮和集选继电器控制两种电梯电气控制系统的插图和表述内容，尽管用现行电梯专业技术标准去衡量，个别功能理应补充修改，但因不再生产，也就没有必要了。

二、电梯电气控制原理图中常用电气元件的图形符号

本书介绍的电梯电气控制原理图中常用电气元件的图形符号见表3-5。

表3-5 电气元件图形符号

序号	元件名称		图形符号	备注
1	极限开关			三相封闭式负荷开关改制
2	照明总开关			二相封闭式负荷开关
3	电抗器			
4	限位开关	常闭触点 常开触点	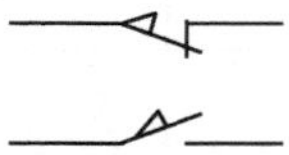	
5	安全钳、断绳……开关			非自动复位
6	钥匙开关			
7	单刀单投手指开关			

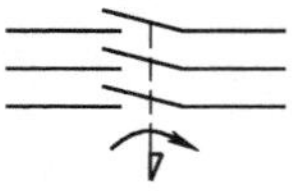

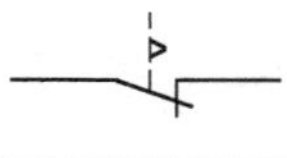

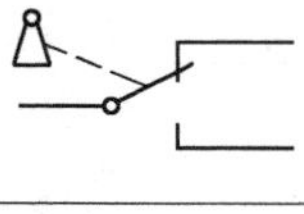

（续）

序号	元件名称		图形符号	备注
8	热继电器	热元件 辅助触点		调整到自动复位
9	电阻器	固定式 可调式		
10	急停按钮			非自动复位
11	按钮（常开）			不闭锁
12	交流曳引、原动机			
13	永磁式测速发电机			
14	直流电动机			
15	励磁绕组			
16	变压器			
17	熔断器			
18	电容器			
19	继电器	电磁线圈 常开触点 常闭触点		
20	接触器	电磁线圈 常开主触点 常闭主触点		
21	快速动作， 延时复位 继电器	电磁线圈 常开触点 常闭触点		
22	缓吸合、快 复位继电器	电磁线圈 常开触点 常闭触点		

（续）

序号	元件名称	图形符号	备注
23	照明、指示灯	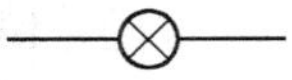	
24	二相插头		
25	层楼指示器、选层器触点组	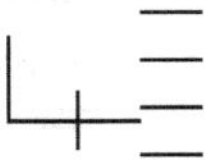	动触头 静触头
26	警铃		
27	蜂鸣器		
28	二极管		
29	单刀双投手指开关	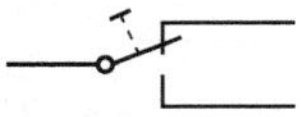	
30	传感器干簧管常闭触头		

三、电路原理图 3-15 的组成部分及各主要环节的工作原理

电路原理图 3-15 主要由主拖动电路、直流控制电路、交流控制电路、厅外召唤控制电路、指示灯信号控制电路、照明控制电路等六部分控制电路组成。以下对控制电路中重点环节的工作原理做简要分析介绍，以利分散难点，教好和学好交流双速梯的控制原理。

1. 主拖动电路

主拖动电路主要包括供电电源和以曳引电动机为中心的速度调节控制等两方面的电路。以下对电梯控制系统的供电电源、电源主开关和曳引电动机及其速度调节控制电路中的几个问题做简要分析介绍。

（1）主拖动电路的供电电源　主拖动电路的供电电源，也是电梯的供电电源。该电源的采用只能从我国电业部门近年来推荐的低压供用电系统中选择。近年来，电业部门推荐的低压供用电系统主要有 TN-S 系统、TN-C 系统、TN-C-S 系统等几种。这几种供、用电系统的电路原理图如图 3-16 所示。

1）TN-S 系统：TN-S 系统的电路原理图如图 3-16a 所示。这种供、用电系统是一种人们常说的三相五线制供用电系统。图的左侧是供电系统的终端（用户）变压器，变压器只画了三相二次绕组，绕组采用Y形联结，其中性点接地，三相二次绕组的输出端 L1、L2、L3 之间的线电压为 380V、相电压（L1、L2、L3 对中性点）为 220V。中性点引出的中性线采用工作中性线 N 和保护地线 PE 分开的方式。因此，在一般情况下 PE 线不呈现电流，其电磁适应性也比较好，采用保护地线 PE 与用电设备外露的可导电部分连接的保护接地方式比较安全，也是近年来电梯设备普遍选用的供用电系统。

2）TN-C 系统：TN-C 系统的电路原理图如图 3-16b 所示。这种供、用电系统是人们常

说的三相四线制供用电系统。这种供用电系统与 TN-S 系统的主要区别是工作中性线 N 与保护地线 PE 合用为 PEN 线，节省了一根接地线，但当三相（L1、L2、L3）用电负荷不平衡时 PEN 线会呈现电流，但若 PEN 线的截面积足够大，与终端变压器的实际距离比较近，PE 线上的线路压降足够小时，也能达到安全保护效果。这种供、用电系统是我国 20 世纪 80 年代末前大多数电梯设备普遍采用的供用电系统。

3）TN-C-S 系统：TN-C-S 系统的电路原理图如图 3-16c 所示。TN-C-S 系统在一定条件下具有 TN-S 系统的安全保护功能和 TN-C 系统节省材料、降低建设成本的优点。这种供用电系统适用于线路末端环境较差的场合。近年来大多数电梯用户采用自进电梯机房起工作中性线 N 与保护地线 PE 始终分开的方式，也符合相关检验规范的要求，又顾及部分早期电梯设备供、用电系统的状况，也是近年来电梯设备普遍采用的供、用电系统之一。

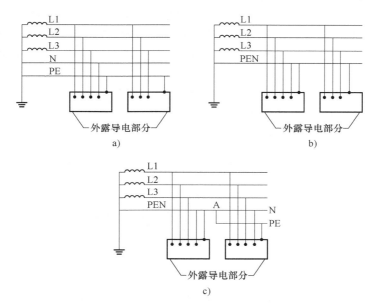

图 3-16　电梯的供用电系统

a）TN-S 系统　b）TN-C 系统　c）TN-C-S 系统

（2）电源主开关　按我国电梯专业相关技术标准的规定，每台电梯的电源引入端必须设置一个主开关，并对该开关有以下规定：

1）在电梯机房内每台电梯必需单独设置一个能切断该台电梯电路的主开关。但该开关不能切断机房、滑轮间、轿厢和井道的照明电路和机房、轿顶和底坑电源插座以及通风、报警装置等的供电电路。

2）该开关的额定容量应稍大于该电梯所有电路的总容量，并具有切断该台电梯在正常运行情况下的最大电流能力。

3）该开关应具有稳定的断开和闭合位置，若以闸刀为主开关，则手把向下位置应是断开位置。

4）该开关应安装在机房入口处，能方便迅速接近和操作的位置，周围不应有杂物或有碍操作的设备或机构。

5）如机房为几台电梯共用，则各台电梯的主开关必须有与对应曳引机的明显识别标记。

6）该开关如装在柜内，柜门不得上锁，应能随时打开。

（3）主拖动电动机（曳引电动机）　我国自 20 世纪 50 年代中期开始批量生产交流双速电梯起，其拖动系统采用的曳引电动机有以下两种不同的结构形式。

1）电动机快、慢速定子绕组为两个彼此独立绕组的交流双速电动机。这种电动机的结构比较简单，它是在电动机定子槽内嵌入两套彼此独立的定子绕组，每套绕组的结构安排不同，产生的磁极对数也不同，两套绕组的电路原理图如图 3-17 所示。在图 3-17 中，当三相电源接入图 3-17a 中的 U2、V2、W2 时，电动机具有 1000r/min 的同步转速，它的外部电源接线端子如图 3-17c 所示；当三相电源接入图 3-17a 中的 U1、V1、W1 时，电动机具有 250r/min 的同步转速，它的外部电源接线端子如图 3-17b 所示。由于这种电动机的两套绕组彼此独立，可以分别设计，分别选用不同截面的导线和匝数，独立的节距，因此每套绕组的结构安排易于做到相对合理，但每套绕组都要嵌放入槽内，槽的空间就比较紧张，需要把槽开得大些，而槽大了就会减少齿截面，减少齿截面又会影响磁通量，所以需要统筹考虑绕组和铁心的合理参数。

这种双绕组双速电动机的磁极数为 6 极/24 极，采用丫/丫联结方式。使用时需要哪种转速就给相应绕组通电即可，但两个绕组不能同时通电，一个绕组通电时，另一个绕组也不能短接，否则会损坏电动机。

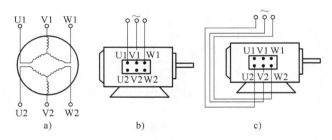

图 3-17　交流双速双绕组电动机接线原理图和外部电源接线示意图

2）电动机快、慢速定子绕组是同一套绕组的交流双速电动机。顾名思义，这种双速电动机的定子铁心槽内只嵌放一套绕组，依靠改变绕组外部电路接法，实现一套绕组产生两种不同的磁极对数和相应的同步运行速度。在实际使用过程中，为了满足两种不同速度的要求，常采用以下两种不同的接线方式。

① 第一种接线方式：将定子绕组 U1、V1、W1 三个端子接入三相交流电源，将 U2、V2、W2 三个端子悬空，这时的三相定子绕组为丫形联结方式，它的接线原理图如图 3-18 所示。在图 3-18 中的端子 U2、V2、W2 分别将每相绕组分为①、②两部分，电动机三相绕组的内部接线为丫形联结，中性点为 N，每相绕组由①、②两部分串联而成。在丫形联结方式下电动机三相定子绕组产生的旋转磁场极数为 24 极，电动机具有 250r/min 的同步转速，电动机外部端子的接线示意图如图 3-19b 所示。

② 第二种接线方式：将定子绕组 U2、V2、W2 三个端子接入三相交流电源，将定子绕组 U1、V1、W1 三个端子接于一点 N1，这时三相定子绕组的接线原理图如图 3-20 所示。在这种接线方式下，原来以丫形联结的三相定子绕组变为丫丫联结，此时每相绕组由①、②两部分线圈并联而成。在丫丫联结方式下电动机三相定子绕组产生的旋转磁场极数为 6 极，电动

机具有 1000r/min 的同步转速，电动机外部端子的接线示意图如图 3-19a 所示。

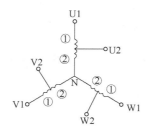

图 3-18　单绕组双速电动机
定子绕组接线图

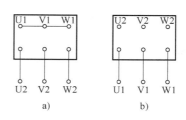

图 3-19　电梯用单绕组 6/24 极
双速电动机端子接线示意图
a）6 极（YY）接法　b）24 极（Y）接法

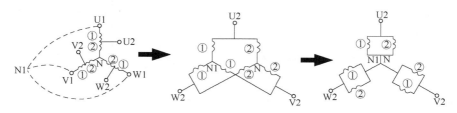

图 3-20　单绕组双速电动机YY联结接线图

3）单双绕组双速电动机的优缺点：

① 单绕组双速电动机：需要增加一个短接 U1、V1、W1 三个端子的接触器；合用一套绕组的电动机重量轻、体积小、制造成本低、售价低；但电动机的机械特性相对差些。

② 双绕组双速电动机：节省一个短接 U1、V1、W1 三个端子的接触器；两个绕组彼此独立，电动机重量、体积相对大些，制造成本和售价相对高些；但电动机的机械特性相对较好。

（4）交流感应电动机的基本工作原理　一般的交流感应电动机由机壳、定子铁心、定子绕组、转子轴、转子铁心、转子绕组等固定和转动两大部分构成。从电的角度上说，这种电动机由定子绕组和转子绕组两部分组成。根据电机学论述的交流感应电动机工作原理，将一个如图 3-21 所示的 380V 三相交流电源，输入其电路接法如图 3-22 所示的电动机定子绕组时，在定子绕组周围的空间将有如图 3-23 所示的两极旋转磁场产生，旋转磁场的方向，取决于三相电源 i_A、i_B、i_C 分别输入三相定子绕组 U、V、W 的相序。

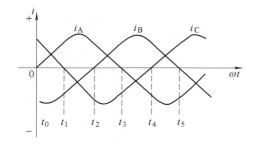

图 3-21　三相交流正弦电源

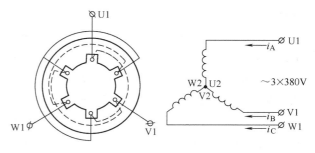

图 3-22　三相两极定子绕组电路原理图

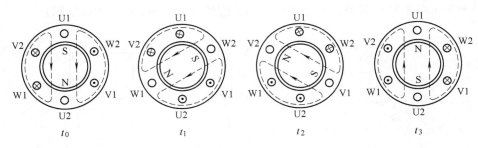

图 3-23　两极旋转磁场

根据电磁学理论，转子绕组与旋转磁场做相对运动过程中，由于转子绕组切割了旋转磁场的磁力线，因而在转子绕组内产生了感应电动势，在感应电动势作用下，转子绕组内产生了电流，电流方向与旋转磁场方向的关系可用右手定则确定。又由于通有电流的绕组，在旋转磁场存在的空间要受到力的作用。根据这一原理，给电动机定子绕组输入 380V 的三相交流电源后，电动机转子开始运转起来。电动机运转方向与旋转磁场的关系可用左手定则确定，如图 3-24 所示（注：图 3-23 和图 3-24 中设定电源正半周时电流从绕

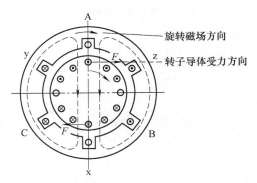

图3-24　电动机工作原理

组首端流进末端流出，流出用"·"表示，流进用"×"表示，电源负半周反之）。图 3-23 产生的旋转磁场转速称为同步转速，用的 n_1 表示（$n_1 = 60f/p$），而电动机的转子转速用 n_2 表示 $[n_2 = 60f/p(1-s)]$。其中 f 为三相电源频率、p 为磁极对数、s 为转差率。由于交流感应电动机的转子转速在电动状态下 n_2 始终会低于旋转磁场转速 n_1，因此交流感应电动机又有异步电动机之称，与此同时，又由于常用的交流感应电动机的转子绕组结构形似鼠笼，所以这些交流感应电动机又有笼型异步电动机之称。

（5）交流单绕组双速电动机电梯拖动系统的工作原理　由于本书介绍的几种交流双速梯的拖动系统均为单绕组双速电动机拖动的电气系统，以下对这种单绕组双速电动机的电梯拖动系统的工作原理作简要介绍。若采用双绕组双速电动机作为曳引电动机，则其拖动系统的工作原理基本相同。

这种交流单绕组双速电梯快速起动运行时，通过一只快速运行接触器 KC 给电动机引出线的接线端 U2、V2、W2 输入 380V 的三相交流电源，通过另一只快速运行接触器 1KC 把电动机引出线的接线端 U1、V1、W1 短接起来，实现绕组的丫丫联结方式，曳引电动机以 1000r/min 的同步转速运行。当电梯到达准备停靠层站的提前换速点时，采取使 KC 和 1KC 失电复位，与 KC 和 1KC 有电联锁关系的慢速接触器 MC 得电吸合，在曳引电动机快速绕组失电的同时给曳引电动机慢速绕组输入三相交流电源，使曳引电动机定子绕组产生的旋转磁场转速立即从 1000r/min 下降为 250r/min。由于电动机定子绕组产生的旋转磁场转速能够在瞬时间由 1000r/min 下降为 250r/min，但是通过蜗杆、蜗轮、绳轮、钢丝绳驱动着数吨重轿厢和对重装置的电动机转子转速，则由于惯性关系，其实际转速不可能由 950r/min 左右立即下降到 230r/min 左右。因而出现转子转速 n_2 远大于旋转磁场转速 n_1 的情况。

电梯在额定快速运行时，旋转磁场的转速 n_1 大于转子转速 n_2，转子绕组内所产生的电流和通过这个电流的转子绕组在旋转磁场存在的空间所受的力，是使转子跟随旋转磁场运行的力。那么，当电梯由快速运行切换为慢速运行时，若旋转磁场方向维持不变，由于出现旋转磁场转速 n_1 小于转子转速 n_2 的情况下，转子绕组内所产生的电流方向必然和 $n_1 > n_2$ 时相反。因此，转子绕组在旋转磁场内的受力方向也必然和 $n_1 > n_2$ 时相反，力图使转子以反方向运转。这个力图使转子以反方向运转的电磁转矩，俗称再生制动转矩。在再生制动转矩的作用下，曳引电动机 YD 的转速很快从 950r/min 左右下降至 230r/min 左右，使电梯进入平层前的慢速爬行状态，电梯按图 3-25 所示的速度曲线运行。图 3-25 中的纵坐标表示电梯运行速度，横坐标表示电梯从起动、加

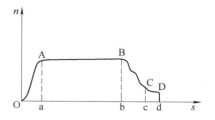

图 3-25　交流双速电梯运行速度曲线

速、满速运行、到站换速、慢速运行、平层停靠过程中的运行距离。曲线 OABCDd 为电梯运行速度曲线、B 点称为换速点、D 点称为平层停靠点。曲线 OABCD 在横坐标上的投影中，bc 段为换速距离、cd 段为平层前的慢速爬行距离。曲线 OA 段和 BC 段的斜率，决定着电梯在起动过程和换速过程中的乘坐舒适感。

电梯乘坐舒适感和运行效率是相互矛盾的两个方面，在调试过程中必须同时兼顾，做到既有比较满意的乘坐舒适感，又有比较高的运行工作效率。BC 段的斜率，取决于再生制动转矩的大小，再生转矩的大小，又与换速过程中慢速旋转磁场的强弱有关。为了控制慢速旋转磁场的强度在切断 YD 快速绕组电源并接通慢速绕组电源时，在慢速绕组的三相电路内分别串入电抗器 DZ 和板形电阻 1~3MQR（每相电路内的总阻值约为 10Ω），然后分 2~3 次将其切除，全部切除后电梯进入平层前的慢速爬行状态。

调试过程中，若电梯进入换速点 B 的瞬间有乘坐不舒适的感觉，则应适当加大串入慢速绕组电路的电抗和板形电阻的总阻值。若电梯出现冲层的情况，而换速距离又合适，则应适当减小串入慢速绕组的总阻值或调整切除电抗和板形电阻的时间，直至既有满意的乘坐舒适感，又不至于出现冲层，而且具有比较高的运行效率为止。而起动过程中的乘坐舒适感，取决于 OABCD 曲线中 OA 段的斜率，依靠在起动过程中适时改变串入 YD 快速绕组电路内的电抗，以及切除这部分电抗的时间，以改变起动过程中转矩与速度的变化关系，控制和调节电梯在起动过程中的乘坐舒适感。

由于交流双速电梯是采用在曳引电动机供电电路中按时间原则串入电抗及电阻，以及按距离原则切换曳引电动机定子绕组产生的旋转磁场磁极对数，并根据电动机转速 $n = 60f/p$ 以及电动机转矩 M 取决施加于定子绕组电压高低的原理实现调速。采用这种调速系统的电梯在加减速过程中存在速度变化台阶，乘员有不舒适的感觉，而且电梯的额定运行速度越快，不舒适的感觉就越明显，这是该拖动系统无法克服的缺陷。所以采用这种拖动系统电梯只适用于额定运行速度 $V \leqslant 0.63m/s$ 的一般低层站载货电梯或货客电梯。

（6）曳引电动机 YD 的保护设施

1）过载保护：为了防止由于电梯过载或其他方面的原因，造成通过电动机定子绕组的电流长时间地超过其额定值，而烧毁电动机或降低电动机的使用寿命，在电动机快、慢速定子绕组电路内各串入一只热继电器。当超过额定值的电流较长时间地通过热继电器时，热继电器动作，其触点切断 YJ 的电路，YJ 复位，YJ 电磁线圈驱动的几组常开触点分别切断电

气控制系统的交、直流控制电路，强迫电梯停止运行。过载保护热继电器的容量一般选用保护电动机额定电流值的 1.2 倍左右为宜。

2）短路保护：除在 YD 定子绕组电路设置热保护元件外，还在电路内接入熔断器 $1FU_{1~3}$ 作短路保护。短路保护是电气控制系统广泛使用的保护设施。根据电梯产品的特点，对电气控制系统进行短路保护尤其重要。20 世纪 50～80 年代末期设计生产的电梯电气控制系统，多采用熔断器作为短路保护装置，80 年代末期后多采用断路器作为短路保护装置，如选择得当，两者都能起到应有的短路保护作用，后者可免去更换熔断器熔体的麻烦。

作为短路保护的熔断器或断路器，是在电路内人为地设置一个适中的热元件。由于人为或自燃的原因造成短路时，因电路内的电阻很小，电流很大，可能是正常电流的十几倍。这个电流所产生的热量是正常电流所产生热量的几百倍。当这么大的电流通过熔断器的熔丝时或断路器的热元件时，对于熔断器是利用熔丝本身产生的热量将自己熔断，对于断路器是利用热元件过热变形推动其辅助触点动作，达到保护电路系统和电气设备的目的。但是如果选择不当，造成短路持续时间过长，使设备的发热量过高而损坏设备或元件的绝缘，甚至烧毁设备或元件。而且在短路瞬间，由于电流很大，电源的内压降很大，使输出电压降低，造成电网电压大幅度下降，必将影响同网用电设备的正常工作，甚至造成危及人身安全的严重事故。因此在对电气控制系统进行安装、调试、检修过程中，应尽量避免发生人为短路事故。加强设备的检修工作，尽量避免发生自燃短路事故。

为了在万一发生短路事故或故障时，把可能发生的恶果降低到最低限度，必须在各部分电路内设置熔断器或断路器。选用熔断器或断路器时应根据不同电路的特点，正确选择熔断器或断路器的容量，确保在事故发生的瞬间起保护作用。对于异步电动机的供电电路，其容量应为电动机额定电流值的 2.5～3 倍左右，而一般控制电路的容量，应为电动机额定电流值的 1.2～1.5 倍左右。

2. 直流控制电路

直流控制电路部分是电梯电气控制系统的主要组成部分，这部分电路能否正常工作，对电梯的正常运行有着重要的作用。

（1）直流控制电源 电气控制系统的直流电源由具有隔离作用的工作变压器 YB，把 380V 的交流电源电压降为 115～125V 的交流电压，这个电压施加在 $ZLD_{1~4}$ 四只二极管组成单相桥式全波整流电路的输入端，由于二极管具有单向导电性能，因而在整流电路的输出端获得变化范围不超过 ±7% 的直流电压。若电网电压偏高或偏低，达不到规定要求，则可以通过改变整流电路输入电压值予以解决。

（2）直流门电动机 MD 的拖动及其控制电路 电梯的自动开关门控制电路，是直流控制电路的主要控制环节之一。图 3-15 中的自动开关门拖动控制电路及其等效电路如图 3-26 所示。

控制系统在实现开关门过程中，通过行程开关 1KMK 和 1GMK 与开关打板配合，待门开、关妥时，自动切断开关门继电器 KMJ 和 GMJ 的电路，实现自动停止开关门。通过行程开关 2KMK 和 2～3GMK 与开关打板配合，改变与 MD 电枢绕组并联接法的绕线式电阻 KMR 和 GMR 的阻值，使 MD 按图 3-27 的速度曲线运行，把开关门过程中的噪声降低到最低水平。开关门电动机是一台容量 120～170W、额定工作电压为直流 110V、转速为 1000r/min 的直流电动机。由于直流电动机的转速在励磁绕组电压一定时与电枢端电压成正比，运转方向随电枢端电压的极性改变而改变。根据直流电动机这一特点和对开关门过程的要求，控制MD实现自动开关门的等效电路如图3-26b所示。在控制MD电路的等效电路中，由于

$$R_{AC} = R_{AB} + R_{BC} = MDR + [r_0 \times KMR(或 GMR)/r_0 + KMR(或 GMR)]$$

$$U_{AC} = U_{AB} + U_{BC}$$

$$U_{BC} = U_{AC} - U_{AB}$$

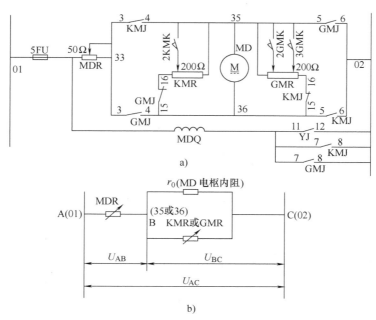

图3-26　直流电动机开关门拖动控制电路及其等效电路

a）开关门控制电路　b）电动机控制电路的等效电路

　　因此在调试过程中，当MDR值增大时，U_{AB}增大，U_{BC}减小，MD转速降低，开关门速度减慢。当MDR值减小时，U_{AB}减小，U_{BC}增大，MD转速升高，加快开关门速度。因此，调整MDR的阻值大小，可以同时控制和调整开门及关门速度，进行总体调节（粗调）。

　　由于$R_{BC} = [r_0 \times KMR(或 GMR)]/[r_0 + KMR(或 GMR)]$。因此$R_{BC}$随KMR（或GMR）的阻值大小而变化。当MDR值不变，而改变KMR（或GMR）的阻值时，同样改变了U_{AB}和U_{BC}之间的数值分配，使U_{BC}增大或减小，同样可以调整（细调）开关门速度。

　　在实际调整过程中，为了提高电梯的运行效率，不但要求开关门速度要快，而且噪声要小。为了实现这一要求，必须把开关门时的初速度调得快些，当门开关至一定距离时再把速度降下来，以减小门在开关妥时与门框的撞击声。调整时，除调整MDR、KMR、GMR值外，还应调整2KMK或2～3GMK的位置，以改变2KMK、2～3GMK动作后短接KMR或GMR的电阻值和时间。但是，经调整后MDR的阻值不宜过小，应在30Ω左右，KMR或GMR被2KMK或3GMK短接后剩余阻值也不宜过小，一般需在20Ω左右。否则电流太大，容易将电阻KMR或GMR烧坏。直流门电动机拖动的开关门速度曲线如图3-27所示。

3. 厅外召唤控制电路

　　厅外召唤控制电路是实现厅外召唤信号自动登记记忆和适时消除该信号的控制电路。其主要电路控制环节如图3-28所示。

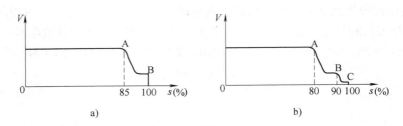

图 3-27 直流电动机拖动开关门速度曲线
a）开门速度 b）关门速度

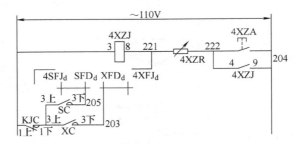

图 3-28 厅外召唤信号登记记忆及自动消号电路

当 1 ~ 5 层楼的乘员按下召唤按钮（1 ~ 4）SZA 或（2 ~ 5）XZA 中任何一只按钮时，（1 ~ 4）SZJ 或（2 ~ 5）XZJ 中对应的继电器得电吸合并自保。例如：若电梯停靠在 2 楼，则当 4 楼乘员按下 4XZA 时，4XZJ 吸合并通过 $4XZJ_{4,9}$ 触点自保。4XZJ 吸合时，操纵箱上相应的召唤方向、位置指示灯、召唤按钮内的辉光灯亮（20 世纪 50 ~ 80 年代国产电梯一般有这种功能）。对于外召唤信号不参与定电梯运行方向的载货电梯，司机需点按操纵箱上的 4NLA 作内指令登记，电梯起动上行并在 4 楼平层停靠开门，乘用人员进入轿厢并向司机报明准备前往楼层。若乘用人员准备前往 3 楼，则司机点按操纵箱上对应 3 楼的按钮 3NLA，电梯起动下行。下行起动时 XC 和 KJC 先后吸合，在 KJC 吸合前，由于 $XC_{3上3下}$ 闭合，$4XZJ_{3,8}$ 被 $KJC_{1上1下}$、$XC_{3上3下}$、XFD_d（层楼指示器的动触点）、$4XFJ_d$（层楼指示器的定触点）组成的电路短接而复位。短接时 110V 的交流电压全部施加在 4XZR 上。从电的角度上说，4XZR 的阻值不能太小，否则在短接瞬间电流太大，会造成熔断器烧毁或断路器跳闸。当 4XZJ 复位后，$4XZJ_{4,9}$ 断开，短接解除，实现召唤信号的自动登记记忆和消除功能。

采用电路原理图 3-15 的电梯是 20 世纪 60 年代中期设计生产的一种有专职司机控制的载货电梯，由于这种控制系统的外召唤信号不参与自动确定电梯运行方向，因此其轿内操纵箱上必须设有外召唤登记记忆显示信号和蜂鸣信号，否则司机不知道哪层楼的人在召唤电梯。

四、与电路原理图 3-15 配套使用的主要电气部件

电路原理图 3-15 是 20 世纪 60 年代中期设计并批量投放市场的电梯产品。图 3-15 采用的主要零部件包括：图 3-1a 所示的操纵箱；图 3-2a 所示的指层灯箱；图 3-3a 所示的召唤箱；图 3-4 所示的轿顶检修箱；图 3-5 所示的干簧管换速平层装置；图 3-9 所示的轿厢限位开关装置；图 3-10 所示的强制式轿厢越位极限开关装置；图 3-12 所示的层楼指示器和

图 3-14a 所示的电梯控制柜等。

五、电梯开关门的操作及其控制原理

1. 关门

（1）司机下班关门断电关闭电梯的操作及其控制原理

1）把电梯开到基站，使固定在轿厢架上的轿厢限位开关打板，碰压固定在轿厢导轨上的厅外开关门控制开关 KGK（图 3-9 中的 6），使 21、23 号线接通。

2）扳动操纵箱上的照明灯开关 JZK_N，断开 501 与 505 号线间的电路，使轿内照明灯 JZD_N 失电熄灭。

3）扳动控制开关 ZZK，使 01、21 号线接通的同时断开电压继电器 $YJ_{a.b}$ 线圈的电路，$YJ\downarrow\rightarrow YJ_{1.2}$、$YJ_{3.4}$、$YJ_{5.6}$、$YJ_{7.8}$…触点断开，切断电梯交、直流控制电路的电源。

4）用专用钥匙扭动基站召唤箱上的钥匙开关 TYK，使 23、25 号线接通，$GMJ_{a.b}$ 线圈经 3FU、01、21、23、25（线号）、$KMJ_{13.14}$、1GMK、4FU 从 01、02 号线得电，GMJ↑（↑ 表示 GMJ 动作，下同）$\rightarrow GMJ_{3.4}$ 和 $GMJ_{5.6}$↑（表示常开触点闭合常闭触点断开、下同）$\rightarrow$MD↑（↑ 表示电动机运行，下同）…实现下班关门断电关闭电梯。

（2）通过关门按钮 GMA_N（GMA 右下角的 N 表示该器件在轿内，一般在操纵箱上、下同）或关门按钮 GMA_D（GMA 右下角的 D 表示该器件在轿顶，一般在轿顶检修箱上、下同）实现关门的控制原理

电梯在运行（快速）或检修（慢速）运行模式的停靠开门状态下，需要关门时，可通过 GMA_N 或 GMA_D 按钮实现关门。按下关门按钮 GMA_N 或 GMA_D 时，$GMJ_{a.b}$ 经 GMA_N 或 GMA_D 和 1GMK 的触点从 01、02 号线得电，GMJ↑$\rightarrow GMJ_{3.4}$ 和 $GMJ_{5.6}$↑（表示触点闭合、下同）$\rightarrow$MD↑…实现关门。

2. 开门

（1）司机上班开门开放电梯的操作及其控制原理　由于电梯停靠在基站且处于关闭状态，图 3-15 中的 KGK 使 21、23 号线处于接通状态，ZZK 使 01、21 号线处于接通状态。因此，司机只需用专用钥匙扭动钥匙开关 TYK，将 23、27 号线置于接通状态，$KMJ_{a.b}$ 经 3FU、01、21、23、27 线号、$YXJ_{2.8}$、$GMJ_{13.14}$、1KMK、4FU 从 01、02 号线得电，KMJ↑$\rightarrow KMJ_{3.4}$ 和 $KMJ_{5.6}$↑$\rightarrow$MD↑…实现上班开门开放电梯。

（2）通过开门按钮 KMA_N、KMA_D 实现开门的控制原理　在运行（快速运行）和检修（慢速运行）模式的停靠关门状态下，需要开门时，可通过按下开门按钮 KMA_N 或 KMA_D 实现开门。按下 KMA_N 或 KMA_D 时，$KMJ_{a.b}$ 经 KMA_N 或 KMA_D 和 1KMK 的触点从 01、02 号线得电，KMJ↑$\rightarrow$MD↑…实现开门按钮开门。

（3）运行（快速运行）过程中电梯到站平层停靠开门　电梯快速运行过程中到站平层停靠开门的控制原理，请参阅本节电梯上行平层停靠时电气元件动作程序图 3-31，不予重复描述。

六、司机上班开门开放电梯进入轿厢后的操作及其控制原理

1. 扳动操纵箱上的照明灯开关 JZK_N，使 501、505 号线接通，轿内照明灯 JZD_N 得电点亮

2. 扳动操纵箱上的控制开关 ZZK，使 01 号线与 TA_N 开关接通，$YJ_{a.b}$ 经 4FU、ZZK、TA_N、

TA$_D$、ACK、AQK、DTK、DSK、KRJ$_{31.32}$、MRJ$_{31.32}$、4FU、从 01、02 号线得电，YJ 吸合，YJ↑：

$$YJ↑→\begin{cases} YJ_{1.2}闭合→直流电路的 02 与 03 号线得电 \\ YJ_{3.4}闭合→交流电路经 6、7FU 得电 \\ YJ_{5.6}闭合→召唤控制电路经 8、9FU 得电 \\ YJ_{7.8}、YJ_{9.10}闭合→召唤指示灯、电梯位置指示灯电路得经 10、11FU 得电 \end{cases}$$

由于 YJ$_{1.2}$闭合，电梯直流控制电路的 02 与 03、05 号线得电，而电梯又停靠在基站的平层位置，位于轿顶的上、下平层传感器均插入位于轿厢导轨上的平层隔磁板，隔磁板旁路了传感器内永久磁铁产生的磁场，SPG、XPG 复位，干簧管 SPG$_{2.3}$、XPG$_{2.3}$触点闭合，上、下平层继电器 SPJ、XPJ 经 KC$_{1上1下}$、SPG$_{2.3}$、XPG$_{2.3}$触点得电动作。与此同时，位于轿顶的换速隔磁板插入位于轿厢导轨上的换速传感器，1HTG↓→1HTG$_{2.3}$触点闭合→1HTJ↑→1NCD 和 1TCD 指示灯亮，轿内、外电梯位置显示装置显示 1 字。电梯处于上班开门后的开放运行模式。处于开放运行模式时的控制柜里应有 XJ、YJ、SPJ、XPJ、1HTJ 等 5 个继电器动作。

3. 通过操纵箱上的快/慢速运行转换开关 KMK 或轿顶检修箱上的运行/检修转换开关 JHK$_D$ 设置电梯的运行模式

（1）轿内快速运行模式的设置

1）扳动操纵箱上的快/慢速运行转换开关 KMK，置 03、45 号线于接通状态时电梯被置于轿内快速运行模式。在该模式下，当司机点按一下（1~5）NLA 中任何一只按钮时，（1~5）NLJ 中对应的继电器通过（1~5）NLA 中对应按钮的触点、YXJ$_{5.11}$触点、43 号线、JHK$_D$ 开关触点，从 03、02 号线得电动作，实现主令登记，电梯门关妥后即能快速起动运行。

2）扳动轿顶检修箱上的运行（快速运行）/检修（慢速运行）转换开关 JHK$_D$，置 03、43 号线于接通状态时，电梯被置于轿内快速运行模式。因此，采用图 3-15 的电梯维修人员在完成修理或保养作业离开轿顶时均应扳动 JHK$_D$，置 03、43 号线于接通状态，否则轿内不能操作控制电梯上下快速运行。

（2）轿内检修慢速运行模式的设置

1）扳动操纵箱上的快/慢速运行转换开关 KMK，置 03 和 47 号线于接通状态时电梯被置于轿内检修慢速运行模式。在这种模式下检修继电器 JXJ 经 KMK 开关触点从 03 和 02 号线得电，JXJ↑→JXJ$_{1.2}$闭合，电源"+"极经 03 号线、JHK$_D$、43 号线、JXJ$_{1.2}$触点送到 41 号线，这时轿内的司机或维修人员若按下操纵箱上的 1NLA 或 5NLA 按钮，对应的 1NLJ 或 5NLJ 就能动作，就能点动控制电梯上、下慢速运行。

2）扳动轿顶检修箱上的运行（快速运行）/检修（慢速运行）转换开关 JHK$_D$，置 03、43 号线于接通状态时电梯被置于轿内检修慢速运行模式。轿顶的维修人员授予轿内人员操作控制电梯慢速上下运行。

（3）轿顶检修慢速运行模式的设置　扳动轿顶检修箱上的运行/检修转换开关 JHK$_D$ 置 03、47 号线于接通状态时，检修继电器 JXJ$_{a.b}$经 JHK$_D$ 触点从 03、02 号线得电，JXJ↑→JXJ 的常开触点闭合、常闭触点断开。由于 JXJ$_{1.2}$、JXJ$_{3.4}$…闭合，JXJ$_{11.12}$、JXJ$_{13.14}$…断开，电梯的控制系统做好检修慢速运行准备，轿顶维修人员可自行通过轿顶检修箱上的慢上按钮 MSA$_D$ 或慢下按钮 MXA$_D$ 控制电梯上下慢速运行。

七、将电梯置于快速运行模式时司机的操作及其控制原理

1. 设 3 楼有乘员见电梯厅外位置显示装置显示 1 字，获悉电梯已开放运行，而点按召唤箱上的下行召唤按钮 3XZA 要求下行的控制原理

设 3 楼的乘员见电梯位置显示装置显示 1 字，获悉电梯已开放运行，而点按召唤箱上的下行召唤按钮 3XZA 要求下行时，3XZA↑（按钮内两组触点同时闭合，其中一组接通 204 与 218 电路 3XZJ↑，另一组接通 301 与 303 电路 FM 发出蜂鸣信号），由于

1）3XZJ↑→
$\begin{cases} 3XZJ_{4,9}\text{闭合}\rightarrow\text{完成自保电路} \\ 3XZJ_{2,7}\text{闭合}\rightarrow\text{接通下行召唤方向指示灯 XZD 的电路，XZD 亮} \\ 3XZJ_{1,6}\text{闭合}\rightarrow\text{接通 3 楼下行召唤指示灯 3XZD 的电路，3XZD 亮} \end{cases}$

注：采用图 3-15 的电梯 3XZD 有两只灯，一只位于操纵箱面板上，一只位于 3XZA 内（俗称辉光灯）。

2）由于 3XZA 的一组触点接通 301 与 303 电路→蜂鸣器 FM 经 $YJ_{9,10}$、$YJ_{7,8}$、10FU 得电，蜂鸣器发出蜂鸣信号。

2. 司机答应 3 楼乘员的召唤要求开梯前往 3 楼接送乘员的操作及其控制原理

（1）司机点按 3NLA、电梯自动关门、门关妥快速起动上行、加速、满速往 3 楼运行的控制原理　司机听到蜂鸣信号，并经查看 3XZD 亮，获悉 3 楼有乘员要求下行而点按 3NLA，开梯前往 3 楼接送乘员。由于司机点按 3NLA：

3NLA↑→3NLJ↑→
$\begin{cases} 3NLJ_{1,2}\text{闭合}\rightarrow\text{准备完成自保电路} \\ 3NLJ_{3,4}\text{闭合}\rightarrow\text{上行控制继电器 }SKJ_{a,b}\text{吸合，电梯定上行方向} \\ 3NLJ_{11,12}\text{闭合}\rightarrow3ZLA\text{ 内的辉光灯 3NLD 亮，3 楼主令信号被登记} \end{cases}$

由于电梯停靠在 1 楼，1THG↓→$1THG_{2,3}$闭合→1THJ↑→$1THJ_{2,8}$、$1THJ_{5,11}$触点断开，下行方向控制继电器 XKJ 失去得电动作条件，但上行方向控制继电器 SKJ 则经 $3NLJ_{3,4}$ 触点得电动作，SKJ↑→$SKJ_{1,2}$↑→$GMJ_{a,b}$得电动作，GMJ↑→MD↑…门关妥电梯快速起动、加速、满速往 3 楼运行。自司机点按 3NLA 起，直至满速往 3 楼运行过程中，电路原理图 3-15 中相关电气元件的动作程序如图 3-29 所示。

（2）电梯到达 3 楼的上行换速点提前自动将快速运行切换为慢速运行的控制原理　电梯从 1 楼出发往 3 楼运行过程中，位于轿顶的换速隔磁板分别插入位于轿厢导轨上的换速传感器 2～3THG，2～3THG 先后↓，2～3THJ 先后↑。由于 2 楼没有轿内指令登记信号，2THJ↑→$2THJ_{2,8}$、$2THJ_{5,11}$ 断开后还不能切断 SKJ 的吸合电路。但是当 3THG↓→3THJ↑→$3THJ_{2,8}$、$3THJ_{5,11}$ 断开后，便能切断 SKJ 的得电吸合电路，使 SKJ 失电复位，由于 SKJ↓→电梯由快速运行切换为慢速运行。3THG↓→3THJ↑后，电路原理图 3-15 中相关电气元件的动作程序如图 3-30 所示。

（3）电梯到达 3 楼平层允差范围内自动停靠开门的控制原理　当电梯的轿厢踏板与 3 楼层门踏板的允差高度符合标准规定（额定速度 $V\leqslant0.5m/s$ 交流双速梯的允差为 ±15mm，额定速度 $V=1.0m/s$ 交流双速梯的允差为 ±30mm，下略）时，因稳装在轿顶的上、下平层传感器 SPG、XPG 均插入位于轿厢导轨上的平层隔磁板，SPG、XPG↓→$SPG_{2,3}$、$XPG_{2,3}$触点闭合，$SPJ_{4,9}$ 和 $XPJ_{4,9}$ 得电吸合，SPJ 和 XPJ↑。自 SPG 和 XPG 复位至电梯停靠开门过程中图 3-15 相关电气元件的动作程序如图 3-31 所示。

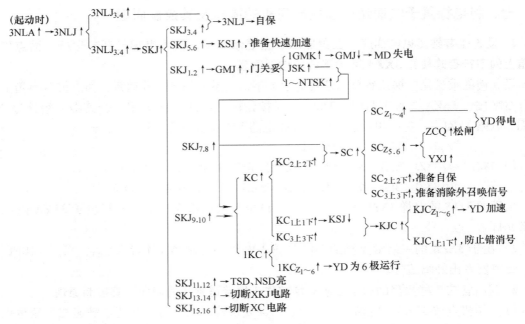

图 3-29　采用图 3-15 电梯上行起动时的电气元件动作程序图

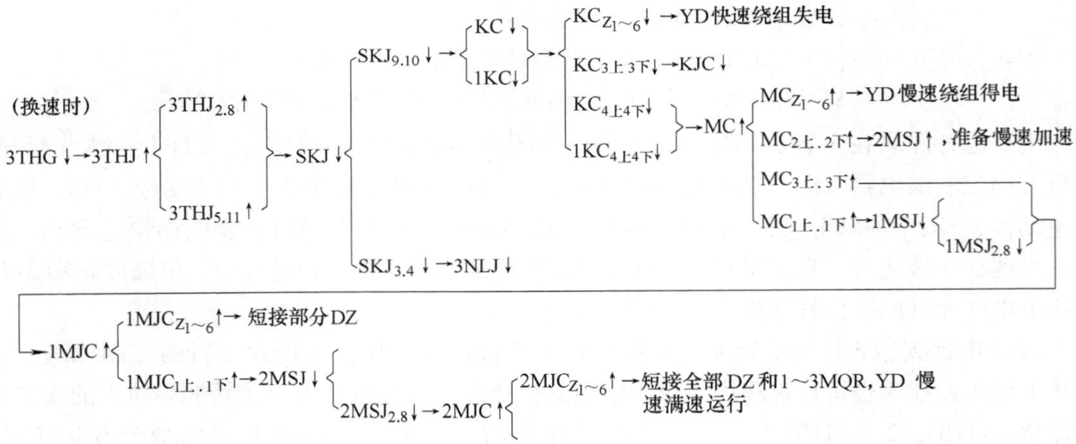

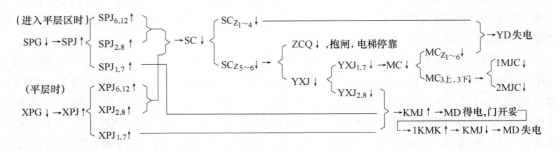

图 3-30　采用图 3-15 电梯到达停靠层站提前换速点由快速运行切换为慢速运行时电气元件动作程序图

（进入平层区时）

SPG↓→SPJ↑

（平层时）

XPG↓→XPJ↑

图 3-31　采用图 3-15 电梯到达 3 楼平层允差范围时电气元件动作程序图

八、乘员进入轿厢向司机报明前往层站，司机接送乘员的操作及其控制原理

若乘员进入轿厢向司机报明准备前往 2 楼，司机点按 2NLA、电梯自动关门，门关妥，快速起动下行、加速、满速往 2 楼运行，到达 2 楼的下行换速点提前将快速运行切换为慢速运行、平层时自动停靠、停靠后自动开门。电梯上行时是上行方向控制继电器 SKJ 和上行方向接触器 SC 动作，而电梯下行时是下行方向控制继电器 XKJ 和下行方向接触器 XC 动作，其控制原理与上行时相仿，不予重复描述。

九、维保人员或司机控制电梯以检修慢速上下运行的操作及其控制原理

采用图 3-15 的电梯出现故障或进行日常维保工作时，这种电梯具有轿内、轿顶控制电梯做上、下检修慢速运行的功能，以利维修人员迅速排除故障或开展日常维保工作。现行标准规定电梯机房也应有控制电梯上、下检修慢速运行的功能，三者的优先顺序为轿顶、轿内、机房等。只要读者了解现行标准有这种要求即可，而图 3-15 则不必修改了。

（1）检修人员或司机轿内控制电梯上下检修慢速运行的操作及其控制原理

1）检修人员或司机扳动操纵箱上的快/慢速转换开关 KMK，置 03、47 号线于接通状态，使检修继电器 $JXJ_{a,b}$ 经 KMK 开关从 02、03 号线得电吸合，JXJ↑

$$JXJ↑ → \begin{cases} JXJ_{1,2}闭合→电梯只能点动运行 \\ JXJ_{3,4}闭合→自动定向环节有故障不影响开梯 \\ JXJ_{5,6}闭合→准备慢速加速 \\ JXJ_{9,10}闭合→准备检修时开门开梯（现行标准不允许） \\ JXJ_{11,12}闭合→防止 SKJ 和 XKJ 动作 \\ JXJ_{13,14}断开→切除与检修运行无关的电路 \\ JXJ_{15,16}断开→切除快速接触器 KC 电路 \end{cases}$$

由于检修继电器 JXJ 得电吸合，电气控制系统做好检修慢速运行准备。

2）检修人员或司机通过操纵箱上的 1NLA 或 5NLA 点动控制电梯上、下检修慢速运行。点动控制电梯上、下检修慢速运行前，应先按下关门按钮把电梯门关好。

若要控制电梯慢速向上运行，则按下 5NLA 后电梯便能起动、加速、以慢满速向上运行，慢速向上运行时电路原理图 3-15 中相关电气元件的动作程序如图 3-32 所示。

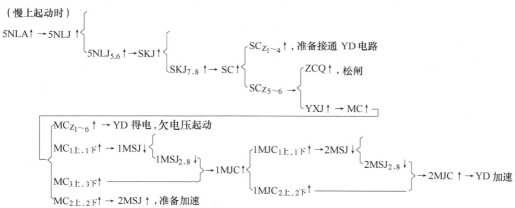

图 3-32 采用图 3-15 电梯通过 5NLA 按钮控制电梯慢速上行时电气元件动作程序图

若要控制电梯慢速向下运行，则按下 1NLA 后电梯便能起动、加速、以慢速向下运行，慢速向下运行时电路原理图 3-15 中相关电器元件的动作程序与图 3-32 相仿，只是改换了电梯的运行方向而已。

（2）检修人员通过轿顶检修箱上的慢上按钮 MSA$_D$ 或慢下按钮 MXA$_D$ 控制电梯上下检修慢速运行的操作及其控制原理

1）扳动轿顶检修箱上的运行（快速运行）/检修（慢速运行）转换开关 JHK$_D$，置 03、47 号线于接通状态，由于 03 与 47 号线接通：JXJ$_{a,b}$ 经 JHK$_D$ 开关从 02、03 号线得电吸合，为轿顶控制电梯慢速上下运行做好准备；轿内失去点动控制电梯慢速上下运行的条件，以利轿顶维修保养人员的安全。

2）检修人员上轿顶并通过轿顶检修箱上的 MSA$_D$ 或 MXA$_D$ 点动控制电梯上、下检修慢速运行。通过 MSA$_D$ 或 MXA$_D$ 点动控制电梯上、下检修慢速运行的控制原理与通过操纵箱上的 1NLA 或 5NLA 点动控制电梯上、下慢速运行的控制原理相仿，不再赘述。

了解掌握图 3-15 的拖动、控制原理，是了解掌握电梯电气控制系统的基础，花点时间把图 3-15 的拖动、控制原理搞清楚是值得的。

第六节　交流双速、集选继电器控制、5 层 5 站电梯的控制原理

一、概述

交流双速、集选继电器控制电梯电气控制系统，是 20 世纪 60 年代中期为额定运行速度 $V{\leqslant}1.0\mathrm{m/s}$ 乘客电梯设计的电气控制系统统。交流双速、集选继电器控制、5 层 5 站的电路原理图如图 3-33 所示。采用该控制系统的电梯具有司机控制、无司机控制、检修慢速运行控制三种模式，是一种单机运行功能最完善的电梯电气控制系统，是两台并联和多台群控乘客电梯的构成单元。在有、无司机控制模式下的主要功能如表 3-1 中的"六"所表述。

本章第五节介绍的轿内按钮控制电梯在快速运行时，司机一次只能下达一个内指令信号，而且外召唤信号也不能参与确定电梯的运行方向，顺向外召唤信号也不能截梯。本节要介绍的集选控制电梯在有、无司机模式下，司机或乘用人员一次可登记多个内指令信号，而且外召唤信号也能参与确定电梯的运行方向，顺向外召唤信号也有截梯功能。对于全继电器控制的集选控制系统为实现上述功能，使图 3-33 比图 3-15 复杂得多。但有掌握图 3-15 的基础，若再采用比对方式找出图 3-33 与图 3-15 的共同点和不同点，就会发现图 3-33 和图 3-15 的共同点多于不同点，如果真正学懂了图 3-15，那么学懂图 3-33 的拖动、控制原理就比当初了解掌握图 3-15 还要简单些。以下对电路原理图 3-33 的控制原理做简要介绍。

二、电路原理图 3-33 配套使用的主要电气部件

电路原理图 3-33 采用的主要电气零部件包括：图 3-1a 所示的轿内操纵箱（但有区别，如没有外召唤登记指示灯等）；图 3-2a 所示的指层灯箱；图 3-3a 所示的召唤箱；图 3-4 所示的轿顶检修箱；图 3-5 所示的干簧管换速平层装置（但上、下行换速传感器分开，而换速隔磁板共用，长度约 1800mm 左右）；图 3-9 所示的限位开关装置；图 3-10 所示的强制式极限位置保护开关装置和图 3-14a 所示的控制柜等。

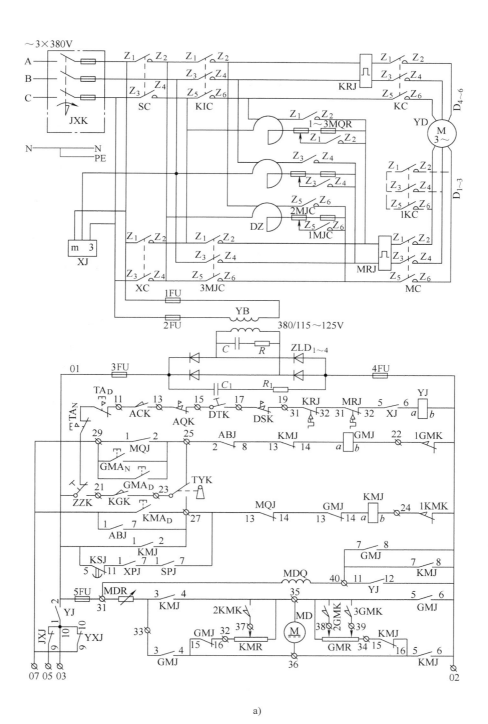

图 3-33　交流双速、集选继电器控制、5 层 5 站电梯电路原理图
a）主拖动、交直流电源、开关门拖动控制电路

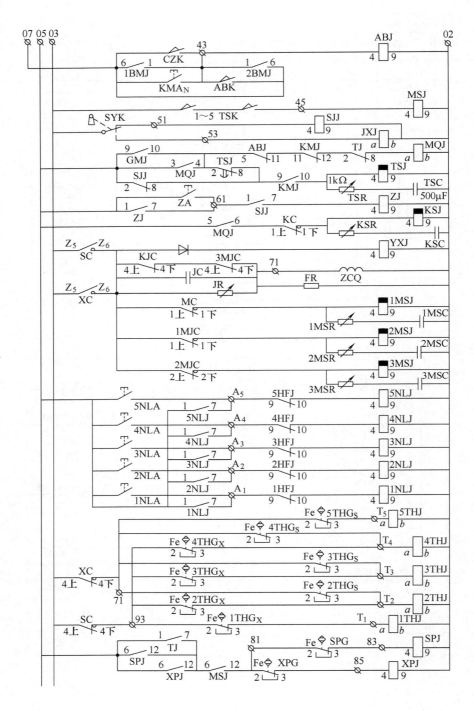

b)

图 3-33　交流双速、集选继电器控

b）运行模式设置、主令登记、换速及平层控制电路

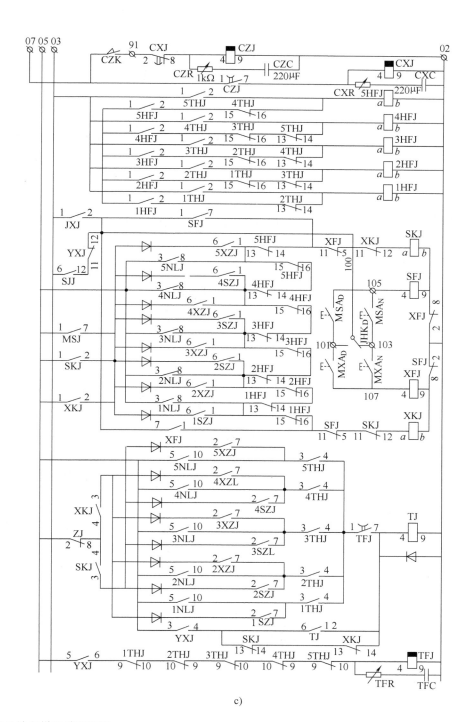

c)

制、5层5站电梯电路原理图

c）超载、自运定向、层站停梯控制电路

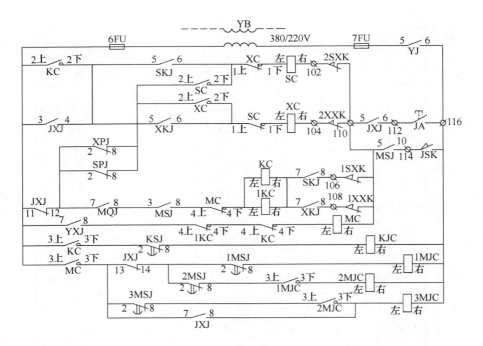

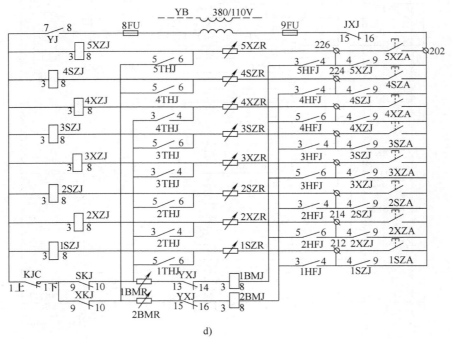

d)

图 3-33　交流双速、集选继电器控制、5 层 5 站电梯电路原理图（续）

d）交流控制、外召唤登记消号控制电路

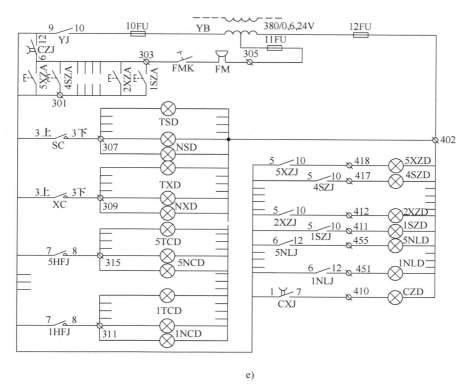

图3-33　交流双速、集选继电器控制、5层5站电梯电路原理图（续）

e）蜂铃、指示灯控制电路

三、电梯开关门的操作及其控制原理

1. 关门

（1）司机或管理人员下班关门关闭电梯的操作及其控制原理

1）按下基站召唤箱上的召唤按钮 1SZA 把电梯召回基站，使 KGK 动作，21、23 号线接通。

2）扳动控制开关 ZZK，使 01、21 号线接通，01 号线与 TA_N 开关断开→YJ↓。

3）用专用钥匙扭动基站召唤箱上的钥匙开关 TYK，使 23、25 号线接通，$GMJ_{a,b}$ 经 01、02 号线得电，GMJ↑→MD↑…实现下班关门关闭电梯。

（2）通过关门按钮 GMA_N 或 GMA_D 实现关门的控制原理　在有、无、检修运行模式的停靠开门状态下，按下关门按钮 GMA_N 或 GMA_D 时，$GMJ_{a,b}$ 经 $YJ_{1,2}$、$YXJ_{9,10}$…1GMK 从 01、02 号线得电，GMJ↑→MD↑…实现通过关门按钮关门。

（3）无司机模式下电梯自平层停靠开门起经预定时间自动关门的控制原理　在无司机模式下，电梯自平层停靠开门起在 4~6s，停站时间控制继电器 TSJ↓，$TSJ_{2,8}$ 闭合，关门起动继电器 $MQJ_{a,b}$ 经 $TSJ_{2,8}$、$SJJ_{2,8}$…从 05、02 号线得电吸合，$MQJ_{1,2}$ 闭合，$GMJ_{a,b}$ 经 $Y_{J_{1,2}}$、$YXJ_{9,10}$…$MQJ_{1,2}$ 触点从 01、02 号线得电动作，GMJ↑→MD↑…实现经预定时间自动关门。

注：采用图 3-33 的电梯轿底装设有超载开关 CZK，但没有装设满载开关 MZK，因此采用图 3-33 的电梯没有满载关门和满载直驶的功能。

2. 开门

(1) 司机或管理人员上班开门开放电梯的操作及其控制原理

由于电梯处于基站停靠关门关闭状态，因此只需用专用钥匙扭动基站召唤箱上的钥匙开关 TYK，使 23、27 号线接通，$KMJ_{a,b}$ 经 ZZK、KGK、TYK…1KMK 从 01、02 号线得电动作，$KMJ \uparrow \rightarrow MD \uparrow$…实现上班开门开放电梯。

(2) 通过开门按钮 KMA_N、KMA_D 实现开门的控制原理

1) 通过操纵箱上的开门按钮 KMA_N 实现开门的控制原理。在有、无、检修慢速运行模式的停靠关门状态下需要开门时，可通过开门按钮 KMA_N 或 KMA_D 实现开门。按下 KMA_N 时，$ABJ_{4,9}$ 经 KMA_N 从 02、07 号线得电，$ABJ \uparrow \rightarrow ABJ_{1,7}$ 闭合，$KMJ_{a,b}$ 经 $ABJ_{1,7}$、$YXJ_{9,10}$、$YJ_{1,2}$…1KMK 从 01、02 号线得电动作，$KMJ \uparrow \rightarrow MD \uparrow$…实现通过开门按钮开门。

2) 通过轿顶检修箱上的开门按钮 KMA_D 实现开门的控制原理。在检修运行模式的停靠关门状态下，按下轿顶检修箱上的开门按钮 KMA_D 时，$KMJ_{a,b}$ 经 $YXJ_{9,10}$、$YJ_{1,2}$…1KMK 从 01、02 号线得电，$KMJ \uparrow \rightarrow MD \uparrow$…可实现通过开门按钮开门。

(3) 在司机或无司机运行过程中平层停靠开门的控制原理　电梯在司机、无司机运行过程中平层停靠开门的控制原理，请参阅本节电梯平层停靠开门时的电气元件动作程序图 3-36。

(4) 无司机模式下本层开门的控制原理　采用图 3-33 的电梯在各层站停靠关门待命的情况下，当关门待命层站有乘员按下召唤箱的上或下行召唤按钮时，本层开门继电器 $1BMJ_{3,8}$ 或 $2BMJ_{3,8}$ 得电吸合，$1BMJ_{6,1}$ 或 $2BMJ_{1,6}$ 触点闭合，$ABJ_{4,9}$ 经 $1BMJ_{6,1}$ 或 $2BMJ_{1,6}$、$YXJ_{9,10}$、$YJ_{1,2}$ 等触点从 01、02 号线得电动作，$ABJ \uparrow \rightarrow ABJ_{1,7}$ 触点闭合，$KMJ_{a,b}$ 经 $ABJ_{1,7}$ 触点从 01、02 号线得电动作，$KMJ \uparrow \rightarrow MD \uparrow$…实现本层开门。

(5) 安全触板开门的控制原理（有/无司机模式下、下同）　电梯在关门过程中，如有乘员碰压位于轿门上的安全触板时，安全触板开关 $ABK \uparrow \rightarrow ABJ_{4,9}$ 得电动作，$ABJ_{1,7}$ 闭合，$KMJ_{a,b}$ 经 $ABJ_{1,7}$…触点得电动作，$KMJ \uparrow \rightarrow MD \uparrow$…实现安全触板开门。

(6) 超载开门并伴有声光信号的控制原理（有/无司机模式下、下同）　电梯超载时位于轿底的超载开关 CZK 动作，$CZK \uparrow$：

$$CZK \uparrow \rightarrow \begin{cases} 07、43 \text{ 号线接通} \rightarrow ABJ \uparrow \rightarrow ABJ_{1,7} \text{ 闭合} \cdots \rightarrow KMJ \uparrow \rightarrow MD \uparrow \cdots \text{实现超载开门} \\ 07、91 \text{ 号线接通} \rightarrow CZJ \uparrow \rightarrow CZJ_{1,7} \text{ 闭合} \rightarrow CXJ \uparrow \rightarrow CZJ \downarrow \rightarrow \cdots CZJ \text{ 和 CXJ 交替动作} \rightarrow \\ \text{位于操纵箱内的蜂鸣器 FM 断续响、位于操纵箱面板的超载灯 CZD 闪亮} \\ \text{这时应有乘员退出轿厢，直至超载信号解除为止} \end{cases}$$

注：CZJ 和 CXJ 均为得电快速动作失电延时复位的阻容延时继电器。

四、司机或管理人员上班开门开放电梯进入轿厢后的操作及其控制原理

1) 扳动操纵箱上的照明灯开关 JZK_N，使 501、505 号线接通，照明灯 JZD_N 经 501、502 号线得电点亮（图 3-33 的照明电路与图 3-15 相同，因相同，将其省略）。

2) 扳动控制开关 ZZK 置 01 号线与 TA_N 于接通状态，$YJ_{a,b}$ 经 3FU、ZZK、TA_N、TAD、ACK…从 01、02 号线得电动作，YJ 的常开触点闭合，控制系统的交直流控制电路得电，由于电梯停靠在 1 楼，位于轿顶的隔磁板插入位于轿厢导轨上的换速传感器 $1THG_X \downarrow \rightarrow 1THJ \uparrow \rightarrow 1THJ_{7,8}$ 闭合 $\rightarrow 1NCD$、1TCD 亮，电梯位置显示装置显示 1 字，表示电梯已开放运行。处于开放运行模式时的控制柜里应有 XJ、YJ、1THJ 等 3 个继电器动作。

3）用专用钥匙扭动操纵箱下方暗盒内的三态钥匙开关（也可以用个手指开关取代）SYK置电梯于有司机、无司机、检修运行模式的操作及其控制原理。

① 置电梯于有司机控制模式：用专用钥匙扭动钥匙开关SYK，置03、51号线于接通状态，司机继电器$SJJ_{4,9}$经03、02号线得电动作，$SJJ\uparrow\to$其常闭触点$SJJ_{2,8}$断开，$MQJ_{a,b}$失去经预定时间得电动作的条件，电梯被置于司机控制模式。在司机控制模式下，电梯的关门起动运行由司机掌握控制。

② 置电梯于无司机控制模式：用专用钥匙扭动钥匙开关SYK，置03与51、53号线均处于断开状态（即中间位置）时，司机控制继电器$SJJ_{a,b}$和检修继电器$JXJ_{a,b}$均不能得电动作。由于司机继电器SJJ不能动作，从平层停靠开门起经4～6s $TSJ\downarrow$（阻容延时电容放电电流不能维持吸合），$MQJ_{a,b}$经$SJJ_{2,8}$和$TSJ_{2,8}$触点从02、05号线得电动作，$MQJ_{1,2}$闭合，$GMJ_{a,b}$经$MQJ_{1,2}$、$YXJ_{9,10}$、$YJ_{1,2}$等触点从01、02得电动作，$GMJ\uparrow\to MD\uparrow\to\cdots$电梯自动关门，门关妥就地等待或返基站关门待命。电梯起动运行由乘员自行掌握控制。

③ 置电梯于检修慢速运行操作模式：用专用钥匙扭动钥匙开关SYK，置03、53号线于接通状态，检修继电器$JXJ_{a,b}$经SYK触点从02、03号线得电动作，JXJ的常开触点闭合常闭触点断开，电梯被置于检修慢速运行模式。在检修慢速运行模式下，电梯只能作上下点动检修慢速运行。

五、司机或管理人员将电梯置于司机控制模式时司机的操作及其控制原理

1. 设5楼有乘员见电梯位置显示装置显示1字，获悉电梯已投入运行而点按5XZA要求下行的控制原理

当5楼乘员点按5XZA要求下行时

$$5XZA\uparrow\to 5XZJ\uparrow\to\begin{cases}5XZJ_{5,10}闭合\to 5XZD亮，5楼乘员下召唤信号被登记\\5XZA按钮的两组触点中一组触点接通蜂鸣FM电路，蜂鸣器响\\5XZJ_{6,1}闭合\to 为接通SKJ电路做准备\\5XZJ_{2,7}闭合\to 为接通停站控制继电器TJ的电路做准备\end{cases}$$

2. 司机答应5楼乘员召唤要求开梯前往5楼接送乘员的操作及其控制原理

司机听到蜂鸣器响，20世纪80年代中期前国内生产的电梯操纵箱多设有外召唤方向和位置信号指示灯，往后生产的操纵箱一般没有设置该信号指示灯。无论有无设置该信号指示灯，对于外召唤信号能参与确定电梯运行方向的集选控制电梯，司机听到蜂鸣响后即可点按关门按钮，门关妥后电梯会自动定向、自动起动运行，并依次寻找有外召唤登记信号的层站，依次提前换速和平层停靠开门。

（1）司机点按操纵箱上的关门按钮GMA_N，电梯自动关门、门关妥起动、加速、满速往5楼运行的控制原理　由于电梯停靠在1楼待命，1楼的停站换速辅助继电器1TFJ得电吸合，$1TFJ_{13,14}$和$1TFJ_{15,16}$触点断开，使下行方向控制继电器XKJ失去得电动作条件，而上行方向继电器SKJ则在门关妥，MSJ得电动作后通过锁继电器$MSJ_{1,7}$触点和5楼下召唤继电器$5XZJ_{6,1}$触点得电动作，$SKJ\uparrow\to$电梯确定上行方向。因此司机答应5楼乘员召唤要求，开梯前往5楼接送乘员时的操作，在轿内没有准备前往2、3、4楼的乘员时，就不必点按操纵箱上对应5楼的内指令按钮5NLA做内指令登记，只需点按操纵箱上的关门按钮GMA_N，门关妥后电梯便能起动上行。若轿内有准备前往2、3、4楼的乘员，司机还应做相应的轿内指令登记，否则电梯到达2、3、4楼时停站控制继电器TJ不能得电吸合，$TJ_{2,8}$不能断开MQJ电

路，电梯不能到站换速停靠开门。

现设有乘员准备前往 4 楼，司机需点按一下 4NLA 做主令登记后再点按一下关门按钮 GMA_N…电梯自动关门、门关妥门锁继电器 MSJ 得电动作，MSJ↑→$MSJ_{1.7}$闭合…电梯起动上行、加速、满速往 4 楼运行。由于司机点按 4NLA

$$4NLA↑→4NLJ↑→\begin{cases}4NLJ_{6.12}闭合→4NLD 得电点亮，表示前往 4 楼的指令信号被登记\\4NLJ_{1.7}闭合→完成自保电路\\4NLJ_{5.10}闭合→准备接通停站控制继电器 TJ 电路\\4NLJ_{3.8}闭合→接通上行控制继电器 SKJ 电路、电梯定上行方向\end{cases}$$

若司机没有点按 4NLA 做主令登记，则 $4NLJ_{5.10}$ 不能闭合，电梯到达 4 楼的上行换速点时 $4THG_S↓→4THJ↑→4THJ_{3.4}$ 闭后，停站控制继电器 TJ 仍不得电吸合，电梯不能在 4 楼换速平层停靠开门。设司机点按 4NLA 做 4 楼的主令登记，电梯从 1 楼起动往 4 楼运行时相关电气元件的动作程序如图 3-34 所示。

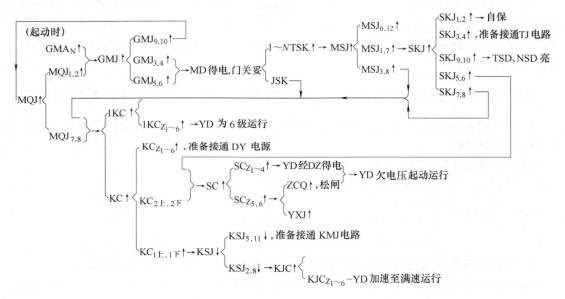

图 3-34 采用图 3-33 电梯上行起动时的电气元件动作程序图

采用图 3-33 的集选控制电梯由 1 楼起动前往 4 楼运行过程中能实以下两种功能：

1）2、3 楼有上行顺向召唤信号时，停站继电器 $TJ_{4.9}$ 能通过 $2～3SZJ_{2.7}$ 触点得电动作，$TJ_{2.8}$ 能断开 MQJ 的电路，使电梯在 2、3 减速平层停靠开门，实现顺向截梯。

2）电梯起动运行后若司机点按一下操纵箱下方暗盒内的直驶按钮 ZA 时，ZJ↑→$ZJ_{2.8}$ 断开 $2～3SZJ_{2.7}$ 触点组成的电路，$TJ_{4.9}$ 不能得电动作，电梯直驶 4 楼，但该直驶是一次性的。

（2）电梯到达 4 楼的上行换速点自动将快速运行切换为慢速运行的控制原理 电梯从 1 楼出发往 4 楼运行过程中，位于轿顶的换速隔磁板分别插入位于轿厢导轨上的换速传感器 $2～3THG_S$，$2～3THG_S$ 先后复位，$2～3THJ$ 先后吸合。由于 2～3 楼没有轿内指令登记信号和厅外顺向外召唤信号，$2～3 THJ↑→2～3 THJ_{3.4}$ 触点闭合后，TJ 仍不能得电吸合，MQJ 仍继续吸合，电梯仍继续快速上行。但当电梯到达 4 楼的上行换速点时，$4THG_S↓→4THJ↑→TJ_{4.9}$ 经 $4NLJ_{5.10}$ 和 $4THJ_{3.4}$ 触点从 05、02 号线得电动作，TJ↑→$TJ_{2.8}$ 断开 $MQJ_{4.9}$ 的电路，

MQJ↓→KC 和 1KC↓→MC↑→…控制系统自动将快速运行切换为慢速运行。自 4THG$_s$ 复位 4THJ 吸合后，图 3-33 中各相关电气元件的先后动作程序如图 3-35 所示。

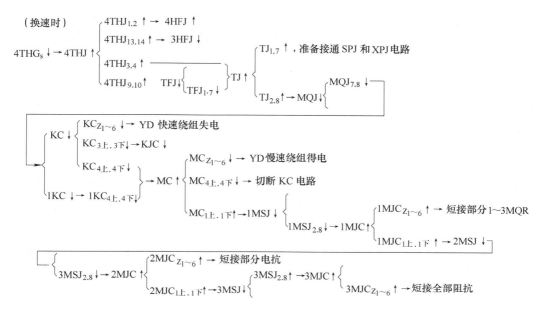

图 3-35　采用图 3-33 电梯到达停靠层站换速点由快速运行切换为慢速运行的电气元件动作程序图

（3）电梯到达 4 楼的平层允差范围时停靠开门的控制原理　电梯轿厢踏板与 4 楼层门踏板之间的高度允差满足标准规定时，位于轿顶的上、下平层传感器均插入位于轿厢导轨上的平层隔磁板，SPG、XPG↓→SPG$_{2.3}$、XPG$_{2.3}$ 闭合→SPJ、XPJ↑→SC、MC、MQJ…↓，KMJ$_{a,b}$ 经 SPJ$_{1.7}$、XPJ$_{1.7}$、KSJ$_{5.11}$ 触点从 01、02 号线得电吸合，KMJ↑→MD↑→…电梯平层停靠开门。自 SPG、XPG↓→SPJ、XPJ↑后，图 3-33 中各相关电气元件的先后动作程序如图 3-36 所示。

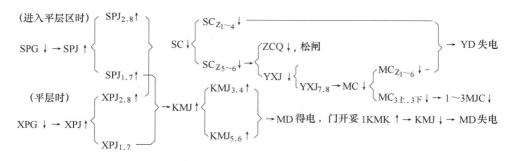

图 3-36　采用图 3-33 电梯到达停靠层站平层允差范围的电气元件动作程序图

（4）前往 4 楼的乘员离开轿厢后司机开梯前往 5 楼接送乘员的操作及其控制原理　前往 4 楼的乘员离开轿厢后，司机开梯前往 5 楼接送乘员的操作比较简单，由于 5 楼有下行外召唤指令登记信号，电梯在 4 楼换速停靠时，上行方向控制继电器 SKJ$_{a,b}$ 经 5XZJ$_{6.1}$ 触点继续从 05、02 号线得电维持吸合，电梯继续保持上行方向，司机不必点按 5NLA 做主令登记，只需点按一下关门按钮 GMA$_N$，电梯门关妥后自动起动上行，到达 5 楼的上行换速点时

$5THG_S\downarrow\rightarrow5THJ\uparrow\rightarrow5HFJ\uparrow\rightarrow SKJ\downarrow$，$TJ_{4.9}$经 $SKJ_{13.14}$、$YXJ_{3.4}$ 触点从 05、02 号线得电动作，$TJ\uparrow\rightarrow MQJ\downarrow\rightarrow KC$ 和 $1KC\downarrow\rightarrow MC\uparrow\rightarrow$电梯自动换速平层停靠开门接送乘员。这种情况电梯从业者称之为最远反向截梯。

六、乘员进入轿厢向司机报明前往层站，司机开梯接送乘员的操作及其控制原理

电梯在 5 楼平层停靠开门后，乘员进入轿厢并向司机报明准备前往层站，若乘员准备前往 2 楼，这时司机应点按 2NLA 做主令登记，再点按一下关门按钮 GMA_N，电梯自动关门、门关妥起动下行并在到达 2 楼的下行换速点时换速平层停靠开门，其控制原理与上行时相仿。

七、司机或管理人员将电梯置于无司机模式时乘员的操作及其控制原理

司机或管理人员上班开门进入轿厢后，用专用钥匙扭动三态钥匙开关 SYK，置电梯于无司机模式时，在无司机模式下司机继电器 SJJ 和检修继电器 JXJ 均不能得电动作，由于 SJJ 不能动作，自电梯门开妥（$KMJ\downarrow\rightarrow KMJ_{9.10}$断开）起经 4~6s 停站时间控制继电器 $TSJ\downarrow\rightarrow TSJ_{2.8}$闭合$\rightarrow MQJ\uparrow\rightarrow GMJ\uparrow\rightarrow$电梯自动关门，门关妥就地待命。

（1）电梯关门停靠待命的层楼厅外出现召唤信号 设电梯在 1 楼关门停靠待命期间，一旦 1 楼厅外有乘员按下召唤箱上的召唤按钮，$1SZA\uparrow\rightarrow1SZJ\uparrow\rightarrow2BMJ\uparrow\rightarrow ABJ\uparrow\rightarrow KMJ\uparrow\rightarrow MD\uparrow\cdots$电梯自动开门（俗称本层开门）。乘员进入轿厢后，只需在操纵箱上点按一下准备前往层楼的指令按钮作指令登记，经 4~6s 电梯就会自动关门，期间若乘员点按一下关门按钮 GMA_N 电梯立即关门，门关妥电梯起动上行，依次在到达做指令登记的层楼提前换速平层停靠开门。其控制原理与司机操作控制模式相仿。

（2）电梯关门停靠待命层楼之外的层楼出现召唤信号 设电梯在 1 楼关门停靠待命期间，1 楼以外的层站有乘员点按所在层站召唤箱上的上行或下行召唤按钮，电梯立即起动上行接送乘员。其控制原理与司机控制模式的控制原理相仿。

八、维保人员或司机控制电梯以检修慢速上下运行的操作及其控制原理

采用图 3-33 的电梯出现故障或进行日常维保工作时，修理、维保人员或司机可通过轿内操纵箱或轿顶检修箱上的慢上按钮 MSA_N、MSA_D 或慢下按钮 MXA_N、MXA_D，点动控制电梯以检修慢速上、下运行，开展故障排除或日常维保工作。

1. 轿内点动控制电梯上下检修慢速运行的操作及其控制原理

1）维修人员或司机用专用钥匙扭动操纵箱上的三态钥匙开关 SYK，置 03、53 号线于接通状态，在这种状态下，$JXJ_{a.b}$ 经 SYK 开关触点从 02、03 号线得电动作，JXJ 的常开触点闭合常闭触点断开，使电气控制系统置于轿内点动控制电梯作上下检修慢速运行模式。

2）轿顶检修箱上的轿内/轿顶检修慢速运行转换开关 JHK_D，置 100、103 号线于接通状态下，轿内才具备点动控制电梯作上、下检修慢速运行的条件。

3）轿内点动控制电梯上下检修慢速运行。在具备上述模式和条件下，维修人员或司机就可以通过操纵箱下方暗盒内的慢上按钮 MSA_N 或慢下按钮 MXA_N，点动控制电梯上、下慢速运行。若控制电梯慢速向上运行，则按下 MSA_N，$MSA_N\uparrow\rightarrow SFJ\uparrow\rightarrow SKJ\uparrow\rightarrow SC\uparrow$，YXJ 和 $MC\uparrow\cdots$YD 驱动电梯轿厢慢速向上运行，放开按钮电梯停止运行。若控制电梯慢

速下行，则按下 MXA_N，电梯慢速下行，放开按钮电梯停止运行，其控制原理与慢速上行时相仿。

2. 轿顶点动控制电梯上下检修慢速运行的操作及其控制原理

1）维修人员或司机用专用钥匙扭动操纵箱上的三态钥匙开关 SYK，置 03、53 号线于接通状态，将电梯置于检修运行模式，在检修运行模式下，$JXJ_{a,b}$ 经 SYK 开关触点从 02、03 号线得电动作，JXJ 的常开触点闭合常闭触点断开，电气控制系统做好点动检修慢速运行准备。

2）扳动轿顶检修箱上的轿内/轿顶慢速运行转换开关 JHK_D，置 100、101 号线于接通状态，由于 JHK_D 置 100、101 号线于接通状态：轿顶才具备点动控制电梯上、下检修慢速运行的条件；轿内失去点动控制电梯慢速上下运行的条件，以利轿顶维修保养人员的安全。

3）轿顶点动控制电梯上下检修慢速运行。在具备上述模式和条件下，维修人员或司机就可以通过轿顶检修箱上的慢上按钮 MSA_D 或慢下按钮 MXA_D，点动控制电梯上、下慢速运行。若控制电梯慢速向上运行、按下 MSA_D，$MSA_D\uparrow\rightarrow SFJ\uparrow\rightarrow SKJ\uparrow\rightarrow SC\uparrow$、YXJ 和 $MC\uparrow\cdots$ YD 驱动电梯轿厢慢速向上运行，放开按钮电梯停止运行。若控制电梯慢速下行，按下 MXA_D，电梯慢速下行，放开按钮电梯停止运行，其控制原理与慢速上行时相仿。

第七节　交流双速、轿内按钮 PLC 控制、5 层 5 站电梯的控制原理

一、概述

本章第五、六节介绍了交流双速、轿内按钮和集选继电器控制两种电梯电气控制系统。本节和下一节将介绍上述两种控制系统的升级换代产品，采用 PLC 取代中间过程控制继电器的交流双速、轿内按钮和集选 PLC 控制的电梯电气控制系统。这两种控制系统于 20 世纪 80 年代末和 90 年代初设计生产并批量投放市场，采用这种控制系统的载货电梯至今仍有一部分在正常运行。本节将简要介绍交流双速、轿内按钮继电器控制电梯电气系统的升级换代产品，交流双速、轿内按钮 PLC 控制电梯电气系统的控制原理。交流双速、轿内按钮 PLC 控制、5 层 5 站电梯电路原理图如图 3-37 所示。采用 PLC 取代其中间过程控制继电器后对于电梯设备的综合技术质量指标"安全、可靠、舒适、节能"是否提高了，PLC 是一种什么样的控制装置等，本节将予以简要介绍。

二、PLC 的特点、结构原理及在电梯电气控制系统中的应用

1. PLC 的诞生

据资料介绍，早期的 PLC 是美国通用汽车公司为满足汽车生产线上专用设备快速更新的需求，于 1968 年以招、投标的形式，由中标方按招标文件要求研制成功的一种中间过程控制装置，这种装置当时的译名为可编程序逻辑控制器（简称 PLC）。自 1975 年起美国、德国、日本等国家开始将微处理器 CPU 作为 PLC 的中央处理单元后，才使 PLC 的功能、可靠性、灵活性得到全面提升，价格也大幅降低。现在人们使用的 PLC 就是采用 CPU 作为中央处理单元后的 PLC。

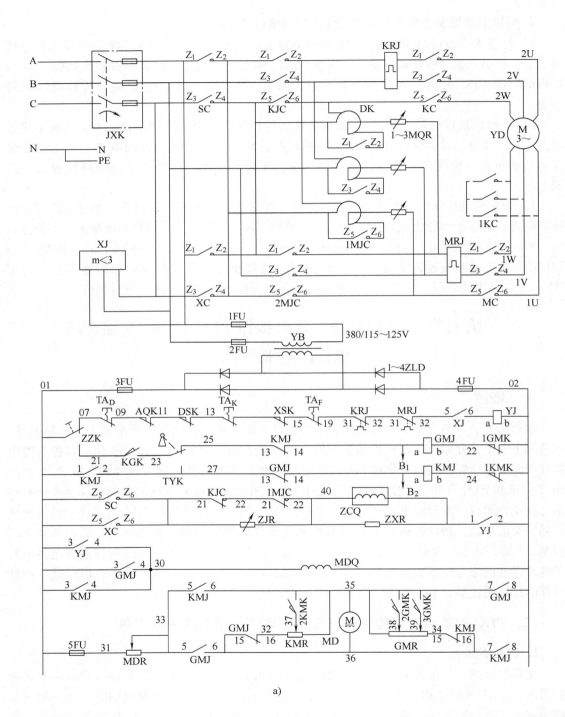

图 3-37　交流双速、轿内按钮 PLC

a）主拖动、交直流电源、开关门拖动控制电路

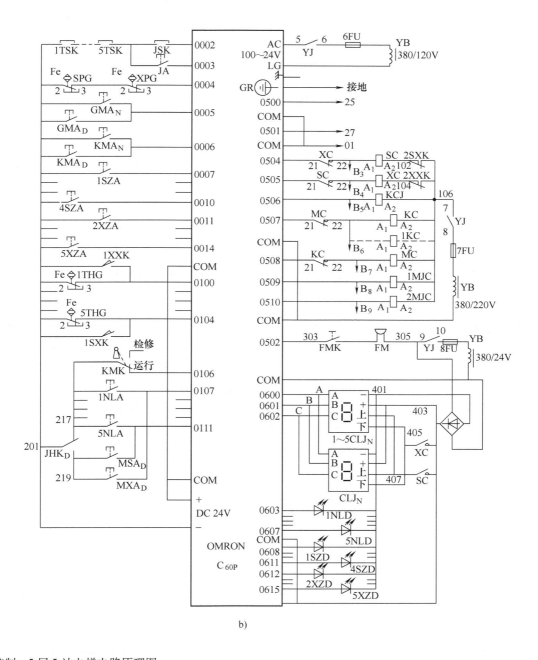

b)

控制、5 层 5 站电梯电路原理图

b）PLC 及输入输出控制电路

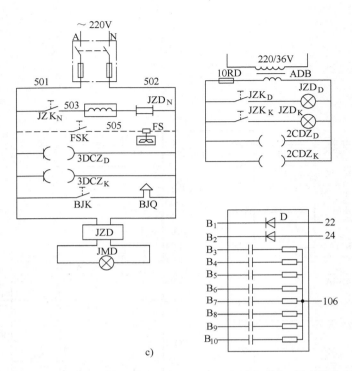

图 3-37　交流双速、轿内按钮 PLC 控制、5 层 5 站电梯电路原理图（续）

c）照明控制、PLC 输出点保护电路

　　PLC 在我国电梯产品上的应用，始于 20 世纪 80 年代中后期。实践证明 PLC 作为低层站、单机运行电梯的中间过程控制装置是可行的，在提高电梯运行"安全和可靠性"方面具有明显效果。若作为两台并联和多台群控电梯的中间过程控制装置，仍有一些问题待研究解决。至于电梯的乘用舒适感和节能指标与电梯采用的拖动方式有关，与作为过程控制装置的 PLC 力所不及。下面以较早引进我国电梯行业，笔者从 20 世纪 80 年代末开始用于电梯过程控制的日本立石（OmROn，欧姆龙）公司生产的 C 系列 P 型 PLC 为例，简要介绍 PLC 的特点、结构原理及其在电梯电气控制系统中的应用。

　　2. PLC 的特点

　　（1）对使用条件没有苛刻要求

　　1）电源：一般为 AC220V 或 110V（85%～110%）。

　　2）抗振动：167Hz，振幅 3mm。

　　3）抗冲击：x、y、z 三个方向 10g。

　　4）环境工作温度：－10～50C°。

　　5）存贮温度：－20～50C°。

　　6）湿度：35%～90%，没有凝水珠。

　　7）与交流动力线距离：＞200mm。

　　（2）高可靠性　由于在硬件和软件两方面都采取周密措施，其无故障时间在（4～5）万小时以上。

　　（3）编程简单，使用方便　PLC 采用类似于继电器控制的梯形图进行编程，具有继电器控制电路图的直观感，符合熟悉继电器控制电路原理的电气工人、技术人员的读图习惯。

在不熟悉计算机编程语言的情况下，通过短期培训和操作训练，就能掌握 PLC 的开发应用和维修工作。

（4）能和强电一起工作，易于实现机电一体化　PLC 是一种工业控制计算机。在硬件和软件两方面都有周全的抗干扰措施，与动力线只需保持 200mm 的距离就能可靠工作，而且有很好的抗振动、防湿、耐热能力，加之采用大规模集成电路技术，能把 PLC 制作成小巧的装置，利于实机电一体化。

（5）输入和输出点有对应的状态显示，维修方便　PLC 面板的显示屏上有对应的状态显示灯，维修人员只要熟悉控制系统的控制程序，就可以根据指示灯亮或灭的情况，分析、判断故障的范围，迅速排除故障，减少停机时间。

3. PLC 的分类

（1）按结构分类

1）模块式（也称积木式）：按模块式的输入点"I"和输出点"O"的点数（以下简称 I/O 点）分类有以下三种：

① 小型：I/O 在 250 点以下。

② 中型：I/O 在 250～1024 点之间。

③ 大型：I/O 在 1024 点以上。

2）整体式（也称单机式）：整体式 PLC 分主机和扩展机两种机型。

① 主机：分 20 点、40 点、60 点 I/O 点等多种机型。

② 扩展机：分纯输入、纯输出、输入输出混合等三种机型；纯输入和纯输出机型有 4 点、8 点、16 点、28 点、32 点等几种；输入输出混合机型有 20 点、28 点、40 点、60 点 I/O 点等几种。

（2）按输入信号的物理性质分类

1）开关量输入。

2）模拟量输入。

（3）按输出方式分

1）晶体管输出。

2）晶闸管输出。

3）继电器输出。

4. PLC 的基本工作原理

PLC 是一种工业控制计算机，它的中央处理单元是微处理器 CPU，它的结构形式和工作原理与计算机相仿。对于不大熟悉计算机的人们，在了解掌握 PLC 时，可先从熟悉它的应用技术和使用操作入手，至于它完成逻辑控制过程的工作原理先不要考虑太多。待掌握它的使用和操作技能之后，若有必要再去了解掌握它的过程控制原理。以下用对比方式简要介绍 PLC 的基本工作原理。

（1）继电器作为中间过程控制器件的电气控制系统　采用继电器作为中间过程控制器件的电气控制系统，一般由输入部分、中间逻辑控制部分、输出部分等三部分构成，三部分的关系可用框图 3-38 表示。

1）输入部分：输入部分一般按被控对象的特点和要求，采用各种按钮、行程开关等器件，给控制系统输入通断信号，经继电器的逻辑程序控制后，实现被控对象按预定要求运行。电梯继电器控制系统中的主令按钮、外召唤按钮、换速平层传感器、轿厢两端站限位开关等均属输入部分的器件，人们常把这类器件称为操纵元件。

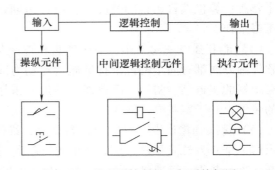

图 3-38 继电器控制的电气系统框图

2）中间控制部分：中间控制部分一般按被控对象的要求，通过操纵元件送来的通断信号，经继电器为主的逻辑控制后，通过接触器控制被控对象按预定要求运行。电梯继电器控制系统中的层楼继电器、外召唤继电器、上下方向控制继电器等均属中间控制部分的器件，人们把这类继电器称中间过程控制继电器。

3）输出部分：输出部分主要包括控制系统中的各种被控对象，如电梯控制系统中的开关门拖动电动机、曳引电动机、指示灯等。对于电梯电气控制系统，通过输入部分输入的电信号，经继电器作逻辑程序控制后，通过接触器控制曳引电动机拖动电梯起动运行，到站换速平层停靠开门等。

（2）PLC 控制的电气控制系统 由于 PLC 是一种工业控制计算机，其中间逻辑运算和程序控制是通过微处理器、存储器，触发器之类的电路单元实现的。因此，操纵元件输入的开关信号计算机不能受理，需先转换成计算机能受理的低电平信号。同理，计算机输出的低电平信号也需转换成功率较大的电压电流信号，才能控制被控对象按预定要求运行，经简化后的 PLC 过程控制电路原理结构框图如图 3-39 所示。由于 PLC 是一种工业控制计算机，PLC 的中央处理单元是微处理器 CPU，因此它的内部电路结构是比较复杂的，经简化后的 PLC 内部电路原理结构框图如图 3-40 所示。

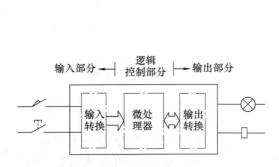

图 3-39 PLC 控制的电气系统框图

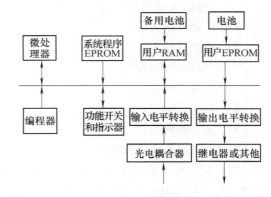

图 3-40 PLC 的电路原理结构框图

（3）PLC 的组成部分及各组成部分的作用 PLC 主要由微处理器、存储器、I/O 模块、外围设备等四部分构成。各部分的主要作用如下：

1）微处理器 CPU：微处理器是 PLC 的核心器件，它具有以下作用：

① 接收并存储从编程器键入的用户程序和数据；

② 以扫描方式接收输入部分输入的状态和数据，并存入状态表或寄存器中；

③ 系统投入运行后，调读存储器中的用户程序，并按指令规定的要求发出相应的控制信号，起闭相应的门电路，执行数据的读取、传送、比较、转换等操作，完成程序规定的逻辑运算和算术运算；

④ 根据运算结果，更新有关标志位的状态、输出状态、寄存器的内容、实现输出控制；

⑤ 诊断电源、PLC 内部电路工作状态及编程语法错误等。

2）存储器：存储器分系统程序存储器和用户程序存储器两种。

① 系统程序存储器用于存放监控程序、解释程序、调试和管理程序等。

② 用户程序存储器用于存放用户程序，如梯形图或由梯形图转换的助记符程序等。

3）输入 I（In）和输出 O（Out）模块（简称 I/O 模块）：I/O 模块是微处理器与外围设备之间的连接件。包括 I/O 状态显示和接线端子排等，它主要用于 I/O 电平转换、电气隔离、数据传送、A-D 和 D-A 转换及其他功能等。

4）外围设备：包括编程器、盒式磁带录音机、绘图仪、打印机及 ROM 写入器等。

（4）PLC 的硬件结构及其工作原理　PLC 按其结构形式分有整体式和模块式两种。整体式也称单机式，模块式也称积木式。整体式 PLC 的硬件结构原理框图如图 3-41 所示。

PLC 的中央处理单元 CPU，预先把监控程序和解释程序等写入并固化在 ROM 或 E-PROM 存储器中。CPU 以自上而下、自左而右地作周期性扫描，并按顺序边扫描边解释边执行的工作方式。采用这种工作方式既简化了程

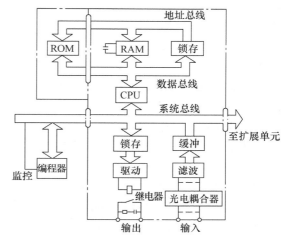

图 3-41　整体式 PLC 硬件结构原理框图

序设计，又提高了 PLC 的运行可靠性。PLC 外部电路经输入端子输入的电信号，存放于输入映像寄存区，CPU 在工作过程中，数据和信息来自输入映像寄存器，经解释执行后通过映像寄存器输出，其流程如图 3-42 所示。

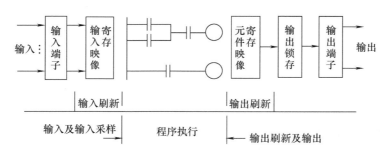

图 3-42　PLC 的工作流程示意图

（5）PLC 的 I/O 滞后现象　PLC 有许多优点，但也有不足之处，较为突出的不足之处是对 I/O 点信号响应存在滞后现象。这种滞后现象是输入滤波器的时间常数、输出继电器的动作时间、CPU 执行程序时的扫描周期等几方面叠积造成的。这种滞后时间对于 PLC 控制的电梯，在层站数比较多的情况下，会影响电梯的平层准确度。该不足之处电梯业者常在梯形图设计中采取预换速措施予以补救。

5. PLC 控制与继电器控制比较

（1）相同之处

1）电路结构形式基本相同。

2）信号输入及经处理后的输出控制相同。

（2）不同之处

1）组成器件：

① 继电器由各种电磁式继电器组成。

② PLC 由各种软继电器（电子电路）组成。

2）工作方式：

① 继电器控制：依据操纵元件输入的电信号，由各种电磁式继电器相互制约控制，实现被控对象按预定要求运行。

② PLC 控制：由 CPU 以扫描方式，依据采集到的外部信息，经逻辑运算、控制处理后通过输出点，实现控制被控对象按预定要求运行。

3）触点数量：

① 继电器的控制触点数量有限。

② PLC 的各种软继电器、输入点和输出点可重复使用，使用次数不受限制。

4）程序控制：

① 继电器控制功能单一，不灵活。

② PLC 控制的编程、参数修改简单灵活。

6. PLC 控制与计算机控制比较

（1）应用范围

1）PLC：专用机。

2）计算机：通用机。

（2）工业控制

1）PLC：专用机。

2）计算机：可做成某种工业控制专用机。

（3）I/O 响应速度

1）PLC：ms 级。

2）计算机：μs 级。

（4）可靠性

1）PLC：高可靠性。

2）计算机：可靠性相对差些。

（5）程序编制

1）PLC：简单。

2）计算机：复杂。

（6）调试周期

1）PLC：短。

2）计算机：较长。

（7）培训时间

1）PLC：短。

2）计算机：长。

（8）维护修理

1）PLC：比较容易。

2）计算机：复杂。

7. PLC 在电梯电气控制系统中的应用

采用 PLC 取代传统继电器控制系统中的中间过程控制继电器，其设计人员应熟悉以下工作过程。

（1）系统设计　根据确定的电梯拖动和控制方式及其功能要求，计算 PLC 的 I/O 点数并选择确定 PLC 的型号规格。

（2）设计和绘制 PLC 控制的电梯电路原理图及 PLC 的梯形图程序　采用 PLC 作为中间过程控制装置的电梯电气控制系统，设计人员完成电路原理图设计后还需要设计与电路原理图配套使用的 PLC 梯形图程序。梯形图程序是 PLC 内部的逻辑控制图，它的逻辑控制方式类似于中间过程控制继电器的逻辑控制电路图。对于初次承接这种任务的设计人员应按选用的 PLC 使用手册的提示，在搞清楚选用 PLC 的常用基本指令、各种软继电器的数据区后才能着手梯形图程序设计工作。对于不太清楚的指令可以按使用手册的提示在 PLC 上试验通过后再采用。设计梯形图程序应遵守以下原则：

1）I/O 点和各种软继电器的点和触点可重复使用；

2）软继电器的线圈与左边竖直母线之间不能直接连接，应有过渡触点；

3）I/O 点和各种软继电器的点和触点可以连接成串联、并联或串并联电路；

4）软继电器线圈左边不能再有触点；

5）在一套程序中相同代号的线圈不能重复出现；

6）PLC 输入输出点可当软继电器使用。

为说明继电器控制与 PLC 控制的工作原理，现以控制一只闪光灯的电路原理图和 PLC 控制的 PLC 梯形图程序图 3-43 为例，介绍继电器控制电路图与 PLC 控制的 PLC 梯形图程序的控制原理及其区别。

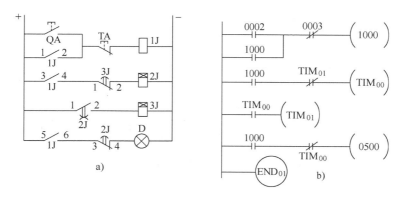

图 3-43　控制闪光灯的电路原理图与 PLC 控制的梯形图程序

a）继电器控制电路原理图　b）PLC 梯形图程序

图 3-43a 所示为继电器控制闪光灯的电路原理图，图两边的两根竖线为电源线，1J 普通电磁式继电器、2J 和 3J 为得电延时动作失电快速复位的电磁式继电器、D 为闪光灯、QA 为起动按钮。当按下起动按钮 QA 时：

$$QA \uparrow \to 1J \uparrow \begin{cases} 1J_{1.2} \uparrow \to \text{完成自保电路} \\ 1J_{5.6} \uparrow \to D \text{ 得电点亮} \\ 1J_{3.4} \uparrow \to \text{经预定时间 } 2J \uparrow \begin{cases} 2J_{3.4} \uparrow \to D \text{ 失电熄灭} \\ 2J_{1.2} \uparrow \to \text{经预定时间 } 3J \uparrow \to 3J_{1.2} \uparrow \to 2J \downarrow \to D \text{ 得电点亮、} \\ 3J \downarrow \cdots D \text{ 闪亮} \end{cases} \end{cases}$$

若将图 3-43a 中的继电器用 PLC 取代，起动按钮 QA 接至 OmROn、C 系列 P 型 PLC 的输入点 0002 上，控制闪光灯 D 的梯形图程序如图 3-43b 所示。图 3-43b 中左边的竖线相当于电源线，两根垂直平行短线表示 PLC 输入、输出或软继电器的常开触点、两根垂直平行短线上加一斜线为常闭触点，1000、TIM_{00}、TIM_{01} 为 PLC 内的软继电器，分别取代 1J、12J、3J，0500 为 PLC 的输出继电器，该继电器的触点控制闪光灯 D 的通断电路。当按下起动按钮 QA 时：

$$QA \uparrow \to 0002 \uparrow \begin{cases} 0500 \uparrow \to D \text{ 得电点亮} \\ 1000 \uparrow \to \text{实现自保外经预定时间 } TIM_{00} \uparrow \begin{cases} 0500 \downarrow D \text{ 失电熄灭} \\ \text{经预定时间 } TIM_{01} \uparrow \to TIM_{00} \downarrow \to D \text{ 得电点亮、} \\ TIM_{01} \downarrow \cdots D \text{ 闪亮} \end{cases} \end{cases}$$

读者可从闪光灯 D 的亮、灭过程了解继电器与 PLC 控制的工作原理和区别。

（3）编灌梯形图程序　梯形图程序设计完成后，还需把程序灌输到 PLC 中去。将程序灌输到 PLC 中去的方法有多种，可以用计算机、盒式录放机、也可以用与 PLC 配套使用的编程器等多种。而与 PLC 配套使用的编程器又有以下三种：

1）助记符编程器；

2）LCD 图形编程器；

3）CRT 图形编程器。

对于工作量不大的电梯改造维修单位多采用助记符编程器。对于 OmROn、C 系列、P 型 PLC 的助记符编程器如图 3-44 所示。

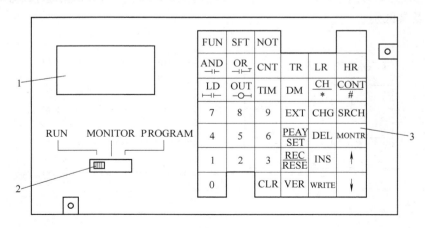

图 3-44　OmROn、C 系列、P 型 PLC 的助记符编程器

1—显示屏　2—状态转换开关　3—操作键

编灌梯形图程序前应先阅读 PLC 的编程手册，了解基本指令和编灌梯形图程序的方法和要领。以利做好编灌工作。

（4）模拟试验检查　若采用人工编灌梯形图程序，则在将梯形图程序编灌到 PLC 中后，还应进行模拟试验检查，以免出错。模拟试验检查最常用的方法有两种：

1）只对 PLC 进行检查；

2）将 PLC 装到控制柜中去进行检查。

检查的方法都是假设外围电路是好的（短接起来），再通过搭线（模拟输入信号）去观察 PLC 输出点指示灯的亮或灭情况，去检查确认编灌的梯形图程序是否符合预定要求，如有差错再通过助记符编程器去调读、修改程序，直至符合要求为止。

（5）存储程序

通过编灌梯形图程序和模拟试验检查，确认一切正常后，如有必要可将程序存储起来，常用的存储方法是将梯形图程序存储到计算机软硬盘或录音机磁带中作永久性保存。

8. OmROn、C 系列、P 型 PLC 最常用的两条指令

（1）KEEP$_{(11)}$ 指令 若采用 OmROn、C 系列、P 型 PLC 作为过程控制装置，常用 KEEP$_{(11)}$ 指令去实现轿内外指令登记记忆环节，如图 3-45 所示，其中，图 3-45a 是电路原理图 3-15 中的轿内指令登记记忆电路；图 3-45b 是用 PLC 取代继电器控制后的 PLC 梯形图程序，二者的作用结果相同。KEEP$_{(11)}$ 有两个输入端，上输入端称（S）端，下输入端称（R）端，上输入端（S）与左边竖线接通时动作且保持动作，下输入端（R）与左边竖线接通时复位，下输入端（R）具有优先权。对于日本三菱公司生产的 FX$_{2N}$ 型 PLC，则 SET 相当于 KEEP$_{(11)}$ 指令的（S）端、RST 相当于 KEEP$_{(11)}$ 指令的（R）端。

图 3-45a 的控制原理本章第五节已提及，不再重复。图 3-45b 中的 0107 和 0109 相当于图 3-45a 中的 1NLA 和 3NLA，1000 相当于图 3-15 中的 1~3THJ。当司机点按 3 楼主令按钮时，3NLA↑→0107↑→0600↑→3 楼主令信号被登记。电梯到达 3 楼的换速点时 1000↑→0600↓，主令信号被消除，实现主令登记记忆和自动消除功能。

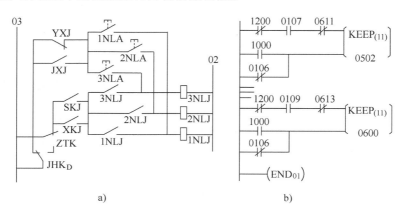

图 3-45 主令信号登记继电器控制电路原理图和 PLC 控制梯形图程序
a）继电器控制电路原理图 b）PLC 控制梯形图程序

（2）TIM 定时器指令 电路原理图 3-15 的继电器控制电梯电气控制系统需要一定数量的得电动作失电延时复位继电器，而各类 PLC 均有数十只得电延时动作的定时器。PLC 用得电延时动作定时器取代得电动作失电延时复位继电器更简单，而且后者定时更准确，调整更方便。图 3-15 中的电梯起动加速继电器控制电路和本节采用 PLC 控制的 PLC 梯形图程序如图 3-46 所示。图 3-46a 是图 3-15 中的继电器控制电梯起动加速控制电路。图 3-46b 是 PLC 控制的电梯起动加速过程的 PLC 梯形图程序，图中用 TIM$_{01}$ 取代图 3-15 中的 KSJ，0507

取代图 3-15 中的 KC，0506 取代图 3-15 中的 KJC，其控制原理更简单，不再赘述。

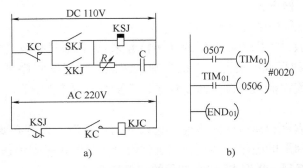

图 3-46　继电器控制电梯起动、加速电路原理图和 PLC 控制梯形图程序

a）继电器控制电梯起动、加速电路原理图　b）PLC 控制梯形图程序

三、与电路原理图 3-37 配套使用的电梯位置显示装置和 PLC 控制程序

1. 与图 3-37 配套使用的电梯位置显示装置

随着电子技术的发展，与图 3-37 配套使用的轿内、外指令按钮采用微动按钮和发光二极管构成的新一代辉光按钮，电梯运行方向显示采用发光二极管构成的箭头灯，电梯所在位置显示采用发光二极管构成的数码管，9 层以下用一只数码管，10 层以上用两只数码管。数码管显示采用的编译码电路分为 BCD 码、格雷码、七段码等三种，BCD 码和格雷码的电路结构框图如图 3-47 所示。

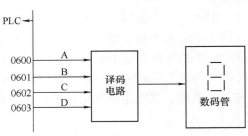

图 3-47　BCD 码和格雷码编译码电路结构框图

七段码的编译码电路比较直观，由 A、B、C、D、E、F、G 等七段组成 8 字，分别点亮其中的几段，即可显示所需的数字。图 3-37 的电梯位置显示采用 BCD 编译码电路，9 以下 BCD 码、格雷码的真值见表 3-6。

表 3-6　BCD 码、格雷码真值表

真值　　输出 十进制数	BCD 码				格 雷 码			
	D	C	B	A	D	C	B	A
0	0	0	0	0	0	0	0	0
1	0	0	0	1	0	0	0	1
2	0	0	1	0	0	0	1	1
3	0	0	1	1	0	0	1	0
4	0	1	0	0	0	1	1	0
5	0	1	0	1	0	1	1	1
6	0	1	1	0	0	1	0	1
7	0	1	1	1	0	1	0	0
8	1	0	0	0	1	1	0	0
9	1	0	0	1	1	1	0	1

2. 与图 3-37 配套使用的 PLC 及其梯形图程序

图 3-37 所示电气控制系统采用日本立石（OmROn，欧姆龙）公司生产的 C60P 型 PLC、继电器输出型、32 个输入点和 28 个输出点，共计 60 个 I/O 点。其中，32 个输入点分为 0 和 1 两个通道，每个通道 16 个点，0 通道的 16 个点用 0000～0015 表示，1 通道的 16 个点用 0100～0115 表示；28 个输出点分为 5 和 6 两个通道，5 通道 12 个点，6 通道 16 个点，5 通道 12 个点用 0500～0511 表示，6 通道的 16 个点用 0600～0615 表示。COM 表示点或通道的公用端。与图 3-37 配套使用的 PLC 梯形图程序如图 3-48 所示。

四、与电路原理图 3-37 配套使用的主要电气部件

与图 3-37 配套使用的主要电梯电气部件包括：图 3-1b 所示的操作、位置显示、运行方向指示为一体的新一代操纵箱；图 3-3b 所示的召唤、位置显示、运行方向指示为一体的新一代召唤箱；图 3-4 所示的轿顶检修箱；图 3-5 所示的干簧管换速平层装置；图 3-9 所示的轿厢两端站限位开关装置；图 3-10 所示的强制式轿厢越位极限开关装置；图 3-11 所示的底坑检修箱等。图 3-14b 所示的电梯控制柜等。

五、开关门的操作及其控制原理

1. 关门

（1）司机下班关门关闭电梯的操作及其控制原理

1）将电梯开回基站，使稳装在轿架上的限位开关打板碰压稳装在轿厢导轨上的厅外开关门控制开关 KGK，使图 3-37 中的 21、23 号线接通。

2）扳动操纵箱下方暗盒内的照明灯开关 JZK_N，使 501、503 号线断开，轿内照明灯 JZD_N 失电熄灭。

3）扳动操纵箱下方暗盒内的控制开关 ZZK 使 01、07 号线断开、01、21 号线接通。由于 01、07 号线断开，$YJ_{a,b}$ 失电，YJ↓→YJ 控制的交直流电路失电。

4）用专用钥匙扭动厅外召唤箱上的钥匙开关 TYK，使 23、25 号线接通，$GMJ_{a,b}$ 经 TYK、KGK、ZZK…1GMK 从 01、02 号线得电，GMJ↑→MD↑…实现下班关门关闭电梯。

（2）司机或维修人员通过关门按钮 GMA_N 或 GMA_D 实现关门的控制原理　电梯在快速运行或检修慢速运行模式的停靠开门状态下，可通过 GMA_N 或 GMA_D 按钮实现关门。按下关门按钮 GMA_N 或 GMA_D 时，201 号线与 PLC 的输入点 0005 接通，与输入点 0005 对应的指示灯亮，梯形程序图 3-48 中的 0005↑→0500↑→01、25 号线接通，$GMJ_{a,b}$ 经 1GMK…从 01、02 号线得电动作，GMJ↑→MD↑…实现轿内或轿顶按钮关门。

2. 开门

（1）司机上班开门开放电梯的操作及其控制原理　由于电梯停靠在 1 楼且处于关门状态，01、21 和 21、23 号线是接通的，司机用专用钥匙扭动基站召唤箱上的钥匙开关 TYK，使 23、27 号线接通，$KMJ_{a,b}$ 经 1KMK…从 01、02 线得电，KMJ↑→MD↑…实现上班开门开放电梯。

（2）通过开门按钮 KMA_N 或 KMA_D 实现开门的控制原理　电梯在快速运行或检修慢速运行模式的停靠关门状态下，可通过 KMA_N 或 KMA_D 按钮实现开门。司机或维保人员按下 KMA_N 或 GMA_D 时：201 号线与 PC 机的输入点 0006 接通，与输入点 0006 对应的指示灯亮；

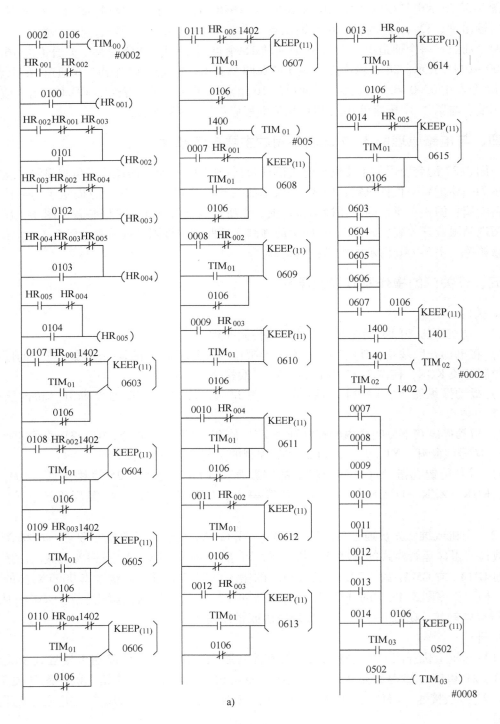

图 3-48 与电路原理图 3-37 配套使用的 PLC 梯形图程序

a）电梯位置、内外指令登记、蜂铃控制程序

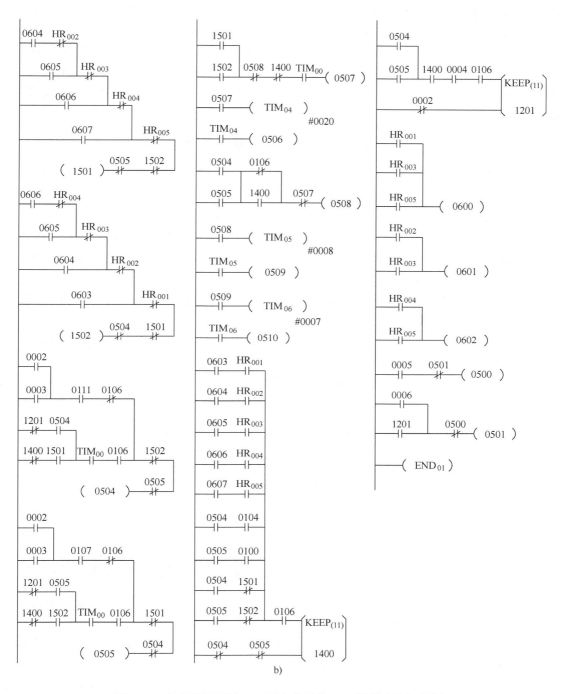

图 3-48　与电路原理图 3-37 配套使用的 PLC 梯形图程序（续）

b）自动定向、运行控制、到站换速控制、位置显示控制程序

0006↑→0501↑→01 与 27 号线接通，KMJ$_{a,b}$ 经 1KMK…从 01、02 号线得电，KMJ↑→MD↑…实现轿内或轿顶按钮开门。

（3）快速运行过程中平层停靠开门的控制原理　快速运行过程中，当电梯到达作轿内指令登记的准备停靠层站的换速点时，位于轿顶的换速隔磁板插入该层站的换速传感器，软继电器 HR_{001} ~ HR_{005} 中对应的继电器 $\uparrow \rightarrow 1400 \uparrow \rightarrow 0507 \downarrow \rightarrow 0508 \uparrow \rightarrow KC \downarrow \cdot MC \uparrow \cdots$ 电梯由快速运行切换为慢速运行。电梯到达平层的允差位置时位于轿顶的上、下平层传感器均插入位于轿厢导轨上对应该层站的平层隔磁板，SPG、$XPG \downarrow \rightarrow 0004 \uparrow \rightarrow 1201 \uparrow \rightarrow 0504$ 或 0505、$0508 \downarrow MC \cdots 2MJC \downarrow$、$0501 \uparrow \rightarrow 01$ 与 27 号线接通，$KMJ_{a.b}$ 经 $1KMK$ 从 01、02 号线得电，$KMJ \uparrow \rightarrow MD \uparrow \cdots$ 实现平层停靠开门。

六、司机上班开门开放电梯进入轿厢后的操作及其控制原理

1）扳动操纵箱下方暗盒内的照明灯开关 JZK_N，使 501、503 号线接通，轿内照明灯 JZD_N 得电点亮。

2）扳动操纵箱下方暗盒内的控制开关 ZZK，使 01、07 号线接通，使 $YJ_{a.b}$ 得电，$YJ \uparrow \rightarrow YJ$ 控制的交直流电路得电，由于电梯停靠在 1 楼，位于轿顶的换速隔磁板插入稳装在轿厢导轨上的换速传感器 1THG，$1THG \downarrow \rightarrow 0100 \uparrow \rightarrow HR_{001} \uparrow \rightarrow 0600 \uparrow \rightarrow$ 电梯位置显示装置 1 ~ $5CLJ_T$、CLJ_N 显示 1 字。

3）通过操纵箱下方暗盒内的运行（快速运行）/检修（慢速运行）转换开关 KMK 设置电梯的运行模式。

① 正常快速运行模式的设置：将快/慢速运行转换开关 KMK 置 201 号线与 PLC 输入点 0106 于接通状态时，0106 点的状态显示灯亮，电梯被置于正常快速运行模式。

② 检修慢速运行模式的设置：将快/慢速运行转换开关 KMK 置 201 号线与 PLC 输入点 0106 点于断开状态时，0106 点的状态显示灯灭，电梯被置于检修慢速运行模式。

七、将电梯置于快速运行模式时司机的操作及其控制原理

在快速运行模式下，设 3 楼厅外有乘员见召唤箱上的电梯位置显示装置显示 1 字，获悉电梯已开放运行，而点按召唤箱上的召唤按钮 3XZA 要求下行，由于乘员点按 3XZA

$$3XZA \uparrow \rightarrow 0012 \uparrow \rightarrow \begin{cases} 0502 \uparrow \rightarrow \begin{cases} FM \rightarrow \text{发出蜂鸣信号} \\ TIM_{03} \text{经} 0.8s \rightarrow 0502 \downarrow \rightarrow FM \downarrow \end{cases} \\ 0613 \uparrow \rightarrow \text{并保持动作状态} \end{cases}$$

八、司机答应 3 楼乘员要求，开梯前往 3 楼接送乘员的操作及其控制原理

司机听到蜂鸣音信号后，又经查看操纵箱上的 3XZD 亮，表明 3 楼有乘员要求下行，开梯前往 3 楼接送乘员的操作及其控制原理。

（1）司机点按操纵箱上对应 3 楼的指令按钮 3NLA 做指令登记　对于采用 PLC 控制的电梯，实现多指令登记和顺向截梯是非常简便的事，但因载货电梯实行多指令登记和顺向截梯，反而会影响电梯的使用效率，所以电路原理图 3-37 仍采用一次只能登记一个内指令信号的功能，为了实现这个功能还得在梯形图程序中增设 1401、1402 和 TIM_{02} 等 3 个软继电器。设司机答应 3 楼乘员的下行召唤要求，而点按操纵箱上对应 3 楼的层楼按钮 3NLA 时

$$3NLA \uparrow \rightarrow 0109 \uparrow \rightarrow 0605 \uparrow \rightarrow \begin{cases} 3NLD \uparrow \rightarrow 3 \text{楼主令信号被登记} \\ 1401 \uparrow \rightarrow TIM_{02} \rightarrow 1402 \uparrow \rightarrow \text{实现一次只能登记一个主令信号} \\ 1501 \uparrow \rightarrow \text{电梯定上行方向} \end{cases}$$

（2）司机持续按下操纵箱上的关门按钮时，$GMA_N \uparrow \rightarrow 0005 \uparrow \rightarrow 0500 \uparrow \rightarrow MD \uparrow \cdots$电梯自动关门，门关妥，轿门、厅门电联锁触点JSK、1~5TSK闭合$\rightarrow 0002 \uparrow \rightarrow$经0.2s$TIM_{00} \uparrow$

$$TIM_{00} \uparrow \rightarrow \begin{cases} 0504 \uparrow \rightarrow SC \uparrow \rightarrow \begin{cases} SC_{Z5,Z6} \uparrow \rightarrow ZCQ \rightarrow \\ SC_{Z1 \sim Z6} \uparrow ------ \rightarrow \end{cases} \left\} \begin{array}{l} YD \text{经电抗器得电，电梯起动运行} \end{array} \right. \\ \qquad\qquad\qquad KC_{Z1 \sim Z6}、1KC_{Z1 \sim Z6} \uparrow ---- \rightarrow \\ 0507 \uparrow \rightarrow \begin{cases} \text{经}0.2s\ TIM_{04} \uparrow \rightarrow 0506 \uparrow \rightarrow KJC \uparrow \rightarrow \text{短接电抗，}YD\text{加速至满速，} \\ \text{电梯满速向3楼运行} \end{cases} \end{cases}$$

（3）电梯到达3楼的上行换速点时自动将快速运行切换为慢速运行　电梯由1楼出发往3楼运行过程中，当位于轿顶的换速隔磁板先后插入（稳装在轿厢导轨上）2、3楼的换速传感器2THG、3HTG时，插入2楼的换速传感器2THG时，$2THG \downarrow \rightarrow 2THG_{2,3}$触点闭合$\rightarrow$图3-48中的（下略）$0101 \uparrow \rightarrow HR_{002} \uparrow \rightarrow 0600$、$HR_{001} \downarrow$、$0601 \uparrow \rightarrow$电梯位置显示装置显示2字。由于$HR_{002} \uparrow \rightarrow$仍不能接通换速软继电器1400的得电电路，电梯继续快速往3楼运行。当位于轿顶的换速隔磁板插入3楼换速传感器3THG时，$3THG \downarrow \rightarrow 0102 \uparrow \rightarrow HR_{003} \uparrow$

$$HR_{003} \uparrow \rightarrow \begin{cases} HR_{002}、1501 \downarrow、0600 \text{和} 0601 \uparrow \rightarrow \text{电梯位置显示3字} \\ - \\ 1400 \uparrow \rightarrow \begin{cases} TIM_{01} \uparrow \rightarrow 0605、0613 \downarrow \rightarrow 3NLD、3XZD \text{失电} \\ \qquad KC、1KC、TIM_{04}、0506、KJC \downarrow \rightarrow YD \text{快速绕组失电} \\ 0507 \downarrow \rightarrow \begin{cases} YD \text{慢速绕组得电且进入发电制动状态} \\ MC \uparrow \rightarrow \begin{cases} TIM_{05}、0509、1MJC、TIM_{06}、0510、2MJC \text{依次动作，} \\ \text{电梯进入平层前的慢速爬行状态} \end{cases} \end{cases} \end{cases} \end{cases}$$

（4）电梯到达3楼的平层允差位置时施闸停靠开门　当电梯的轿厢踏板与3楼的层门踏板之间的高度差到达标准规定的允差范围时，位于轿顶的上、下平层传感器均插入位于轿厢导轨上的平层隔磁板，SPG、XPG先后复位，$SPG_{2,3}$、$XPG_{2,3}$闭合，201号线与PLC输入点0004接通

$$0004 \uparrow \rightarrow 1201 \uparrow \rightarrow \begin{cases} 0504、SC、ZCQ、0508、MC、TIM_{05}、0509、1MJC、TIM_{06}、 \\ 0510、2MJC \text{依次} \downarrow \rightarrow YD \text{电梯停靠} \\ 0501 \uparrow \rightarrow KMJ \uparrow \rightarrow MD \uparrow \cdots \text{实现平层停靠开门} \end{cases}$$

九、乘员进入轿厢向司机报明前往层站，司机开梯送乘员的操作及其控制原理

若乘员准备前往2楼，则司机先点按2NLA作内指令登记后再按下关门按钮GMA_N将电梯门关好。门关妥后JSK和1~5TSK闭合，$0002 \uparrow \rightarrow TIM_{00} \uparrow \rightarrow$电梯从3楼快速起动、加速、满速往2楼运行，到达2楼的下行换速点时自动换速平层停靠开门。其控制原理与电梯由1楼出发往3楼运行的控制原理相仿。

十、维保人员或司机控制电梯以检修慢速上下运行的操作及其控制原理

采用电路原理图3-37的电梯出现故障或进行日常维保工作，维修人员可以通过轿内操纵箱上的1NLA或5NLA按钮和轿顶检修箱上的MSA_D或MXA_D按钮点动控制电梯上、下检修慢速运行，开展故障排除或日常维保工作。

1. 轿内点动控制电梯慢速上下运行的操作及其控制原理

1）扳动操纵箱上的运行（快速运行）/检修（慢速运行）转换开关KMK，使图3-37中

的 217 号线与 PLC 的输入点 0106 断开, 0106↓→电梯被置于检修运行模式。

2) 按下关门按钮 GMA$_N$ 将电梯门关好 (图 3-37 允许必要时按下应急按钮 JA 短接轿门电锁开关 JSK, 20 世纪 90 年代末后的标准不允许), 门关妥 0002↑→经 0.2S TIM$_{00}$↑→控制系统做好慢速上下运行准备。

3) 在检修运行模式和关好电梯门的情况下, 轿内司机或维修人员可以通过操纵箱上的层楼按钮 1NLA 或 5NLA 点动控制电梯上下慢速运行。

① 控制电梯慢速向上运行时按下 5 楼的层楼钮 5NLA, 5NLA↑

$$5NLA\uparrow\rightarrow 0111\uparrow\rightarrow \begin{cases} 0504\uparrow\rightarrow SC\uparrow\rightarrow SC_{Z1\sim Z6}\uparrow ZCQ\rightarrow \\ \qquad MC\uparrow\rightarrow MC_{Z1\sim Z6}\uparrow\text{---}\rightarrow \end{cases} \text{YD 经电抗器得电, 电梯起动上行}$$

$$0508\uparrow\rightarrow \begin{cases} \qquad\qquad 0509\uparrow\rightarrow 1MJC\uparrow, \text{短接部分电抗} \\ TIM_{05}\rightarrow \begin{cases} TIM_{06}\rightarrow 0510\uparrow\rightarrow 2MJC\uparrow, \text{短接全部电} \\ \text{抗, 电梯以慢速向上运行} \end{cases} \end{cases}$$

② 控制电梯慢速向下行时按下 1 楼的层楼钮 1NLA, 按下 1NLA 后电梯起动下行, 电梯起动下行时的工作原理与上时相仿。

2. 轿顶点动控制电梯慢速上下运行的操作及其控制原理

1) 扳动轿顶检修箱上的运行/检修转换开关 JHK$_D$, 使 201 号线与 217 号线、PLC 输入点 0106 断开, 在 01 号线与 217 号线断开的同时 01 号线与 219 号线接通, 这时电梯处于轿顶控制电梯上下慢速运行模式。

2) 在轿顶控制电梯上下慢速运行模式和关好电梯门的情况下, 轿顶维修人员可以通过轿顶检修箱上的慢上按钮 MSA$_D$ 或慢下按钮 MXA$_D$ 点动控制电梯慢速上、下运行, 其控制原理与在轿内通过 5NLA 或 1NLA 控制电梯慢速上下运行时相仿。

第八节　直流电动机拖动电梯电气控制系统的工作原理

一、概述

采用直流电动机作为曳引电动机的电梯简称直流电梯。20 世纪 60 年代中期 (天津电传所研发的晶闸管励磁装置投入使用后) 至 20 世纪 80 年代末期国内生产的直流电梯, 多用于 6 层站以上的中高档办公楼、宾馆饭店内, 作为上下楼的交通运输设备。其中 6~10 层站多采用额定运行速度 $1.0\text{m/s}\leqslant V<2.5\text{m/s}$ 的快速梯, 10 层站以上多采用额定运行速度 $V\geqslant 2.5\text{m/s}$ 的高速梯。天津电传所研发的晶闸管励磁装置投入使用前, 国内生产的直流电梯仍然是有级变压调速的电梯, 直至晶闸管励磁装置投入使用后, 才有条件采用无级调压调速拖动系统的电梯。当年天津电传所研发的晶闸管励磁装置有 K、G 型之分, K 型装置用于快速梯, G 型装置用于高速梯。由于适用的速度范围不同, K、G 两种装置选用的器件和参数略有区别。采用晶闸管励磁装置作为直流梯的闭环调速装置后, 电梯的整机性能与现在的 VVVF 拖动电梯相当。但那个年代生产的直流电梯, 由于需要直流发电机—电动机组、能耗和材耗高、噪声和基本建设投资大、有电刷维修麻烦、使用费用高等缺陷, 又由于采用过程继电器控制器件, 故障率比较高, 终于在 20 世纪 80 年代末被明令禁止生产。由于直流梯曾是我国广泛使用过的代表性电梯品种之一。本书从知识性和系统性出发, 本节仍将对直流电动机拖动、集选继电器控制的快速梯电气系统的工作原理做简要介绍。

二、直流电梯的控制和拖动系统

1. 直流电梯的控制系统

20 世纪 60 年代中期后国内批量生产的直流电梯多采用集选继电器控制模式，运行过程中依靠继电器与晶闸管励磁装置按一定程序密切配合，适时接通、切换晶闸管励磁装置的电路结构，达到控制电梯按晶闸管励磁装置的给定速度曲线运行的效果。

2. 直流电梯的拖动系统

（1）直流电动机的基本工作原理　从电的角度上说，直流电动机由激磁绕组和电枢绕组构成。直流电动机在正常运行过程中激磁绕组和电枢绕组分别与外部直流电源连接，激磁绕组与外部电源接通后在其绕组铁芯周围的空间产生一个磁场，而电枢绕组与外部电源接通后在电枢绕组内产生了电流。根据电磁学理论，载有电流的电枢导体在磁场存在的空间内要受到磁场力的作用，在磁场力作用下产生的电磁转矩使直流电动机的电枢转动起来。在一定范围内电动机的转速与电磁转矩有关，而电磁转矩的大小又与电枢绕组的电流 $I_{枢}$ 及激磁绕组产生的磁通 ϕ 的积成正比，即电磁转矩 $\propto I_{枢}\phi$，而电动机的转速 $n = U - I_{枢}\phi/K\phi$，即在磁通 ϕ 不变（激磁电流不变）的情况下，$n \propto U$（电枢外接电源），对于直流电梯的拖动系统，该外接电源就是直流发电机-电动机组的直流发电机电枢绕组输出的直流电源。

（2）直流电梯拖动系统的构成及其工作原理　20 世纪 60 年代中期后生产的直流电动机拖动、晶闸管励磁装置励磁的闭环调压调速电梯电气系统的原理框图如图 3-49 所示。从图 3-49 可以看出，该直流电梯电气系统主要由晶闸管励磁装置、直流发电机-电动机组、直流曳引电动机、直流发电机测速反馈装置等构成。图中的 YD 为直流发电机-电动机组的原动机、ZF 为直流发电机-电动机组的直流发电机、ZD 为直流曳引电动机、TG 为直流测速发电机。其中：

1）原动机 YD 采用三相交流感应电动机，它是直流发电机组的动力源，为降低对同网用电户的影响，YD 采用Ｙ-△运行方式。

2）直流曳引电动机 ZD 的励磁绕组 DJQ 的供电电源电压为 DC110V（一般由三相全波或单相全波整流电路供电）、极性恒定不变，而电枢绕组由直流发电机组的直流发电机电枢绕组供电，极性由控制系统中的上、下方向接触器依据电梯运行方向适时切换。

3）直流发电机 ZF 有主励磁绕组、消磁绕组和检修慢速磁场绕组等三个磁场绕组，其中，

① 主励磁绕组 L_{ZF} 由晶闸管励磁装置供电，极性由控制系统中的上、下方向控制接触器依据电梯运行方向适时切换。由于晶闸管励磁装置提供的电源是一个按电梯理想速度曲线变化的电源，因此直流发电机电枢绕组产生的电源，即直流发电机电枢绕组供给曳引电动机 ZD 电枢绕组的电源也是一个按电梯理想速度曲线变化的电源，从而实现曳引电动机 ZD 驱动的电梯按理想速度曲线运行。

② 消磁绕组 FXQ 用作电梯停靠时，通过 XXC、SXC 接触器的触点与直流发电机的电枢绕组构成回路，借助电梯停靠瞬间 FXQ 产生的反电势及其电流去消除发电机电枢铁心的剩磁。

③ 此外直流发电机 ZF 还有一个检修慢速磁场绕组，该绕组在图 3-49 中没有画出来，它由单相全波整流电路供电、电源电压为 DC110V，极性由控制系统中的上、下方向控制继电器依据电梯运行方向适时切换。由于该绕组激磁电压值恒定不变，直流发电机 ZF 电枢绕

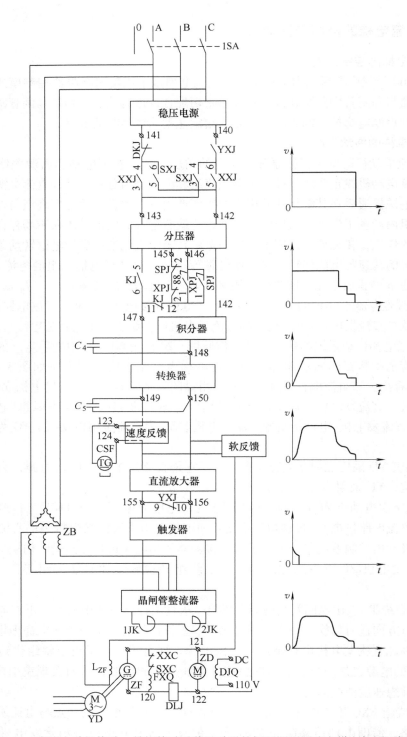

图 3-49 直流电动机拖动、晶闸管励磁装置励磁的闭环调压调速电梯电气原理框图

组输出的电压也恒定不变，电梯的检修慢速运行速度也恒定不变。

4）电梯的速度反馈装置 TG 采用直流测速发电机，测速发电机电枢绕组的输出与晶闸管励磁装置转换器的一个输出端反串接，串接比较结果的正、负差值经直流放大器调节处理后，适时通过触发器调节控制晶闸管的导通角，适时调节晶闸管励磁装置的输出电压值，控制电梯按晶闸管励磁装置给出的速度曲线运行，借此达到满意的运行效果。由于直流测速发电机输出的是电压电流信号，因此直流电动机拖动、晶闸管励磁装置励磁的闭环调压调速系统是一种采用模拟信号的闭环调压调速拖动系统。

三、电梯的开闭环拖动系统

1. 确认开闭环拖动系统的主要条件

1）拖动电动机速度调节控制系统是否给出精准的电动机运行速度曲线。

2）拖动电动机起动运行后拖动电动机速度调节控制系统是否设置有电动机速度检测装置，电动机速度检测装置检测结果是否反馈到速度调节控制系统的输入端，由电动机速度调节控制系统根据检测结果控制电动机按给定速度曲线运行。

符合上述两个条件者为闭环控制的拖动系统，否则为开环控制的拖动系统。开、闭环拖动系统的电路原理结构框图如图 3-50 所示。

图 3-50 开、闭环拖动系统电路原理结构框图
a）开环拖动系统原理框图 b）闭环拖动系统原理框图

2. 开环控制的电梯拖动系统

按确认开闭环拖动系统两个条件进行衡量，本章第五～八节介绍的几种交流双速梯拖动系统不满足闭环拖动系统应具备的两个条件，属于开环控制的拖动系统，这几种拖动系统的曳引电动机 YD 的满速运行速度值 V 是按本书第二章式（2-1）计算出来的，而且不包括起制动过程中的速度值，起动运行后没有设置跟踪检测装置，更没有调校措施。因此这种交流双速梯的拖动系统是一种开放型的拖动系统，这几种拖动系统的电路原理结构框图如图 3-50a 所示。

3. 闭环控制的电梯拖动系统

按确认开闭环拖动系统两个条件进行衡量，图 3-49 采用的直流电动机拖动系统，满足闭环拖动系统应具备的两个条件，是一种闭环控制的电梯拖动系统。系统采用直流测速发电机 TG 作为速度检测装置，测速发电机 TG 通过减速机构与曳引机减速器的蜗轮轴或曳引电动机轴有机联结起来。当电梯上、下运行时，测速发电机也随之运行并在其电枢绕组产生一个电信号，该电信号适时反馈至直流放大器的输入端，适时调节控制晶闸管励磁装置的输出电压值，控制电梯按晶闸管励磁装置给出的速度曲线运行，达到满意的运行效果。这种拖动系统的闭环控制电路原理结构框图如图 3-50b 所示。

4. 开闭环拖动系统的优缺点

（1）开环拖动系统的优缺点 开环拖动系统的优点是对拖动电动机的速度控制调节电路结构简单。缺点是控制精度低，容易受外界因素的影响和干扰。采用这种拖动系统的电梯其整机性能差。

（2）闭环拖动系统的优缺点　闭环拖动系统的优点是控制准确度高，能确保拖动电动机按给定速度曲线运行，抗干扰性能也比较好。缺点是拖动电动机的速度控制调节电路结构复杂，建设和维修费用高。采用这种拖动系统的电梯其整机性能好。

第九节　ACVV 拖动、集选 PLC 控制、5 层 5 站电梯的控制原理

一、概述

我国自 20 世纪 50 年代中期至 80 年代中后期批量生产的电梯产品，按拖动方式分主要有交流双速和直流电动机调压调速拖动两种。其中，速度 $V < 1.0 \text{m/s}$ 的电梯多采用交流双速梯；速度 $V > 1.0 \text{m/s}$ 的电梯多采用直流梯；速度 $V = 1.0 \text{m/s}$ 的电梯，有采用交流双速梯的，也有采用直流梯的。而控制系统的中间过程控制器件只有继电器控制一种。改变这种30 年进步甚微的局面得益于国家改革开放政策的深化执行，政府相关部门适时明令禁止全继电器控制和直流梯的生产，促使国内各电梯制造厂、大专院校和科研院所加快新品研制步伐，尽快填补由直流梯占用的 $1.0 \text{m/s} \leqslant V < 2.0 \text{m/s}$ 等速度档次电梯的空缺。时至 90 年代初，国内各电梯厂家除用 PLC 成功取代过程控制继电器外，引进和自主研发成功的 ACVV 调速器系统或装置已有多种型号规格可供选择。其中包括：

1）当时天津电梯厂（后与 OTIS 合资）引进消化吸收后定型的 TSD-10 型 ACVV 调速器（适用 $1.0 \text{m/s} \leqslant V \leqslant 1.75 \text{m/s}$ 各类电梯）及其继电器控制系统；

2）桂林 615 厂引进消化吸收后定型的 DF_{201} 型 ACVV 调速器（适用 $1.0 \text{m/s} \leqslant V \leqslant 1.75 \text{m/s}$ 各类电梯）及其计算机控制系统；

3）西安电梯厂与西安交通大学合作研发的计算机控制半闭环调压调速装置（适用 $V \leqslant 1.0 \text{m/s}$ 各类电梯）及其继电器控制系统；

4）沈阳新兴新技术研究所（后改沈阳兰光）自主研发成功的 $SJT\text{-}B_1$ 型半闭环 ACVV（适用 $V \leqslant 1.0 \text{m/s}$ 各类电梯）及其 PLC 控制系统和 SJT-Q 型全闭环 ACVV 调速器（适用 $1.0 \text{m/s} \leqslant V \leqslant 1.75 \text{m/s}$ 各类电梯）及其 PLC 控制系统等。

上述五种 ACVV 拖动控制系统的成功推出，使我国电梯产品的拖动控制技术向前迈进了一大步。在上述五种 ACVV 拖动控制系统中，有两种为半闭环控制，三种为全闭环控制。其中：

1）半闭环控制的拖动系统：是指电梯在起动、加速、满速运行（至停靠层站提前减速点）段为开环控制，提前减速点至平层停靠点为闭环控制。该拖动系统的优点是建设成本低，缺点是起动、加速运行段的舒适感较差。到达换速点后采用断开曳引电动机 YD 快速绕组电源，依靠曳引系统转动惯量滑行和控制滑行速度与距离的方式。采用这种减速方式的电梯曳引系统的转动惯量必须足够大，为增加曳引系统的转动惯量需在曳引电动机轴端增装一只直径足够大的惯性轮，否则不能达到预期效果。这种拖动系统只适用 $V \leqslant 0.5 \text{m/s}$ 各类电梯。

2）全闭环控制的拖动系统：是指电梯从起动、加速、满速运行、减速过程直至平层停靠点等均为闭环控制。这种拖动系统的缺点是速度调节控制电路结构比较复杂，建设和维修费用较高。优点是电梯的运行效果好。

　　上述五种 ACVV 拖动系统的闭环控制过程全部采用能耗制动方式。在曾批量投放市场的五种 ACVV 拖动控制系统中，笔者认为当时的 SJT-Q 型调速器及其 PLC 控制的拖动控制系统应用效果最好。以下对采用 SJT-Q 调速器的 ACVV 拖动、集选 PLC 控制、5 层 5 站电梯电路原理图 3-51 做简要介绍。

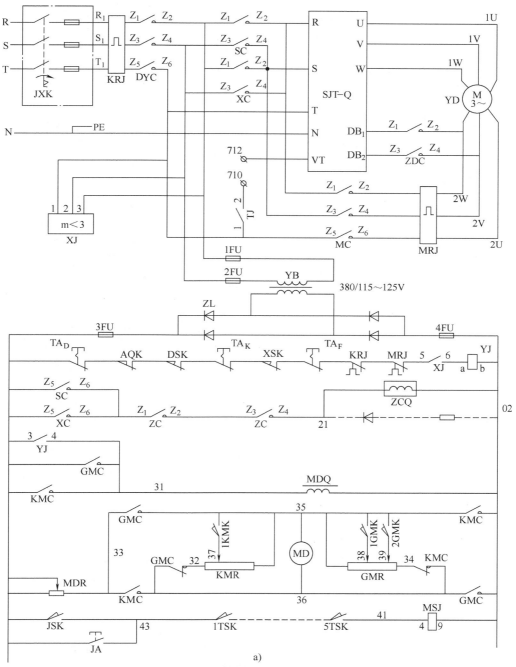

图 3-51　ACVV（SJT-Q 调速器）拖动、集选 PLC 控制、5 层 5 站电梯电路原理图

a）主拖动、交直流电源、制动器控制、开关门拖动控制电路

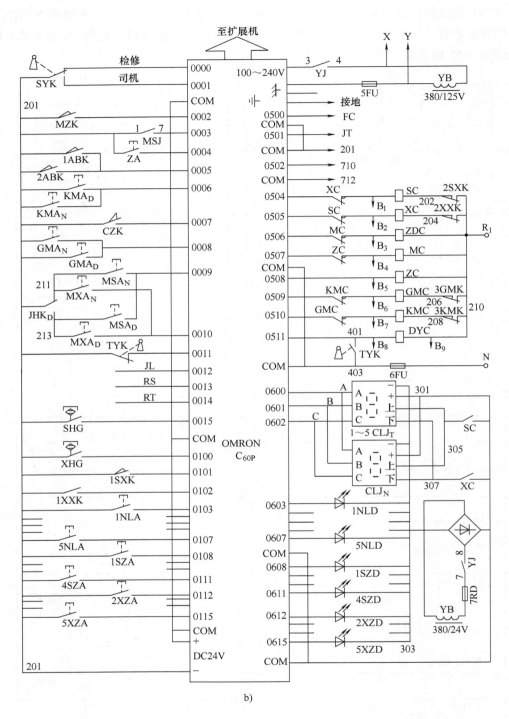

图 3-51 ACVV（SJT-Q 调速器）拖动、集选 PLC 控制、5 层 5 站电梯电路原理图（续）

b）PLC 及输入输出控制电路

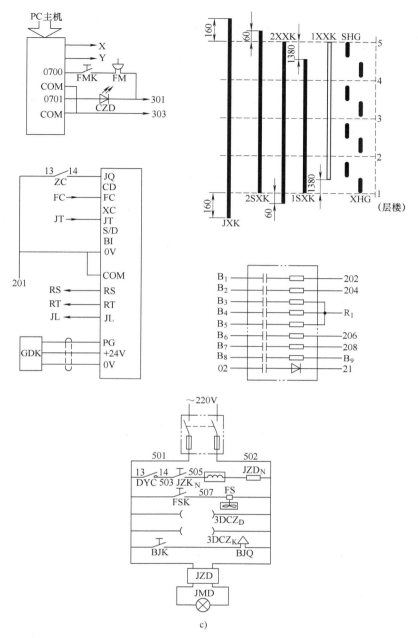

图 3-51　ACVV（SJT-Q 调速器）拖动、集选 PLC 控制、5 层 5 站电梯电路原理图（续）

c）PLC 及输入输出电路、SJT-Q 调速器接口、照明控制电路

二、与电路原理图 3-51 配套使用的主要电气部件

与图 3-51 配套使用的主要电梯电气部件包括：图 3-1b 所示的操作、位置显示、运行方向指示为一体的新一代操纵箱；图 3-3b 所示的召唤、位置显示、运行方向指示为一体的新一代召唤箱；图 3-4 所示的轿顶检修箱；图 3-7、图 3-8 所示的双稳态开关井道信息采集装置（含轿厢两端站限位装置）；图 3-10 所示的强制式轿厢越位极限开关装置；图 3-11 所示的底坑检修箱；图 3-14b 所示的电梯控制柜等。

三、与电路原理图 3-51 配套使用的 PLC 及其梯形图程序

采用电路原理图 3-51 的电梯是 20 世纪 90 年代中期按 $V=1.0 \text{m/s}$ 设计生产并投放市场的直流电梯更新换代产品。与其配套使用的仍为日本立石（OmROn，欧姆龙）公司生产的 C60P 型 PLC，由于 C60P 型 PLC 的 I/O 点数不够用又增设一只 4 个输出点扩展机。PLC 的梯形图程序如图 3-52 所示。

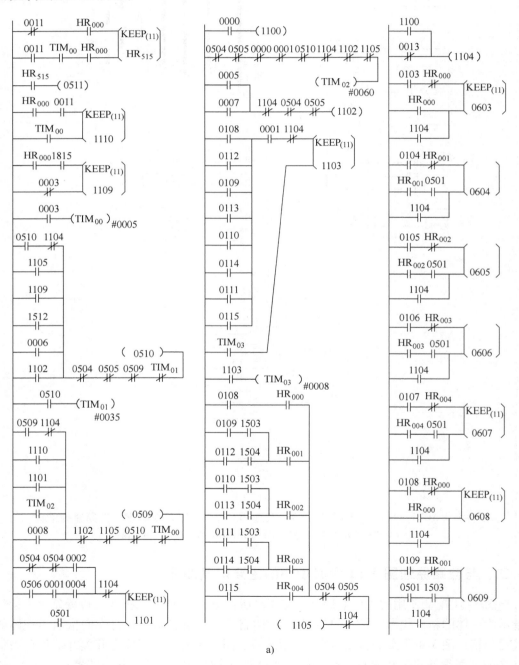

a)

图 3-52 与电路原理图 3-51 配套使用的 PLC 梯形图程序

a）送断电开关门、主令登记控制程序

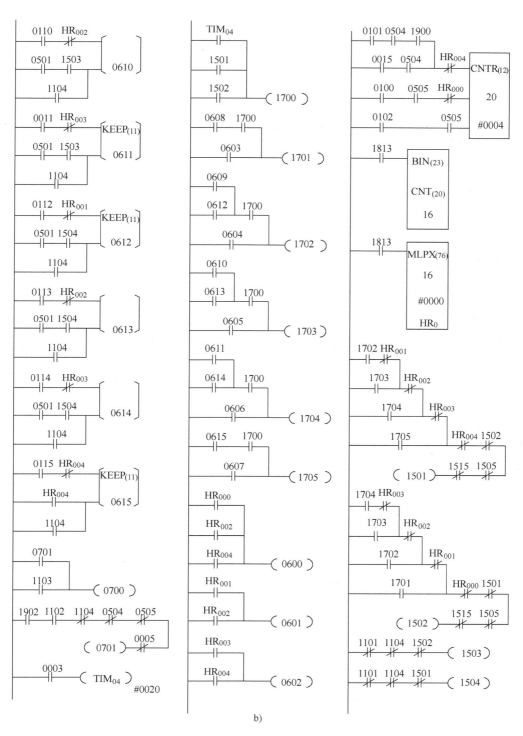

图 3-52　与电路原理图 3-51 配套使用的 PLC 梯形图程序（续）

b）外召登记、位置显示、可逆计数、自动定向控制程序

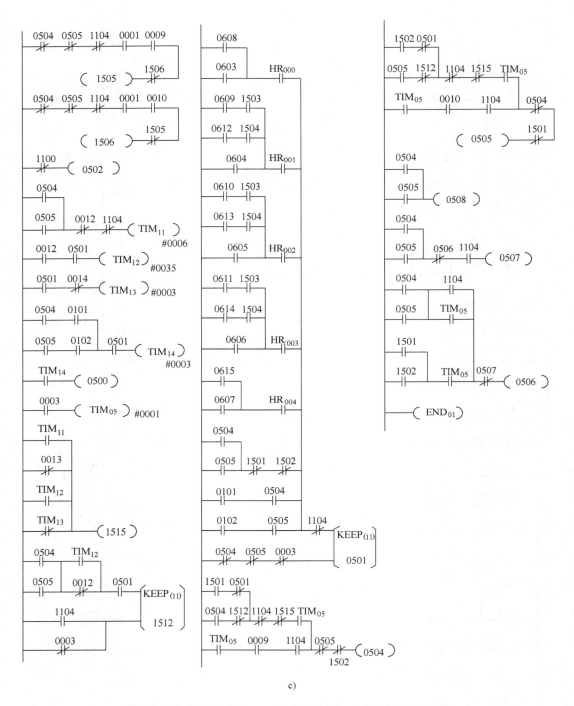

图 3-52　与电路原理图 3-51 配套使用的 PLC 梯形图程序（续）

c）强换向、保护、减速、上下运行、停靠开门控制程序

四、电路原理图 3-51 的 ACVV 拖动系统

图 3-51 所示的 ACVV 拖动系统主要包括曳引电动机 YD、SJT-Q 型调速器和光电开关测

速反馈装置 SDK 等构成的 YD 速度调节控制系统。以下对该系统作简要介绍。

1. 曳引电动机

曳引电动机 YD 是电梯用交流双速电动机，对于额定运行速度 $V \leqslant 1.0\text{m/s}$ 的电梯，电动机的同步转速 $n = 1000/250\text{r/min}$，对于额定运行速度 $1.0\text{m/s} \leqslant V \leqslant 1.75\text{m/s}$ 的快速梯，电动机的同步转速 $n = 1500/375\text{r/min}$。YD 的慢速绕组除作检修慢速运行绕组外还兼作快速运行时的能耗制动绕组。由于这种拖动系统的曳引电动机 YD 容易发热，一般采用 A 级绝缘。

2. 光电开关测速反馈装置

光电开关测速反馈装置由光电开关和光码盘构成。光电开关的电路原理图如图 3-53 所示。光电开关的元器件稳装在一个带凹形口的塑料盒内，其中的光电二极管和光电三极管分别稳固在塑料盒凹形口的两侧。与光电开关配合实现测速反馈的圆形光码盘，直径约 150mm 用 2mm 厚的钢板冲压而成，盘的周边冲有 60 或 90 个齿槽，其中，60 个齿槽的光码盘用于速度 $V \leqslant 1.0\text{m/s}$ 的电梯；90 个齿槽的光码盘用于速度 $1.0\text{m/s} < V < 1.75\text{m/s}$ 的快速梯。光码盘通过螺钉紧固在曳引电动机轴端的惯性轮上，带凹形口的光电开关塑料盒通过连接件固定并将凹形口的中心对准光码盘齿槽中心，电梯上下运行时跟随曳引电动机转动的光码盘齿槽断续遮挡光电二极管与光电三极管之间的光电联系，从而产生系列脉冲信号，该脉冲信号经整形、放大处理后送调速器的管理控制计算机作为适时监控电梯按给定速度曲线运行的依据。经稳装后的光电开关和光码盘的安装位置示意图如图 3-54 所示。

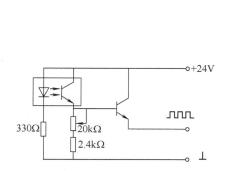

图 3-53　光电开关的电路原理图

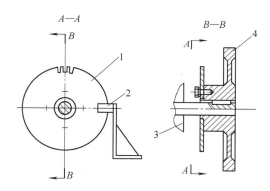

图 3-54　光电开关和光码盘的安装位置示意图

1—光码盘　2—光电开关　3—曳引电动机　4—惯性飞机

3. SJT-Q 型调速器

当年沈阳新兴新技术研究所研制成功并投放市场的 SJT-Q 型调速器，有适用于速度 $V \leqslant 1.0\text{m/s}$ 的低速梯和适用于速度 $1.0\text{m/s} \leqslant V < 1.75\text{m/s}$ 的快速梯两种。由于两种调速器适用的速度范围不同，两种调速器选用的元器件和软件也有区别。本节介绍的是适用于速度 $V \leqslant 1.0\text{m/s}$ 的 SJT-Q 型调速器及其在电梯电气控制系统中的应用简况。这种调速器由一只 51 型单片机及相关电路、三组反并联晶闸管调压电路和一个半控桥调压电路为主构成。SJT-Q 调速器与光电测速反馈装置构成的 ACVV 拖动系统的原理结构框图如图 3-55 所示。

（1）三相反并联晶闸管调压电路　调速器的三相反并联晶闸管调压电路由三个单相调压电路构成，单相调压电路是三相调压电路的基本构成单元，它的负载是曳引电动机 YD 的快速绕组，为感性 $R\text{-}L$ 负载。

1）单相 $R\text{-}L$ 调压电路。由于调速器输出端 U、V、W 连接的是曳引电动机快速绕组的

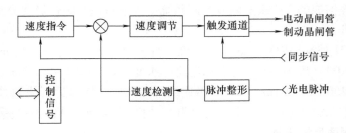

图 3-55　ACVV（SJT-Q 调速器）拖动电梯闭环调速系统原理框图

输入端 1U、1V、1W，因此调速器三组反并联晶闸管调压电路的负载为电阻-电感性（R-L）负载，它的单相 R-L 调压电路如图 3-56 所示。图 3-56 中的 VT_1 和 VT_2 是一组反并联的晶闸管，其负载为 R-L 性负载，负载阻抗角 $\phi = \arctan < \omega L/R$。当晶闸管的控制角 α 一定时，ϕ 角越大，电流滞后越大，晶闸管关断的延迟角越大，即导通角 θ 越大。所以 ϕ 对调压电路的工作有很大影响。这种以 R-L 为负载的单相调压电路的工作波形如图 3-57 所示。图中：

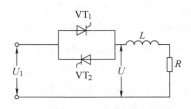

图 3-56　R-L 负载调压电路

① 当 $\alpha = \phi$ 时，其工作波形如图 3-57a 所示。在电源电压 u_1 正半周，以控制角 α 触发晶闸管 VT_1，便出现负载电流 i。当电压 u_1 过零进入负半周时，电流 i 要滞后 ϕ 角才过零，而恰在此时又以控制角 α 触发 VT_2，于是在负载中便出现电流 i 的负半周，即电流 i 是连续的，负载得到正弦波全电压。在这种情况下晶闸管不起调压作用。

② 当 $\alpha < \phi$ 时，其工作波形如图 3-57b 所示。在电源电压 u_1 正半周，以控制角 α 触发晶闸管 VT_1，此时开始出现负载电流 i。当电压 u_1 进入负半周之后以 α 角触发 VT_2，由于阻抗角 ϕ 较大，负载电流仍为正值，所以 VT_1 没有关断，VT_2 因承受反向电压而不会导通。而当 VT_1 的电流在滞后 ϕ 角之后过零使其关断时，VT_2 的触发脉冲已消失，VT_2 仍不能导通。于是就只有 VT_1 在工作，负载上出现正、负不对称的电流波形。这种不对称电流的直流分量会形成很大的直流过电流，对于感性负载的工作极为不利，是不允许的，必须避免。为此，一般采用宽脉冲或脉冲列触发晶闸管，如图 3-57c 所示。这时在控制角 α 之后的一段时间均有触发信号作用，于是在 VT_1 的电流过零后 VT_2 即被触发导通，负载得到 $\alpha = \phi$ 时一样的电流连续波形和完整的正弦波全电压，即负载电压不能调整。

③ 当 $\alpha > \phi$ 时，其工作波形如图 3-57d 所示。在电源电压 u_1 正半周时，以控制角 α 触发 VT_1，此时开始出现电流 i。在电压 u_1 过零进入负半周时，电流 i 滞后 ϕ 角过零使 VT_1 关断。在电源电压 u_1 负半周再以 α 触发 VT_2 时，则负载中出现负半周电流 i。由此可见，当 $\alpha > \phi$ 时，负载中的电流是断续的，负载中的电压也是断续的。因此，对具有一定阻抗角 ϕ 的负载，控制角 α 越大，晶闸管的导通角 θ 越小，使负载电压不连续的程度增加，即负载电压就越低。于是通过调整 α 角的大小就可调节负载电压。

综合上述，当交流调压电路为电感性负载时，为使负载电压得到有效调节，晶闸管控制角 α 必须控制在 $\phi \leqslant \alpha \leqslant 180°$ 的范围内。考虑到工作的可靠性，一般采用宽脉冲或脉冲列触发方式。

2）三相 R-L 调压电路。由于电梯 ACVV 拖动系统的曳引电动机是三相交流感应电动机，采用的调压电路是三相调压电路，它相当于三个单相调压电路组合在一起，组合后采用

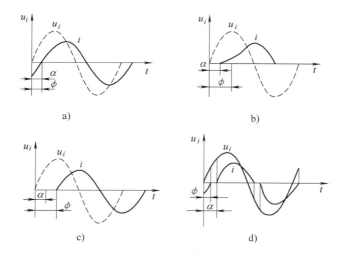

图 3-57　单相调压电路 R-L 负载时的工作波形

星（Y）形联结的电路形式，如图 3-58 所示。根据三相电路的特点，以及感性负载在电压过零时电流并不过零，每相导电时间与控制角 α 和负载阻抗角 ϕ 有关，所以三相感性负载调压电路较为复杂，对应某一控制角 α 的工作波形如图 3-59 所示。这种三相调压电路有以下特点：

① 由于三相星形联结调压电路没有中性线，所以在工作时若有负载电流流过，至少要由两相构成回路，即至少有一相晶闸管与另一相晶闸管同时导通。

② 为保证在起始工作时能使两个晶闸管同时导通，以及在感性负载的阻抗角 ϕ 和控制角 α 较大时，仍能保证不同相的正、反向两个晶闸管同时导通，应采用宽度大于 $60°$ 宽脉冲或双脉冲触发信号。

③ 对于三相 R-L 负载，为了使调压电路的输出电压处于可控状态，要求 $\alpha > \phi$，使各相负载电压是断续的，如图 3-59 所示。

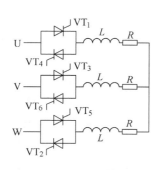

图 3-58　三相星形联结调压电路

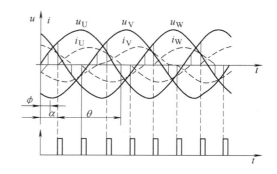

图 3-59　三相调压电路工作波形

④ 为保证调压电路输出的三相电压对称，并有一定的调压范围，要求触发信号必须与交流电源的相序一致外，各触发脉冲信号之间必须严格保持一定的相位关系，如相序为 U、V、W 的电源：要求 U、V、W 三相电路中三个工作在正半周的晶闸管（即工作在正半周的晶闸管）的触发信号互差 $120°$；三相电路中三个反向晶闸管（即工作在负半周的晶闸管）的触发信号也互差 $120°$；而且同一相中反并联的两个正、反向晶闸管的触发信号相位也互

差180°。由此可知，各晶闸管的工作顺序是 $TV_{1,2,3,4,5,6}$，如图 3-58 所示；且相邻两个触发脉冲信号的相位互差也应为 60°，如图 3-59 所示。于是 R-L 负载三相调压电路在 $\alpha > \phi$ 情况下工作时，对一定阻抗角 ϕ 而言，控制角 α 越大，晶闸管导电角 θ 将越小，流过晶闸管的电流也越小，其波形的不连续性程度增加，负载的电压也就越低。这时调压电路和输出波形虽已不是完整的正弦波，但每相负载电压波形正负半周是对称的。

从对图 3-59 所示波形的分析可知，对于电感性负载的三相丫形联结电路，同样需要满足 $\alpha > \phi$，才能有效调节交流电压，它的最大移相控制角 α 应大于 150°。因为 $\alpha > 150°$ 时，相应晶闸管将承受反向线电压，所以不能触发导通。

这时，调速器的计算机通过触发通道，一方面适时控制三组六只反并联晶闸管中相关晶闸管导通或导通角的大小，为曳引电动机快速绕组提供按预定要求变化的三相交流电源，推动着电梯上下运行。另一方面又适时控制半控桥电路两只晶闸管，为曳引电动机慢速绕组输入直流能耗制动电源，拉着电梯按预先设定的给定速度曲线运行。

(2) 调速器的半控桥电路　前面已提及，ACVV 拖动系统均采用推、拉式驱动电梯按给定速度曲线运行。ACVV（SJT-Q 调速器）拖动系统中的 SJT-Q 调速器内三组反并联晶闸管构成的电路起推动电梯运行的作用，而拉着电梯按运行速度曲线运行的是 SJT-Q 调速器内的半控桥电路。调速器内的半控桥主电路由两只晶闸管和两只大功率二极管按单相全波整流电路的形式联结而成。所谓单相半控桥是指在电源的正负半周只有一只晶闸管参与输出电压的调控工作，其电路原理简图如图 3-60 所示。半控桥电路的直流输出端接至曳引电动机 YD 慢速绕组的任意两相输入端，作为电梯快速运行过程中的能耗制动电源，拉着电梯按预先设定的给定速度曲线运行。调速器内三组六只反并联晶闸管和半控桥主电路内两只晶闸管的导通、导通的大小由调速器内的计算机通过触发导通角控制。

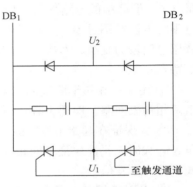

图 3-60　半控桥主电路原理

(3) ACVV 拖动（采用 SJT-Q 型调速器）PLC 控制电梯的特点

1) 安全可靠性高舒适性好：采用 SJT-Q 型调速器与 PLC 配合，每个运行循环中通过采取 JQ 与 JL（起动与运行）、JT 与 RT（减速与减速答应）信号之间的两次握手关系，确保了电梯起动、减速过程，即电梯运行过程中的安全可靠性。

2) 节能：比交流双速梯节能 15%~20%，比直流电梯节能 20%~25%。

3) 运行效率高：ACVV（SJT-Q 型调速器）拖动电梯采用零速直接停靠施闸方式，运行效率高舒适感好。以 $V = 1.0\text{m/s}$ 电梯为例：ACVV（SJT-Q 型调速器）拖动电梯换速距离为 1350~1400mm；交流双速梯 1600~1800mm；直流电梯的换速距离为 1500~1600mm。比交流双速梯提高 25% 左右，比直流电梯提高 10% 左右。交流双速梯、直流电梯、ACVV（SJT-Q 型调速器）拖动电梯的运行速度曲线示意图如图 3-61 所示。

五、电梯开关门的操作及其控制原理

1. 关门

(1) 司机或管理人员下班关门关闭电梯的操作及其控制原理

1) 点按基站召唤箱上的召唤按钮 1SZA，将电梯召回基站，经图 3-52 中的 $CNTR_{(12)}$

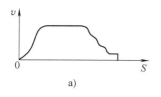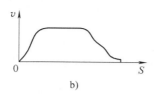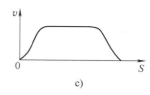

图 3-61 交流双速、直流、ACVV（SJT-Q 型调速器）拖动电梯的运行速度曲线示意图

a）交流双速电梯运行速度曲线 b）直流电梯运行速度曲线 c）交流调压调速运行速度曲线

计数器计数输出、转移至 HR 软继电器区的 $HR_{000}\uparrow\to0600\uparrow\to$电梯位置显示装置显示 1 字。

2）用专用钥匙扭动召唤箱上的钥匙开关 TYK。

$$TYK\uparrow\begin{cases}401、403 号线断开，准备断开 DYC 电路\\201 号线与 PLC0011 输入点接通，0011\uparrow\to1110\uparrow\to0509\uparrow\to GMC\cdots门关妥 MSJ\uparrow\to\\MSJ_{1.7}\uparrow\to201 号线与 PLC0003 输入点接通，0003\uparrow\to TIM_{00}\uparrow\to HR_{518}\downarrow\to\\0511\downarrow\to DYC\downarrow\to DYC_{13.14}\to轿内照明灯 ZMD_N 熄灭，实现下班关门断电关闭电梯\end{cases}$$

（2）通过关门按钮实行关门的操作及其控制原理 电梯在有、无、检模式和停靠开门状态下，可通过按下关门按钮实现关门，按下关门时，GMA_N 或 $GMA_D\uparrow\to0008\uparrow\to0509\uparrow\to GMC\uparrow\to MD\uparrow\cdots$实现关门按钮关门。

（3）满载关门的控制原理 在有、无司机控制模式下满载时 $MZK\uparrow\to0002\uparrow\to1101\uparrow\to0509\uparrow\to GMC\uparrow\to MD\uparrow\cdots$实现满载关门。

（4）无司机控制模式下电梯自平层停靠开门起经预定时间自动关门的控制原理 在无司机控制模式下，电梯自平层停靠开门起在 6s 时间内若没有内外指令信号，停站时间控制软继电器 $TIM_{02}\uparrow\to0509\uparrow\to GMC\uparrow\to MD\uparrow\cdots$实现经预定时间自动关门。

2. 开门

（1）司机或管理人员上班开门开放电梯的操作及其控制原理 电梯在 1 楼关门锁梯状态下，司机或管理人员上班开门开放电梯时只需用专用钥匙扭动钥匙开关 TYK，就能实现上班开门，由于

$$TYK\uparrow\begin{cases}201 与 PLC 输入点 0011 断开，0011 的常闭触点闭合\to准备接通 HR_{518}电路\\轿内照明灯 ZMD_N 点亮\\401 和 403 号线接通\to DYC\uparrow\to YJ\uparrow\to YJ_{3.4}\uparrow\to PLC 得电\end{cases}$$

$$\begin{cases}在非检修运行模式下 0502\uparrow\to710、712 号线接通，调速器获得 220V 控制电源，输出\\控制号 RS，0013\uparrow，表明调速器正常\\HR_{000}\uparrow\to0600\uparrow\to电梯位置显示装置显示 1 字、HR_{518}\uparrow\to0511\uparrow\to DYC 双路供电\\1815\uparrow\to1109\uparrow\to0510\uparrow\to KMC\uparrow\to MD\uparrow\cdots实现上班开门送电开放电梯\end{cases}$$

（2）超载开门并伴有声光信号的控制原理 电梯在非检修模式下超载时，位于轿底的超载开关 CZK 动作，$CZK\uparrow\to201$ 号线和 PLC 输入点 0007 接通，$0007\uparrow\to1102\uparrow\to0510\uparrow\to KMC\uparrow\to MD\uparrow\cdots$实现超载开门。同时由于受 1902 控制 0701 断续动作，CZD 闪亮，与此同时受 0701 控制的 0700 也断续动作，FM 发出断续的蜂鸣信号。

（3）无司机模式下的本层开门 在无司机模式下，电梯在没有内外指令信号时就地停

靠关门待命,当就地停靠关门待命层站出现外召唤信号时,1105↑→0510↑→KMC↑→MD↑…实现本层开门。

(4)通过开门按钮实行开门的操作及其控制原理 在有、无、检模式和停靠关门状态下,可通过开门按钮实现开门,按下开门按钮时,KMA$_N$ 或 KMA$_D$↑→201 号线与 PLC0006 输入点接通→0510↑→KMC↑→MD↑…实现按钮开门。

(5)安全触板开门的控制原理 电梯在非检修模式下关门过程中,若有乘员碰压安全触板,安全触板开关 1~2ABK↑→0005↑→1102↑→0510↑→→KMC↑→MD↑…实现安全触板开门。

(6)有、无司机模式下平层停靠开门的控制原理 电梯到达停靠层站的平层允差范围内时,电梯正好零速停靠施闸。这时调速器的速度信号输出 JL↓→0012↑→1512↑→0510↑→KMC↑→MD↑…实现平层停靠开门。

六、司机或管理人员上班开门开放电梯进入轿厢后的操作及其控制原理

司机或管理人员上班开门开放电梯进入轿厢后,可根据需要将电梯置于司机、无司机或检修慢速运行模式。

(1)有司机控制模式的设置 扭动钥匙开关 SYK 置 201 与 PLC 输入点 0001 于接通状态时,电梯被置于司机操作控制模式,控制停站时间定时器 TIM$_{02}$ 的得电电路被 0001 断开,电梯自平层停靠开门起经 6s 不能自动关门,电梯的起动运行由司机控制。

(2)无司机控制模式的设置 扭动钥匙开关 SYK 置 201 与 PLC 输入点 0001、0000 于断开状态时,控制停站时间定时器 TIM$_{02}$ 的得电电路接通,电梯被置于无司机操作控制模式,控制停站时间定时器 TIM$_{02}$ 的得电电路接通,电梯自平层停靠开门起经 6s TIM$_{02}$↑,电梯能自动关门,门关妥就地待命。

(3)检修运行控制模式的设置 扭动钥匙开关 SYK 置 201 与 PLC 输入点 0000 于接通状态时,0000↑→1100↑→1104↑→电梯被置于检修运行操作控制模式,在该模式下轿内外指令信号均登记不上,电梯只能作上下慢速运行。由于 1100↑→0502 失去动作条件、710、712 号线失去接通条件,调速器不参与电梯慢速运行。

(4)电梯在有、无司机模式下的正常快速运行状态 电梯在有、无司机模式下,201 号线与 PLC 输入点 0000 与 201 号线均被断开,软继电器 1100 不能动作,0502↑→710、712 号线接通,SJT-Q 型调速器获得 220V 电源,若调速器状态正常,调速器 RS 端输出总控信号 RS,RS↑→201 号线与 PLC 输入点 0013 接通,0013↑→1104↓→电梯处于有或无司机模式下的正常快速运行状态。

七、司机或管理人员将电梯置于司机模式时司机的操作及其控制原理

(1)设 3 楼有乘员见电梯位置显示装置示 1 字,获悉电梯已投入运行而点按 3XZA 要求下行的控制原理

3XZA↑ $\begin{cases} 0113↑→3XZD 亮,表示 3 楼下行召唤信号被登记 \\ 1103↑→0700↑→FM 响 0.8s(每按一次 FM 响 0.8s) \end{cases}$

(2)司机听到蜂鸣信号得悉有乘员召唤电梯,开梯接送乘员,这时:

1)若轿内有前往 2 楼的乘员,司机还需在操纵箱上作相应的指令登记,否则电梯到 2 楼不会提前减速平层停靠开门,电梯只在 3 楼提前减速平层停靠开门。

2）设轿内没有前往 2 楼的乘员，司机只需点按一下操纵箱上的关门按钮，$GMA_N \uparrow \cdots$

门关妥 0003 ↑ $\begin{cases} TIM_{05} \uparrow \rightarrow 0508 \uparrow \rightarrow ZCQ \text{ 得电松闸} \\ TIM_{00} \uparrow \rightarrow 1700 \uparrow \rightarrow 1703 \uparrow \rightarrow 1501 \uparrow \rightarrow 0504 \uparrow \rightarrow \end{cases}$

0506 ↑ → ZC ↑ → $\begin{cases} SC \uparrow \rightarrow SJT\text{-}Q \text{ 的 R、S、T 得电并输出总控信号，} RS \uparrow \rightarrow 0013 \uparrow \rightarrow \text{调速器状态正常} \\ \text{双稳开关 SHG 和井道磁豆配合，通过 PLC 输入点 0015 给计数器 } CNTR_{(12)} \text{ 输入加 1 计数信} \\ \text{号，并将计数结果转移至 } HR_0 \text{ 通道} \\ DB_1、DB_2 \text{ 与 YD 的 2V、2W 接通} \\ ZC_{13.14} \text{闭合→调速器 JQ 端头与 201 号线接通，调速器获得起动运行信号 JQ，计} \\ \text{算机按设定的速度曲线指令，通过触发通道触发电动晶闸管按速度曲线指令适} \\ \text{时导通，YD 按给定速度曲线指令运行。与此同时，光电测速装置适时给调速} \\ \text{器 PG 端输入速度反馈信号。调速器收到速度反馈信号后又给控制电梯运行的} \\ \text{PLC 返回速度信号 JL，实现 JQ 与 JL 信号在每次运行过程中的第一次握手关} \\ \text{系：若握手成功，电梯起动、加速、满速往 3 楼运行；若握手失败，电梯立即} \\ \text{停靠，并在调速器上显示相应的故障代码 2。若电梯正常起动运行后，光电开} \\ \text{关适时给调速器 PG 端输入速度反馈信号，则调速器收到速度测速反馈信号后} \\ \text{又给管理控制电梯运行的 PLC 返回速度信号 JL。若在预定时间内收不到光电测} \\ \text{速装置适时返回的运行速度信号，则 PLC 也收不到 JL 信号，经 0.6s TIM} \uparrow \rightarrow \\ 1515 \rightarrow 0504 \downarrow \cdots \text{电梯停靠施闸待修} \end{cases}$

现设情况正常，电梯从 1 楼出发往 3 楼运行过程中具有以下功能：

① 顺向外召信号截梯：当 2 楼厅外有顺向上行召唤信号时，电梯到达 2 楼的换速点时 0501 ↑→给调速器输入减速信号，调速器适时给 PLC 返回制动答应信号 RT，并按计算机预设定的给定速度曲线减速，电梯零速平层时 JL ↓→0012 ↑→1512 ↑→KMC ↑→MD ↑→⋯实现顺向信号截梯。

② 通过直驶按钮 ZA 实现直驶：电梯起动运行后，若司机点按一下操纵箱下方暗盒内的直驶按钮时，ZA ↑→0004 ↑→1101 ↑，切断了 1503 和 1504 得电动作电路，顺向外召信号不能实现截梯，电梯直驶有内指令登记信号的层站减速平层停靠开门，实现直驶，但这种直驶是一次性的。

③ 满载直驶：当进入轿厢的乘员达到满载状态时，位于轿底的满载开关 MZK 动作，MZK ↑→0002 ↑→1101 ↑→切断了 1503 和 1504 得电动作电路，顺向外召信号不能实现截梯，电梯直驶有内指令登记信号的层站减速平层停靠开门，实现满载直驶。

（3）电梯到达 3 楼的上行减速点开始减速运行　电梯由 1 楼出发往 3 楼运行过程中，位于轿顶的上行计数双稳态开关 SHG 路过井道 2 楼磁豆的 S 极时，SHG ↑→0015 ↑→PLC 内的计数器 $CNTR_{(12)}$ 作加 1 计数，并将计数结果转移至 HR_0 通道⋯$HR_{000} \downarrow$、$HR_{001} \uparrow \rightarrow 0600 \downarrow$、0601 ↑→电梯位置显示装置显示 2 字。大约过 150mm 左右，SHG 路过井道 2 楼磁豆的 N 极时 SHG ↓→0015 ↓，为下次动作做好准备。当电梯到达 3 楼的上行减速点时 SHG ↑→0015 ↑→PLC 内的计数器 $CNTR_{(12)}$ 作加 1 计数⋯$HR_{001} \downarrow$、$HR_{002} \uparrow$，0600 和 0601 ↑→电梯位置显示装置显示 3 字；若 3 楼以上没有内外指令信号，1501 ↓，0501 ↑→调速器 TJ 端头与 201 接通，PLC 给调速器发出减速信号 JT，调速器收到 JT 信号后在 0.3s 内给 PLC 返回制动答应信号 RT，实现 JT 与 RT 信号在每次运行过程中的第二次握手关系，若握手成功，电梯按给定速度曲线减速运行，若握手失败，电梯立即停靠，并在调速器上显示相应的故障代码。

（4）电梯到达3楼的平层准差（±5mm）范围内时零速平层停靠施闸开门 由调速器的计算机适时对给定速度曲线指令信号和速度反馈信号进行比较处理，并对比较结果进行比例积分微分调节运算和换算，适时通过相关电路触发电动或制动晶闸管导通或关断，实现零速平层停靠施闸。当调速器传送给PLC的速度信号JL为零时：JL↓→0012↓→1512↓→0504↓；SC、ZCQ、0508、ZDC、0506、ZC↓；0510↑→KMC↑→MD↑⋯实行零速平层停靠施闸开门。

（5）3楼乘员进入轿厢向司机报明准备前往层站司机送乘员的操作及其控制原理 3楼乘员进入轿厢向司机报明准备前往1楼，若1楼没有上行外召信号，这时：

1）司机需点按操纵箱上对应1楼的主令按钮1NLA作指令登记。由于1NLA↑：0102↑→0603↑→1NLD亮并保持动作和亮的状态；0603↑→1701↑→1502↑→电梯定下行方向。

2）点按关门按钮，GMA$_N$↑→GMC↑→MD↑→⋯门关妥0003↑→TIM$_{00}$、TIM$_{04}$、TIM$_{05}$先后上⋯电梯起动下行，其控制原理与上行时相仿，不予重复。

（6）司机模式下电梯强迫换向的操作及其控制原理 采用电路原理图3-51所示的集选控制电梯在有司机或无司机控制模式下，电梯的运行方向是由轿厢的所在位置信号、内外指令登记信号确定的，电梯运行方向是不能随意改变的。但在实际使用过程中，若为执行特殊任务需要暂时改变电梯的运行方向时，允许在司机控制模式下，通过以下操作一次性地强迫电梯改变运行方向。

设电梯上行到3楼并在3楼停靠开门状态下，若4、5层站还有外召唤登记信号，则PC内的上行方向控制软继电器1501仍维持吸合状态，电梯仍定上行方向。这时若司机为执行特殊任务需控制电梯往1楼运行，则

1）先点一按下1NLA作主令登记，1NLA↑→0103↑→0603↑→1701↑；

2）打开操纵箱下方暗盒并点按一下慢下按钮MXA$_N$，MXA$_N$↑→0010↑→1506↑→1501↓、1502经1701得电吸合，1502↑→电梯改定下行方向，实现强迫电梯换向，但这种强迫换向是一次性的。电梯被强迫换向后4、5层站原外召唤登记信号依然保存。

八、司机或管理人员将电梯置于无司机模式时乘员的操作及其控制原理

采用电路原理图3-51所示的电梯在无司机模式下，0000、0001↓→电梯平层施闸停靠后经6S TIM$_{02}$↑→0509↑→GMC↑→MD↑→电梯自动关门，门关妥就地或返基站待命。此后，就地待命电梯所在层站一旦出现外召唤信号，1105↑→0510↑→KMC↑→MD↑→电梯自动开门，其他层站出现外召唤信号，电梯立即自动定向、起动运行，接送乘员。

九、维保人员或司机控制电梯检修慢速上下运行的操作及其控制原理

采用电路原理图3-51所示的电梯被置于检修慢速运行模式时，SJT-Q调速器不参与电梯运行过程控制。电梯的上下慢速运行由SC、XC、MC、ZC接触器控制YD慢速绕组作开环运行。

1. 用专用钥匙扭动三态钥匙开关TYK，置201号线与PLC输入点0000于接通状态时，0000↑→1100↑→1104↑→电梯做好检修慢速运行准备。

2. 控制电梯检修慢速上下运行的操作及其控制原理

（1）控制电梯检修慢速向上运行

1）按下关门按钮将电梯门关好，门关妥 MSJ↑→MSJ$_{1.7}$闭合 0003↑→TIM$_{00}$、TIM$_{05}$↑→电梯做好检修慢速向上运行准备。

2）按下慢上按钮时，MSA$_N$ 或 MSA$_D$↑→经 JZK$_D$ 开关，PLC 输入点 0009 与 201 号线接通

$$0009↑→0504↑\begin{cases}0009 & SC↑→\\ 0506↑→ZC↑→\\ 0507↑→MC↑→\end{cases}电梯慢速上行$$

（2）控制电梯检修慢速向下运行　控制电梯检修慢速向下运行的操作和控制原理与控制电梯检修慢速向上运行时相仿。

第十节　VVVF 拖动、集选 PLC 控制、4 层 4 站电梯的控制原理

一、概述

本章第五～九节已介绍：交流双速轿内按钮继电器、PLC 控制两种电梯拖动控制系统；交流双速集选继电器控制电梯拖动控制系统；直流电动机拖动闭环调压调速电梯拖动控制系统；ACVV（数字化全闭环）、集选 PLC 控制电梯拖动控制系统等五种电梯电气系统的控制原理。其中第五节介绍的内容是基础，如能学好，再逐节比较与其不同之处，并掌握不同部分的控制原理，就会随着学习进程的推移、知识的积累、越学越有兴趣、越学越容易。本节将简要介绍 VVVF 拖动、集选 PLC 控制、4 层 4 站电梯控制系统图 3-62 的控制原理。图 3-62 是笔者应西安一家电梯安装维修公司之约，于上世纪末为一台交流双速 4 层 4 站、1.0m/s 集选继电器控制电梯升级改造为 VVVF 集选 PLC 控制电梯而设计的电气系统图，与其配套使用的 PLC 梯形图程序如图 3-63 所示。

VVVF 是调频调压调速拖动的简称。上节介绍的 ACVV 拖动系统是在不改变同步转速的情况下，通过改变转差率实现调速的拖动系统，因而效率比较低，而且采用 ACVV 拖动的电梯到达减速点后需给 YD 慢速绕组施加一个比较大的能耗制动电流，造成电动机噪声大能耗高等缺陷。而 VVVF 拖动系统是依据交流电动机的同步转速 n 与供电电源频率 f 成正比的原理，以及电动机的转矩 M 取决于定子绕组端电压 U 的原理进行调速的拖动系统。因此这种调速系统的调速范围广、准确度高、噪声小、能耗低，是电梯拖动系统的必然选择。

二、电路原理图3-62 主要组成部分及其工作原理

图 3-62 由主拖动电路、PLC 控制电路、安全控制电路、门电联锁电路、开关门控制电路、照明及开锁梯电路构成。

1. 主拖动电路及其主要环节的工作原理

图 3-62 的主拖动电路由曳引电动机 YD、安川 616G$_5$ 变频器、旋转编码器 PG 构成，与其配套使用的 PLC 梯形图如图 3-63 所示。

（1）曳引电动机 YD 及其调频调压调速　据电磁学理论：交流感应电动机的同步转速 $n=60f/p$，起动运行后的实际转速 $n_1=60f/p(1-s)$，s 为转差率，即连续均匀地改变电动机的供电电源频率，就可以连续均匀地改变电动机的同步转速和实际运行速度；电动机运行过程中定子绕组内产生的感应电动势 $E_1=4.44f_1\omega_1R_1\phi_m$，若定子绕组内的纯电阻压降可以略

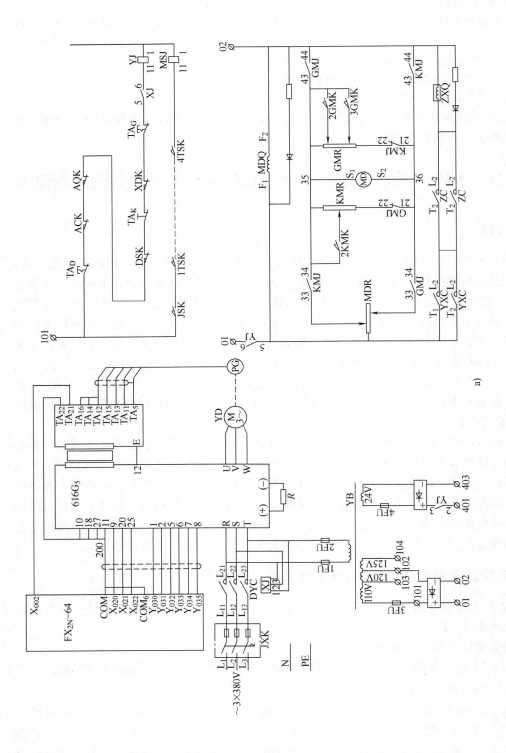

a)

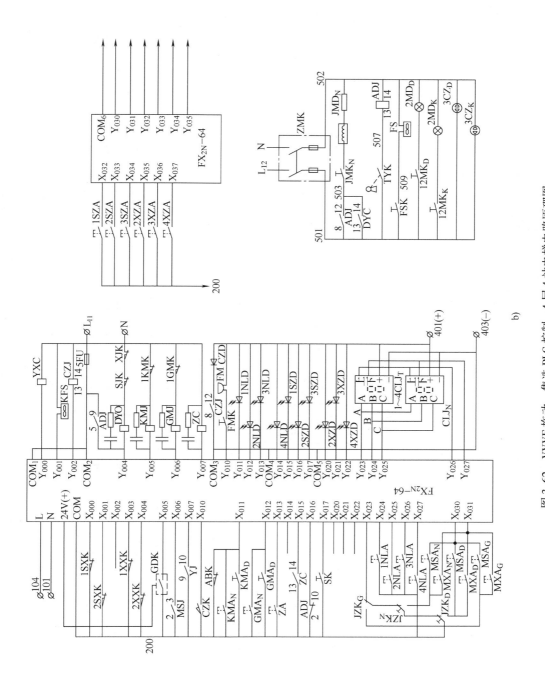

图 3-62 VVVF 拖动、集选 PLC 控制、4 层 4 站电梯电路原理图

a) 主拖动、制动器、门锁和安全、开关门拖动控制电路 b) PLC 及输入输出、开放关闭电梯、照明控制电路

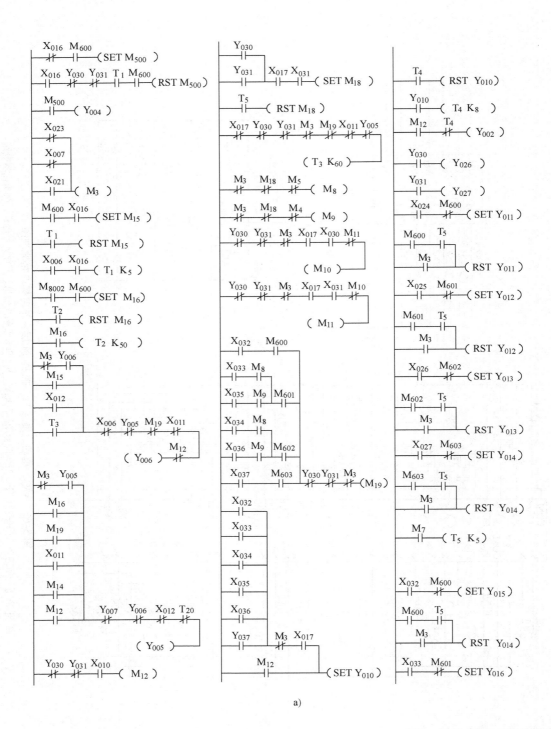

a)

图3-63　与电路原理图配套

a) 送断电、开关门、主令登记控制程序

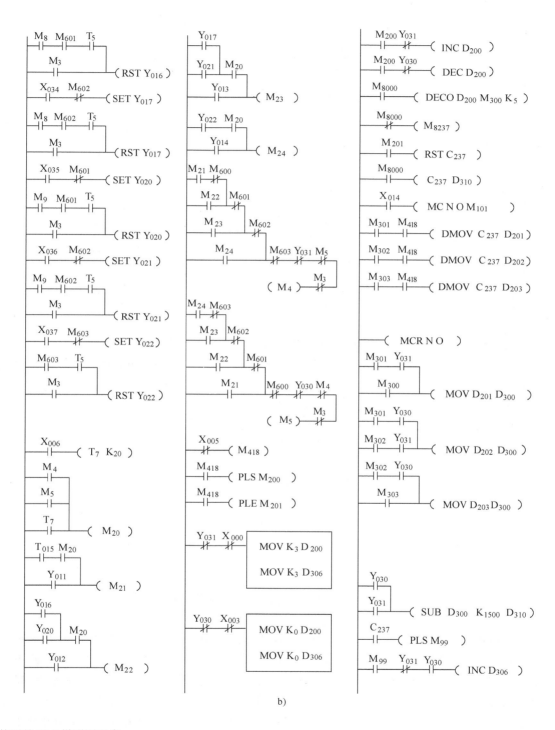

b)

使用的 PLC 梯形图程序

b）外召登记、自动定向、计数传递储存解码控制程序

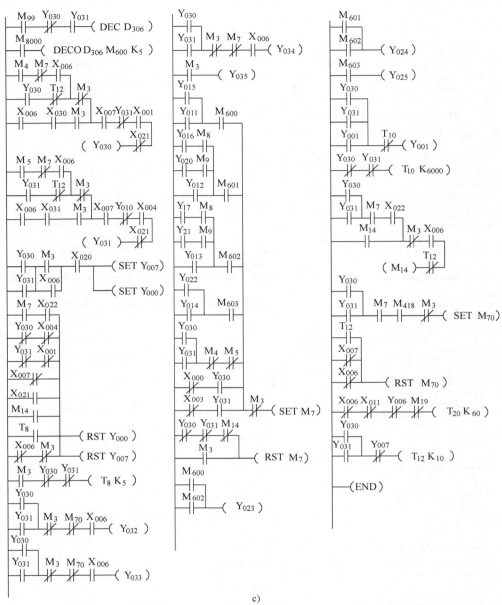

图 3-63　与电路原理图配套使用的 PLC 梯形图程序（续）

c) 上下运行、减速、停靠控制程序

去不计，则电动机定子绕组的外加电压 U_1 近似等于定子绕组的感应电动势 E_1，即 $U_1 \approx E_1 = 4.44f_1\omega_1R_1\phi_m$。因此当 U_1 不变时，若 f_1 升高将导致 ϕ_m 下降，由于电动机的转矩 $M = C_m\phi_ml_2'\cos\phi_2'$，即在电动机供电电源电压不变而改变电源频率时也会造成电动机转矩 M 的变化。因此对于恒转矩负载的电梯曳引电动机在调频调速时，还需适当改变电动机定子绕组的供电电压，以保持 $M =$ 常数时的恒磁通控制方式。即在整个调速范围内，保持电动机电压平衡方程式中的 $U_1/f_1 =$ 常数进行控制，力求达到最佳的调频调压调速效果。

对于交流双速继电器控制电梯升级改造为 VVVF 电梯，如图 3-64 所示，因额定运行速度 $V \leqslant 1.0\text{m/s}$，原有曳引电动机没有更换（仍采用原有交流双速曳引电动机），但效果不

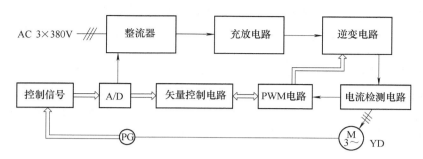

图 3-64 交流感应电动机 VVVF 电梯拖动系统结构框图

错。系统的调频调压调速装置采用安川 616G₅ 箱式变频器，为曳引电动机提供频率和电压幅值连续可调的三相电源，驱动电梯按整定后的给定速度曲线运行，运行效果也不错。

（2）电路原理图 3-62 采用的速度反馈装置 PG 图 3-62 采用的速度反馈装置为旋转编码器 PG，旋转编码器由光栅盘和光电检测装置组成。旋转编码器采用轴套式，套装在曳引电动机轴上并用磷铜皮辅助固定。按旋转编码器每转产生的脉冲数分有 600、1024 等多种，旋转编码器每转产生的脉冲数越多，控制效果越好。由于本次升级改造的电梯运行速度 $V \leqslant 1.0\text{m/s}$，系低速梯固采用每转 600 个脉冲的国产旋转编码器，该电梯自改造完成交付使用至今 10 多年来，故障率低运行效果好，用户比较满意。旋转编码器是构成 VVVF 电梯闭环拖动控制系统的重要装置，拖动控制系统的计算机根据旋转编码器传送到的单位脉冲数换算成单位速度信号，适时与整定后的给定速度值比较，适时调整曳引电动机的供电电源频率和电压幅值，控制电梯按给定速度曲线运行。而控制系统的 PLC，则根据旋转编码器传送到的单位脉冲数适时换算成电梯轿厢的位置信号，适时控制电梯按预定要求提前减速、平层停靠施闸开门。

（3）交-直-交调频调压调速装置（俗称变频器） 交-直-交调频调压调速装置由整流电路、逆变电路、放电电路、检测电路、矢量变换电路等组成。

1）交-直（整流）电路。对于额定运行速度 $V < 2.0\text{m/s}$ 电梯的 VVVF 拖动系统，交-直过程由三组二极管模块（每组两只二极管）组成的三相全波整流电路完成，其电路原理图如图 3-65 所示。整流电路选用的二极管模块应满足耐浪涌电压、耐高温的要求。对于运行速度 $V > 2.0\text{m/s}$ 的电梯 VVVF 拖动系统，整流电路内的二极管模块多改用晶闸管模块。

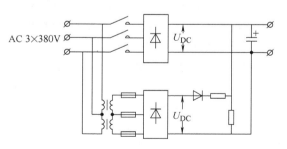

图 3-65 三相桥式全波整流电路和预充电电路

为防止整流电路接通电源瞬间，给整流电路输出端并接的大容量电解电容充电时产生过大的冲击电流，造成损伤整流电路中的二极管模块，常对该整流电路中的大容量电解电容进行预充电，当充电电压达到设定值时，才允许接通整流电路的电源，允许电梯起动运行。图 3-65 下方的三相全波整流电路就是给大容量电容进行预充电而设置的整流电路。

2）直-交（以下简称逆变）电路和 PWM 控制电路。交-直电路是将交流电变换成直流电的电路。直-交过程与交-直过程相反，因而把直-交过程的电路称为逆变电路。对于电梯的 VVVF 拖动系统，直-交过程不只是简单地将直流电逆变成交流电，而是将直流电逆变成频率和幅值连续可调的交流电源，将这个电源施加到曳引电动机的三相定子绕组后，能够驱动曳引电动机按设定的给定速度曲线运行的三相交流电源。因此直-交变换过程就比较复杂。

逆变电路主要由六只大功率晶体管（俗称 GTR 模块），每只模块由一只大功率晶体管和一只续流二极管构成，它的主电路简图如图 3-66 所示。由于每只大功率晶体管的导通和截止过程相当于一只开关。若导通前六只大功率晶体管组成的主电路如图 3-66a 所示，那么导通后六只大功率晶体管组成的等效主电路就如图 3-66b 所示。

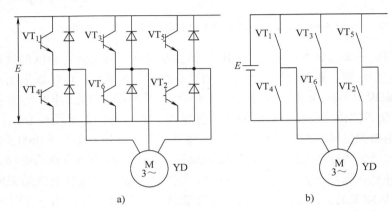

图 3-66　逆变电路原理简图

a）电路原理图　b）简化原理图

逆变电路投入运行后，逆变电路中的六只大功率晶体管 $VT_1 \sim VT_6$，由 PWM 控制电路发出且经放大处理后的三相、相位角差 120° 的矩形脉冲列依次触发 VT_1、VT_3、VT_5 的基极，使其以 120° 的相位角差先后导通。而在同一相上、下半波的大功率晶体管 VT_1、VT_4，VT_3、VT_6、VT_5、VT_2 之间则分别在 180° 角区内导通。如 VT_1 在 A 相正半波导通，则 VT_4 在 A 相负半波导通，因而在每相之间输出的电压为交变电压，其线电压也为交变电压。这个交变电压的频率受 PWM 电路发出的三相矩形脉冲列控制，但这个电压仍是一个频率不同的交变的方波电压，这种波形的电压中还含有很大成分的高次谐波分量，若将这样的电压作为曳引电动机的供电电源电压，则会使电动机的运行效率和功率因素降低、电流增大，效果仍然不理想。因此，现在的 VVVF 电梯拖动系统均采用脉宽控制器 PWM。

所谓脉宽 PWM 控制器，是一种按一定规律控制逆变电路中六只大功率晶体管导通或截止的过程，从而在逆变电路的输出端获得一组等幅不等宽的矩形脉冲波形，该脉冲波的平均值近似等效于正弦电压波。在实际控制过程中，PWM 电路是利用幅值和频率可变的正弦控制波（调制波）与幅值和频率固定的三角波（载波）进行比较，在两个波形的交点处得到一系列幅值相等、宽度不等的矩形脉冲列。当正弦控制波的幅值大于三角波的幅值时，输出正脉冲，使逆变电路中的大功率晶体管导通。当正弦控制波的幅值小于三角波的幅值时，输出负脉冲，使逆变电路中的大功率晶体管截止。由于 PWM 电路输出的脉冲列的平均值近似于正弦波。因此实现在逆变电路的输出端获得一组电压幅值等于整流电路输出 U_D，宽度按正弦波规律变化的一组矩形脉冲列，该脉冲列等效于 $U_D \sin\omega t$。因此提高 U_D 或提高正弦调制波 $U_D \sin\omega t$ 的幅值，均可以提高输出矩形波的宽度，从而提高等效正弦波的幅值。而改变正弦波的角频率 ω，也就是改变输出正弦波的频率，实现曳引电动机供电电源既变频又变压的调速效果。PWM 电路的输出波形如图 3-67 所示。

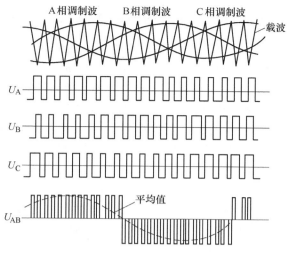

图 3-67 PWM 电路输出波形

3）放电电路。当电梯加速至满速向准备停靠层站运行过程中 VVVF 拖动系统处于电动控制状态，到达准备停靠层站的减速点开始减速至平层停靠点拖动系统处于发电制动状态。在发电制动状态下曳引电动机产生的电能通过逆变器直流侧的大容量电解电容充电，当电容器的端电压 U_{DC} 大于整流电路的输出电压 U_D 时，CPU 发出电信号，发电控制的大功率晶体管基极驱动电路驱动的大功率晶体管导通，电容器经大功率晶体管和大功率电阻 R 放电，电动机产生的电能以热能的形式消耗掉。当电容器端电压 U_{DC} 等于整流电路的输出电压 U_D 时，大功率晶体管截止，曳引电动机产生的电能重新对大容量电解电容充电…放电…直至电梯平层停靠为止。其再生放电电路原理结构框图如图 3-68 所示。

4）电流检测电路。VVVF 拖动系统的电流检测电路由专用器件组成。其作用是检测交、直流电流值，并通过预设装置转化处理成直流信号，送至驱动 CPU 控制电路作为电流反馈信号。VVVF 拖动系统共用三只电流检测器，其中一只用于主回路直流侧，另两只用于逆变电路输出侧，检测结果送驱动 CPU 进行信号比较和处理等。

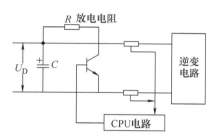

图 3-68 再生放电电路原理框图

5）VVVF 拖动的矢量变换控制及系统的计算机控制。前面已述及，通过控制保持电动机转矩 M 和磁通 ϕ 为常数可获得比较满意的调速效果，但它是在静态情况下推导出来的，与实际情况仍有一定的差距，仍有待进一步解决，解决的方法是实施矢量变换控制。电梯 VVVF 矢量变换控制的基本运动方程式是 $M - MC = (GD^2/375)\,\mathrm{d}V/\mathrm{d}t$，使电动机电磁转矩 M 及时跟随负载转矩 MC 变化，使其差值为常数。在矢量变换控制过程中，一般以三相交流矢量改变为二相交流矢量，矢量旋转变转时，以直角坐标系变转为极坐标系等三步，以此实现所谓"矢量变换控制"。

VVVF 电梯拖动系统按控制系统的计算机发出的起动运行、到站提前换速、平层停靠的指令，适时为曳引电动机 YD 提供频率、电压幅值连续可调的三相交流电源过程中，包括将交流电源转变为直流电源，再将直流电源转变为交流电源过程中的脉宽 PWM 控制，需要将预先设定的电梯运行速度曲线指令、速度反馈装置传送来的测速信号换算成电梯轿厢位置信号，以及采集到的其他电流、电压信号进行比较、运算、处理过程的时间非常短，任务非常繁忙，因此需要一只运算速度比较快的多位计算机才能完成，在此不再赘述。

2. 井道信息装置 GDK

与图 3-62 配套使用的井道信息装置 GDK 采用 OmROn、E_4 型光电开关，其接线图样见图 3-62b 左侧中部的 GDK。遮光板的长度为 120mm 左右。

三、与电路原理图 3-62 配套使用的主要电气部件和 PLC 控制器

与电路原理图 3-62 配套使用的电梯电气部件主要包括：图 3-1b 所示的操作、位置显示、运行方向指示为一体的新一代操纵箱；图 3-3b 所示的召唤、位置显示、运行方向指示为一体的新一代召唤箱；图 3-4 所示的轿顶检修箱；图 3-9 所示的限位开关装置（包括两端站强迫减速开关装置、两端站越位控制装置、两端站极限越位控制装置）和光电开关装置；图 3-11 所示的底坑检修箱和图 3-14b 所示的电梯控制柜和 PLC 等。图 3-62 采用的 PLC 与前几节采用的 PLC 不同，前几节采用日本立石（OmROn，欧姆龙）公司生产的 C60P 型 PLC，而与图 3-62 配套使用的 PLC 是日本三菱公司生产的 FX_{2N}-64 型 PLC，该型 PLC 有 32 个输入点和 32 个输出点：32 个输入点的代号为 $X_{000} \sim X_{007}$、$X_{010} \sim X_{017}$、$X_{020} \sim X_{027}$、$X_{030} \sim X_{033}$、公共端为 COM；32 个输出点的代号为 $Y_{000} \sim Y_{003}$、公共端为 COM_1，$Y_{004} \sim Y_{007}$、公共端为 COM_2，$Y_{010} \sim Y_{013}$、公共端为 COM_3，$Y_{014} \sim Y_{017}$、公共端为 COM_4，$Y_{020} \sim Y_{027}$、公共端为 COM_5。其外形尺寸、助记符编程器和程序输入的助记符语句等都有比较大的区别。读者如想进一步了解该型 PLC，可阅读其使用手册。

四、大修改造工程竣工后的试运行

1. 慢速试运行准备及慢速试运行

控制柜按图 3-62 进行配接线，用助记符编程器将图 3-63 的梯形图程序输入 PLC，机械系统各种零部件按标准要求进行检查调整和维修，光电开关、召唤箱和操纵箱稳装好及配接线已完成，并经检查均符合要求后还应进行以下工作：

1）按变频器说明书的提示，通过变频器的键盘设定电梯有关参数。

2）按变频器说明书的提示和方法，在电梯空载情况下，通过变频器键盘操作，使变频器完成对曳引电动机相关参数的自学习。由于采用图 3-62 的电梯电气控制系统为 PG 矢量控制方式，必须通过自学习，由变频器自动设定电动机的相关参数，才能实现电梯的矢量控制运行，才能达到最佳的运行效果。经自学习后，即可通过轿顶检修箱操作控制电梯上下检修慢速运行，检查检验机电零部件的安装调校状况。

所谓矢量控制，即磁场与力矩互不影响，按指令进行力矩控制的方式。所谓电矢量控制，是同时控制电动机的一次电流及其相位，分别独立控制磁场电流和力矩电流，实现在极低速度下平滑运行和高力矩、高准确度的速度及力矩控制。

2. 快速试运行准备及快速运行调试

电梯安装改造竣工并经检修慢速运行检查，确认一切正常后还应将 PLC 的输入点 X_{014} 与 200 号线短接（用 X_{014} 为图 3-62 所设定），控制电梯自下而上运行一次，让 PLC 进行一次自学习，将运行过程中旋转编码器输出的脉冲存入 PLC 的 D_{200} 通道，作为电梯正常运行过程中 PLC 实现测速、测距、控制电梯减速和平层停靠开门的参考信号。自学习完成后将 X_{014} 与 200 号线之间的短接线拆除，此后便可进行快速运行调试，直至运行效果满意为止。

五、开关门的操作及其控制原理

1. 关门

（1）下班关门断电关闭电梯

1）通过召唤箱上 1SXA 将电梯召回基站，电梯到达基站后软继电器 $M_{600}\uparrow \to Y_{023}\uparrow \to$ 电梯

位置显示装置显示 1 字。

2）用专用锁匙扭动厅外召唤箱上的锁匙 TYK

$$TYK\uparrow\rightarrow ADJ\downarrow\rightarrow\begin{cases}ADJ_{8.12}\downarrow\rightarrow\text{准备切断 }JMD_N\text{ 电路，轿内照明灯熄灭}\\ADJ_{9.5}\downarrow\rightarrow\text{准备切 }DYC\text{ 电路}\\ADJ_{2.10}\downarrow\rightarrow X_{016}\uparrow\rightarrow M_{15}\uparrow\rightarrow Y_{006}\uparrow\rightarrow GMJ\uparrow\rightarrow MD\uparrow\cdots\text{门关妥 }MSJ_{2.3}\uparrow\rightarrow X_{006}\uparrow\rightarrow\\\quad\text{经 0.5s }T_1\uparrow\rightarrow M_{500}\downarrow\rightarrow M_{15}、Y_{004}、Y_{006}\rightarrow DYC\downarrow\cdots\text{实现下班关门断电关闭电梯}\end{cases}$$

（2）轿内轿顶关门按钮 GMA_N 或 GMA_D 关门　在有、无、检三种模式和电梯停靠开门状态下，可通过按下关门按钮实现关门，按下关门按钮时，GMA_N 或 $GMA_D\uparrow\rightarrow X_{012}\uparrow\rightarrow Y_{006}\uparrow\rightarrow GMJ\uparrow\rightarrow MD\uparrow\cdots$实现轿内轿顶关门按钮关门。

（3）无司机模式下电梯平层停靠开门起经 6s 时间自动关门　无司机模式下，电梯平层停靠开门起经 6s 时间 $T_3\uparrow\rightarrow Y_{006}\uparrow\rightarrow GMJ\uparrow\rightarrow MD\uparrow\cdots$实现无司机模式下电梯平层停靠开门起经 6s 时间自动关门。门关妥就地停靠待命。

2. 开门

（1）上班开门送电开放电梯　用专用钥匙扭动厅外召唤箱上的钥匙开关 TYK：$TYK\uparrow\rightarrow$ 501 与 507 号线接通

$$ADJ\uparrow\rightarrow\begin{cases}ADJ_{8.12}\uparrow\rightarrow\text{轿内照明灯 }JMD_N\text{ 得电点亮}\\ADJ_{2.10}\uparrow\rightarrow200\text{ 号线与 }X_{016}\text{接点断开，}X_{016}\downarrow\rightarrow\text{准备接通 }M_{500}\text{ 电路}\\ADJ_{9.5}\uparrow\rightarrow YDC\rightarrow PLC\text{ 得电，}M_{8002}\text{（动作一个扫描周期）}\rightarrow M_{016}\uparrow\rightarrow Y_{005}\uparrow\rightarrow KMJ\uparrow\rightarrow MD\uparrow\cdots\\\quad\text{实现上班送电开门开放电梯}\end{cases}$$

（2）超载开门 FM 断续响 CZD 闪亮

$$\text{在有、无司机模式下超载时 }CZK\uparrow\rightarrow M_{12}\begin{cases}Y_{005}\uparrow\rightarrow KMJ\uparrow\rightarrow MD\uparrow\rightarrow\cdots\text{实现超载开门}\\Y_{010}、Y_{002}\uparrow\rightarrow FM\text{ 响、}CZD\text{ 亮，经预定时间 }T_4\uparrow\rightarrow\\\quad Y_{010}\uparrow、Y_{002}\downarrow\rightarrow FM\text{ 断续响、}CZJ\text{ 断续动作}\rightarrow CZD\text{ 闪亮}\end{cases}$$

（3）本层开门　在无司机模式下，电梯停靠关门待命层站厅外乘员按下召唤箱上的上下召唤按钮时，$M_{19}\uparrow\rightarrow Y_{005}\uparrow\rightarrow KMJ\uparrow\rightarrow MD\uparrow\cdots$实现本层开门。

（4）开门按钮 KMA_N、KMA_D 或安全触板 ABK 开门　电梯在有、无司机模式和停靠关门状态下，可通过按下开门按钮 KMA_N、KMA_D 或碰压安全触板 ABK 实现开门，按下开门按钮 KMA_N、KMA_D 或碰压安全触板 ABK 时，$X_{011}\uparrow\rightarrow Y_{005}\uparrow\rightarrow KMJ\uparrow\rightarrow MD\uparrow\cdots$实现开门按钮 KMA_N、KMA_D 或碰压安全触板开门。

（5）有、无司机模式下运行过程中的平层停靠开门　电梯在有、无司机模式下运行过程中，到达准备停靠层站的平层位置时，变频器的输出为零，$X_{022}\uparrow\rightarrow M_{14}\uparrow\rightarrow Y_{005}\uparrow\rightarrow KMJ\uparrow\rightarrow MD\uparrow\cdots$实现有无司机模式运行过程中的平层停靠开门。

六、司机或管理人员上班开门开放电梯进入轿厢后的操作及其控制原理

司机或管理人员上班开门开放电梯进入轿厢后，可根据需要置电梯于司机、无司机和检修慢速运行等三种模式。

1）扳动手指开关 SK 置 200 号线与 PLC 输入点（下略）X_{017} 于接通状态时，电梯被置于司机控制模式。在司机控制模式下，控制停站时间定时器 T_3 的得电电路被 X_{017} 断开，电梯自平层停靠开门起经 6s 不能自动关门，电梯的关门起动运行由司机控制。

2）扳动手指开关 SK 置 200 号线与 X_{017} 于断开状态时，电梯被置于无司机控制模式，在无

司机控制模式下，控制停站时间定时器 T_3 自电梯平层停靠开门起经 6s 动作，$T_3 \uparrow \to GMJ \uparrow \to$ MD↑…实现自电梯平层停靠开门起经 6s 自动关门，门关妥就地待命。

3）扳动手指开关 JZK_G、JZK_N、JZK_D 置电梯于检修慢速运行模式。若电梯需要保养或出现故障需要维修，则不管 SK 置 200 号线与 X_{017} 于断开或接通（即司机或无司机）状态下，司机或维修人员只要扳动 JZK_G、JZK_N、JZK_D 中任何一只开关，使 200 号线与 X_{023} 断开，$X_{023} \downarrow \to M_3 \uparrow$，电梯被置于检修慢速运行模式。但 JZK_D 开关具有第一优先权，轿顶优先、轿内和机房次之。

七、司机或管理人员将电梯置于司机模式时司机的操作及其控制原理

1. 设 3 楼有乘员见电梯位置显示装置显示 1 字，获悉电梯已开放运行而按 3XZA 要求下行的控制原理

3 楼有乘员按下 3XZA 时

$$3XZA \uparrow \begin{cases} X_{036} \uparrow \to SET\ Y_{021} \uparrow \to 3XZD\ 亮，3\ 楼召唤要求被登记 \\ SET\ Y_{010} \uparrow \to FM\ 响 \end{cases}$$

2. 司机答应乘员要求开梯接送乘员

（1）司机点按关门按钮 GMA_N 开梯前往 3 楼接送乘员　司机听到蜂鸣器响获悉有乘员召唤电梯，开梯接送乘员时，对于外召唤信号具有参与自动运行方向的集选控制电梯，司机不必了解召梯乘员所在层站也不必做轿内指令登记，只需点按一下关门按钮 GMA_N 即可，$GMA_N \uparrow \to \cdots$ 门关妥 $X_{006} \uparrow$，由于 $X_{006} \uparrow \to$ 经 2s 时间 $T_7 \uparrow \to M_{20} \uparrow \to M_{23} \uparrow \to M_4 \uparrow$（电梯定上行方向）$\to Y_{030} \uparrow \to Y_{032}$、$Y_{033}$、$Y_{034} \uparrow$，这时：

1）变频器内的计算机适时给出运行答应信号，$X_{20} \uparrow \to Y_{000}$、$Y_{007} \uparrow \to YXJ$、$ZC \uparrow \to$ 制动器线圈 ZXQ 得电松闸。

2）变频器内的计算机适时调出整定后的运行速度曲线指令，控制逆变器输出频率和电压连续可调的三相交流电源，曳引电动机得电起动、加速、满速往 3 楼运行。

电梯由 1 楼往 3 楼运行过程中，若 2 楼有顺向上召唤信号具有顺向载梯功能，或需要直驶时，按下直驶按钮 ZA 同样有直驶功能，其控制原理和前面述及的集选控制电梯的控制原理相仿。若为执行特殊任务电梯需要强迫换向，则其控制原理也与前面述及的集选控制电梯的控制原理相仿，不再赘述。

（2）电梯到达 3 楼的上行换速点时开始减速运行　电梯由 1 楼出发往 3 楼运行过程中光电开关离开每层楼的遮光板（150mm）时，光电开关 $GDK \downarrow \to X_{005}$ 与 200 号线接通，$M_{418} \uparrow \to$ PLS $M_{200} \uparrow$（动作一个上沿微分周期）$\to INC_{D200}$ 执行加 1 计数，并将结果转移传送到 $M_{600} \sim$ M_{603} 软继电器区，$M_{600} \sim M_{603}$ 中对应的继电器动作，实现电梯的运行控制和所在位置显示。与此同时 PLC 程序中的 SUB 指令按旋转编码器传送到的脉冲数与预先存入相关通道内 2 ~ 3 楼脉冲值的差等于 SUB 指令中 K 的设定脉冲值时，$M_{602} \uparrow \to M_7 \uparrow \to M_{70} \uparrow \to Y_{034} \downarrow \cdots$ 电梯开始减速运行，曳引电动机 YD 产生的电能通过逆变器直流侧的大容量电解电容充电…放电，电梯按整定后的给定速度曲线减速运行。

（3）电梯到达 3 楼的平层允差（±5mm）位置时停靠开门　电梯到达 3 楼的平层区间（±150mm）时，X_{005} 与 200 号线接通，$M_{418} \uparrow \to M_{70} \uparrow \to Y_{032}$、$Y_{033} \uparrow$。当电梯到达平层允差（±5mm）位置时变频器的 3 相电源输出恰好为零时 $X_{22} \uparrow \to M_{14} \uparrow$、$Y_{000}$、

$$Y_{007} \downarrow \begin{cases} Y_{005} \uparrow \rightarrow KMJ \uparrow \rightarrow MD \uparrow \cdots 实现停靠开门 \\ 经 1s 时间 T_{12} \uparrow \rightarrow M_{14} 、Y_{030} 、M_7 、M_{70} \downarrow ，控制系统处于待命状态 \end{cases}$$

3. 3 楼乘员进入轿厢向司机报明准备前往层站司机送乘员的操作及其控制原理

3 楼乘员进入轿厢向司机报明准备前往 1 楼，若 1 楼没有上行外召信号，则司机还需点按 1NLA 做轿内主令登记，再点按关门按钮 GMA…门关妥电梯起动下行，控制原理与上行相仿。

八、司机或管理人员将电梯置于无司机模式时乘员的操作及其控制原理

司机或管理人员将电梯置于无司机控制模式时，乘员的操作及其控制原理与司机控制模式时的操作的最大区别只是对电梯关门的掌握控制。无司机模式下和有司机模式下的关门掌握控制前面多次提及，不再赘述。

九、司机或维保人员控制电梯以慢速上下运行的操作及其控制原理

（1）维保人员或司机通过扳动 JZK_D、JZK_N、JZK_G 中任何一只开关，使 200 号线与 X_{023} 断开，$X_{023} \downarrow \rightarrow M_3 \uparrow \rightarrow Y_{035} \uparrow \rightarrow$ 变频器按整定后的一个固定频率和电压幅值输出 3 相电源，电梯以恒定的速度做好上下检修慢速运行准备。

（2）轿内控制电梯检修慢速向上运行

1）维保人员或司机在轿内扳动 JZK_N 使 200 号线与 X_{023} 断开，按下关门按钮将电梯门关好，门关妥 $MSJ \uparrow \rightarrow MSJ_{2,3}$ 闭合 $\rightarrow X_{006} \uparrow$，电梯做好上下检修慢速运行准备。

2）按下轿内操纵箱上的慢上按钮时，$MSA_N \uparrow \rightarrow 200$ 号线经 JZK_N 开关、MSA_N 与 PLC 输入点 X_{030} 接通，$X_{030} \uparrow \rightarrow Y_{030} \uparrow \rightarrow Y_{000}$、$Y_{007} \uparrow \rightarrow YXJ$、$ZC \uparrow \rightarrow ZXQ \uparrow \cdots$ 电梯检修慢速起动向上运行。

（3）轿内控制电梯检修慢速向下运行

1）维保人员或司机在轿内扳动 JZK_N 使 200 号线与 X_{023} 断开，按下关门按钮将电梯门关好，门关妥 $MSJ \uparrow \rightarrow MSJ_{2,3}$ 闭合 $\rightarrow X_{006} \uparrow$，电梯做好上下检修慢速运行准备。

2）按下轿内操纵箱上的慢上按钮时，$MXA_N \uparrow \rightarrow 200$ 号线经 JZK_N 开关、MSA_N 与 PLC 输入点 X_{031} 接通，$X_{031} \uparrow \rightarrow Y_{031} \uparrow \rightarrow Y_{000}$、$Y_{007} \uparrow \rightarrow YXJ$、$ZC \uparrow \rightarrow ZXQ \uparrow \cdots$ 电梯检修慢速起动向下运行。

（4）轿顶控制电梯做检修慢速上下运行的操作及其控制原理　维保人员或司机在轿顶控制电梯作检修慢速上下运行时扳动 JZK_D，使 200 号线与 X_{023} 断开，其余与轿内操作控制电梯检修慢速上下运行的原理相仿。

（5）机房控制电梯作检修慢速上下运行的操作及其控制原理　机房控制电梯作检修慢速上下运行时扳动 $JZK_G \cdots$ 其他操作及其控制原理与轿内、轿顶相仿，不再分别赘述。

第十一节　采用 NICE3000^{new} 控制器的 VVVF 电梯电气控制系统工作原理

一、概述

电梯的电气控制系统在近二十年来发展非常迅速，传统的继电器控制早在 20 世纪 90 年

代被可编程序逻辑控制器（PLC）取代，电梯的拖动方式由 VVVF 取代了交流双速拖动和 ACVV 拖动系统。随着微电子技术的迅猛发展，大规模集成电路制造工艺不断改进、完善，计算机在工业现场的应用优势日益明显；不仅计算机的工作可靠性大大提高，而且成本越来越低；采用计算机丰富的高级编程语言，既能实现电梯复杂而又规则的逻辑控制功能，又能记录并适时显示电梯故障信息。因此，计算机控制成为当前电梯普遍采用的控制技术，特别是近年来，集电梯控制与驱动为一体的控制器技术日渐成熟，成为我国许多电梯制造厂家作为电梯电气系统的选择。目前，国内的电梯一体化控制器生产厂家主要有沈阳市蓝光自动化技术有限公司（简称沈阳蓝光）、上海新时达电气股份有限公司（简称上海新时达）和苏州默纳克控制技术有限公司（简称苏州默纳克）等三家。随着电梯市场竞争日趋激烈，除合资品牌电梯外，我国其他众多电梯制造厂家基本都是采用沈阳蓝光、上海新时达和苏州默纳克品牌的一体化控制器其中的一种。近十年来，我国每年新增几十万台电梯投入使用，采用一体化控制器的电梯数量相当可观。本书以苏州默纳克 NICE3000^{new} 一体化控制器为例，简要介绍其控制的 VVVF 电梯电气系统及其工作原理，以利于读者对一体化控制器加深了解，基本掌握采用一体化控制器电梯的基本工作特性，触类旁通采用沈阳蓝光、上海新时达控制器的电梯工作原理，了解更多的电梯控制技术，提高解决现场实际问题的能力。

二、NICE3000^{new}系列电梯一体化控制器简要介绍

　　NICE3000^{new}系列电梯一体化控制器是苏州默纳克控制技术有限公司在对 NICE3000 控制器大量应用的基础上，结合电梯行业新特点进行技术升级，自主研发、生产的新一代电梯一体化控制器。该系列电梯一体化控制器采用高性能矢量控制技术，通过更改一个参数就能轻松实现驱动永磁同步、交流异步曳引机的切换，支持开环低速运行；可进行两台电梯的直接并联或群控；支持 CANBUS、MODBUS 通信方式，减少随行电缆数量，实现远程监控；最高控制楼层数达40层，最高运行速度为4.0m/s。该类电梯广泛应用于商业住宅、办公楼、商场、医院等不同区域。NICE3000^{new}系列电梯一体化控制器系统框图如图3-69所示。

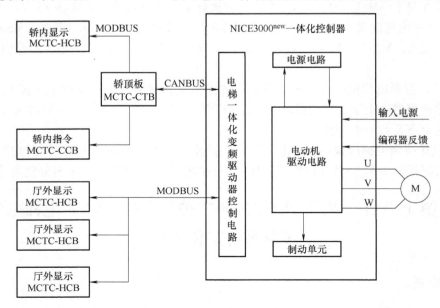

图 3-69　NICE3000^{new}一体化控制器系统框图

在 NICE3000^{new} 一体化控制器系统框图中，高性能矢量变频器与电梯控制器集中在一体，成为一个核心，构成了一个电梯驱动控制系统，故称之为一体化控制器。NICE3000^{new} 系列电梯一体化控制系统主要包括一体化控制器、轿顶控制板（MCTC-CTB）、轿内指令登记（MCTC-CCB）及轿内显示（MCTC-HCB）控制板、厅外召唤显示控制板（MCTC-HCB）以及可选择的提前开门模块、远程监视系统等。其中，一体化控制器通过轿内指令、外召指令的登记及其预先设计的电梯逻辑控制程序，结合电动机编码器的反馈信号实时控制曳引电动机按预定速度曲线运行，以脉冲计数的方式记录井道各位置开关的高度信息，实现电梯起动、加速、额定快速运行、换速运行、直接平层停靠、自动开门的全过程；轿顶控制板（MCTC-CTB）通过 CANBUS 方式与一体化控制器通信，实现轿内按钮指令登记（MCTC-CCB）、轿内层楼方向显示（MCTC-HCB）、开关门按钮指令等的信息采集与控制；厅外召唤显示通过 MODBUS 方式与一体化控制器通信，只需简单的更改每层楼的厅外召唤设置地址，即可完成所有楼层厅外召唤指令登记、层楼显示，实现厅外人员乘用电梯的操作控制。

三、采用 NICE3000^{new} 系列一体化控制器的 VVVF 电梯电气控制系统工作原理

为了便于读者快速阅读采用 NICE3000^{new} 系列一体化控制器的 VVVF 电梯电气控制系统的工作原理，并保持与本书其他电梯电气控制系统原理图中的部件及元器件名称一致，采用 NICE3000^{new} 系列一体化控制器的 VVVF 电梯电气控制系统的电气元件名称和文字符号见表3-7所示。

表 3-7 NICE3000^{new} 系列一体化控制器的电梯电气元件的名称和文字符号

文字符号	名 称	位 置	文字符号	名 称	位 置
DYK	电梯电源开关	机房配电箱	JZK_N	轿内检修开关	操纵箱
YB	控制变压器	控制柜	MSA_N	轿内慢上开关	操纵箱
XJ	相序继电器	控制柜	MXA_N	轿内慢下开关	操纵箱
YD	曳引电动机	曳引机	JZK_D	轿顶检修开关	轿顶检修箱
1FU	三相断路器	控制柜	MSA_D	轿顶慢上按钮	轿顶检修箱
4FU	单相断路器	控制柜	MXA_D	轿顶慢下按钮	轿顶检修箱
5FU	单相断路器	控制柜	SXK	上限位开关	井道上端站
6FU	单相断路器	控制柜	XXK	下限位开关	井道下端站
7FU	单相断路器	控制柜	1SHK	一级上强迫换速开关	井道上端站
UBP	一体化控制器（变频器）	控制柜	2SHK	二级上强迫换速开关	井道上端站
PG	旋转编码器	主机尾	1XHK	一级下强迫换速开关	井道下端站
BKR	制动电阻	控制柜	2XHK	二级下强迫换速开关	井道下端站
1、2ZL	1、2 整流桥	控制柜	1、2BZK	1、2 抱闸检测开关	主机抱闸系统
KGY	开关电源	控制柜	RBK	电机热保护开关	曳引电机内
SPK	上平层光电开关	轿顶	BZC	抱闸接触器	控制柜
XPK	下平层光电开关	轿顶	KC	运行接触器（快车接触器）	控制柜
JZK_G	机房检修开关	控制柜	TA_G	控制柜急停按钮	控制柜
MSA_G	机房慢上按钮	控制柜	QTA_T	前厅门入口急停按钮	首层前厅门内侧
MXA_G	机房慢下按钮	控制柜	HTA_T	后厅门入口急停按钮	首层后厅门内侧

（续）

文字符号	名　　称	位　置	文字符号	名　　称	位　置
TA_K	底坑急停按钮	底坑	KGK	电锁开关	外呼盒
DSK	断绳开关	底坑	XFK	消防开关	外呼盒
HCK	缓冲器开关	底坑	YJD	应急照明电源	轿顶
SJK	下极限开关	井道上端站	PH1	轿厢对讲机	操纵箱
XJK	上极限开关	井道下端站	PH2	轿顶对讲机主机	轿顶
JSK	夹绳器开关	机房	PH3	底坑对讲机主机	底坑
XSK	限速器开关	限速器	PH4	机房对讲机主机	控制柜
AQK	安全钳开关	轿箱	PH5	值班室对讲机	值班室
DDA_G	控制柜紧急电动按钮	控制柜	THA	五方通话按钮	操纵箱
TA_D	轿顶急停按钮	轿顶	JLA	警铃按钮	操纵箱
TK_N	轿内急停开关	操纵箱	JL	警铃	操纵箱
PCK	盘车轮开关	曳引机	ZMK_N	轿厢照明电源断路器	机房配电箱
$1\sim nMSK_Z$	$1\sim n$ 主厅门开关	各主层门	ZMK_J	井道照明电源断路器	机房配电箱
$1\sim nMSK_F$	$1\sim n$ 副厅门开关	各副层门	ZMK_G	轿厢照明开关	操纵箱
JMK_Z	主轿门开关	主轿门	ZMK_J	井道照明开关	底坑
JMK_F	副轿门开关	副轿门	$1\sim nZMD_J$	井道照明灯	井道
JTC	急停接触器	控制柜	FSK	风扇开关	操纵箱
MSC	门锁接触器	控制柜	SZPK	上再平层开关	轿顶
MCTC-SCB-AI	防轿厢意外移动保护板	控制柜	XZPK	下再平层开关	轿顶
ZCQ	抱闸线圈	曳引机	FS	风扇	轿厢
CTB	轿顶板	轿顶检修箱	ZMD_N	轿厢照明灯	轿厢
NICE900	门机控制器	轿顶	ZMK_N	轿厢照明开关	操纵箱
ABK_Z	主门安全触板开关	触板或光幕	ZMD_G	控制柜照明灯	控制柜
ABK_F	副门安全触板开关	触板或光幕	ZMK_G	控制柜照明开关	控制柜
GXK_Z	主门关门限位开关	门机	ZMD_D	轿顶照明灯	轿顶
GXK_F	副门关门限位开关	门机	ZMD_K	底坑照明灯	底坑
KXK_Z	主门开门限位开关	门机	ZMK_D	轿顶照明开关	轿顶
KXK_F	副门开门限位开关	门机	ZMK_K	底坑照明开关	底坑
MZK	满载开关	轿底	CZ_D	轿顶220V 插座	轿顶
CZK	超载开关	轿底	CZ_K	底坑220V 插座	底坑
HCB	通信显示板	操纵箱/外呼盒	FLK	消防联动开关	消防装置
DZZ	到站钟	轿顶	BZC_1	抱闸接触器1	控制柜
MD	门电机	轿顶			

（续）

电气元件名称	电气元件符号	电气元件名称	电气元件符号
空气开关	 三相　　单相	发光二极管	
		二极管	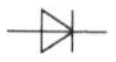
接触器、继电器线包	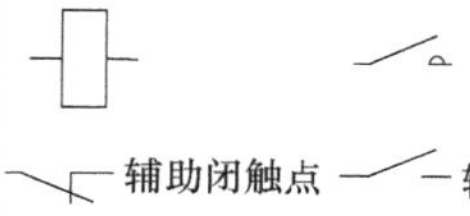 主触点　辅助闭触点　辅助开触点	风扇	
		白炽灯	
继电器触点	常闭触点　常开触点	警铃	
	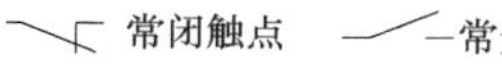	蜂鸣器	
限位开关	 常闭　　常开	两相插座	
旋转开关	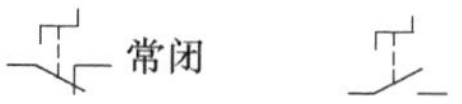 常闭　　常开	钥匙开关	
急停按钮	 常闭（非自动复位）	抱闸线圈	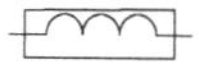
限位开关	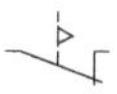 常闭（非自动复位）	手指开关	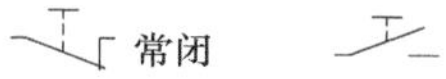 常闭　　常开
按钮	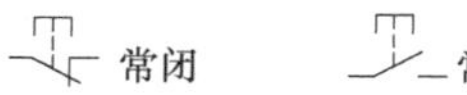 常闭　　常开	传感器	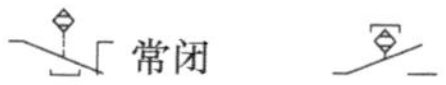 常闭　　常开

1. 采用 NICE3000[new] 系列一体化控制器的 VVVF 电梯电气控制系统工作原理图如图 3-70 ~ 图 3-74所示

2. 供电电源、主拖动电路和部分控制电路如图 3-70 所示

（1）供电电源　目前，我国的动力供电电源有三相四线制 AC380V 和三相五线制 AC380V 两种方式。电梯的供电电源普遍采用三相五线制 AC380V 电源，其目的是中性线（N）与保护线（PE）始终分开，可以确保电梯的控制线路工作可靠并安全，同时满足电梯检验规则（TSG T7001—2009）的规定。

（2）主拖动电路　由电梯控制电源（DYK）三相负荷开关接入，经安全控制回路接触器（JTC）主触点接通后，将三相 AC380V 电源提供给一体化控制器的变频器（UBP）的 R、S、T 输入端，通过电气控制系统以及变频器逆变后输出三相可控电压（U、V、W），由运行接触器（KC）三相主触点接通连接到曳引电动机（YD）的 U、V、W 端子上，供给曳引电动机三相电源而实现电梯的 VVVF 拖动控制。

（3）整流电路　电梯的电气控制系统中需要不同电压等级的直流电源，而供电电网是交流电，故需要整流电路进行转化。在电梯控制系统中，当控制电源（DYK）接通后，变压器（YB）输入 AC380V 电压，输出 0 ~ 220V、0 ~ 125V、0 ~ 125V 三组交流电压。经过开关电源（GKY）输出 DC24V、桥式整流电路（1ZL）输出 DC110V。当控制系统中采用的接触器线圈电压为 DC110V 时，需要增加桥式整流电路（2ZL）输出 DC110V。整流电路分别提供给安全控制电路接触器（JTC）、门锁接触器（MSC）、抱闸接触器（BZC）、运行接触器（KC）、抱闸线圈（ZCQ）以及各个安全控制开关、平层控制器、限位开关和轿内、厅外显示器的供电电源。实现电梯的各种控制功能。

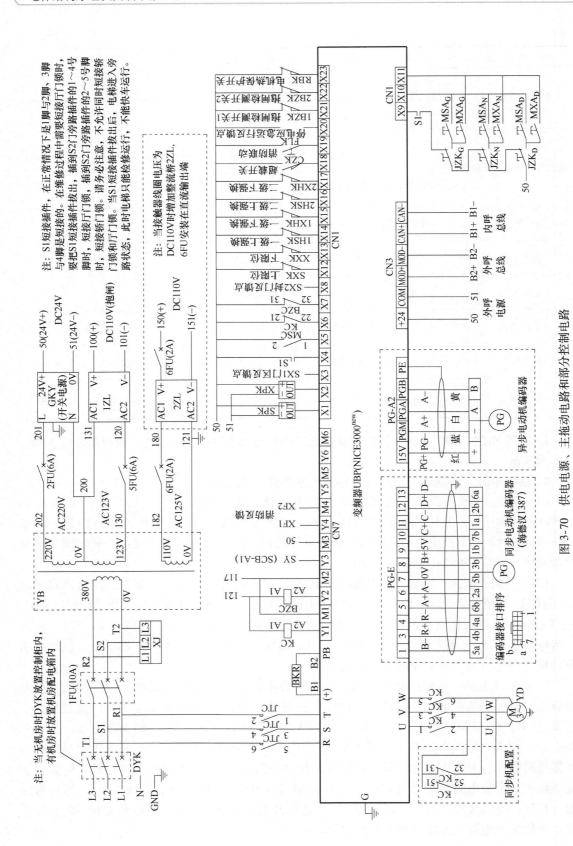

图3-70 供电电源、主拖动电路和部分控制电路

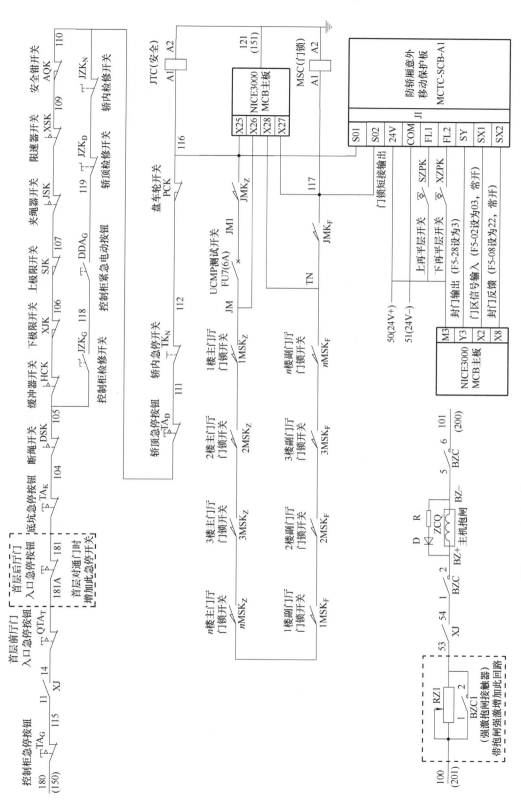

图 3-71 安全电路、门锁电路、抱闸电路和轿厢意外移动保护电路

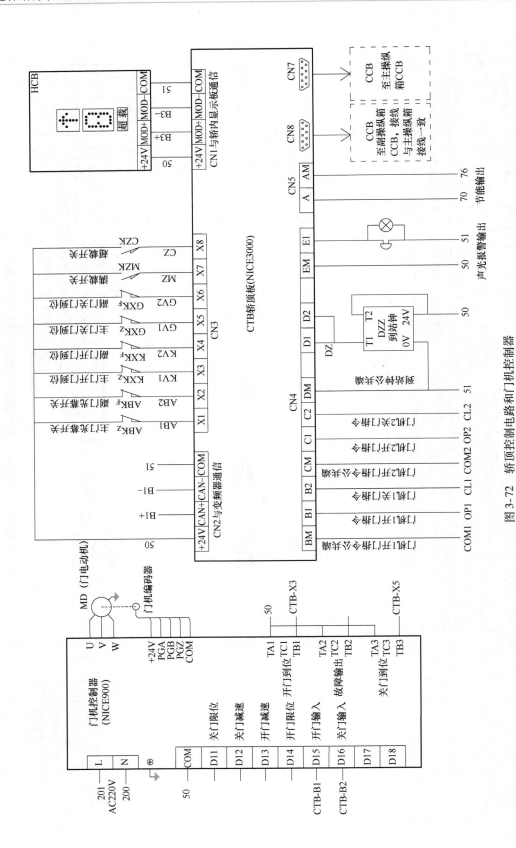

图 3-72　轿顶控制电路和门机控制器

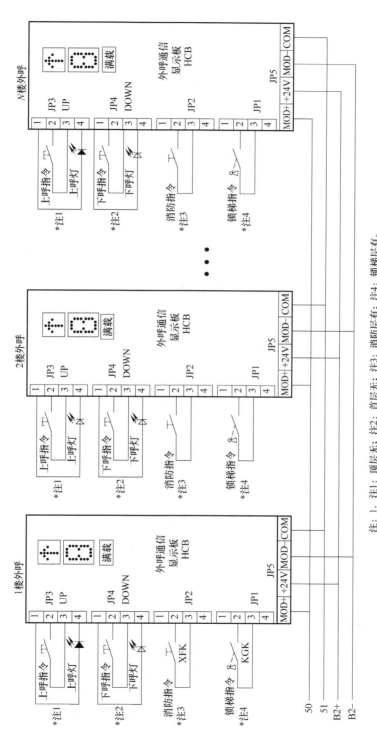

图 3-73　层楼外呼登记和显示电路

注: 1. 注1: 顶层无; 注2: 首层无; 注3: 消防层有; 注4: 锁梯层有。
　　2. 消防、锁梯开关必须安装在相应的楼层, 否则无效。

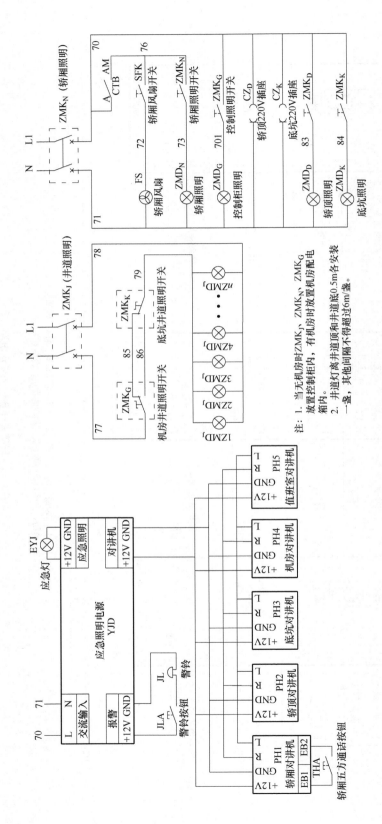

图 3-74 五方对讲通话、轿厢照明和井道照明电路

（4）控制电路　NICE3000^{new}系列电梯一体化控制器，是变频器和计算机控制两部分合二为一的整体机。其输入端子用 X 表示、输出端子用 Y 表示，端子的外围接线以及构成的控制电路如下：

1）端子 PG-E 是驱动永磁同步曳引机时，曳引电动机的编码器控制信号接入端（采用海德汉 1387 型号编码器的接线方式）、端子 PG-A2 是驱动交流异步曳引机时，异步电动机的编码器控制信号接入端。

2）电梯检修状态控制：X9 不通时为电梯检修状态，X10 和 X11 分别为检修上、下方向按钮的输入点。该电梯控制系统分别设有轿顶检修开关（JZK$_D$）、轿内检修开关（JZK$_N$）和机房控制柜内的检修开关（JZK$_G$）。依据电梯制造标准，电梯的检修状态控制优先级别为轿顶最高、轿内次之，机房最低，确保现场作业人员安全。

3）端口 CN3 为一体化控制器与轿内指令信号、厅外召唤信号之间的供电电源和通信端口，轿内指令数据采用 CAN + 和 CAN – 通信（CANBUS 标准通信）、厅外召唤数据采用 MOD + 和 MOD – 通信（MODBUS 标准通信）。

4）端口 CN7 区域的 Y1 输出为运行接触器（KC）、Y2 输出驱动抱闸接触器（BZC）、Y3 为系统继电器输出控制封门接触器的吸合与释放、Y4 为消防状态时，当轿厢返回消防基站后，系统发出反馈信号控制消防联动使用。

5）端子 CN1 区域的 X12 和 X13 是上、下限位开关输入端口；X14 ~ X17 是上、下强迫换速开关输入端口。电梯上、下强迫换速开关和上、下限位开关在井道的安装位置如图 3-75 所示。

强迫换速开关是电梯安全运行的重要保护装置之一，当电梯运行到上下端站时，如果未能在预定位置正常将额定运行速度切换为减速运行状态，则安装在轿厢上的撞弓打板将触碰强迫换速开关动作，一体化控制器接收到强迫换速开关信号后，会控制变频器的输出使电梯强行换速运行，实现正常的自动平层停靠，确保轿厢不会发生冲顶或者蹲底现象。强迫换速开关配置的数量与电梯的额度速度有关，当电梯额定速度不大于 1.75m/s 时，需要一组强迫换速开关；当电梯额定速度为 2.0m/s 和 2.5m/s 时需要两组强迫换速开关；当电梯额定速度为 3.0m/s ≤ V ≤ 4.0m/s 时需要三组强迫换速开关，强迫换速开关的对应安装

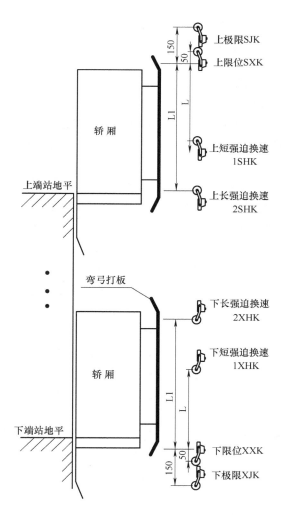

图 3-75　强迫换速开关、限位开关、极限开关安装位置图

位置即强迫换速距离见表 3-8。

表 3-8　强迫换速距离

额定速度/ (m/s)	0.2	0.4	0.5	0.63	0.75	1.0	1.5	1.6	1.75	2.0	2.5	3.0	3.5	4.0
一级强迫减 速距离/m	0.2	0.2	0.2	0.2	0.4	0.7	1.5	1.7	2.0	2.0	2.0	2.0	2.0	2.0
二级强迫减 速距离/m	—	—	—	—	—	—	—	—	—	2.5	4.0	4.0	4.0	4.0
三级强迫减 速距离/m	—	—	—	—	—	—	—	—	—	—	—	6.0	8.0	11

注：1. 梯速 $V<1.0$ m/s 的电梯，其强迫减速开关实际安装距离建议尽量接近此表的推荐值。

　　2. 梯速 1 m/s $\leq V \leq 2$ m/s 的电梯，其强迫减速开关实际安装距离相较于此表的推荐值允许有 ±0.1m 的误差。

　　3. 梯速 2 m/s $< V \leq 4$ m/s 的电梯，其强迫减速开关实际安装距离相较于此表的推荐值允许有 ±0.3m 的误差。

与上下强迫换速开关安装在一起，保护轿厢超越端站层面 30～50mm 时停止运行的是上、下限位开关。当电梯驶过端站平层位置未停止时，为防止电梯冲顶或蹲底而设定的端站停止开关。上限位开关一般安装在轿厢超过顶层平层 30～50mm 的位置，当轿厢运行超过顶层平层继续上行 30～50mm 时，上限位开关动并将信号输入一体化控制器（X12），经一体化控制器输出使电梯立即停止向上运行，防止轿厢冲顶；下限位开关一般安装在超过底层平层 30～50mm 的位置，当轿厢运行超过底层平层继续下行 30～50mm 时，下限位开关动并将信号输入一体化控制器（X13），经一体化控制器输出使电梯立即停止向下运行，防止轿厢蹲底。

如果轿厢越过上、下限位开关后还没有停止，则轿厢上的撞弓会继续碰触安装在井道内的上极限开关（SJK）或下极限开关（XJK）动作，此时将切断电梯的安全控制电路接触器（JTC）线圈的供电，安全接触器断电释放，轿厢立即停止运行。上、下极限开关是井道内限制轿厢运行区间的最后防线，安装在轿厢超越上、下端站平层位置 150mm 时能够动作的位置。作为上下端站安全保护装置，所有这些开关的接线牢固、动作触点可靠是关系电梯作业人员在井道安全作业的保障，也是日常维护保养检查的工作重点，千万不可掉以轻心。

6）端子 CN1 区域的 X1 和 X3 分别是上、下平层光电开关信号。平层信号由平层开关（SPK、XPK）插入平层遮光板时产生，安装位置如图 3-76 所示。其作用是轿厢能够准确停靠在各楼层的平层位置。平层开关安装在轿顶，平层遮光板安装在井道的导轨上，每个楼层安装一个平层遮光板，务必保证每层楼遮光板的安装垂直度一致，否则会影响楼层的平层精度。使用提前开门功能时，需要适当

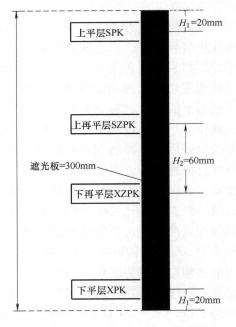

图 3-76　平层和再平层开关安装位置图

增加平层遮光板的长度，一般遮光板的长度 ≤ 300mm。有防止轿厢意外移动保护功能的电梯必须增加两个再平层光电开关，安装位置如图 3-76 所示。

由于本节篇幅限制，对于图 3-70 中的其余控制端口不再赘述，读者如有兴趣，可查看默纳克"NICE3000^{new}电梯一体化控制器用户手册"详细了解。

3. 安全电路、门锁电路、抱闸电路和轿厢意外移动保护电路如图 3-71 所示

（1）安全电路　安全电路是电梯控制系统正常工作的必要条件，由控制柜急停按钮（TA_G）、相序继电器触点、首层厅门入口急停按钮（QTA_T）、底坑急停开关（TA_K）、断绳开关（DSK）、缓冲器开关（HCK）、下极限开关（XJK）、上极限开关（SJK）、夹绳器开关（JSK）、限速器开关（XSK）、安全钳开关（AQK）、轿顶急停按钮（TA_D）、轿内急停开关（TA_N）、盘车轮开关（PCK）串联组成，当所有按钮和开关正常时，接通安全接触器（JTC）；其中任何一个按钮或开关断开，JTC 断电释放，电梯控制系统失电，电梯不能运行。安全电路中的开关分布在电梯的井道、底坑、轿内、轿顶及机房中的电梯部件上，共同确保在井道、底坑、轿顶以及机房等进行电梯施工的人身安全。其中的安全开关有多种类型，有些是可自动复位的（如上、下极限开关、安全钳开关等）；有些是开关动作后必须手动才能复位的（如各种急停按钮、缓冲器开关等）。为便于现场维修判别故障点或实施困人紧急救援时，如检查出是 HCK、SJK、XJK、JSK、XSK、AQK 开关中的一个或几个不通时，可通过机房内的紧急电动运行开关（DDK_G）连接控制柜内检修开关（JZK_G），旁路由 HCK、SJK、XJK、XSK、AQK 开关串联的一部分安全电路，迫使安全接触器（JTC）得电吸合，电梯可暂时以检修运行排除故障或救出被困人员，维修人员检查排除故障后恢复紧急电动运行开关为正常。这里需要特别注意：紧急电动运行必须是在机房内（无机房电梯在最顶层）实施的手动操作，即按检修上方向按钮（MSA_G），电梯检修上行；按检修下方向按钮（MXA_N），电梯检修下行。当电梯在轿顶或轿内处于检修状态时，紧急电动运行不能实施。

（2）门锁电路　门锁电路由轿门电联锁触点 JMK_Z、JMK_F 和层门电联锁触点 $1 \sim nMSK_Z$、$1 \sim nMSK_F$ 串接而成。轿门和厅门的可靠关闭并锁紧，确保轿门电联锁和厅门电联锁触点接通，是电梯起动运行的前提。只要其中有一个门电联锁触点未接通，电梯就不能运行。即使在电梯运行期间，只要有一个门电联锁触点断开，电梯也应立即停止运行。该类电梯安装时应特别注意：为了确保各层门及轿门的电联锁触点工作正常，可在检修模式下，在控制柜中将短接插件 S1 拔出，插到 S2 门旁路插件的 1~4 脚时，所有厅门电联锁触点短接；插到 S2 门旁路插件的 2~5 脚时，轿门电联锁触点短接。如此能够让电梯暂时以检修速度上下运行，以便调整层门间隙并确保门电联锁触点可靠接通。轿门、层门调整结束后，应立即将 S1 插件恢复原来位置，以免发生事故。**在此特别注意：不允许同时短接轿门锁和层门锁！NICE3000^{new}系列一体化控制器设定：当短接插件 S1 拔出后，电梯进入旁路状态，此时电梯只能检修运行，不能快车运行。**

门锁电路属于电梯安全控制电路的重要组成部分，是日常维护保养工作的重点，踏实、认真做好层门、轿门电联锁的日常维保，确保其工作正常，能大大降低电梯的故障率。

（3）抱闸电路　抱闸是曳引机的重要构件，也是电梯的主要安全部件之一。抱闸电路由抱闸线圈 ZCQ、抱闸接触器 BZC 触点、相序继电器触点以及经济电阻 RZ1 构成。其工作原理是：抱闸电路供电电压正常，电源相序正确后相序继电器常开触点闭合，当抱闸接触器 BZC 吸合后，其常开触点闭合，抱闸线圈 ZCQ 得电产生磁场使抱闸铁心吸合，电梯抱闸打开，曳引机运行；当电梯需要平层停靠时，抱闸接触器 BZC 失电复位，抱闸线圈 ZCQ 失电磁力消失，抱闸的机械臂在制动弹簧的作用力下，将异步曳引机的联轴器或同步曳引机的曳引轮抱紧，电梯轿厢不再运行，即轿厢能够可靠的停止在层楼的平层位置上，如此实现了电梯的一次运行过程。抱闸线圈为电感性元件，失电时存在反电动势效应，对抱闸线圈回路中的控制触点有拉弧烧蚀现象，影响触点的使用寿命、也有可能造成触点的粘连而出现意外，故通常在抱闸线圈两端并接二极管 D 和电阻 R 组成的续流电路，释放抱闸线圈产生的反电动势，确保抱闸安全、可靠的工作。

电梯制造标准对于永磁同步曳引机和交流异步曳引机的抱闸间隙的规定是不同的，特别是目前普遍采用的永磁同步曳引机，各生产厂家也有不同的规定。因此，电梯作业人员应根据电梯安装维护说明书的要求，及时做好现场电梯抱闸间隙的调整、包括抱闸电路中相关电气部件的检查及更换，确保抱闸部件安全、可靠工作，避免由于抱闸原因造成电梯安全事故。

（4）轿厢意外移动保护装置　该一体化控制器的轿厢意外移动保护装置（UCMP）由保护板（MCTC-SCB-A1）和上、下再平层开关（SZPK、XZPK）组成。能够实现两种保护，其一是当电梯轿厢正常运行到某一层停靠开门后，UCMP 装置的 S01、S02 输出检测层门、轿门开关是否短接的电信号，当检测到层门开关或轿门开关被短接时（X26、X28 为门锁短接检测点），UCMP 装置将通过 NICE3000MCB 主板，控制电梯不允许再一次启动并通报故障代码，达到检测门锁短接现象的目的；其二是当检测到轿厢的上、下再平层开关（SZPK、XZPK）有一个缺失电信号时，即轿厢出现意外移动了，UCMP 装置将控制电梯轿厢立即停止移动、不允许再一次启动并通报故障代码。在电梯出现 UCMP 装置的故障信息后，需由电梯专业技术人员现场查明原因并排除故障，同时消除 UCMP 装置的故障代码信息后，电梯方可回复正常运行。

4. 轿顶控制板（CTB）及外围电路和门机控制系统如图 3-72 所示

（1）轿顶控制板（CTB）及外围电路　轿顶控制板（CTB）一般安装在轿顶检修箱内，通过其 CN2 端口与控制柜的一体化控制器主控制板（MCB）的 CN3 端口连接，采用 CAN-BUS 方式完成数据通信和通过其 CN7、CN8 端口分别与轿内主、副操纵箱连接，采用 MOD-BUS 方式完成数据通信，实现轿内指令登记及电梯运行方向和楼层显示。

轿顶控制板（CTB）的外围电路包括：轿厢满载、超载开关信号输入；轿门保护开关信号（光幕开关、安全触板开关等）输入；轿门的开门到位、关门到位指令输入；轿厢平层到站钟输出和超载声光报警输出；轿厢照明、风扇的节能输出控制等。

轿顶控制板（CTB）能够实现的控制功能包括：

1）实现与一体化控制器主控板（MCB）、轿内指令和门机控制器之间的信息控制及通信；

2）控制电梯到达平层停站后到站钟的鸣响；

3）控制轿厢超载后输出"超载"声光报警，同时使电梯不能实现自动关门操作，以此提示应有人员自动退出轿厢至不超载状态；

4）接受轿厢满载信号并反馈控制器主控板（MCB），实现电梯直驶运行功能；

5）接受轿门保护信号（光幕开关、安全触板开关），控制轿门再次打开避免夹伤乘客；

6）接受并传送开关门指令、开关门到位开关信号，控制电梯正常开关门操作；

7）电梯待机一定时间后，自动关闭轿内照明及风扇、节约能源；当有厅外召唤指令信号后，能自动开启轿厢照明和风扇。

（2）门机控制系统 该电梯的门机控制系统由 NICE900 门机一体化控制器、门电动机及编码器以及开关门按钮、轿门保护开关（光幕开关、安全触板开关）、门机调速开关和开关门到位开关等组成，轿顶控制板（CTB）把采集到的开门、关门信号传送给机房主控制板，主控制板根据电梯当时的工作状态发出开门或关门指令传送到轿顶控制板（CTB）板，CTB 板 CN4 端口输出的 B1 和 B2 信号分别连接到门机控制器的 D15 和 D16 输入端，实现电梯门机的开、关控制。

默纳克 NICE900 系列门机一体化控制器，是一款专用的变频门机驱动控制器，集成了电梯开关门逻辑控制与电动机变频驱动控制为一体，外部系统只需给出开关门指令，即可实现对整个门系统的控制。该控制器可驱动交流笼型异步电动机和交流永磁同步电动机，并支持速度控制与距离控制两种工作模式，并且具有良好的工作性能和保护功能，现场安装、调试简单明了，通过其操作面板可以方便地进行电梯门机系统相关功能参数的修改以及工作状态的监控操作。由于篇幅限制，在此不再赘述，读者如有兴趣可通过"NICE900 门机一体化控制器说明书"详细了解。

5. 层楼外呼指令登记和层楼显示电路如图 3-73 所示

层楼外呼指令是层站乘客使用电梯时，给予电梯控制系统发出的指令信号，乘客根据自己的去向揿按相应方向的外呼按钮，随后按钮显示灯亮，证实该外呼指令已被电梯控制系统登记，当轿厢到达该层站且已登记的外呼按钮灯熄灭后，乘客即可进入轿厢乘用电梯。

层楼显示电路是显示电梯轿厢运行到达的层站位置以及电梯的实际运行方向。

电梯层楼外呼指令登记和显示电路是由外呼控制印板（HCB）通过 MODBUS 方式与一体化控制器主控板（MCB）的 CN3 端口通信，实现层楼外呼指令登记及记忆、电梯轿厢实际运行的层站显示、方向显示和电梯"满载"信号显示，同时根据电梯使用场所不同以及用户的要求，在大楼的首层位置（即电梯的基站），设置消防开关指令输入，实现电梯的消防控制功能；增加厅外锁梯（开梯）开关指令输入，实现下班后关闭电梯及再次开启电梯功能。

6. 五方对讲通话、轿厢照明（含应急照明）**和井道照明电路如图 3-74 所示**

1）五方对讲通话是国家标准要求的电梯必须配置的功能，即在电梯轿厢、轿顶、底坑、机房和值班室五个位置，实现相互通话。

实施五方通话的目的是：

① 在电梯安装调试阶段和维修保养施工过程中，确保在机房、轿顶、轿内、底坑的作业人员相互联系、传达工作指令，保障人身安全；维修作业人员在维修施工过程中因其他原因被困轿顶或底坑时，能及时与值班室人员联系告知自己被困位置并寻求救援；

② 有乘客被困轿厢后，揿按轿内操纵箱上的黄色呼救按钮，电梯值班室的电话既被接通，在第一时间告知电梯轿厢有人员被困，值班室工作人员及时通知维保急修人员实施救援。

2）轿厢照明电路由轿厢照明开关（ZMK_N）提供 AC220V 电源，分别由相应开关控制轿厢风扇、轿厢照明、控制柜照明、轿顶照明、底坑照明以及轿顶和底坑的 AC220V 电源插座控制。其中轿厢风扇和轿厢照明与控制器主控板（MCB）的 CN5 端口的节能触点串联，达到节能目的。

轿厢应急照明是当电网断电或轿厢照明电源故障时，轿厢的正常照明熄灭，轿内漆黑一片，乘客会产生恐惧及不安全感，此时该电路配置的应急照明电源（YJD）会自动投入工作并提供轿内应急灯（EYJ）点亮至少一个小时（应急灯至少为1W）。

3）井道照明电路由井道照明开关（ZMK_J）提供 AC 220V 电源，通过设置在底坑的照明开关（ZMK_K）和设置在机房的照明开关（ZMK_G）相互联锁，实现在底坑或机房既能单独控制井道照明灯的亮和灭，又能在机房开灯而在底坑关灯或在底坑开灯而在机房关灯的联锁功能，方便实用。

采用 NICE3000[new] 系列一体化控制的 VVVF 电梯，安装接线完成后，需要进行相应的慢速运行调试和快速运行调试，调试需要专用的调试工具，一般有四种：一体化控制器控制板上的三键小键盘（简称小键盘）、操作控制及信息显示面板（简称 LED 操作面板）、LCD 液晶操作器和上位机监控软件。由于篇幅限制，该电梯的调试工具使用方法、调试技术要求以及电梯故障类别代码的显示等等，读者有兴趣可参阅"NICE3000[new] 电梯一体化控制器用户手册"了解详细内容，这里不再赘述。

第十二节　永磁同步电动机 VVVF 拖动、计算机控制电梯的工作原理

一、概述

采用永磁同步电动机作为曳引电动机的永磁同步无齿曳引机，并在国内无机房和小机房电梯市场上取得成功的是芬兰在中国昆山创立的通力中国电梯公司。由于永磁同步电动机具有在低速状态下实现大功率输出的特点，能够改变传统的"电动机→减速箱→曳引轮→负载（轿厢和对重）"曳引驱动模式，做到集曳引电动机、曳引轮、制动器、光电编码器于一体的驱动新模式，并具有节能、免维护、环保等优点。基于上述原因，我国部分电梯制造企业跟随其后，很快研制出具有各自特色的永磁同步无齿曳引机，使我国电梯产品的节能效果向前推进了一步。近几年来采用永磁同步无齿曳引驱动的 VVVF 拖动电梯，已占国内电梯市场份额的 90% 以上，大有唯我独尊之势。现在国内具备批量生产永磁同步无齿曳引机的专业厂已有十余家。不足的是目前国内还没有颁发永磁同步电动机设计制造标准，衡量永磁同步电动机质量高低仍缺少必要的依据。

二、永磁同步无齿曳引电动机 VVVF 拖动系统的结构原理

采用永磁同步电动机作为曳引电动机的 VVVF 电梯拖动系统，主要由永磁同步电动机、运算控制电路、电子开关电路、检测转换电路构成。系统的原理结构框图如图 3-77 所示。

1. 永磁同步电动机

20 世纪 60 年代稀土永磁材料的发现及其应用技术的进步，为永磁同步电动机制造技术的发展奠定了可靠的物质技术基础。近年来实际使用的钕铁硼稀土永磁材料集铝镍钴、铁氧体两种磁性材料的优点于一体，其剩磁密度高达 1.06T，矫顽力达到 -720ka/m，磁能积达到 $286kaJ/m^3$，已是一种较理想的磁性材料。理想磁性材料的产生和应用技术的进步为永磁同步电动机的发展开辟了广阔的前景。永磁同步电动机和普通电动机一样由转动和固定不动两部分构成。

（1）永磁同步电动机的转动部分（转子）　永磁同步电动机和普通交直流电动机一样由

转动和固定不动两部分构成。转动部分相当于普通交直流电动机的转子或电枢，固定不动部分相当于定子绕组或激磁绕组及其外壳和机座。普通交直流电动机的转动部分均在固定不动部分之内，而永磁同步电动机的转动部分则有在固定不动部分之内和之外两种形式。而且这两种结构形式的永磁同步电动机在国内电梯产品里都占有一定的市场份额。其中内转子式永磁同步电动机的轴负荷能力比较大，各种额定运行速度的乘客电梯和载货电梯均可使用。而外转子式永磁同步电动机的负荷能力相对小些，但也能满足一般乘客电梯和载货电梯的使用要求。对于内转子式永磁同步电动机的永磁体嵌装在转子铁心的外侧，而外转子式永磁同步电动机的永磁体嵌装在铁心的内侧。为提高永磁同步无齿曳引机的一体性，外转子式永磁同步无齿曳引机的制动器制动轮和曳引机绳轮常与永磁同步电动机座铸造成一体，内转子式永磁同步无齿曳引机制动器的闸瓦架及相关机件也与永磁同步电动机的机壳机座铸造成一体。一般永磁同步电动机的内、外转子结构示意图如图 3-78 所示。

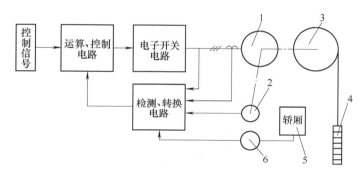

图 3-77 永磁同步无齿曳引电动机 VVVF 拖动系统原理结构框图

1—永磁同步电动机 2—转子位置传感器 3—曳引轮 4—对重
5—轿厢 6—轿厢负载检测传感器

（2）永磁同步电动机的固定不动部分（定子） 永磁同步电动机的固定不动部分指的是永磁同步电动机的定子绕组部分，永磁同步电动机的定子绕组为三相对称绕组，绕组采用丫形联结，三个绕组有三个引出线的接线端，以便与外部电源连接，与普通异步电动机基本相同。对于永磁同步无齿曳引驱动电梯的 VVVF 拖动系统，施加在永磁同步电动机定子绕组引出端子上的电源，是适应永磁同步无齿曳引驱动电梯 VVVF 拖动系统的逆变器输出的频率、电压幅值按电梯给定速度曲线变化的三相交流电源，这个电源产生的三相电流在定子铁心与转子间隙间产生的旋转磁场，是永磁同步电动机实现正常运行的动力源，这个动力源产生的旋转磁场与永磁体产生的磁场相互作用的结果驱动转子与旋转磁场同步运转，驱动永磁同步电动机按预定速度曲线运行。永磁同步无齿曳引驱动电梯 VVVF 拖动系统的主电路如图 3-79 所示。

2. 永磁同步无齿曳引驱动电梯 VVVF 拖动系统的信息采集

由于永磁同步无齿曳引机改变了传统曳引驱动电梯的"电动机→减速箱→曳引轮→负载（轿厢和对重）"驱动模式，做到集曳引电动机、曳引轮、制动器、光电编码器于一体。采用这种驱动模式的拖动系统，需要准确采集以下相关信息。

1）由于永磁同步无齿曳引机驱动模式甩掉了减速器，由永磁同步曳引电动机的转动部分直接驱动曳引轮、由曳引轮槽里的曳引绳牵动轿厢和对重上下运行。因此起动运行时，作为曳引电动机的永磁同步电动机的力矩输出必须足够大，并在空载、满载至 110% 载荷的情况下具有基本相同的起制动速度变化率，即具有基本相同的乘坐舒适感。因此要求轿厢的负载检测装置必须采用具有线性变化律的负载检测装置，预先将检测结果按信号传送方式传送给驱动控制计算机，由驱动控制计算机控制逆变器输出相应大小的电流电压值，避免制动器松闸瞬间由于不同负载造成起步过慢过猛，影响电梯起动运行时的舒适感。

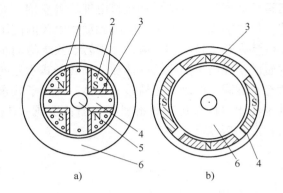

图 3-78　永磁同步电动机转子结构示意图
a）稀土永磁体内转子　b）稀土永磁体外转子
1—起动笼　2—极靴　3—永磁体
4—转子轭　5—转轴　6—定子

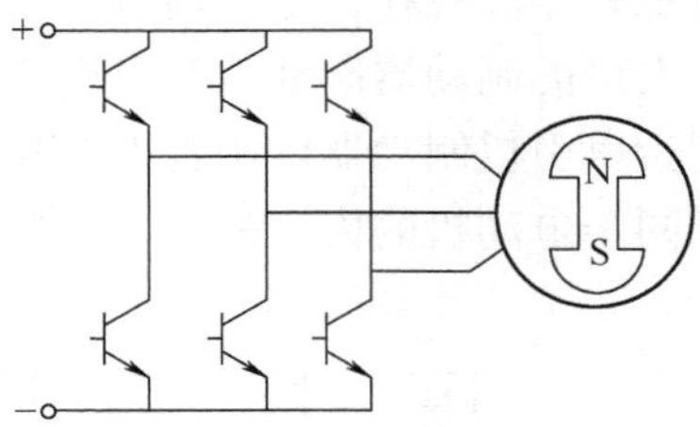

图 3-79　永磁同步电动机驱动电梯主电路简图

2）由于永磁同步电动机永磁体产生的磁极方向随时都要确定，因此永磁同步无齿曳引电梯 VVVF 拖动系统需配置精确的转子位置检测装置和电流电压检测装置，对转子位置进行精确控制，对转子位置的精确控制是永磁同步无齿曳引电梯 VVVF 拖动系统的重要技术环节之一，它不但关系着电梯起制动过程的舒适感、平层准确度，也关系着电梯的安全可靠运行。永磁同步电动机常见的转子位置检测装置有光电编码器和旋转变压器两种。

① 光电编码器：光电编码器又有增量式和绝对式两种。增量式具有结构简单，使用方便等优点，但长期使用可能产生积累误差，而且突然停电会造成转子位置信号丢失等问题。绝对式光电编码器按二进制数设计，采用 8 ~ 12 个数码就能得到精确的位置信号，从编码器的二进制输出读数可直接得到转子的绝对位置等优点。

② 旋转变压器：采用旋转变压器作为转子位置检测装置是根据变压器的工作原理，分别在永磁同步电动机的定子和转子上装设二相交流绕组。在定子绕组 U 和 V 上分别通以互差 90°的对称电压，当转子从基准位置转过 θ 角度时转子上的 U 和 V 两绕组中分别感应出比定子电压超前或落后 θ 角度的电压，再通过测量转子的感应电压与定子基准电压之间的相位差就可以判定转子的位置。采用光电编码器作为转子位置检测装置的优点是检测位置的操作简单，但容易受电磁干扰，而采用旋转变压器则没有这方面的问题。

三、永磁同步无齿曳引电动机 VVVF 拖动电梯的优点

1）永磁同步无齿曳引机的转子采用永磁体取代鼠笼，转子里没有电流，电动机的功耗只取决于定子绕组电流的大小，比普通交流感应电动机的 VVVF 电梯拖动系统节能 25% 左右。

2）调速范围可达 1∶1000，甚至更高，能在低频、低压、低速情况下提供足够大的转矩，得以改变"电动机→减速箱→曳引轮→负载（轿厢和对重）"的传统曳引驱动模式，实

现集曳引电动机、曳引轮、制动器、光电编码器于一体的全新模式，使曳引机的体积和重量大大减小，甩掉了减速器，不需要加油和换油，维修方便又环保，能够缩小电梯机房的面积和高度，直至不设电梯机房等。

3）永磁同步无齿曳引机满载起动电流不超过额定电流的 1.5 倍，对同网用电户的影响降低至最低程度。

4）采用永磁同步无齿曳引 VVVF 拖动的电梯，若因制动器失效，造成电梯轿厢和对重装置处于自由状态时，在永磁同步电动机三相定子绕组构成电回路的情况下，可以确保电梯的溜车速度不大于 0.4m/s，使电梯使用过程中的安全性能大大提高。

第三章应了解掌握的主要问题和复习思考题

一、应了解掌握的主要问题

1. 了解我国电梯电气控制技术的发展简况。

2. 掌握电梯电气控制系统按那几个角度分类及分类结果。

3. 掌握单台集选控制电梯应具备的标配功能。

4. 掌握构成电梯电气控制系统的主要部件及其作用。

5. 掌握交流双速电动机变极调速拖动、轿内按钮继电器控制电梯电气控制系统的控制原理。教师和读者应将该控制系统为基础将其教好学好。

6. 在掌握交流双速电动机变极调速拖动、轿内按钮继电器控制电梯电气控制系统控制原理基础上，掌握采用 PLC 取代其中间过程控制继电器的 PLC 控制电梯电气控制系统的控制原理。

7. 在了解掌握交流变极调速拖动、继电器和 PLC 控制电梯电气控制系统的控制原理基础上，了解掌握交流双速电动机调压调速拖动、PLC 控制电梯电气控制系统的控制原理和交流单速电动机调频调压调速拖动 PLC 控制电梯电气系统的控制原理。在上述基础上了解掌握交流单速电动机和永磁同步电动机调频调压调速拖动、计算机控制电梯的基本控制原理。

二、复习思考题

1. 判断题（对打"√"，错打"×"）

（1）按控制方式分类的电梯电气控制系统中，集选控制电梯是一种自动化程度最高的电梯。　　　　　　　　　　　　　　　　　　　　　　　　　　　（　　）

（2）分激式直流电动机激磁电压一定时，电动机转速与电驱绕组端电压成反比。（　　）

（3）交流感应电动机也有交流异步电动机和交流笼型电动机之称。　　　　（　　）

（4）永磁同步电动机运行过程中，转子内没有电流，电动机发热状况取决定子绕组电流的大小。
　　　　　　　　　　　　　　　　　　　　　　　　　　　　　　　　　　（　　）

（5）干簧管换速平层装置常用于交流双速梯，作为电梯到达准备停靠层站提前减速、到达平层位置时向控制系统发出减速和停靠信号的装置。　　　　　　　　　　　　　　　（　　）

（6）我国在用电梯采用的动力电源多为 3×380V 的三相五线制交流电源，这种电源的 A、B、C 三相电源之间的相位差为 90°，A 与 B、B 与 C、C 与 A 之间的电压称为线电压，均为 220V，而 A、B、C 三相对工作地线 N 的电压称为相电压，均为 380 V。　　　　　　　　　　　　　（　　）

（7）采用继电器作中间过程逻辑控制的电梯电气控制系统，由于动态的触点控制多，故障率高，已于20 世纪 80 年代末被国家明令禁止生产。但这种控制系统直观、易懂、易学，对于刚涉足电梯行业者从这种系统入手去了解掌握电梯的控制原理应该是一种好方法。　　　　　　　　　　（　　）

（8）采用旋转编码器作为速度反馈装置的电梯，其电气控制系统一定是采用计算机作为管理控制核心器件的电梯。　　　　　　　　　　　　　　　　　　　　　　　　　　（　　）

（9）低速梯的电气控制系统常通过永磁式干簧管传感器与铁质板材制成的隔磁板之间的配合动作，利用隔磁板良好的导磁性，阻隔永久磁铁所产生磁场对干簧管的作用，实现干簧管的转换触点适时断开或闭

合，采集所需的电信号，实现电梯的自动控制功能。 （　　）

（10）集选控制电梯司机、无司机、检修的三态转换，可以采用三态钥匙开关也可以采用两只单刀双投开关经适当组合后去实现。 （　　）

2. 选择题（填写被选项目序号）

（1）我国近十几年来生产的电梯产品中，为给乘用人员提供电梯轿厢所在位置信号，常把数字中的 8 字分成 A、B、C、D、E、F、G 等七段，当电梯停靠在 1 楼时，控制系统应确保：A（A、B 段点亮）；B（B、C 段点亮）；C（C、D 段点亮） （　　）

（2）电梯的拖动系统有开环控制和闭环控制两种，其中属于开环控制的是：A（交流双速电动机变极调速拖动）；B（交流双速电动机调压调速拖动）；C（交流单速电动机调频调压调速拖动） （　　）

（3）采用延时继电器作为中间过程控制器件之一的电梯电气控制系统中，所采用的延时继电器多为：A（得电延时动作，失电快速复位）；B（得电快速动作，失电延时复位） （　　）

（4）电梯的乘坐舒适感取决于：A（电梯的控制方式）；B（电梯的拖动方式）；C（电梯的额定载重量）；D（电梯的类别） （　　）

（5）在已采用过的交流双速电机调压调速拖动系统、交流单速电机调频调压调速拖动系统、永磁同步电机调频调压调速拖动系统中，使用费用最高的是：A（交流双速电机调压调速拖动系统）；B（交流单速电机调频调压调速拖动系统）；C（永磁同步电机调频调压调速拖动系统） （　　）

（6）电梯电气拖动系统采用的速度反馈信号，按其物理性质分有模拟信号和脉冲数字信号两种，本书介绍的直流电动机拖动的电梯电气拖动系统采用的速度反馈信号是：A（模拟信号）；B（脉冲数字信号）；C（开关信号） （　　）

（7）我国在用 VVVF 拖动电梯采用的速度反馈装置多采用：A（光电开关）；B（测速发电机）；C（旋转编码器） （　　）

（8）我国自 20 世纪 90 年代后期设计、生产、安装并投入运行的电梯，在机房、轿内、轿顶均设置有运行/检修操作功能，为安全起见，三者的操作有优先顺序，其优先顺序是：A（机房 1、轿内 2、轿顶 3）；B（轿顶 1、机房 2、轿内 3）；C（轿顶 1、轿内 2、机房 3） （　　）

（9）电梯在运行过程中，到达准备停靠层站前要提前减速，提前减速点与准备停靠层站楼面的垂直距离主要与以下哪个参数有关：A（额定载重量）；B（额定运行速度）；C（楼层高度） （　　）

（10）电梯电气控制系统的供电电路中，经常要把交流电变换为直流电，这种把交流电变换为直流电的电路称整流电路，常见的整流电路有单相半、全波整流电路和三相半、全波整流电路等多种，其中单相全波整流电路的输出电压 U_1 是输入电压 U_2 的：A（0.45 倍）；B（0.9 倍）；C（1.35 倍） （　　）

（11）交流双速电动机变极调速拖动电梯的起动速度太猛时：A（应增加串入曳引电动机快速绕组的电抗器匝数）；B（应减少串入曳引电动机快速绕组的电抗器匝数） （　　）

（12）采用干簧管换速平层装置作为井道信息采集装置的电梯，若已知电梯的额定运行速度 $V = 0.5 m/s$，提前换速距离为 700mm，上下运行换速同用一根隔磁板，这根隔磁板的长度应为：A（700mm）；B（1400mm）；C（2100mm） （　　）

（13）采用电路原理图 3-15 的在正常快速运行模式下，若停靠在 1 楼待命的电梯，司机一次下达 2、3、4 楼等 3 个内指信号时：A（电梯到 2 楼停靠）；B（电梯到 3 楼停靠）C（电梯到 4 楼停靠） （　　）

3. 填空题

（1）采用继电器控制的交流双速梯电气控制系统一般由 ＿＿＿＿＿＿、＿＿＿＿＿＿、＿＿＿＿＿＿、＿＿＿＿＿＿、＿＿＿＿＿＿ 等五部分电路构成。若采用 PLC 取代继电器控制的交流双速梯电气控制系统中的"中间过程控制继电器"时，这种由 PLC 控制的电梯电气控制系统一般由 ＿＿＿＿＿＿、＿＿＿＿＿＿、＿＿＿＿＿＿、＿＿＿＿＿＿、＿＿＿＿＿＿ 等电路构成。其中的直流控制电路一般又应包括 ＿＿＿＿＿＿、＿＿＿＿＿＿、＿＿＿＿＿＿、＿＿＿＿＿＿ 等控制环节的电路。

（2）集选控制电梯的运行模式有 ＿＿＿＿＿＿、＿＿＿＿＿＿、＿＿＿＿＿＿ 等三种模式。

（3）电梯电气控制系统中的拖动方式决定着电梯的 ＿＿＿＿＿＿，而其控制方式则决定着电梯的_____。

（4）近些年来我国生产的电梯操纵箱常在其下方设置一个暗盒，暗盒内装设的原器件只能由_____操作控制，暗盒上装设有锁，其锁匙只能由_____保管。

（5）施加在交流感应电动机三相定子绕组上的电压一定时，电动机的转速与_____成正比，与_____成反比。

（6）交流双速电动机变极调速拖动电梯到达准备停靠层站的提前换速点时，依靠突然改变电动机定子绕组产生的_____，由于旋转磁场的转速突然间由快变慢，造成电动机转子导体切割旋转磁场，而不是旋转磁场切割转子导体，从而在电动机转子导体内产生一个与原力矩相反的_____，这个力矩俗称_____，在这个力矩的作用下实现电梯按预定要求提前减速，这个力矩的大小与慢速绕组的旋转磁场_____有关，旋转磁场强度与慢速绕组的_____有关。

（7）交流调压调速电梯的曳引电动机是一种_____电动机，在正常运行状态下电动机的快速绕组由调速器中的三组_____供电，推着电动机做电动运行。其慢速绕组由调速器的_____供电，推拉着电梯按_____运行。

（8）交流调频调压调速电梯的变频器，是把三相交流电源变换为一定幅值的_____后，再将其逆变为_____和_____连续可调的三相交流电源，确保电梯按_____运行。

（9）直流电梯的曳引电动机是一种_____电动机，该电动机的电驱绕组由直流发电机-电动机组的发电机供电，而该发电机的主磁场绕组由_____供电，由于该电源是一个按电梯理想速度曲线变化的电源，从而实现驱动电梯按_____运行。

（10）永磁同步电动机的转动部分有_____和_____两种。采用永磁同步电动机作为电梯曳引电动机时，利于改变传统的_____→_____→_____→_____的曳引驱动模式。

（11）具有消防功能的电梯，一旦有人按下基站消防盒内的消防按钮，电梯便处于_____模式，这时处于上行的电梯_____开门待命，处于下行的电梯_____开门待命，处于各层站停靠开门的电梯_____开门待命。这时电梯的_____由_____操作控制运行。

（12）电梯电气控制系统在两端站设置了三道安全保护，第一道保护为_____保护，第二道为_____保护，第三道保护为_____保护。

（13）电梯的运行方向是电梯电气控制系统的逻辑控制电路或逻辑控制软件根据轿厢_____、各层站召唤箱发出的_____、轿内操纵箱上层楼按钮发出的_____等进行综合比较和轿内层楼登记信号优先（客梯）的原则自动确定的。客梯优先的设定原则是_____，一般是_____ s。

（14）电梯电气控制系统中采用相序继电器的作用是当电梯的供电电源出现_____时切断电控系统的_____，目的是_____。

（15）采用电路原理图3-15的电梯具有自动确定运行方向的功能，实现这种功能是电气控制系统依据干簧管换速平层装置采集到的电梯_____信号和接收的_____信号后确定的。

4. 计算问答题

（1）试述永磁同步电动机调频调压调速拖动电梯的主要优点是什么？

（2）试述电梯的整机性能包括的几项主要技术指标？

（3）试述采用图3-33的继电器控制交流双速梯在3楼停靠待命时，若司机按下2楼的层楼按钮2NLA，电梯定下向的控制原理？

（4）试述采用图3-37的PLC控制交流双速梯在3楼停靠待命时，若司机按下2楼的层楼按钮2NLA，电梯定下向的控制原理？

（5）试述采用图3-62的PLC控制VVVF拖动、集选控制电梯下班关门、锁梯、断电的控制原理？

（6）试简述采用PLC（PLC）取代继电器控制电梯电气控制系统中的"中间过程控制继电器"的PLC

控制电梯电气控制系统工程的主要优点？

（7）试简述采用计算机取代 PLC 的电梯电气控制系统的主要优、缺点？

（8）有一部交流双速、轿内按钮 PLC 控制、曳引方式为半绕 1∶1、3 层 3 站、额定载重为 1000kg、额定运行速度为 0.5m/s 的载货电梯用户，要求将电梯的额定速度由 0.5m/s 提高到 1.0m/s，试简述如何实现用户的要求？

第四章

电梯的安装与调试

第一节　概　　述

电梯是一种比较复杂的机电类特种设备。电梯产品具有零碎、分散、与安装电梯的建筑物结合紧密等特点。电梯的安装工作实质上是电梯的总装配工作，而这种总装配工作又需在远离制造厂的使用现场进行。实践证明：电梯的现场安装质量决定着电梯投入使用后的整机性能、安全性能、故障率和使用效果。电梯使用现场的装配工作条件远不如工厂里的生产车间，这就给电梯制造厂对所生产产品的质量控制增加了难度，迫使制造厂在市场经济规则条件下，根据国家相关法律、法规以及安全技术规范等的规定，应加强产品发货出厂后的安装和售后服务监管工作。

根据《中华人民共和国特种设备安全法》的规定，电梯的安装单位必须具有省、市级市场监督管理局颁发的安装许可资格证，并不允许超过其许可证规定的范围实施电梯安装。安装工程开工前，应到当地市场监督管理局特种设备管理部门办理开工告知手续，同时报备当地的电梯监督检验部门申请监督检验，未经批准就进场施工者，将受到处罚，开工后应随时接受监管等。

第二节　电梯安装作业前的准备工作

一、建立安装项目施工组织

我国的电梯工业经过 20 多年的快速发展，电梯的拖动、控制系统和机械系统已焕然一新。由于制造设备的更新和制造工艺水平的提高，电梯机械部件的安装已基本甩掉电焊和气割等施工设备（导轨支架和厅门框的焊接除外）。电梯机械部分、电气部分安装完工后的现场调试工作也由电梯制造厂家或经厂家培训的专业人员负责。电梯安装人员只是负责按产品随机技术文件以及电梯安装验收规范 GB/T 10060—2011 和电梯工程施工质量验收规范 GB 50310—2002 的要求，将全部电梯机械、电气部件安装调整到位，把电气部件之间的连接线配接好，经自检合格后，报请主管安装单位约请电梯制造厂派出专业电梯调试人员前来整机联动调试，期间做好配合，确保调试工作的正常进行即可。因此，现在的电梯安装工作虽然是电梯制造工作的延续，其技术含量已经不太大，属于熟练工种之列。基于上述原因，电梯安装单位在建立电梯安装工程项目组织时，都是按电梯台数和工期要求，建立和配备既符合规定要求又能确保工程质量和工期要求的安装队伍负责安装。机械、电气技术人员配备少则各一名，多则若干名不等。如工程规模比较大，还需配备专职的安全员和质量员，保障施工安全和工程质量。

二、施工工具和施工员工防护用品

1. 施工工具

电梯安装作业是电梯生产过程的延伸，是电梯的总装配，是确保电梯产品质量的关键环节。因此，配备的施工设备和工具应满足施工作业要求和确保工程施工质量要求，施工过程中应妥善保管，避免损坏和丢失。常用的电梯安装施工工具和施工设备，见表4-1。

表 4-1　电梯安装的工具和设备

序号	名称	规格	备注	序号	名称	规格	备注
一、常用工具				二、钳工工具			
1	钢丝钳	175mm		16	圆扳牙扳手	200、250、300、380mm	
2	尖嘴钳	160mm		17	台钻	钻孔直径12mm	
3	斜口钳	160mm		18	开孔刀		电线槽（自制）
4	剥线钳			19	射钉枪		
5	压线钳			20	三爪卡盘	300mm	
6	梅花扳手	套		21	手电钻	6～13mm	
7	套筒扳手	套		22	导轨调整弯曲工具		自制
8	活扳手	100、150、200、300mm		三、土、木工具			
9	开口扳手			1	木工锤	0.5、0.75kg	
10	一字头螺钉旋具	50、75、100、150、200、300mm		2	手扳锯	600mm	
				3	錾子		凿墙洞用
11	十字头螺钉旋具	75、100、150、200mm		4	抹子		抹泥砂浆
12	电工刀			5	吊线锤	0.5、10、15、20kg	
13	挡圈钳	轴、孔用全套		6	棉纱		
二、钳工工具				7	铅丝	0.71mm	
1	台虎钳	2号		四、测量工具			
2	铁皮剪			1	钢直尺	150、300、1000mm	
3	钢锯架、锯条	300mm	调节式	2	钢卷尺	2、30m	
4	锉刀	扁、圆、半圆、方、三角	粗、中、细	3	卷尺		
				4	游标卡尺	300mm	
5	整形锉	成套		5	弯尺	200～500mm	
6	钳工锤	0.5、0.75、1、1.7kg		6	直尺水平仪		
7	铜锤			7	粗校卡板		检查导轨用（自制）
8	錾子						
9	画线规	150、250mm		8	粗校卡尺		检查导轨用（自制）
10	中心冲						
11	橡胶锤			9	厚度规		
12	冲击钻			五、切削工具			
13	丝锥	M3、M4、M5、M6、M8、M10、M12、M14、M16		1	钻头	2、3.3、4、4.2、4.5、5.5、6、8、8.5、10.2、13、17、19.2mm	大于φ13mm钻头如利用手电钻，将尾销改为φ12
14	丝锥扳手	180、230、280、380mm					
15	圆扳牙	M4、M5、M6、M8、M10、M12					

（续）

序号	名　称	规　格	备　注	序号	名　称	规　格	备　注
五、切削工具				七、调试及测量工具			
2	平形砂轮	125mm×20mm		9	电梯加速度测试仪	SBD—1～6型	用于交调、直流梯
3	手摇砂轮机	2号		10	蜂鸣器		
六、起重工具				11	对讲机		
1	索具套环			八、其他工具			
2	索具卸扣			1	皮风箱	手拿式	
3	钢丝绳扎头	Y4-12、Y5-15		2	熔缸		熔巴氏合金
4	C字夹头	50、75、100mm		3	喷灯	2.1kg	
5	环链手动葫芦	3t		4	电烙铁	20～25W、100W	
6	双轮吊环型滑车	0.5t	或轻型卷扬机	5	油枪	200mm³	
7	油压千斤顶	5t		6	油壶	0.5～0.75kg	
七、调试及测量工具				7	手灯	36V	带护罩
1	弹簧秤	0～1、0～20kg		8	手电筒		
2	秒表			9	钢丝刷		
3	转速表			10	手剪		
4	万用表			11	乙炔发生器		
5	绝缘电阻表	500V		12	气焊工具		
6	直流中心电流表			13	小型电焊机		
7	钳形电流表			14	电焊工具		
8	激光导轨测试仪		用于交调、直流梯	15	电源变压器		用于36V电灯照明
				16	电源三眼插座拖板		

2. 施工员工防护用品

　　为了确保施工人员的人身安全，施工单位应为施工员工配备必要的安全防护用品。施工单位的安全管理责任人，应经常到施工现场抽查施工员工使用安全防护用品的情况，发现不穿安全防护工作服和工作鞋者应予以批评纠正。安装员工进入井道必须戴安全帽、穿工作鞋、在井道进行安装作业时应系好安全带，搬运设备和材料时应带好手套，但从事与转动有关的作业时切记不要戴手套，针对钻、磨、焊等作业时要带护目眼镜和口罩等。

三、机房、井道土建状况勘查

　　电梯安装施工队伍进入施工现场前，施工队责任人应委派1～2名有经验的技工前往施工现场进行机房、井道土建状态勘察，实地测量所安装电梯的机房、井道的实际尺寸是否符合电梯供货商的产品样本、产品安装平面布置图的要求，是否符合 GB/T 7025.1～3《电梯主参数及轿厢、井道、机房的型式与尺寸》的相关规定。主要包括：

1）对于设有机房电梯的机房，应检查其位置、高、宽、深、门及进入门的通道、机房屋顶承重梁及其吊勾、机房地面预留孔洞等是否符合要求。

2）井道的横截面尺寸及顶层高度、底坑深度、井道壁的垂直度、预留孔洞（包括导轨架的预埋件或预留孔洞、层门洞）等是否符合要求。

3）因建筑结构需要，在井道底坑下方仍可能有人通过时，其安全防护措施也应予以检查。了解底坑地面设计的实际承载能力是否满足 $5000N/m^2$ 的均衡载荷要求，并应将对重缓冲器安装在延伸到坚固地面的实心墩上，或在对重上装设限速器-安全钳装置。

4）了解掌握施工现场的供电、供水、临时库房安置等情况是否具备开工的基本条件。

5）现场勘察中发现的问题应向业主方代表书面提出并协商好解决方案。

四、办理安装开工告知手续

根据现场勘察人员报告的勘察情况，项目安装施工队负责人确认具备开工条件时，应适时派员到当地特种设备安全监督部门办理开工告知手续。办理开工告知手续时应持以下有效证件和文件资料：

1）电梯安装开工告知书、安装合同和施工单位的营业执照。

2）安装资质证（副本）和该项目的安装施工方案（包括安装施工人员、安装设备和检测手段、施工进度计划、工程质量和安全保证措施等）。

3）产品制造许可证（复印件）和产品合格证、安全部件的型式试验报告等。

以便当地特种设备安全监督部门审查安装单位所从事的电梯安装业务是否符合相关法律、法规的规定，所安装的设备是否为合法生产，安装施工方案能否确保电梯设计规定的安全性能。特种设备安全监督部门也将随时进行现场安全监督工作。施工队负责人同时还要准备相应资料，在当地电梯检验单位报备并申请该项目电梯的监督检验。

五、开箱验收与资料收集

1. 开箱验收

（1）开箱验收前的准备工作

1）使用单位的职责。为了防止开箱验收后发生电梯零部件丢失，电梯使用单位必须做好以下工作：

① 为电梯安装单位提供一间封闭的、有门且上锁的临时库房，以便安装单位存放施工设备、工具和小型电梯零部件、元器件及安装材料；

② 与土建单位协商清理电梯机房、层门洞周围并保持其环境整洁，不允许堆放与电梯安装无关的物品。

2）成立开箱验收小组。开箱验收小组由制造单位、安装单位、使用单位三方代表组成，由制造单位代表负责。电梯产品具有分散、零碎的特点，电梯产品在电梯制造厂发货出厂时是以零部件的形式包装发货的，有的部件如电梯轿厢还必须以零件形式包装发货，货到使用现场后再由专业的电梯安装人员根据随机技术资料的要求进行组装，因此极容易造成错发、漏发以及发运过程中丢失和损坏等情况。根据不成文的规定：货到使用现场前的问题由制造厂负责（包括错发、漏发以及运输过程中的丢失和损坏）；安装过程中的丢失和损坏由安装单位负责。办理使用交接手续后，按国家标准规定质保期内非人为损坏的零部件由制造厂负责无偿提供，安装单位负责更换和维修服务。据此，为了分清责任，电梯安装开工前要由制造单位、安装单位和使用单位三方代表组成电梯开箱验收小组，共同按装箱单进行开箱验收，清点全部机械、电气部件的规格、型号、数量，如有随机工具也应同时检查清点，检查中发现的问题应做好记录，并经三方代表签字确认后按上述原则解决。

（2）开箱验收注意事项

开箱清点后的电梯零部件应合理堆放，妥善保管。库房应设置简易货架，分类存放电梯的机械、电气零部件，对于重量较大的部件，例如导向轮、导轨、曳引钢丝绳等应集中堆放，并保持周围清洁；其他零部件根据其安装位置和安装工序流程安排就近合理堆放，避免由于堆放不合理造成零部件损坏，并尽量避免安装作业过程中再长距离重复搬运等；对于油漆、油类等易燃易爆物品应单独堆放并明确标识。库房还应配置灭火器、黄沙等安全防护物品。

2. 资料收集

资料收集工作由安装单位负责，开箱过程中安装单位应有专人负责收集装箱单、零部件合格证和制造厂随机发来的随机技术文件等。目前各电梯制造厂家发放的随机技术文件项目内容不完全相同，但一般包括装箱单、产品合格证、安全部件型式试验报告、安装使用维护说明书、电气接线原理图及调试说明书、安装平面布置图等。随机技术文件是安装单位安装调整每个零部件的依据，也是专业调试人员调试电梯的依据，也是质检部门对所安装电梯进行竣工监督检验的依据。与使用单位办理交接手续时，还要将这些文件和安装自检记录一起移交给使用单位。因此，对随机发来的技术文件不但要认真学习了解，还要和各种安装记录一起妥善保管。

六、安全防护与安全标识

1）根据 GB 50310—2002《电梯工程施工质量验收规范》的相关条款，"电梯安装之前，所有层门预留洞都必须设有高度不小于 1.2m 的安全围栏，并保证有足够强度"的规定。电梯安装单位应按规定作一次检查，各电梯层门洞在层门安装前均应装设安全护栏，防止无关人员误走入电梯井道，造成人身伤害事故。常见层门安全护栏如图 4-1 所示。

2）各层门洞周围应贴有"电梯安装现场请勿靠近"的安全标识。

七、安装施工方案与施工进度安排

电梯安装施工方案的主要内容包括：工程概况、编制依据、设备参数及数量、施工人员及职责、施工进度计划、施工设备和工具、检测仪器、施工工艺要求、质量标准及检验、安全事项和安全操作规程及安全防护措施和应急救援预案。

图 4-1 层门口安全栅栏架

电梯的安装施工方案与电梯的安装施工方式有关。21 世纪初中期前我国电梯的安装施工作业方式多为先搭脚手架，然后通过边攀登脚手架边安装电梯零部件的方法进行电梯安装作业。这种安装作业方式对于 10 层站以下电梯大家还能承受得了。但是随着社会的发展，大楼越盖越高，安装电梯时的脚手架也越搭越高，几十层楼的楼高近百米甚至百余米。若给百余米高的大楼里安装电梯，就给安装人员搭脚手架、上下攀登脚手架时的体力消耗带来了巨大挑战，同时由于脚手架自身的重量给井道底坑承重增加负担。因此，近年来不少电梯公司为减轻高层建筑里电梯安装人员的劳动强度，对于 10 层站以上的电梯安装，开始采用无脚手架的安装电梯作业方式。目前国内采用无脚手架安装电梯的作业方案大致相同，但与有脚手架安装电梯则区别比较大。因此，安装施工项目的责任人在编排施工进度计划时，首先要根据所安装电梯的提升高度，考虑采用哪种安装作业方式，然后作相应的物资准备、技术准备，准备工作做好后，再编排电梯零部件安装进度计划，开展安装施工作业。

有无、脚手架两种电梯安装作业方式的差别只是安装作业方法不同，而电梯产品各零部件的安装位置和安装质量要求是完全相同的。由于电梯产品各零部件的安装位置和质量要求完全相同，因此本书在介绍有、无脚手架电梯安装时，重点介绍有脚手架电梯安装方式的零部件安装及其安装调整要求，对于无脚手架电梯安装只介绍其安装方法步骤等。

第三节　有脚手架的电梯安装

一、概述

有脚手架的电梯安装作业方式是我国 21 世纪前普遍采用的电梯安装作业方式，是一种传统的电梯安装作业方式，这种安装作业方式大家比较熟悉，也相对习惯。以下对有脚手架电梯安装做简要介绍。

二、搭装脚手架和装设井道照明

1. 搭装脚手架

不管安装多少层站的电梯都是一种高空作业。为了便于安装人员在井道内进行施工作业，对于 10 层站以下的电梯安装，普遍采用有脚手架安装作业方式。该作业方式的第一件工作就是搭脚手架。搭脚手架的形式与轿厢和对重在井道内的相对位置有关，常见的脚手架搭设后的平面图如图 4-2 所示。在图 4-2 中，对重在轿厢后面的脚手架如图 4-2a 所示；对重在轿厢侧面的脚手架如图 4-2b 所示。对于载重量较大的货梯，由于井道尺寸比较大，可增设如图 4-2b 双点画线所示的横梁，以增加脚手架的承载能力和稳定性。不管那种形式的脚手架都应满足以下要求：

1）不影响电梯的正常施工作业，如吊装导轨、吊挂铅垂线等。

2）搭设的脚手架应便于安装人员上下攀登，横梁的间隔应适中，一般应不大于 1300mm，每层横梁上应铺设两块以上竹架板，架板两端应伸出横梁 200～250mm。架板与横梁间应捆扎牢固，层与层之间的架板应交错摆放。搭设的脚手架应牢固，其承载能力应在 $2.45 \times 10^3 Pa$ 以上。

3）脚手架在层门口处应符合图 4-2c 的参数尺寸要求。

4）用竹竿或木杆搭设的脚手架应有防火措施。

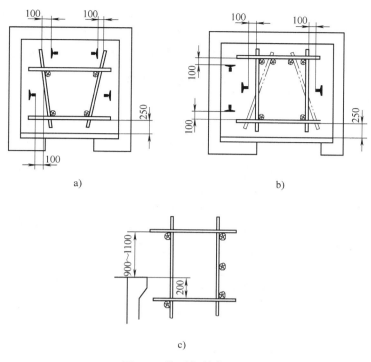

图 4-2　脚手架结构形式

a）对重装置在轿厢后面　b）对重装置在轿厢侧面　c）脚手架在层门口处

　　5）位于上端站的脚手架立杆应尽量选用长度适中的材料，利于组装轿厢时先将其拆除而不影响继续进行电梯安装作业和轿厢组装工作。

2. 装设井道施工照明或井道永久照明

（1）布设井道施工照明　电梯井道除层门洞外为全封闭，井道内的亮度有限。为利于电梯安装人员施工方便，安装作业前需在电梯井道内合理布设施工照明灯和施工电源插座。照明灯的布点应根据井道高度、结构形式、作业点等合理选定设置。为了施工人员的安全，应尽可能采用 36V 的照明电源和照明灯。

（2）井道永久性照明　根据 GB 7588—2003《电梯制造与安装安全规范》及相关检验规范的规定，电梯井道应设永久性照明。设置照明的规定是：距井道最高点和最低点 0.5m 以内各安装一盏灯，再在井道中间安装照明灯；要求在电梯所有的层门关闭时，在轿顶面以上和底坑地面以上 1m 处的照度均至少为 50Lx。一般电梯安装队都根据安装作业要求，采用拉临时线的方式合理布设安装照明灯和施工电源插座，但也有部分电梯安装队采用先安装井道永久性照明并将其作为井道施工照明使用。前者将井道永久性照明搁置到电梯动慢车后再安装，这种做法利于根据作业点需要布设照明灯和施工电源插座；后者可省去拉临时线和布设安装临时照明灯的麻烦，不管怎样，临时施工电源插座还是需要布设的。

三、电梯机械部分的安装

1. 制作、稳装样板架与悬挂铅垂线

（1）制作样板架　样板架根据随机技术文件中的电梯安装平面布置图提供的参数尺寸制作。为保证样板架制成后的质量，样板架必须用干燥、不易变形、四面刨平、互成直角的木料制成。加工后样板架木料的断面尺寸可参照表4-2的规定。为保证安装质量，对于层站比较多、提升高度比较高的电梯，安装时有采用双样板架，即上、下各装设一个样板架的方法进行安装作业，这样做法利于稳固铅垂线，对提高电梯安装质量也有好处。

表4-2　样板架木条尺寸

提升高度/m	厚/mm	宽/mm
≤20	40	80
>20	50	100

（2）稳装样板架　若采用双样板架进行电梯安装作业，上样板架稳装在井道上方距离机房地板下平面1m处，固定在两根支撑样板架的木梁上，两根木梁可采用横截面尺寸为100mm×100mm、干燥不易变形的方木。下样板架稳装在井道下方距底坑地面800mm～1000mm处，该样板架的一端顶着层门下方的井道壁，另一端顶着层门对方的井道壁并用木楔楔紧楔牢固。稳装后的上、下样板架如图4-3所示。

（3）悬挂铅垂线　一般电梯安装队，选用20～22号铁丝作为悬挂铅垂线，悬挂铅垂线的位置、数量，依据制造厂随机技术文件中的电梯安装平面布置图。按一般电梯制造厂安装平面布置图制作和悬挂的铅垂线平面图如图4-4所示。

2. 稳装导轨架和导轨

（1）导轨架的安装及其调校要求

1）稳装导轨架。顾名思义，导轨架就是导轨的支撑固定架（以下简称导轨架）。一台电梯有两列轿厢导轨和两列对重导轨，因此共需在井道内装设四列导轨的导轨架。四列导轨架的稳装位置由电梯制造厂提供的电梯安装平面布置图确定，但必须符合电梯安装验收规范GB/T 10060—2011 关于两个导轨架的距离不得大于2500mm，而且每根导轨必须装设两个导轨架的规定要

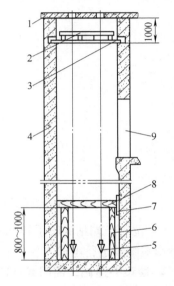

图4-3　上、下样板架稳固示意图
1—机房楼板　2—上样板架　3—木梁
4—井道墙壁　5—铅垂　6—撑木
7—木楔　8—底坑样板架
9—厅门入口处

求。四列导轨架稳装在井道壁上，导轨架在井道壁上的固定方式有埋入式、焊接式、预埋螺栓或膨胀螺栓固定式、对穿螺栓固定式等四种，分别如图4-5所示。

① 稳固埋入式导轨架。在砖混结构井道壁上稳装导轨架多采用埋入式。我国在20世纪80年代前，由于大楼层站少，为节约资金，多采用砖混结构建造。安装电梯时，多采用埋入式稳装导轨架。采用埋入式稳装导轨架比较简单，稳装导轨架时，按预先测量计算后确定的位置，在井道壁上凿出如图4-6b所示的导轨架稳装孔，并将导轨架腿的开脚插入孔内，然后将样板架上悬挂下放的铅垂线对准导轨架上固定T形导轨的压导板螺孔中心，并保持3～5mm的距离，以便调校两列导轨的正工作面距，如图4-6a所示。然后用400#以上水泥砂浆边浇灌固定、边用水平尺校正校平。采用这种方法稳固导轨架时，导轨架腿的开脚埋入井道壁部分应不小于120mm，导轨架腿的开角应不小于45°。为便于安装和保证质量，在稳装导轨架时可按上述方法先稳固每列导轨最上和最下两个导轨架，待这两个导轨架经检查合

格且水泥砂浆完全凝固后，把铅垂线捆扎在这两个导轨架上，然后再稳固中间的导轨架。

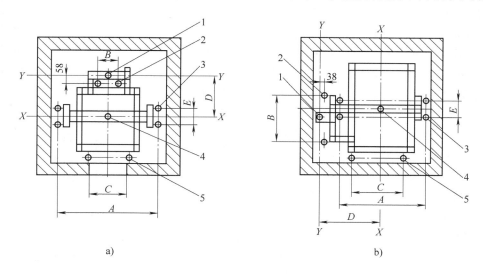

图 4-4　样板架及铅垂线示意图

a）对重装置在轿厢后面　b）对重装置在轿厢侧面

A—轿厢导轨架面距　B—对重导轨架面距　C—厅门净门口尺寸

D—轿厢和对重装置中心距　E—轿厢导轨固定孔中心距

1—对重装置中心垂线　2—对重导轨架导轨固定孔中心垂线

3—轿厢导轨架导轨固定孔中心垂线　4—轿厢中心垂线　5—厅门净门口宽铅垂线

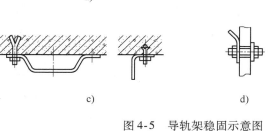

图 4-5　导轨架稳固示意图

a）埋入式　b）焊接式　c）预埋螺栓或膨胀螺栓固定式　d）对穿螺栓固定式

② 稳装焊接式导轨架。焊接式稳装导轨架适用于钢筋混凝土浇灌的井道壁，采用焊接式稳装导轨架必须先把预埋钢板按预定要求预埋在井道壁的预定位置里，预埋钢板的结构型式和规格参数尺寸视稳装的导轨而定，预埋钢板的厚度一般为 16～20mm，预埋钢板的钢筋

必须与井道壁内的钢筋连接牢固。稳装时需先按样板架上悬挂下放的铅垂线位置，准确制作最上和最下两个导轨架，并将这两个导轨架焊接牢固，再按稳装埋入式导轨架的方法稳固中间各导轨架。采用焊接式稳装导轨架时焊接速度要快（避免预埋件过热变形），焊接要牢固。

③ 预埋螺栓与膨胀螺栓稳装导轨架。采用预埋螺栓稳装导轨架理论上可以，但实际操作起来难度很大，因为那么小的螺栓要埋得那么精准那么牢固既费工又费力，而且效果也不好，所以过去和现在都很少采用。但是用膨胀螺栓稳装导轨架的方式则普遍采用。按照样板架上导轨的安装位置，每根导轨放置两列铅垂线，确定用于固定导轨架底码〔底码一般采用 $50 \times 50 \times 5$（mm）的角钢〕的膨胀螺栓（一般采用 M12 的膨胀螺栓，其

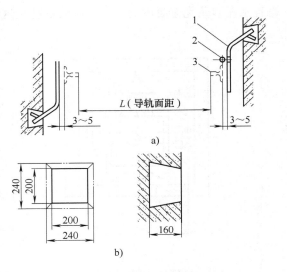

图 4-6　铅垂线、导轨架预留孔示意图
a）铅垂线与导轨架　b）稳固导轨架预留孔
1—导轨架　2—铅垂线　3—导轨

壁厚应大于 1.2mm，埋入深度应大于 100mm）位置，用冲击钻打孔固定好膨胀螺栓，用膨胀螺栓固定好底码，再将导轨架与底码的接触面连续焊接牢固。导轨安装调校完成后，需将膨胀螺栓的平垫片与底码点焊至少三处，之后再对底码刷涂 2～3 遍防锈漆。这种导轨架安装方式即快捷又牢固，而且安装效率高，成为针对钢筋混凝土井道采用的最为常见的导轨架安装方法。

④ 对穿螺栓稳装导轨架。用对穿螺栓稳装导轨架的方法是一种万不得已才采用的办法。什么情况下才采用对穿螺栓稳装导轨架呢？当井道壁为空心砖时才采用对穿螺栓稳装导轨架，用其他方法都不能保证在电梯长期运行后不至于造成导轨架松动的要求。所谓对穿螺栓稳装导轨架就是用两块 200mm 宽、200mm 长、12mm 厚的方形钢板至少三个角处打一个 $\phi16.5$mm 的孔，用 $\phi16$mm 的螺栓将这两块钢板夹着井道壁固定，然后将导轨架焊接在井道侧的钢板上，导轨安装调校完成后，需对两块钢板刷涂 2～3 遍防锈漆。

除此之外，经常碰到的是两台电梯共用一个井道，井道中间又没有隔墙，在这种情况下，两台电梯中间侧的导轨架一般都采用在导轨架设置处稳装一根 150～200# 的工字钢，工字钢两端埋入井道壁，埋入深度不少于 120mm，然后将两台电梯中间侧的导轨架用螺栓固定或焊接在工字钢上，如图 4-7 所示。

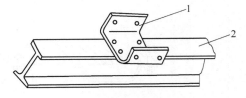

图 4-7　两列导轨共用的导轨架
1—导轨架　2—工字钢

2）导轨架的调校要求：

① 任何类别和长度的导轨架，其不水平度应不大于 5mm，如图 4-8 所示。

② 采用焊接式稳装导轨架时，预埋钢板应与井壁的钢筋焊接牢固。

③ 由于井壁偏差或导轨架高度偏差，允许在校正时用宽度等于导轨固定面宽度的钢板调整导轨架与导轨之间的间隙，但当调整钢板的厚度超过 10mm 时，调整钢板应与导轨架焊

成一体。

④ 浇灌埋入式导轨架时，浇灌导轨架的水泥必须是400#以上水泥。

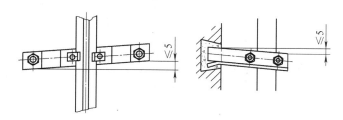

图 4-8　导轨架的不水平度

（2）吊装导轨与导轨的调校要求

1）吊装导轨。导轨架全部稳固好，经认真复查全部合格后，可以开始吊装导轨。由于轿厢导轨和对重导轨的规格参数尺寸不同，应分别吊装。

吊装导轨前需按样扳架上悬挂下放的导轨架铅垂线确定导轨位置，先把底坑槽钢安装定位好，然后再吊装导轨。吊装导轨时，早期的方法是通过预先装设在机房楼板下的滑轮和麻绳或尼龙绳由下往上逐根吊装对接，并用压导板和专用螺栓将导轨稳固在导轨架上。这种方法对于低层站电梯安装至今仍在采用，对于高层站电梯安装，采用滑轮和麻绳或尼龙绳的方法太费力，一般采用卷扬机进行吊装导轨。稳装轿厢导轨时，导轨的下端坐在底坑槽钢上，上端与机房地板下平面的距离，在顶层高度符合要求的情况下，一般不大于100mm。上端站的高度与电梯的额定运行速度有关，按 GB 7588—2003 的规定，轿厢导轨的长度应能提供不小于 $0.1+0.035V^2$ 的制导行程距离。轿厢导轨吊装完后再吊装对重导轨，全部导轨吊装完后，开始轿厢、对重导轨的调整校正工作。

2）导轨的调整校正。一台电梯的轿厢、对重导轨吊装完成后进入调整校正阶段。导轨调整校正工作质量的好坏直接影响电梯的运行效果。特别是轿厢导轨调校质量的好坏对电梯的乘坐舒适感和噪声性能影响很大，而且电梯的运行速度越快影响越大。

为了提高导轨的调整校正效果和效率，调整校正前应悬挂下放两根如图 4-9b 所示的导轨中心铅垂线，并用如图 4-9a 所示的粗校卡板，分别初校调整两组 4 列导轨中每列导轨三个工作面与导轨中心铅垂线的偏差，经初校和初调后再用如图 4-10 所示的精校卡尺进行精校。导轨精校卡尺是电梯安装人员检查、测量两列导轨正工作面距、垂直、偏扭的工具。

3）导轨经调整校正后应达到的要求。

① 两列导轨应垂直且平行，在整个高度内的垂直度偏差应不大于 1mm，如图 4-11a 所示。

② 两列导轨的侧工作面与图 4-9b 中的铅垂线偏差应不大于 0.6mm。

③ 两列导轨的接头缝隙 α 应不大于

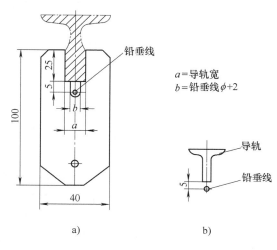

图 4-9　粗校卡板

a）粗校卡板　b）导轨与中心铅垂线

0.5mm。如图 4-11b 所示。

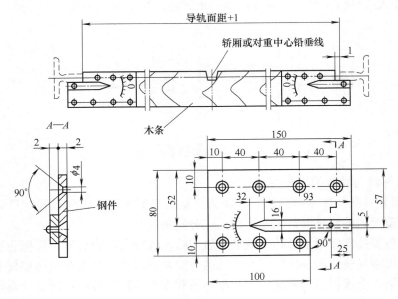

图 4-10 导轨精校卡尺

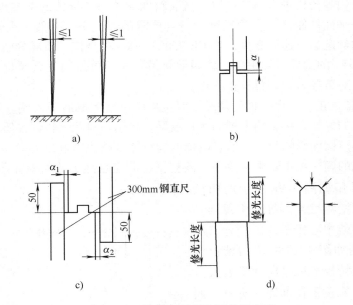

图 4-11 导轨主要部位调整示意图

a）导轨不垂直度 b）导轨接头缝隙 c）导轨接头台阶 d）导轨接头修光长度

④ 两列导轨的接头台阶，应用 300mm 长的钢板尺靠在工作面上，然后用厚薄规检查，在 α_1 和 α_2 处，应不大于 0.05mm，如图 4-11c 所示。

⑤ 两列导轨的接头台阶出现超差时应按表 4-3 的规定修光，如图 4-11d 所示。

⑥ 如图 4-10 所示的两列导轨的正工作面距 L，在整个高度内的偏差值，应符合表 4-4 的规定。

⑦ 导轨应用压导板固定在导轨架上，不允许焊接或用螺栓直接固定等。

表 4-3　导轨接头台阶修光长度 （单位：mm）

电梯类别	高　速　梯	低速、快速梯
修光长度	200	150

表 4-4　两列导轨面距偏差

电梯类别	高　速　梯		低速、快速梯	
导轨用途	轿厢导轨	对重导轨	轿厢导轨	对重导轨
偏差值	$L_{\ 0}^{+0.5}$	$L_{\ 0}^{+1}$	$L_{\ 0}^{+1}$	$L_{\ 0}^{+2}$

3. 曳引机及其承重梁和导向轮与复绕轮的安装

（1）曳引机及其承重梁的安装　曳引机是电梯的关键部件，是电梯的动力源。曳引机自身的质量和安装质量的好坏都会影响电梯的运行性能。对于有机房和小机房电梯的曳引机安装在井道上端的机房里。由于曳引机自身的重量大，而且作为曳引机重要部件的曳引轮，其轮槽里的曳引绳两端又连接着电梯的轿厢和对重装置，即曳引机承载着轿厢及其载荷和对重装置重量的总和。为了确保电梯的安装质量和运行效果，电梯制造厂的设计人员经计算确定将曳引机稳装在 $2\sim3$ 根 $24^{\#}\sim36^{\#}$ 槽钢或工字钢上。电梯从业人员将该槽钢或工字钢称为承重梁，它既是曳引机的承重梁，也是电梯的承重梁。由于承重梁承载着曳引机、轿厢及其载荷、对重装置重量的总和，承重梁选用的型材规格参数尺寸和承重梁两端的着力点所承受的力（重量）都经认真计算确认。承重梁一般由电梯制造厂提供，若由用户自备，则用户应按随机技术文件要求配置。

安装曳引机时首先将承重梁稳装好，承重梁的稳装位置由制造厂提供的电梯安装平面布置图确定，承重梁的稳装方式有以下几种。

1）承重梁的稳装方式。

① 稳装在机房地板下方的承重梁安装。当电梯井道的顶层高度足够高时，可以采用这种稳装承重梁的方式。采用这种稳装方式的承重梁坐落在井道的承重墙上，其稳装示意图如图 4-12a 所示。采用这种稳装方式的优点是机房内比较整齐，缺点是承重梁需在土建施工时就应预埋好。导向轮需稳装在机房地板下方的承重梁上，给投入运行后的导向轮维护保养带来不便。这种稳装承重梁的方式比较少见。

② 稳装在机房地板上的承重梁安装。当电梯井道的顶层高度不够高，或预先没有将承重梁稳装在机房地板下方时，采用将承重梁稳装在距离机房地板上平面50mm 左右处，承重梁的一端坐落在井道的承重墙上并用混凝土台座固定，另一端插入机房墙壁内并用混凝土固定，着力点也是井道承重墙。采用这种安装方式的承重梁稳装示意图如图 4-12b 所示，图中虚线十字块是导向轮的安装预留孔洞。采用这种方式稳装的承重梁，便于在承重梁两端做减震处理，常见的减震处理方法是在承重梁两端的下方各装设两块 $12\sim15$mm 厚的长方形钢板，上钢板与承重梁一端焊成一体，下钢板分别稳装在对应上钢板的机房墙壁孔洞内（但不能用混凝土固定）或混凝土台上，然后在承重梁两端下方的两块钢板之间垫放若干块 25mm 厚的减震橡胶垫。采用这种方式稳装承重梁比较方便，是常见的承重梁稳装方式之一。但采用这种稳装承重梁的方式，其导向轮的大部分仍在机房地板及其下方，给投入运行后的导向轮维护保养也带来不便。

③ 稳装在机房地板上的混凝土台上的承重梁安装。当机房高度足够高时，多采用将承重梁稳装在机房地板上的混凝土台和机房墙壁孔洞上。采用这种方式稳装的承重梁，一端通过混凝土台坐落在井道的承重墙上，另一端插入机房墙壁孔洞内并用混凝土固定，着力点也是井道承重墙上。稳装后的承重梁示意图如图4-12c所示。采用这种方式稳装的承重梁，对于有减震要求的电梯也可以在承重梁两端下方作减震处理，处理方法与前一种相同。这种承重梁稳装方式，也是有减震要求的电梯承重梁常用的稳装方式之一。采用这种方式稳装的承重梁，导向轮在机房地平面之上，安装和维修保养都方便。

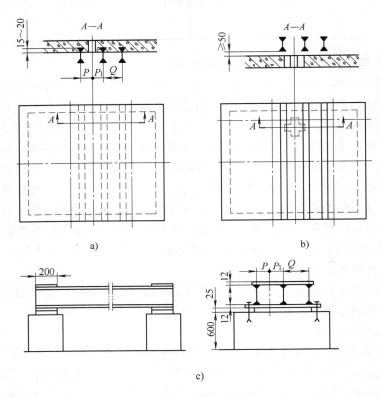

图4-12　承重梁安装示意图

a）承重梁在楼板下　b）承重梁在楼板上　c）承重梁在楼板上的混凝土台上

2）承重梁的稳装要求。

① 每根承重梁埋入承重墙一端的端面应超过承重墙中心20mm以上且不少于75mm，如图4-13a所示。

② 同一台曳引机的承重梁A面的不水平度应不大于0.5mm，如图4-13b所示。

（2）曳引机的安装　曳引机的承重梁按要求稳装好并经检查符合要求后，可以开始稳装曳引机。曳引机是电梯的动力源也是电梯的震动噪声产生源，因此应尽可能将曳引机安装调整校正好。曳引机的稳装方式与承

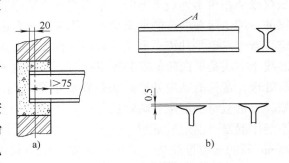

图4-13　承重梁的埋设和不水平度

a）承重梁埋设　b）承重梁不水平度

重梁的稳装方式有关。

1）曳引机的稳装方式。

① 承重梁在机房地板下方的曳引机安装。当承重梁稳装在机房地板下方时，多采用按曳引机的外轮廓尺寸，预先做一个高为250~300mm，宽和深视曳引机的外轮廓尺寸而定的钢筋混凝土台座，台座上预埋有若干个紧固曳引机的地脚螺栓。混凝土台座完全凝固后，将台座搬移至电梯安装平面布置图规定的位置。经找正找平后将曳引机吊放到台座上，然后通过边找正找平、边紧固台座上的地脚螺栓将曳引机紧固在钢筋混凝土台座上。在施工作业过程中，为防止曳引机发生位移，常在台座两端用膨胀螺栓、压板、减震橡胶块压挤固定。为了减小曳引机可能引发的震动和噪声，也常在钢筋混凝土台座下方摆放若干只减震橡胶垫，以提高电梯的运行效果。稳装后的曳引机示意图如图4-14所示。

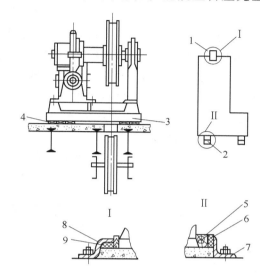

图4-14 承重梁在机房板下方的曳引机安装示意图
1、8—压板 2—挡板 3—混凝土台座 4、6、9—减振橡胶垫 5—木块 7—挡板

② 承重梁在机房地板上方的曳引机安装。承重梁在机房地板上的曳引机稳装有两种完全不相同的稳装方式。对于震动噪声要求不太高的低速梯，将曳引机直接稳装在承重梁两端末作减震消声处理的承重梁上，由于电梯的运行速度低，效果也不错。对于震动噪声要求比较高的乘客电梯，采用在承重梁两端增设钢板和减震橡胶垫等方法（稳装在机房地板上的承重梁安装中已述及）予以减震消声处理，其曳引机的安装示意图如图4-15所示，在此不再赘述。近年来，也有采用150#槽钢按曳引机的大小焊一个方形坐架，将曳引机吊放到该坐架上并用螺栓紧固成一体，再将曳引机和坐架吊放到摆放四只$\phi 100mm \times$

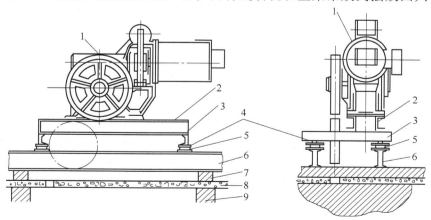

图4-15 承重梁在机房楼板上的曳引机的安装
1—曳引机 2—机座 3—槽钢支架 4—衬垫 5—减振橡胶垫 6—工字钢梁
7—混凝土台 8—楼板 9—承重墙

50mm 特制橡胶垫的曳引机承重梁上。若为防止曳引机发生位移，在方形坐架两端用螺栓、压板、减震橡胶块压挤固定，其做法更简单，安装更方便，效果也非常好。

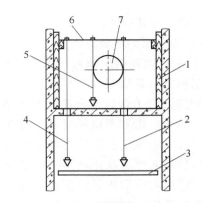

2）曳引机稳装过程中的调整校正。曳引机在安装调整校正过程中，首先在曳引机上方拉一根水平线，从该水平线上悬挂下放两根铅垂线，并分别对准井道上样板架已标出的轿厢中心和对重中心，然后按曳引轮的节圆直径在水平线上再悬挂下放另一根铅垂线，并以该铅垂线与轿厢中心铅垂线去调整校正曳引机的位置。如图 4-16 所示。

图 4-16 曳引机的安装调整示意图
1—方木 2—轿厢中心铅垂线 3—上样板架
4—对重装置中心铅垂线 5—曳引轮铅垂线
6—水平线 7—曳引轮

3）曳引机的稳装要求：

① 曳引轮在前后、左右方向的误差应不超过表 4-5 的规定。

表 4-5 曳引轮位置偏差 （单位：mm）

类 别	高 速 梯	快 速 梯	低 速 梯
前后方向	±2	±3	±4
左右方向	±1	±2	±2

② 曳引轮的轴向不水平度从曳引轮上轮缘下放的铅垂线，在静态情况下，与下轮缘的间隙应不大于 0.5mm，如图 4-17a 所示。曳引轮的 A 和 B 扭转差值，前后两面均应小于 0.5mm，如图 4-17b 所示。

③ 施工队在电梯安装过程中因吊装条件限制，需将曳引机拆成零件搬运时，搬运后重新装配的曳引机应符合随机技术文件的要求。对于有齿曳引机的蜗杆与蜗轮轴的轴向游隙可参考表 4-6 的规定参数调整。

表 4-6 蜗杆与蜗轮轴的轴向游隙 （单位：mm）

中 心 距	100 ~ 200	>200 ~ 300	>300
蜗杆轴向游隙	0.07 ~ 0.12	0.10 ~ 0.15	0.12 ~ 0.17
蜗轮轴向游隙	0.02 ~ 0.04	0.02 ~ 0.04	0.03 ~ 0.05

（3）导向轮与复绕轮的安装

1）导向轮的安装。导向轮是调节轿厢中心与对重中心距离的装置。因此导向轮的曳引绳槽应与曳引轮槽平行。对于曳引方式为 1:1 的电梯，在安装导向轮时，先在承重梁上放下一根铅垂线，并使铅垂线的铅锤对准对重装置中心，再根据导向轮的厚度，在该铅垂线两侧另放两根辅助铅垂线，用以检查调整导向轮的垂直偏差值。承重梁在机房地板下方的导向轮安装调整示意图如图 4-18 所示。

2）导向轮安装调校后应符合以下要求：

① 导向轮与曳引轮的不平行度应不大于 0.5mm，如图 4-19a 所示；

② 导向轮的不垂直度应不大于 0.5mm，如图 4-19b 所示；

③ 导向轮的位置偏差在前后方向应不大于 ±5mm，在左右方向不大于 ±1mm。

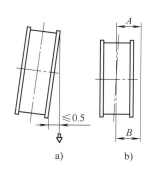

图 4-17　曳引轮调整示意图
a）轴向不水平度　b）扭差

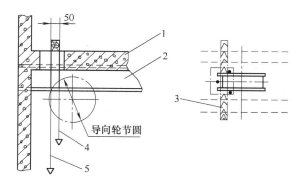

图 4-18　导向轮安装示意图
1—机房地板　2—承重梁　3—方木　4—辅助铅垂线　5—铅垂线

3）复绕轮的安装。对于采用复绕轮的电梯，复绕轮的安装与导向轮基本相同，但必须将复绕轮与曳引轮沿水平方向偏离一个等于 1/2 曳引轮槽间距的差值，如图 4-19c 所示。而且复绕轮经调校后，档绳装置与曳引绳的距离应不大于 3mm。

4. 组装轿厢和安全钳

轿厢是乘客的载体，是电梯的重要部件之一。由于轿厢的体积比较大，对于新设计的轿厢，经在制造厂合装检查合格后又要折成零件，进行表面处理后以零件形式包装发货。对于批量生产的轿厢，其零件进行表面处理后直接包装发货，货到现场后由安装人员在井道内组装。由于轿厢是乘客的载体，因此在现场组装时应尽量避免轿壁表面磕碰划伤。

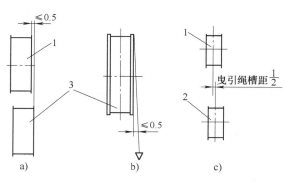

图 4-19　导向轮、复绕轮安装调整示意图
a）导向轮与曳引轮间的不水平度　b）导向轮的不垂直度
c）复绕轮与曳引轮的水平偏差
1—曳引轮　2—复绕轮　3—导向轮

对于采用有脚手架安装的电梯，轿厢的组装工作应在井道内的上端站进行。因为组装后的轿厢处于上端站，对于曳引驱动电梯，重量最大的对重装置就可以在井道的底坑组装，比较安全；上端站最靠近机房，组装过程中起吊重量大些的部件比较方便；安装竣工后试运行前的预检查预调试也比较方便等。以下简要介绍安装现场的轿厢组装工作。

（1）组装前的准备工作

1）拆除上端站的脚手架。

2）在上端站层门地面与对面井壁之间，水平地架设两根不小于 200mm × 200mm 的方木或 160# 槽钢。方木或槽钢的一端平压在层门口的地面上，另一端水平地插入层门对面井壁的孔洞中并楔实楔牢固。这两根方木或槽钢作为组装轿厢时的支承架，两根方木或槽钢应在一个水平面上。

3）在与轿厢中心对应的机房预留孔洞中悬挂一只能起吊 2t 重的环链手动葫芦，以便组装时起吊轿底、上下梁等重量大的部件，如图 4-20 所示。

（2）组装轿厢的方法步骤　组装轿厢前的准备工作完成且经检查符合要求后可开始组装轿厢。方法步骤如下：

1）将轿架下梁平放在两根方木或槽钢支撑架上，并使两端的安全嘴与两列导轨的正工作面距离一致，并校正校平，其不水平度应不大于2/1000mm。

2）将轿底吊放在下梁上，并支撑好且校正校平，其不水平度应不大于2/1000mm。

3）先立轿架两边的立梁，并用螺栓分别将两边的立梁与下梁、轿底连接紧固。立梁在整个高度内的不铅垂度应不大于1.5mm。

4）用手动葫芦吊起上梁，并用螺栓与两边立梁紧固，紧固后的轿架应垂直平整、无扭转力的存在。

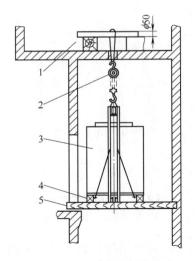

图 4-20　轿厢组装示意图
1—机房　2—2～3t手动葫芦　3—轿厢
4—木块　5—200mm×200mm方木

5）将安全钳的楔块放入下梁两端的安全嘴内，并装上安全钳拉杆。安全钳拉杆的下端与楔块连接，上端与上梁的安全钳传动机构连接，并使两边楔块与导轨两侧工作面的间隙一致，使安全嘴垂直的底面与导轨正工作面的间隙为2.5～3mm，楔块与导轨两侧工作面为2～3mm，绳头拉手的提拉力为147～294.2N，且动作灵活可靠。

6）安装并调整导靴，使导靴靴衬的凹形口嵌住导轨的工作面，并使图4-21中的 a 和 c 值均为2mm，b 值应参照表4-7的规定。

表 4-7　b 的取值

电梯额定载重量/kg	500	750	1000	1500	2000～3000	5000
b/mm	42	34	30	25	25	20

7）按电梯安装平面布置和随机技术文件的要求，稳装两端站强迫换速、限位开关及极限开关装置的打板（或称撞弓），并用铅垂线调整其铅垂度，经调整校正后的不铅垂度应不大于2/1000mm。

8）组装轿壁和轿顶，对于整体性的轿顶，先用手动葫芦将轿顶吊挂并稳定在上梁下的合适位置，对于多块轿顶板拼装的轿顶则应在轿厢后壁装好后随左右侧轿壁的安装进度逐块安装。也可采用将单扇轿壁组装成整扇轿壁后再与轿顶和轿底固定。对轿门两边的轿厢前壁应边安装边校正，其不铅垂度应不大于1/1000mm。

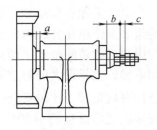

图 4-21　轿厢滑动导靴

9）安装轿厢吊顶照明灯、轿厢扶手和轿内操纵箱。

10）稳装轿门上坎（门滑道），挂装轿门。

11）稳装自动开关门机构，调校安全触板及安全触板开关和光幕门。经调校后轿门的碰撞力应不大于147N，安全触板的碰撞力应不大于4.9N。

轿厢组装过程中应边组装边校正，达不到规定要求必须继续调校，直至符合要求后再继续进行其他零部件的组装工作。整个轿厢组装完成后再进行一次全面检查校正工作，确保轿厢的组装质量。对于轿底的水平度调整，不能通过轿厢底的四个拉杆螺栓调整，应采用加装垫片的方式调整好轿底的水平度符合国标要求。

5. 安装层门、门锁和层门自闭装置

层门也叫厅门，层门是电梯的重要安全部件之一。层门有手动开关门和自动开关门两种。社会发展到 20 世纪末后，手动开关的层门机构已被淘汰，除简易电梯外已不再采用。因此，以下主要介绍采用自动开关门机构的电梯层门安装。

（1）安装层门踏板　20 世纪 80 年代中期前，国内建造的电梯井道多为砖混结构，这种结构的电梯井道只在每层楼的楼面标高处为井道设置一个圈梁，该圈梁在层门口这一边设置一个比楼面低 50mm、往井道伸出 95mm（用于中分门）或 145mm（用于双折或双折中分门）的钢筋混凝土台阶，这个钢筋混凝土台阶被电梯从业者称其为牛腿，如图 4-22 下方的混凝土部分所示。在那个年代盖的楼都不高，大多数楼房在 10 层以下，按当时的建筑工艺为每层楼的层门口一侧制作建造牛腿虽然麻烦但那个年代的建设单位仍能接受。时至 21 世纪的今天，楼越盖越高，井道壁采用钢筋混凝土模板式浇灌，一个月盖 3～4 层楼（当年的深圳甚至 3 天一层），建设单位就不再愿意按电梯制造厂的电梯井道图为每层楼的层门一侧制作建造牛腿了，这就迫使电梯安装单位用∟50×50×5（mm）角钢制作成不等边直角三角形的钢架去替代牛腿（每层门装 3～5 个），替代牛腿的钢架上直角边长 90mm 或 145mm、下直角边长 500～600mm、上下直角边之间焊一根加强支撑角钢。然后通过膨胀螺栓将钢架固定在井壁上，再在钢架上焊一根 90#（中分门）或 140#（旁开门）槽钢，再通过螺钉将电梯的层门踏板固定在槽钢上。对于有水泥牛腿的电梯层门安装，仍用 400# 以上水泥砂浆稳装电梯的层门踏板。

不管安装哪种牛腿结构形式的层门踏板，安装前都应根据调校后的轿厢导轨位置去计算和确定层门踏板的位置。稳装后的层门踏板应达到以下要求：

1）其不水平度应不大于 1/1000mm；

2）踏板上平面应高出层楼地平面 2～5mm；

3）层门踏板与轿厢踏板的距离不超过 35mm。

（2）安装左右立柱和层门上坎　层门踏板稳装好后开始稳装左右立柱，立柱的下端通过螺钉固定在踏板上，上端与上坎连成一体，中间用膨胀螺栓与井壁连接定位。层门上坎和左右立柱安装调整后：

1）厅门导轨与踏板槽在导轨两端和中间三处的偏差值 a 应不大于 1mm，如图 4-22 所示。

2）导轨的不铅垂度 b 应不大于 0.5mm。

（3）挂门扇和安装门扇连接机构　踏板、左右立柱和门套、上坎架等构成的层门框安装完并经调整校正合格后，可以吊挂层门扇并安装门扇间的传动机构。门扇上端通过吊门滚轮

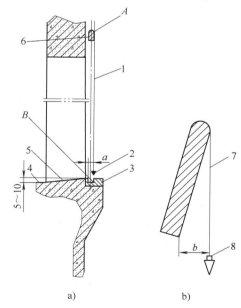

图 4-22　厅门导轨与踏板调整示意图

a）厅门导轨与踏板　b）门导轨的不铅垂度

1—铅垂线　2—线锤　3—厅门踏板　4—楼板地平面
5—过渡斜坡　6—厅门导轨　7—铅垂线　8—线锤

吊挂在层门导轨上，下端通过尼龙制成的滑块插入踏板槽内，使门扇在一个垂直面上左右运行，门扇在垂直面上的偏差可以通过调整吊门滚轮架与门扇的固定螺钉予以解决。门扇经调整校正后：

1）门扇下端与踏板的间隙 c 应为 4mm ± 2mm，如图 4-23a 所示；

2）吊门滚轮的偏心挡轮与门导轨的间隙 d 应不大于 0.5mm，如图 4-23b 所示；

3）门扇未装连动机构前，在门中心处沿水平方向的任何部位牵引，其阻力应不大于 2.9N。如图 4-23c 所示；

4）门扇与门扇的间隙应为 4mm ± 2mm；

5）中分式门扇间对口处的平整度误差应不大于 1mm；

6）层门经安装调整校正后，用手推拉不应有噪声、跳动和不轻快现象。

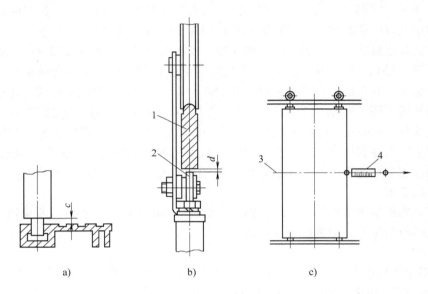

图 4-23　门扇安装调整示意图

a）门扇与踏板间的间隙　b）挡轮与门导轨间的间隙　c）门的牵引力

1—门导轨　2—挡轮　3—门扇高中心线　4—弹簧秤

（4）门锁的安装　为了安全起见，层门扇挂完后应从速安装门锁，否则应重新将层门护栏装设好。安装自动门锁时从轿门刀顶面悬挂下放一根铅垂线，作为安装、调整、校正各层门锁的依据。门锁安装调整后，门刀与层门踏板、门锁滚轮与轿门踏板、门刀与门锁滚轮之间的关系如图 4-24 所示。门锁是一个机与机、机与电配合件，安装后和试运行前应认真检查调整，符合要求后将连接螺钉紧固好。

（5）层门自闭装置的安装与调整　层门自闭装置也称层门强迫关门装置，这种装置有三种结构形式。层门自闭装置经安装调整后，在门刀脱离门锁轮的情况下，层门应能可靠关闭，又不能在开门过程中给开关门机构增加太大负荷，所以自闭力的大小应认真调整。

6. 安装限速装置

限速装置由限速器、钢丝绳和钢丝绳张紧装置三部分构成。

（1）限速器的安装　对于有机房电梯，限速器安装在机房内，安装位置由供货商提供的电梯安装平面布置图确定。安装方法视现场情况而定。最简单的稳装方式就是用膨胀螺栓将限速器固定在机房地面上。稳装前先根据安装平面布置图将限速器搬移至确定位置，然后从限速器轮槽的钢丝绳中心悬放一根铅垂线，使铅垂线的铅垂对准安全钳传动机构绳头拉手的绳孔中心，以该铅垂线的位置为依据划好膨胀螺栓孔位置，通过冲击钻打好膨胀螺栓孔，插入膨胀螺栓，将限速器稳装、调整、校正、紧固膨胀螺栓即可。

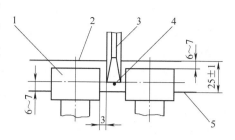

图 4-24　门刀与门锁滚轮和厅轿门
踏板调整示意图

1—门锁滚轮　2—轿门踏板边线　3—门刀
4—铅垂线　5—厅门踏板边线

（2）钢丝绳张紧装置的安装　钢丝绳张紧装置稳装在井道底坑的轿厢导轨上，如图 4-25 所示。张紧装置底面与底坑地面的距离可参照表 4-8 中的尺寸调整。钢丝绳张紧装置稳装好后，截取张紧钢丝绳并将张紧钢丝绳挂好、调整好即可。

表 4-8　张紧装置底面与底坑地面的距离　　　　　　　（单位：mm）

类别	高速梯	快速梯	低速梯
H	750 ± 50	550 ± 50	400 ± 50

限速装置经安装调整校正后：

1）限速器绳轮的不铅垂度应不大于 0.5mm，如图 4-26a 所示；

2）与电梯安装平面布置图规定的位置偏差，在前后和左右方向应不大于 3mm；

3）限速器绳索与导轨的距离，按安装平面布置图的要求，a、b 位置的偏差值应不超过 ± 5mm，如图 4-26b 所示；

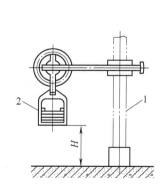

图 4-25　张紧装置安装示意图

1—轿厢导轨　2—张紧装置

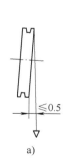

a)

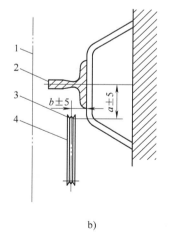

b)

图 4-26　限速装置的安装和调整示意图

a) 限速器绳轮的垂直度　b) 张紧轮与导轨的距离

1—轿厢边线　2—导轨　3—铅垂线　4—张紧轮

4）张紧装置对绳索的拉力，每分支应不小于 15kg；

5）当绳索伸长到预定限度或脱断时，限速器断绳开关应能可靠断开控制电源，强迫电梯停止运行。电梯运行过程中绳索应不触及夹绳机件。

7. 安装缓冲器和对重装置

稳装缓冲器和安装对重装置都在井道底坑进行。在一般情况下，先将缓冲器稳装好后再安装对重装置。

（1）稳装缓冲器 对于设有底坑槽钢的电梯，通过螺栓将缓冲器稳装在底坑槽钢上。对于没有设底坑槽钢的电梯，缓冲器稳装在现场制作的混凝土台座上。图4-27中的轿厢缓冲器混凝土台座的高度 H_2 与电梯平层时轿厢缓冲板的位置、底坑深度 P、轿厢缓冲器高度 B、电梯的速度档次（即缓冲距离 S 值）有关。对重缓冲器混凝土台座的高度 H_1 与对重缓冲器高度 C、电梯的速度档次（即缓冲距离 S 值）有关。因此，制作轿厢缓冲器混凝土台座和对重缓冲器混凝土台座时，其高度应按图4-27所示的上述参数尺寸和表4-9中的规定，计算出轿厢缓冲器混凝土台座、对重缓冲器混凝土台座的高度后，才能着手制作轿厢缓冲器混凝土台座和对重缓冲器混凝土台座，并预埋紧固缓冲器的地脚螺栓。混凝土台座完全凝固后即可稳装缓冲器。缓冲器稳装调整校正后应满足以下要求：

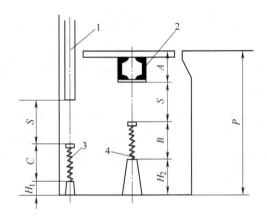

图4-27 缓冲器安装示意图

A—轿厢踏板平面至下梁缓冲板的距离 B、C—缓冲器全高 S—见表4-9

$H_2 = [P - (A + B + S)]$ P—底坑深度 H_1—对重缓冲器底座的高度

1—对重装置 2—轿架下梁 3—对重缓冲器 4—轿厢缓冲器

表4-9 S 的取值

额定速度/（m/s）	缓冲器类型	S/mm
0.5~1.0	弹簧缓冲器	200~350
1.5~3.0	油压缓冲器	150~400

1）油压缓冲器经稳装调校后柱塞的不铅垂度应小于等于0.5mm，如图4-28a所示；

2）一台轿厢采用两个缓冲器时，两个缓冲器的高度差应不大于2mm，如图4-28b所示；

3）采用弹簧缓冲器时，弹簧顶面的不水平度应不大于4/1000mm，如图4-28c所示；

4）缓冲器中心应对准轿厢或对重缓冲板中心，其偏差应小于20mm。

（2）对重装置的安装 对重装置由对重架和对重铁块（或水泥块）构成。组装对重装置时，要预先根据图4-27的相关尺寸和表4-9的要求，将对重架提升到所要求的高度，然后用方木支撑牢固，再把对重导靴稳装好，并根据轿厢、对重架、对重块的重量和平衡系数要求装入对重块即可。对重块要摆平、楔实并用压板固定。

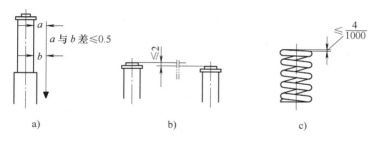

图 4-28　缓冲器安装调整示意图
a）柱塞的不铅垂度　b）柱塞高度差　c）顶面不水平度

8. 截曳引绳、制作曳引绳头与挂曳引绳

缓冲器和对重装置安装好并经检查符合要求后可进行裁截曳引绳、制作曳引绳头与悬挂曳引绳等项工作。

（1）采用非组合式或组合式曳引绳锥套的绳头制作　采用非组合式或组合式曳引绳锥套时的绳头制作比较麻烦。安装人员先按计算和实地测量后确定的曳引绳长度，再将曳引绳放开拉直并按所需长度作好截绳标记点，并在截取点两端用 20#～22# 铁丝按图 4-29 所示的尺寸扎紧，以免曳引绳截断后发生绳股松散现象。每台电梯的曳引绳全部截完后再进行绳头制作。制作时分别将绳头穿入锥套孔，然后松开端头的扎丝，擦去油污，做好花结，再将绳头拉入锥套内后将花结摆放好，再用布带将锥套下端小孔堵塞缠扎好，防止浇灌巴氏合金时巴氏合金从小口漏出。浇灌巴氏合金时需将巴氏合金加热至 270～350℃，每个绳头要一次浇灌完成，以保证质量，如图 4-30 所示。

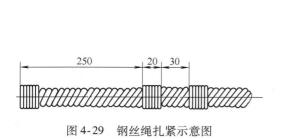

图 4-29　钢丝绳扎紧示意图

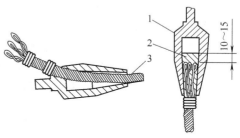

图 4-30　曳引绳头制作示意图
1—锥套　2—巴氏合金　3—曳引钢丝绳

（2）采用自锁楔式曳引绳锥套的绳头制作　采用自锁楔式曳引绳锥套的曳引绳头制作比较简单，其方法步骤的示意图如图 4-31 中的 a～e 所示。图 4-31a 往锥套孔插入曳引绳、图 4-31b 绳头绕过楔块穿出锥套孔、图 4-31c 拉紧绳头、图 4-31d 继续拉紧绳头、图 4-31e 曳引绳头拉紧后拧紧卡绳板即可。

（3）挂曳引绳　挂曳引绳是一种力气活。挂曳引绳至少需要三个人。

1）挂绳前应做好的准备工作。

① 备一根长度等于井道高度的麻绳；

② 将曳引绳抬到电梯机房，以便从机房往下放绳和挂绳；

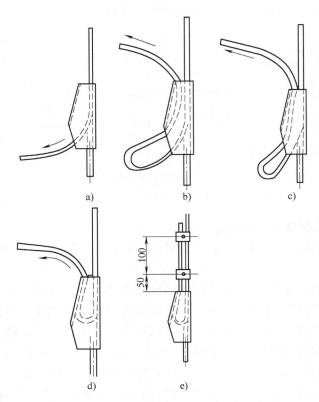

图 4-31   自锁楔式锥套曳引绳头制作示意图

③ 商量好谁在机房、谁下底坑、谁在轿顶。明白那根绳的锥套装在绳头板的哪个孔。

2）挂绳。

① 对于 1:1 曳引方式的电梯，由机房的技工依次将每根曳引绳一端从曳引轮槽往下放至轿顶，由轿顶技工固定在轿架上梁的绳头板上，然后再将曳引绳的另一端从导向轮的绳槽处往下放，由底坑技工固定在对重架上端的绳头板上，直至放挂完为止。

② 对于 2:1 曳引方式的电梯，由机房的技工依次将每根曳引绳一端（连同麻绳）从曳引轮槽往下放至轿顶，由轿顶技工穿过轿顶轮，再由机房的技工往上拉至机房，稳装到绳头板大梁的绳头板上；然后再将曳引绳的另一端从导向轮的绳槽处往下放，由底坑技工穿过对重反绳轮，再由机房的技工往上拉至机房，稳装到绳头板大梁的绳头板上，直至放挂完为止。

四、电梯电气部分的安装

电梯电气部分的安装工作应在竖完导轨后，由电气技工负责按随机技术文件和 GB 50310—2002 标准的规定，进行施工作业。以下做简要介绍。

1. 安装主电源开关、控制柜和中间接线箱

（1）主电源开关的安装   依据 GB 7588—2003 及相关安全技术规范的要求，每台电梯应独立装设一只主电源开关，该开关的安装位置、规格型号应满足本书第三章第五节关于主电源开关所表述的要求。

（2）控制柜的安装   控制柜跟随曳引机安装在曳引机附近，对于有机房电梯的控制柜安装在电梯机房，对于无机房电梯应跟随曳引机就近合理安装。控制柜的安装处位应以便于操作和维修（控制柜前有 0.5m×0.6m 的操作空间），利于电线管、槽的敷设，而且最好将控制柜稳装在 100～120mm 高的水泥墩上，如图 4-32所示。

（3）井道中间接线箱的安装　20 世纪 80 年代中期，国内生产的电梯多在井道内、电梯提升高度中点往上1.3～1.5m 处装设一只接线箱，该接线箱被称为井道中间接线箱，作为由控制柜至轿厢的单芯控制线与多芯软电缆之间的过渡转换接线箱，如图 4-33 右下角所示。20

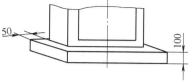

图 4-32　控制柜稳固安装示意图

世纪 80 年代中期以后，大多数电梯制造厂家将控制柜至轿厢的控制线直接采用多芯软电缆，故该中间接线箱被甩掉了。

2. 安装分线箱与敷设电线槽管

电梯控制柜至电源主开关、曳引机、层楼指示器或选层器（老梯型）、井道里的上、下限位开关、井道中间接线箱等电梯电气控制器件之间都需敷设电线槽、管（包括金属软管）。采用继电器、PLC 控制的电梯电线槽、管路敷设如图 4-33 所示。进入 21 世纪后设计生产的、采用全计算机、串行通信控制的电梯，由于外召唤信号登记、传送线路不受层站数的影响，控制柜至各层站的线路敷设，采用多芯电缆和接插件后，井道分线箱也被甩掉了。电线槽、管路敷设后应满足以下要求：

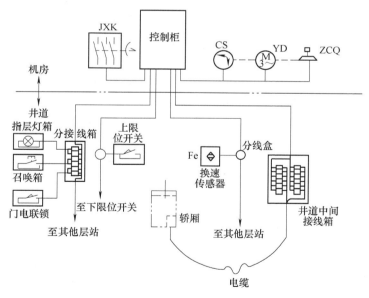

图 4-33　继电器、PLC 控制电梯电线槽、管路敷设示意图

1）竖向槽、管每隔 2.5m，横向槽、管每隔 1.5m，金属软管不大于 1.0m 应作固定处理。单根电线槽、管两端应作固定处理；

2）全部槽、管敷设完后应通过接地线连成一体。

3. 稳装电缆架与挂扎软电缆和配接线

（1）稳装电缆架　电缆架是随行电缆（活动）两端的固定支架。每台电梯需装设两个随行电缆固定支架。其中一个稳装在井道高度 1/2 往上 1.3～1.5m（若装有井道中间接线箱，则在该接线箱下方100mm左右）处，另一个稳装在轿底下方的轿架下梁附近，便于稳固随行电缆的地方。电缆架主要由一根φ25～30mm的小钢管、外套穿一根φ30～35mm的大钢管而成，随行电缆捆扎在φ30～35mm的大钢管上，电梯上下运行时，捆扎随行电缆的大钢管能随之转动，减少外力造成随行电缆损伤。电缆架的稳装位置示意图如图4-34所示，随行电缆在电缆架上的捆扎示意图如图4-35（下方）所示。

（2）截取挂扎随行软电缆与截取各路、段单芯线和配接线

1）截取捆扎随行软电缆。电缆架稳装妥当后，就可以按计算和实际测量的长度截取随行软电缆和挂扎随行软电缆。随行软电缆两端在电缆架上的捆扎示意图如图4-35（下方）所示。

2）截取各路段的单芯线。按计算和实际测量的长度截取各路、段的单芯线时，应边截线边给线两端穿套写有线号的异形套管，每路段的单芯线截取完后应将线整理成线束并做好标记，并将各路、段的线束放入电线槽或穿进电线管，并将两端的线头整理好，以便配接线。

3）配接线。配接线是件细心的工作。配接线前，对于采用电线管的路段，在电线管两端应装上护口，对于采用电线槽的路段引出线口应装上异性接头。配接线时应分别按路段进行，一路段配接完后再配接另一路段。配接线过程中，每接一根线都要核对异形套管上的线号及电气元件上的符号或号码，千万不要接错，给最后的整机调试带来麻烦。

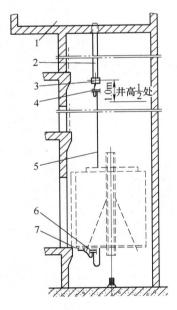

图4-34　电缆架和电缆安装示意图

1—机房　2—电线管或电线槽　3—井道中间接线箱　4—井道电缆架　5—电缆
6—轿底电缆架　7—轿底接线箱

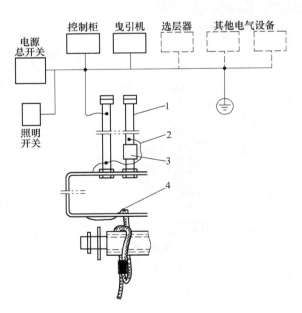

图4-35　电梯电气零部件接地系统接线示意图

1—电线管或电线槽　2—φ1.6mm铜线　3—电线管接头
4—电缆钢芯或铜芯线

4. 控制系统的保护接地或接零

电梯电气控制系统的保护接地或接零与电梯用户采用的供用电系统有关。我国进入21世纪后，电梯用户多采用本书第三章第五节所介绍的TN-S、TN-C、TN-C-S等三种供用电

系统。这三种供用电系统都是在终端变压器（用户变压器）二次侧三相绕组的中性点接地，将中性点的接地线作为保护接地线或接零线。其中，TN-S 供用电系统，采用从变压器二次绕组中性接地点引出的地线分为 N 线（工作地线）和 PE 线（保护地线）；TN-C 供用电系统，采用从变压器二次绕组中性接地点引出的地线（称 PEN 线）既作工作地线又作保护地线；TN-C-S 供用电系统，采用从变压器二次绕组中性接地点引出的地线（称 PEN 线）到达用电区域起将 PEN 线分开为 N 线和 PE 线的方式。目前国内的电梯用户多采用 TN-S 和 TN-C-S 供用电系统，不管采用哪种供用电系统：

1）保护接地线应采用不小于 $4mm^2$ 的黄绿双色线；

2）所有电线管、槽应连成一体并用不小于 $4mm^2$ 的黄绿双色线接地；

3）轿厢的接地线可采用随行电缆的钢芯作为接地线，也可以采用不小于 $4mm^2$ 的电缆芯线作为接地线。电梯电气零部件接地系统的接线示意图如图 4-35 所示。

第四节　无脚手架的电梯安装

一、概述

随着建筑业的不断发展，建筑物越建越高，电梯行业发展迅猛，电梯安装量逐年上升。传统的电梯安装方法是在每个电梯井道内搭设脚手架，然后在脚手架平台上安装导轨、层门、轿厢、对重、电缆等一系列部件。在高层建筑的井道内搭设脚手架，既消耗大量人力，还需不小的开支，安装的工作效率也不高。随着人力资源成本以及现场作业相关成本的大幅增加，电梯行业为了有效降低成本，节约人力和物力，提高施工效率和安全性，已探索出多种无脚手架安装工艺方法。无脚手架安装工艺改变了传统的安装作业方式，是在井道内不搭设脚手架的情况下，通过临时搭设的能够在井道内上下移动的工作平台（如吊篮、电梯轿厢等）安装井道内部件，从而完成电梯安装的工艺方法，得到了较为广泛的应用。目前，采用无脚手架安装方法主要分以下几种：

1）采用电梯本身运行系统：曳引驱动式平台，在慢车（低速运行）的条件下完成电梯安装。

2）采用卷扬机加吊篮方式：卷扬驱动式平台，在平台操控卷扬机运转驱动平台完成电梯安装。

3）采用附着于导轨轿厢系统的专用移动器作动力上下运行：爬升驱动式平台，完成电梯安装。

由于后面两种都必须采用额外的设备，前期投入较大，而且会带来仓储、保养、运输等问题。目前电梯行业大多采用电梯本身运行系统，即曳引驱动式平台，在检修运行的条件下完成电梯安装。所以本节主要针对这种工艺方法与传统的电梯安装工艺方法不同点做较详细阐述。

二、无脚手架安装电梯对安全的特殊要求

1）无脚手架安装井道内没有任何遮挡，物体从井道厅门口坠落危险性较大，因此在层门没有安装的时候，厅门围护下侧必须安装挡板，最好厅门做全封闭围护。

2）在安装轿厢组件后需要同时安装轿顶防护栏及轿顶头顶防护装置，在调试快车前不

得拆除轿顶防护。

3）无脚手架安装，井道内必须设置生命线，生命线可沿厅门两侧放下。

4）井道施工时要保持足够的照明。

5）对重架吊到位应有对重运行导向设施和警示灯或铃，加入对重块后，为防止对重块意外脱轨，使用护挡止铁将对重块固定在对重框内。

6）轿厢进行慢车运行前，必须对井道内部四周进行全面检查，查看是否有突出井道壁的钢筋、铁丝、水泥块等，如果有应设法清除井道内异物。轿顶急停开关和防脱轨开关应可靠有效，限速器安全钳联动机构应可靠有效，检修运行装置应可靠有效。

7）电气调试人员慢车调试完成后，机房控制柜内必须将电梯一直处于检修运行状态（切断自动运行接线）；控制柜内悬挂"严禁自动运行"警示标牌；机房标识"机房重地，闲人免进"应及时挂好；告知所有安装人员进行电梯井道内安装作业时的注意事项，施工作业时应先对电梯"检修"状态进行确认。

8）快车调试运行前，必须将所有的电梯部件安装完毕，安全回路接通并有效。

9）负责施工的技术员应针对无脚手架安装的操作要求及安全注意事项，对现场所有安装人员进行安全技术交底。

10）以电梯轿顶和轿底作为工作平台，由于工作平台面积有限，最多允许三人同时操作。

三、无脚手架的电梯安装

（1）安装前准备工作　电梯无脚手架安装施工除了需满足传统电梯安装工艺进场施工的条件外，还需满足以下条件：

1）机房门窗能够锁闭，机房墙面、地面粉刷完毕，三相五线制动力电源到达机房且容量满足要求。

2）井道壁平整且凸出的钢筋、杂物等已清理干净，井道如果为砖墙圈梁结构，则圈梁位置及大小必须符合设计要求。

3）由于无脚手架安装工艺，井道内涉及安全施工等，因此必须采取有效措施防止井道坠物，井道厅门口防护需要与客户协商。

4）曳引机上方的起重吊钩按设计起重吨位在建筑时已浇筑到位。底坑内杂物已清除，地面干燥，无渗水现象。

5）准备好无脚手架安装专用工具、普通安装工具、安全防护用品；无脚手架专用工装包括：顶层工作平台、导轨起吊工装、导轨校正工装和轿顶防护等。

（2）井道防护　无脚手架安装井道内没有任何遮挡，物体从井道层门口坠落的危险性较大，因此在层门没有安装到位的时候，为了防止杂物落入井道、安装人员和途经人员意外坠入井道的风险，保障安装人员安全和施工顺利，应做好厅门护栏和护网的安装工作，同时安装好生命线，保障安装人员生命安全。

1）安装层门护栏：井道每个层门安装护栏的高度为900～1120mm，护栏中间间隔为450～560mm，护栏应有足够的强度（可承受90kg外力），护栏底部应有100～150mm高度的踢脚板。

2）安装层门护网：在有层门护栏的基础上，安装层门护网，层门护网选用有一定强度的尼龙网制作；安全护网应高2500mm、宽1800mm，可把整个层门（包括召唤盒孔洞）遮住，封闭整个厅门口，且可重复利用；层门护网必须使用六颗 6mm 膨胀螺丝固定，固定要平整、牢固，下端必须粘连地。

3）安装生命线：生命线上的全身式安全带、自锁器必须保证良好的状况和能够正常的使用；生命线的悬挂点承载力必须是已知的（至少 1440kg）；生命线需防快口保护；生命线从机房吊钩一直放到底坑；轿厢移动平台开慢车时拆除临时生命线；安装人员在移动平台上工作，始终穿戴全身安全带，安全带悬挂在轿厢上梁处。

3. 制作样板线

样板线的正确定位是电梯安装工作的基础，决定着井道各部件之间的安装尺寸基准，将影响整台电梯安装的质量，并且也是消除井道缺陷的过程。

（1）轿厢导轨、对重导轨放样板线　无脚手架安装由于采用导轨校正工装不同，放样也有别于有脚手架安装。样板线从顶层（与一般放样位置相同）或机房放至底坑，且必须根据使用工装不同放在导轨两侧面。制作的样架木应偏离曳引钢丝绳位置，使样架在放钢丝绳时不受影响，不阻碍电梯的运行。

例如采用 Y 形工装校正导轨时，每根导轨一根样线，门头两根样线（如两轿厢导轨、两对重导轨时，共需放 6 根样线），Y 形工装井道放样图如图 4-36 所示。根据 Y 形工装设计放样，并在放样前检查工装放样尺寸见表 4-10 所示，并依此对导轨进行校正。

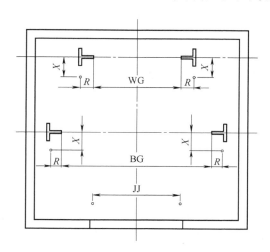

图 4-36　Y 形工装井道放样图

表 4-10　Y 形工装尺寸列表

	A	B	C	D
X	150	150	90	110
R	56	70	50	70

注：1. 轿厢侧：8kg、13kg 导轨参照 A，18kg、24kg 导轨参照 B。

　　2. 对重侧：5kg、8kg、13kg 导轨参照 C，18kg 导轨参照 D。

当采用校导尺（见图 4-37 所示）校正导轨时，按照每导轨两根样线、门头两根样线放线（如两轿厢导轨、两对重导轨时，共需放 10 根样线），根据校导尺设计放样井道放样图见图 4-38 所示，并对导轨进行校正。样架中尺寸 R 对应校导尺 R_0，样架中尺寸 X、X' 与校

导尺预先设定的 X_0、X_1 对应。

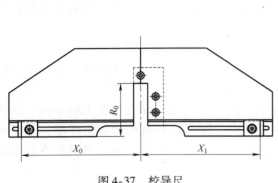

图 4-37　校导尺

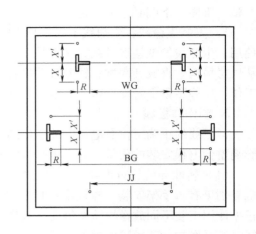

图 4-38　用校导尺井道放样图

（2）门头样线定位　根据机房、井道设计图确定门头线、轿厢导轨、对重导轨的位置。在顶层平台上方适当位置用膨胀螺栓，在各样线放置区固定一只壁侧支架，可以采用一般放样方式放置门头样线或预先用适当长度 30mm×30mm 角铁量好门开距焊接在壁侧支架上，按照原放门头样线方法放线并调整门头样线，然后配合选用的导轨校正工具（Y 形工装或校导尺）设计要求，固定角铁，参照门头样线定位划出轿厢导轨、对重导轨每根样线位置。

（3）放样线　轿厢、对重导轨样线位置确定后，将各样线放至底坑，待样线稳定后，检查样线尺寸、保证样线定位正确并在最合适的位置上。检查调整好后在底坑相应位置固定一副相同的样架，将样线拉紧固定在样线支架上，重新复测一遍各样线尺寸。

4. 机房设备安装

（1）安装工字钢梁　工字钢梁也称承重梁，是按照机房设计图和轿厢、对重的中心线确定其安装位置，用水平尺校准其水平度，底座用膨胀螺栓固定在机房地面上，定位好后电焊与底座固定，通过用小角铁或其他材料焊接的方式，牢固连接二根承重梁。并保证承重梁的水平度≤1.5/1000；二根梁相互间的水平误差≤1.5/1000；二根梁的平行度偏差总长度方向小于 6mm；确认承重梁两端超过墙厚或过梁中心 20mm，并不小于 75mm，然后用混凝土浇筑。

（2）安装曳引机　曳引机也称主机，是按照机房、井道设计图，将主机绝缘橡胶垫安装于承重梁上，然后起吊主机调整其位置符合机房设计图要求并固定，调整使曳引轮、导向轮垂直度≤0.5mm，曳引轮与导向轮的不平行度应≤0.5mm。

（3）安装限速器、控制柜、排线槽及配线　按照机房设计图，将限速器装置、控制柜稳固定在机房地面上，并调整至正确位置；按要求安装线槽，设置临时电源箱，并给控制柜和主机、限速器等设备布线。其安装方法和要求与有脚手架安装方法一致，不再赘述。

5. 底坑设备安装

（1）安装缓冲器　将缓冲器底座按照井道设计图底坑深度要求，确定安装位置并安装稳固好后，将缓冲器固定于底座上，给液压缓冲器补加液压油；调整缓冲器垂直度误差（弹簧缓冲器≤2mm；液压缓冲器柱塞长度为 500mm 以下允许误差 0.5mm；柱塞长度为 501～1000mm 允许误差 1.0mm；柱塞长度为 1001～3000mm 允许误差 2.0mm）。

（2）安装第一根导轨　搭设用于安装第一段导轨的脚手架或平台。根据机房井道设计图，确定第一档导轨支架位置，往上不大于 2.5m 位置确定第二档支架位置。然后根据壁侧支架尺寸水平打两只膨胀螺栓孔，将壁侧支架用膨胀螺栓固定在墙上。将第一段导轨竖立在缓冲器底座上，适当抬高导轨离地高度。将导轨支架连接导轨，用 Y 形工装（或校导尺）根据样线调整导轨前后左右位置，保证导轨准确度。将支架与壁侧支架对称点焊，复测各尺寸无误后，将支架与壁侧支架焊接牢固。待第一段轿厢、对重导轨安装好后，测量其开档距、交叉尺寸是否正确，以此检查样线尺寸的正确性，若发现有误可及时进行调整，保证导轨安装尺寸。

（3）安装限速器张紧装置　将限速器张紧装置的悬臂安装板用压导板固定在底坑的安装限速器侧主导轨上，应保证悬臂保持水平时的离地尺寸。

6. 在底坑拼装轿厢

拼装轿厢包括安装轿底下梁、直梁、上梁、斜拉条、安全钳、导靴、轿底等工作。

在适当位置（保证下梁安装后轿厢缓冲距符合标准要求）固定两根 150mm × 150mm 木梁，调整水平，将下梁放进脚手架的两根木梁上。安全钳钳口对准导轨顶面，下梁上安装安全钳，拉杆一方应朝向限速器预留孔一方。将下梁调整水平。将已装配好的导靴临时固定到与导轨配合的位置上。为稳固下梁，防止松动，可采用钳块动作锁紧在导轨上。然后将直梁与下梁用螺栓预紧连接，调整直梁的垂直度，拧紧下梁与直梁的螺栓。把上梁放进井道，安装上梁与直梁，安装上梁导靴。

将轿底搬入井道下梁上，使轿厢地坎与层门地坎的间距为 30 + 3mm，平行度为 0 ± 1mm，并使轿底中心对准层门地坎中心，允许偏差 0 ± 1mm。用螺栓将轿底与下梁连接，校正轿底前后，左右水平误差≤2mm，若不符合，用垫片塞在避震橡皮和下框之间，进行调整，将斜拉杆下端穿进位于轿底四角的安装座，然后上端通过螺栓与直梁连接，接着将垫圈、螺母拧入拉杆下端，直至与安装座接触，在此基础上再拧紧 1/4 圈，使螺母紧紧地固定，最后再拧上一个并帽，使螺母不松动。**严禁使用拉杆调整轿底水平**。轿底及安全钳安装完成后，安装安全钳拉杆。再在轿底离地 70cm 处安装防护栏杆（与轿顶防护栏杆相同）；在原轿顶安装位置用 ∟63 × 63（mm）角铁拼装上部平台，并铺上承受力足够的木板。

7. 起吊对重架、加装对重块及对重架导向

（1）顶层搭设有工作平台起吊对重架、加装对重块及对重架导向

1）将对重架移入底坑，用卷扬机（吨位要符合对重架和加入对重块的总重量要求）从机房对重钢丝绳孔将起吊钢丝绳放至底坑，与对重架连接可靠，下端用支撑物牢固支撑。

2）安装人员站在顶层有工作平台向对重架内放入适量的对重铁（加入对重铁后对重总重量与轿厢重量相当，原则上根据经验平衡系数调整后的总对重重量减去 1/2 电梯额定载重量为准，即按常规需要加入的对重块数 − 额定载重量/（2 × 每块对重重量）），加装对重块时并务必注意安全，平台上严禁堆放对重块；加装完计算好的对重块后，必须立即用对重块压板压好对重。

例如：电梯载重量为 1050kg；正常安装加对重块 26 块；每块对重块重量 40kg。在这种情况下无脚手架安装需加入对重块数量为 26 −（1050/2 × 40）= 12.9 ≈ 13 块。

3）计算对重架需要起吊的位置（以单绕方式为例，根据图 4-42 曳引钢丝绳确定方

式)，操作卷扬机实施起吊。对重架起吊时要格外谨慎小心，起吊前应对井道壁全面查看是否有突出物，起吊时需要实时监控对重架在井道内提升的全过程，确保对重架不会被井道壁的杂物阻碍。对重架起吊至已计算好的位置后，用足够吨位手拉葫芦将对重架再次稳吊牢固，之后将曳引钢丝绳两端分别与轿厢和对重架牢固连接。

4）将两根全井道长度的钢丝绳一端从对重后侧顶部用支架固定在井道上，另一端在底坑用支架和法兰螺栓固定并拉紧，两钢丝绳间距为对重导靴螺栓孔间距，位置正对重导靴螺栓孔。制作四只相同的对重导向件固定在导靴螺栓孔位置，导向件穿过上述对重导向用钢丝绳。

（2）顶层无工作平台起吊对重架、加装对重块及对重架导向

1）顶层门口的防护工作如图4-39所示。

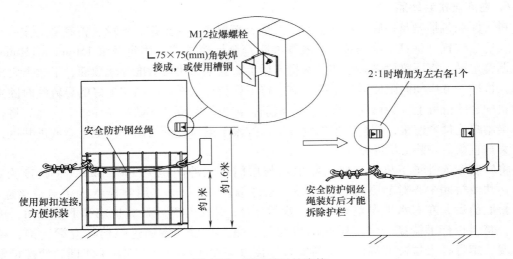

图4-39 顶层门口的防护

2）设置安全带系挂点示意图见图4-40所示。

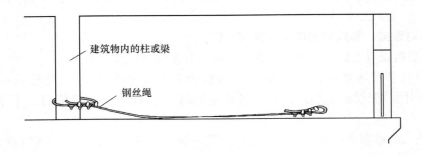

图4-40 设置安全带系挂点示意图

3）设置吊装葫芦示意图如图4-41所示。

4）对重架曳引钢丝绳安装如图4-42所示。

5）轿厢侧曳引钢丝绳安装如图4-43所示。

6）拉动机房葫芦准备吊入对重架，安装对重块示意图如图4-44所示。

7）安装对重架导向钢丝绳示意图如图4-45所示。

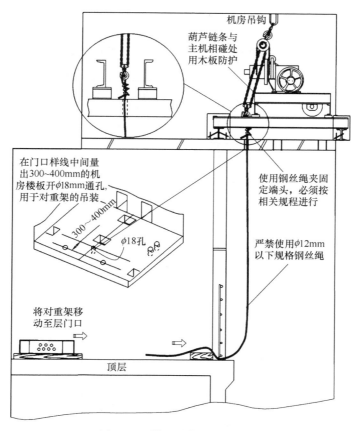

图 4-41 设置吊装葫芦示意图

8. 安装随行电缆和电气接线

1）安装随行电缆：将随行电缆从机房放至底坑，有顶层平台的在井道顶部预先将随行电缆固定牢固；无顶层平台的在机房随行电缆入口处采用保护措施保护好随行电缆。放至底坑的电缆线，多余部分绕在轿底捆扎定位，使轿厢在缓冲器压缩最低位置时扁电缆仍有60mm余量。轿底随行电缆的自由弯曲半径应大于450mm。

2）控制柜电气接线：将临时电源接至控制柜；接好控制柜与曳引电动机及编码器接线、控制柜与限速器接线。安全回路只允许封闭无脚手架安装必须封闭的安全回路，如：门锁安全回路、井道安全回路。必须起作用的安全回路有：限速器、安全钳、轿顶临时运行操纵盒内添加安全回路开关以及其他机房内安全回路。

3）轿顶站电气接线：采用机房控制柜内检修运行控制线路，将随行电缆备用线（或替代线）与控制柜检修运行上下行控制连接点连接，用随行电缆备用线（或替代线）与控制柜内安全回路串接，轿顶使用有上、下行和安全回路的控制开关与随行电缆备用线（或替代线）连接。

9. 安装轿顶平台和头顶防护装置

1）安装轿顶平台设备

安装防护栏：当自由距离不大于0.85m时，扶手高度应不小于0.7m，当自由距离大于0.85m时应不小于1.1m，防护栏下侧设置20cm高的护脚板，轿顶防护栏根据发货到现场的防护栏零部件进行装配。

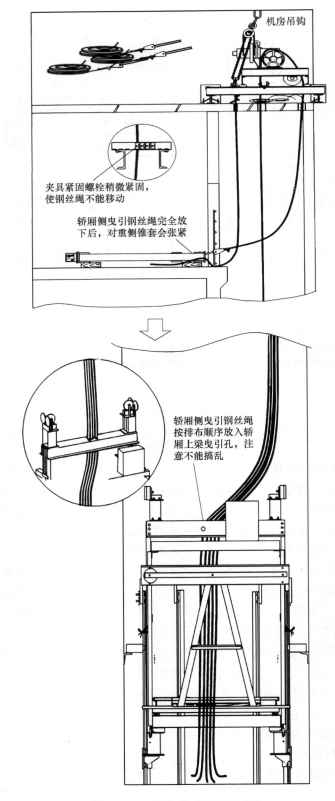

机房吊钩

夹具紧固螺栓稍微紧固，
使钢丝绳不能移动

轿厢侧曳引钢丝绳完全放
下后，对重侧锥套会张紧

轿厢侧曳引钢丝绳
按排布顺序放入轿
厢上梁曳引孔，注
意不能搞乱

图 4-42 对重架曳引钢丝绳安装

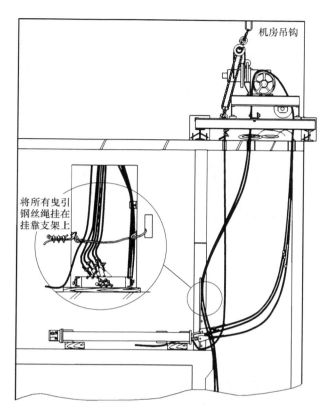

机房吊钩

将所有曳引钢丝绳挂在挂靠支架上

图 4-43　轿厢侧曳引钢丝绳安装

2）轿顶头顶防护装置安装：

拼装头顶防护层，安装防护层支撑立杆并与轿顶平台固定示意图如图 4-46 所示。

10. 慢车运行安全装置的安装与接线

1）下限位设置：在拼装的轿底或轿顶平台上安装一只常闭开关，在对应位置的导轨或混凝土墙上固定挡块，使平台移动到底层下侧时能及时切断安全回路，保证轿厢运行过程中不会由于不明确楼层情况下轿厢蹲底。

2）防脱轨安全装置：在导靴上侧安装一只常开开关，将常开开关压紧导轨工作面保持开关在导轨内运行时能够闭合，脱离导轨时能够断开安全回路。

3）检查调试限速器-安全钳保护系统，使其机械和电气安全保护作用有效可靠，以防万一。即一旦发生轿厢架坠落时，限速器能动作，并能带动安全钳动作，将活动平台夹钳在已装好的导轨上，确保平台上的作业人员万无一失。

4）上述安全装置安装完成后，其开关串接连入安全回路。

11. 调试慢车

1）制动器调整和清洗：拧紧一侧制动器弹簧至 300% 或至规定的极限，把另一侧的制动器弹簧拆下来，拆去制动器轮上的防锈带，擦去制动器轮和闸瓦四周的防锈油脂，装好制动器弹簧并拧紧。然后再按同样步骤清洗另一侧，把两侧弹簧调整到起始规定值。调整制动器，使制动器动作灵敏、闸瓦均匀地贴合在制动轮的工作面上，松闸应同步。

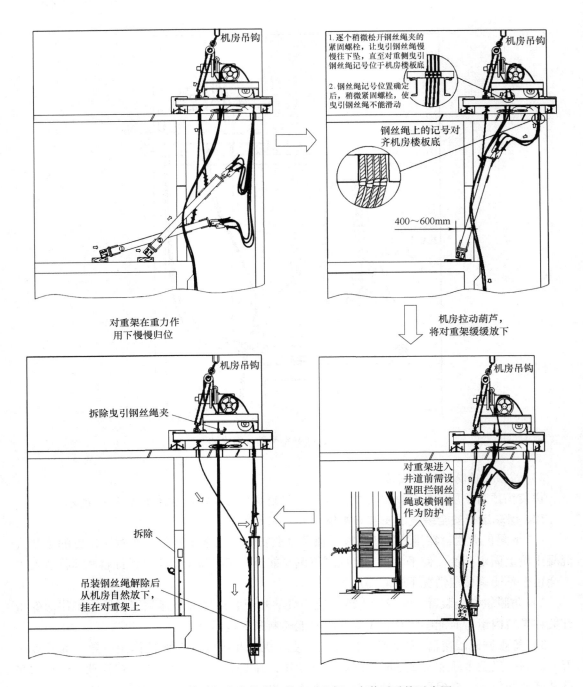

图 4-44 拉动机房葫芦准备吊入对重架，安装对重块示意图

2）检查线路：检查所有接线是否连接正确并可靠。

3）油位检查：对曳引机，液压缓冲器等检查是否已加油，若无油，则加油至油标线。

4）慢车运行：将控制柜、轿顶、轿内（如动车前安装）均拨在检修位置上，测量电源电压是否正常，接通电源，点动运行查看是否正常启动。慢车调试时由于轿厢侧导轨仅安装了一根，调试慢车不能持续使轿厢向一个方向运行，以免轿厢脱离导轨。

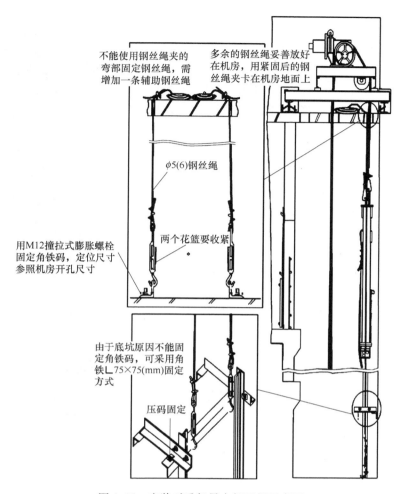

不能使用钢丝绳夹的弯部固定钢丝绳，需增加一条辅助钢丝绳

多余的钢丝绳妥善放好在机房，用紧固后的钢丝绳夹卡在机房地面上

φ5(6)钢丝绳

两个花篮要收紧

用M12撞拉式膨胀螺栓固定角铁码，定位尺寸参照机房开孔尺寸

由于底坑原因不能固定角铁码，可采用角铁∟75×75(mm)固定方式

压码固定

图4-45　安装对重架导向钢丝绳示意图

5）慢车调试成功后，确认电梯在检修工作状态，在控制柜挂上警示标牌；锁闭机房门窗，严禁他人入内，并在机房门上贴好警示标识；对所有安装人员进行使用慢车安装时的安全注意事项教育，然后再使用轿厢检修运行操作，完成井道内其余部件的安装。

12. 安装其余导轨

1）起动电梯慢车运行至合适高度，利用卷扬机作为起吊工具，将导轨起吊至适当高度。将上下两根导轨两连接端面擦拭干净，小心使两连接面结合，用螺栓将上下导轨和连接板连接固定，一次将同一层四根导轨连接好。先安装同一层导轨下侧支架，然后将电梯移动到适当位置安装导轨上侧支架。同一根导轨上所有支架安装完毕后，再上下移动轿厢用校导尺校正导轨。同一层导轨支架安装完毕并校正好后再按同样的步骤安装上一层导轨直至所有导轨安装完毕。

2）当对重接近轿厢时，需要将对重稳入对重导轨内，先安装对重滑动导靴，然后将对重导轨插入滑动导靴中，连接两段导轨并校正对重导轨。

3）安装接近顶层时，需要预先将顶层工作平台拆除后再进行导轨安装，安装最上一档支架时应预先查看轿顶头顶保护装置是否会与井道顶部碰撞，如有可能应预先将轿顶头顶保护装置拆除后安装最后一档支架。

13. 安装层门装置

1）层门装置安装可以与导轨安装同时进行，也可以先安装导轨再安装层门装置。

2）安装层门地坎：在层门地坎上划出中心线，标出开门距。用水平管标出地平标高，确定地坎垂直位置高出装饰地面2~5mm。将地坎托起，调整好位置、水平度。然后用 ϕ10mm 钢筋在开门距内至少固定三处，每处固定三点并错开。有钢牛腿时，用膨胀螺栓将钢牛腿固定，钢牛腿与地坎再连接调整位置。

3）门套安装：预先拼接门套组件，通过地坎安装座使门柱下端面与层门地坎相连接，门柱下端内表面与层门地坎开门距画线重合。调节门套前后、左右垂直度≤1/1000。用折弯钢筋将门套和井道厅门预留孔墙上钢筋或膨胀螺栓连接。

4）上坎架安装：将上坎架移入井道，悬挂固定在门套的端部，使上坎架中心与层门入口中心重合。调整上坎架垂直位置，在安装位置打膨胀螺栓孔，垫入适量垫片后固定上坎架。

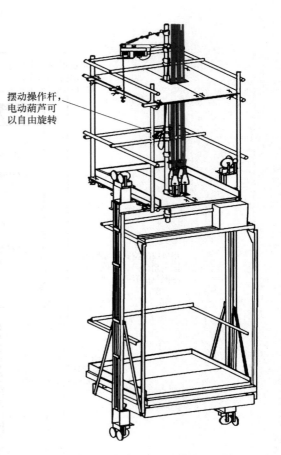

摆动操作杆，电动葫芦可以自由旋转

图4-46 头顶防护层与轿顶平台固定示意图

5）层门安装：将层门上端安装孔对准门挂板安装螺栓孔，旋进螺栓，在层门与门挂板之间垫入适量垫片，使层门下端与地坎平行，侧面垂直，层门装置均挂好后再调整两扇门之间的前后偏差小于1mm，中间间隙上下一致。

6）强迫关门装置安装：将上坎架上挡板卸下，把强迫关门装置的钢丝绳与挂板连接，重锤放入被动门导向件内，装好挡板，检查强迫关门装置动作顺畅、有效。

7）门锁安装：将门锁安装在层门的固定位置，调整门钩、门触点的位置，用三角钥匙试开，保证能够正常开启层门。

14. 井道内其余部件安装及布线

1）利用慢车运行安装井道内其余部件，如固定圆电缆、安装分支箱、安装平层检测装置、安装上下限位并接线等。

2）底坑安全回路接线，安装底坑爬梯，增加对重铁至满足平衡系数要求，安装底坑对重防护栏。

15. 安装收尾工作

1）在大楼接通正式电源后，将电梯动力电源连接至正式电源上。

2）电梯安装结束后，对整台电梯作一次清洁加油工作；对限速器绳轮，曳引轮的边缘需涂上黄漆，并注明其运转方向的箭头；在机房做好曳引绳的平层标志；检查各个铭牌是否齐全和正确。

3）电梯安装完毕，由专职调试人员进行调试快车运行。

4）按照国家现行"检规"的要求，对电梯进行整机功能的检验与试验，所有项目均应符合要求。

5）对照自验单的要求，逐项逐条进行自验，对发现的问题及时整改，并认真填好自验单，过程记录，通知报验。对本公司检验人员、电梯制造厂家验收人员、国家政府部门的验收人员所提出的整改意见及时整改，在整改复验合格后，由甲方签字盖章，至此电梯的安装已结束，随后依据国家法规和双方签订的合同条款，办理电梯的相关移交手续。

16. 顶层工作平台搭设

现在无脚手架安装方案中，有的方案不需要搭设顶层工作平台，需要搭设顶层工作平台的方案按下面方法搭设，其结构示意图如图4-47所示。

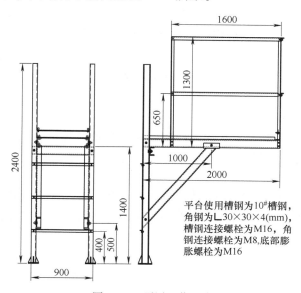

图4-47　顶层工作平台

在顶层厅门外先将工作平台按实样拼装，然后将工作平台在厅门中央部位竖立好，竖立位置保证不碰撞待放门头样线，位置调整好后用M16膨胀螺栓固定在混凝土地面上，然后铺上合适木材（厚度至少50mm）。顶层工作平台允许施加的载荷为300kg，包括安装人员的重量和一些常用的简易工具。

顶层工作平台的作用：①进行井道测量；②安装曳引钢丝绳；③辅助放样线、扁电缆等一些需要安装前期在顶层完成的操作。

第五节　电梯安装后的试运行和调整

电梯的所有机械、电气零部件安装完毕，经调整和预试验调试后，可以拆去井道内的脚手架，给电梯设备接通三相AC380V电源，准备调试电梯慢速试运行。试运行是一项全面检查电梯制造和安装质量好坏的工作。它直接影响着电梯的运行效果，应认真做好。

一、试运行前的准备工作

为防止电梯在试运行过程中发生事故，并确保试运行工作顺利，在试运行前须认真做好以下准备工作。

1）牵动轿顶上安全钳的绳头拉手，检查安全钳的动作是否灵活可靠，导轨的正工作面与安全嘴底面，导轨两侧工作面与两楔块间的间隙是否符合要求。

2）限速器出厂时动作速度整定封记应完好，无拆动痕迹，限速器安装位置正确、底座牢固，限速器绳与安全钳联动的拉手连接牢固可靠，张紧装置张力足够。

3）清扫机房、井道、各层站周围的垃圾和杂物，创造一个良好的调试环境。

4）对安装好的电梯机械、电气零部件进行彻底检查和清理，并保持其清洁。

5）检查下列润滑处是否清洁，并添足润滑剂：

① 机房的环境温度保持在 −5 ~ 40℃，有减速器曳引机应根据电梯说明书要求添足润滑油，油位高度在油位指示线的范围内。

② 擦洗导轨上的油污。采用滑动导靴而导靴上未装设自动润滑装置、导轨为人工润滑时，应在导轨上涂适量的钙基润滑脂。采用弹性滑动导靴而导靴上设有自动润滑装置，润滑装置内应添足 HJ-40 机械油。

③ 采用油压缓冲器者，油缸内应按随机技术文件的规定添足油料，油位高度在油位指示线的范围内。

6）清洗曳引轮槽和曳引绳的油污。

7）检查导向轮、轿顶轮、对重轮、限速器绳轮及张紧绳轮等一切具有转动摩擦部位的润滑情况，确保处于良好的润滑状态。

8）通电前的检查与测试：

① 检查所有电气部件和电气元件是否清洁，电气元件动作和复位时是否自如，电气元件触点的闭合和断开是否正常可靠，电气部件的配接线和压线螺钉有无松动，焊点是否牢靠。

② 每台电梯的接地保护设施应连成一体，并可靠接地，接地电阻应符合规定要求。

③ 对电气控制系统进行绝缘电阻测试，各导体对地的绝缘电阻应大于 $100\Omega/V$，且不得小于下述规定：

a）动力电路和电气安全装置电路为 $0.5M\Omega$；

b）其他电路（控制、照明、信号）为 $0.25M\Omega$。

9）通电检查与测试：

① 检查电气控制系统各电气部件的内外配接线是否正确无误，动作程序或指示信号灯是否正常。这是安装调试人员在电梯试运行前必须做的重要工作，通过这一工作可以全面掌握电气控制系统各方面的质量情况，发现问题及时排除，确保试运行工作顺利进行。为了便于全面检查和安全起见，这一工作应在挂曳引绳和拆除脚手架之前进行（有脚手架安装）。

检查时将曳引绳从曳引轮上摘下后，可开始对电气控制系统进行全面检查。检查时应有两名熟悉电气控制系统的技工参加，其中一名位于轿厢内，另一名位于机房。位于轿厢内的技工按机房技工发出的命令，模拟司机或乘用人员的操作程序逐一进行操作，机房内的技工根据轿内技工的每一项操作，检查和观察控制柜内各电气元件的动作程序和各种指示信号灯的亮灭情况，分析确认电气控制系统的工作状态，曳引电动机的运行状情况是否良好，运转方向是否正确等。

② 测试各电气安全保护开关功能是否正确无误。检查各电气安全保护开关的接线以及动作是否正确，检查工作应认真而又全面地进行，发现问题应分析、寻找原因，及时处理，

直至正常为止，切不可急于送电进行运行试验。

以上准备工作完成后，将曳引绳挂到曳引轮上，然后放下轿厢，使各曳引绳均匀受力，并使轿厢下移一定距离后，拆去对重装置支撑架和脚手架（若有脚手架），准备进行试运行。

二、试运行和检查调整

1）先用盘车手轮使轿厢向下移动一定距离，确认可以通电试运行时，方能通电试运行，首次试运行工作只能在慢速模式下进行。

2）通过电梯运行模式设置开关，将电梯置于检修运行模式下进行试运行。电梯试运行工作应在专业调试人员（一般是制造厂家的技术人员）的指导下进行。调试时应有三名安装队员配合，听从专业调试人员统一指挥，实施整个试运行工作。

① 检修试运行时，分别在机房、轿内和轿顶将电梯置于检修运行模式，通过操作慢上或慢下按钮，控制电梯上、下往复运行，检查与测试各急停开关、限位开关、极限开关、强迫减速开关和换速平层控制装置的功能是否正确无误。

② 控制电梯上、下往复运行数次后，对下列项目逐一进行考核和调整校正：

a）轿厢与对重的最小距离应不小于50mm，限速器钢丝绳应张紧，在运行过程中不得与轿厢或对重碰触。

b）层门踏板与门刀、层门锁滚轮与轿厢踏板的间隙为 5～10mm。门锁电路的接通与断开应可靠。

c）各层门的紧急开锁装置应灵活，作用应可靠。

d）换速平层装置的隔磁板与传感器盒凹形口底面及两侧的间隙、双稳态开关与磁豆的间隙、遮光板与光电开关凹形口底面及两侧的间隙等应符合随机技术文件的要求。

③ 经慢速试运行和对有关部件进行调整校正后，才能进行快速试运行。做快速试运行时，先通过操纵箱上的钥匙开关或运行模式设置开关，使电梯由检修运行模式转换为快速运行模式。然后通过轿内操纵箱上的内指令按钮和厅外召唤箱上的外指令按钮控制电梯上下往复快速运行。对于有、无司机控制的电梯，有司机和无司机两种工作模式的功能都应分别进行试运行试验。

在电梯上下快速试运行过程中，通过往复起动、加速、平层、单层和多层运行、到站提前换速，平层停靠开门等过程，根据随机技术文件，电梯技术条件、电梯安装验收规范的要求，全面考核电梯的各项功能，反复调整电梯在关门启动、加速、换速、平层停靠、开门等过程的可靠性和舒适感，反复调整轿厢在各层站的平层准确度，自动开关门过程中的速度和噪声水平等。提高电梯在运行过程中的安全、可靠、舒适、节能等综合指标。

第六节　电梯的性能试验与测试

电梯安装竣工并经试运行和全面认真检查调整后，根据电梯技术条件、安装验收规范、制造与安装安全规范的规定对电梯进行整机性能试验与测试。

一、安全装置试验

电梯整机性能测试前的安全装置检验应符合 GB/T 10058—2009、GB 7588—2003 的规定。如有任何一个安全装置不合格，则该电梯不能进行整机性能测试。

1. 供电系统缺相、错相保护装置的功能检查

将电梯供电电源的总输入线分别断去一相和任意交换两相的相序后，再分别接通电源，电梯应不能运行，验证供电系统缺相、错相保护装置正常。对于运行与相序无关的电梯，不要求错相保护，如 VVVF 拖动电梯。

2. 超速保护装置试验

（1）限速器、安全钳装置试验

1）空载试验：在电梯检修慢速运行模式下使轿厢空载，作限速器与安全钳的联动试验（适用于电梯定期检验）。试验时使轿厢以检修速度向下运行，当轿厢运行到合适位置（一般靠近底层的位置）时，人为动作限速器，联动和安全钳动作，安全嘴内的楔块应能可靠地制停轿厢运行、安全钳的电气开关应能可靠地切断控制电路电源。

2）载荷试验：对于瞬时式安全钳装置，轿厢应载有均匀分布的额定载重量，以检修速度向下进行运行试验；对于渐进式安全钳装置，轿厢应载有均匀分布的 125% 的额定载重量，以检修速度向下进行运行试验，限速器、安全钳装置的动作应当可靠。

以上试验的操作方法是：电梯处于检修运行模式，检修向下运行，人为动作限速器开关，曳引电动机停止运转；短接限速器开关，动作限速器棘爪，使电梯以检修速度继续向下运行，限速器因机械卡阻使钢丝绳提拉起安全钳动作，造成安全钳的电气开关动作，断开电梯电气控制电路电源、同时使安全钳楔块可靠地制停轿厢运行，限速器、安全钳联动试验完成。

3）定期检验时，限速器、安全钳应采用轿厢空载，检修速度向下运行进行试验。

4）试验完成以后，各个电气开关应恢复正常，并检查导轨有无拉伤情况，必要时要修复到正常状态。

（2）轿厢上行超速保护装置试验　依据 GB 7588—2003 的规定，当电梯轿厢上行速度失控时，轿厢上行超速保护装置应当动作，使轿厢制停或者至少使其速度将低至对重缓冲器的设计范围；该装置动作时，应当使一个电气安全装置动作，切断电梯控制电路。轿厢上行超速保护装置应作用于轿厢或对重或钢丝绳或曳引轮。因各厂家采用的轿厢上行超速保护装置不同，应根据电梯制造厂家的试验方法实施，这里不再赘述。

（3）轿厢意外移动保护装置试验　GB 7588—2003《电梯制造与安装安全规范》的第 1 号修改单规定：在层门未被锁住且轿门未关闭的情况下，由于轿厢安全运行所依赖的驱动主机或驱动控制系统的任何单一元件失效引起轿厢离开层站的意外移动，电梯应具有防止该移动或使移动停止的装置。悬挂绳、链条和曳引轮、滚筒、链轮的失效除外，曳引轮的失效包含曳引能力的突然丧失。用于实现以上要求的设备称为轿厢意外移动保护装置，简称 UCMP 装置。由于采用的轿厢意外移动保护装置种类较多，故在现场的试验应依据该装置附带的试验方法进行，在此不再赘述。

3. 缓冲器试验

（1）蓄能型缓冲器　轿厢以额定载重量和检修速度对轿厢缓冲器静压 5min，然后使轿厢脱离缓冲器，缓冲器应回复到正常位置。轿厢空载，将对重装置对缓冲器静压 5min，然后使对重脱离缓冲器，缓冲器应回复到正常位置。

（2）耗能型缓冲器　轿厢和对重装置分别以检修速度将缓冲器置于全压缩状态，再使轿厢或对重装置离开缓冲器，从离开瞬间起，缓冲器柱塞复位时间应不大于 120s。检查缓冲器开关，应是非自动复位的安全触点开关。电气开关动作时电梯应不能运行。

4. 极限开关试验

电梯以检修速度向上和向下运行，当电梯超越上、下极限工作位置并在轿厢或对重接触缓冲器前，极限开关应起作用。

1）对于强制驱动电梯，应用强制的机械方法直接切断电动机和制动器的供电回路。

2）对于曳引驱动的双速电梯，极限开关应能按上述方法切断安全电路，或通过一种电气安全装置切断向上向下两个接触器线圈的直接供电电路。接触器的各触点在电动机和制动器的供电电路中应为串联连接。每个接触器应能够切断带负荷的主电路。

3）对 VVVF 拖动电梯，极限开关应能使电梯驱动主机迅速停止运转。

5. 层门与轿门电气联锁装置试验

1）当层门或轿门未关闭时，电梯应不能运行。

2）电梯运行时，将层门或轿门打开，电梯应停止运行。

3）当轿厢不在本层，开启的层门在外力消失后应自行关闭。如被动门是间接机械连接的，应有证实被动门关闭的电气开关（副门锁开关）。

6. 紧急操作装置试验

停电或电气系统发生故障时，应有轿厢能够慢速移动的措施，现场检查该装置设施是否齐备，并试验是否可靠实用。

7. 停止运行保护装置试验

机房、轿顶、底坑应装有停止运行保护开关，逐一检查开关的功能，试验作用是否可靠。

二、整机性能的试验与测试

1. 运行试验

轿厢分别在空载和额定载荷工况下，以正常运行速度上、下运行，呼梯、楼层显示等信号系统功能有效、指示正确、动作无误，轿厢平层良好，无异常现象发生。通电持续率符合厂家规定的情况，到达全行程范围，按 120 次/h，每天不少于 8h，各起、制动运行 1000 次，电梯应运行平稳、制动可靠、连续运行无故障。

1）制动器温升不应超过 60℃，曳引机减速器油温升不超过 60℃，其温度不应超过 85℃，电动机温升不超过 GB/T 12974—2012 的规定。

2）下置式曳引机减速器，除蜗杆轴伸出一端渗漏油面积平均每小时不超过 150cm² 外，其余各处和各种曳引机不得有渗漏油情况。

2. 超载运行试验

断开超载控制电路，电梯置 110% 的额定载荷，通电持续率符合厂家规定的情况下，到达全行程范围。起、制动运行 30 次，电梯应能可靠地起动、运行和停止（平层不计），曳引机工作应正常。

3. 速度测试

供电电源以额定频率和额定电压、轿厢载有 50% 的额定载重量下行至行程中段时（除去加速和减速段）的速度不得大于额定速度的 105%，且不得小于额定速度的 92%。

1）用转速表测出电动机转速后，按以下公式计算轿厢运行速度：

$$V = \frac{\pi D n}{1000 \times 60 i_y i_j}$$

式中　　V——轿厢运行速度（m/s）；

　　　　D——曳引轮节圆直径（m）；

　　　　i_y——减速比；

　　　　i_j——曳引比（曳引方式）；

　　　　n——实测电动机转速（r/min）。

2）轿厢运行速度也可用测速装置测量曳引绳线速度求得。

3）速度偏差值按公式计算：偏差值＝运行速度－额定速度/额定速度×100%。

4. 平衡系数测试

对平衡系数的测试，在轿厢分别装载额定载重量的30%、40%、45%、50%、60%进行上、下全程运行，当轿厢与对重运行到同一水平位置时，记录电动机的电流值，绘制电流-负荷曲线，以上、下运行曲线的交点确定平衡系数，测试电动机电源输入端的电流为测试点。电梯的平衡系数应当在0.4～0.5之间或者符合制造单位的设计值为合格。

5. 平层准确度的测量

1）按 GB 50310—2002 的规定，平层准确度检验应符合下列要求：对于交流双速电梯，额定速度 $V \leqslant 0.63\text{m/s}$ 者为 $\pm15\text{mm}$；额定速度 $V > 0.63\text{mm m/s}$ 和 $V \leqslant 1.0\text{m/s}$ 者为 $\pm30\text{mm}$。其他调速方式的电梯，应在 $\pm15\text{mm}$ 的范围内。

2）电梯轿厢平层准确度的试验方法，一般在空载和额定载重量两种工况下进行试验。对于额定速度 $V < 1.0\text{m/s}$ 的电梯，平层准确度的测量方法为轿厢自底层端站向上逐层运行和自顶层端站向下逐层运行检查测量。对于额定速度 $V > 1.0\text{m/s}$ 的电梯，平层准确度的测量方法为以达到额定速度的最小间隔层站为间距作向上、向下运行，逐层运行检查测量全部层站。

6. 电梯舒适性测试

乘客电梯起动加速度和制动减速度最大值均不应大于 1.5m/s^2。当乘客电梯额定速度为 $1.0\text{m/s} < V \leqslant 2.0\text{m/s}$ 时，其平均加、减速度不应小于 0.5m/s^2。当乘客电梯额定速度为 $2.0\text{m/s} < V \leqslant 2.5\text{m/s}$ 时，其平均加、减速度不应小于 0.7m/s^2。

乘客电梯轿厢运行时垂直方向和水平方向的振动加速度（用专用仪器记录振动曲线中的峰值）分别不应大于 25cm/s^2 和 15cm/s^2。

电梯起、制动加、减速度试验宜用应变式或其他加速度传感器，频率响应范围上限不低于1000Hz；相应仪表和记录仪器的准确度和频率范围应与传感器相匹配。记录电梯加、减速度信号的频率范围上限为30～50Hz，记录轿厢运行的振动加速度信号的频率范围上限为1000Hz。试验结果的计算与评定：

1）电梯加、减速度取其在该过程中的最大值；

2）电梯加、减速度的平均值是对其加、减速度过程求积后再除以该过程的时间；

3）轿厢运行的振动加速度取轿厢在额定速度运行过程中的最大值，以其单峰值作为计算与评定的依据。

7. 曳引性能试验

1）电梯在行程上部范围内，空载上行及行程下部范围内以125%额定载荷下行，分别停层3次以上，轿厢应被可靠地制停（下行不考核平层要求），在125%额定载荷以正常运行速度下行时，切断电动机及制动器供电，轿厢应被可靠制动。

2）当对重支承在被其压缩的缓冲器上时，空载轿厢应不能被曳引绳提升起。

3）当载货电梯的轿厢面积不能限制其额定载荷时，应以 150% 的额定载荷作曳引静载检查，历时 10min，曳引绳应无打滑现象。

8. 噪声测试

电梯各机件和电气设备在工作时不得有异常震动或撞击声响。按 GB 50310—2002 规定的噪声检验应符合：

1）机房噪声：对额定速度 $V < 4.0\text{m/s}$ 的电梯，应不大于 80dB（A）；对额定速度 $V > 4.0\text{m/s}$ 的电梯，不应不大于 85dB（A）。乘客电梯和病床电梯运行中的轿内噪声：对额定速度 $V < 4.0\text{m/s}$ 的电梯，不应不大于 55dB（A）；对额定速度 $V > 4.0\text{m/s}$ 的电梯，不应不大于 60dB（A）。乘客电梯和病床电梯的开关门过程噪声不应不大于 65dB（A）。

2）运行过程中轿厢内噪声测试（不含风机噪声）：将传声器置于轿厢内中央、距轿厢地面高 1.5m 处读取噪声值，不应不大于 55dB（A）。

3）开关门过程噪声测试：将传声器分别置于层门和轿厢门宽度的中央、距门 0.24m、距地面高 1.5m 处读取的噪声值，不应不大于 65dB（A）。

4）机房噪声测试：当电梯置于正常运行速度时，在传声器距地面高 1.5m、距声源 1m 处进行测试读取噪声值，读取测试点不少于 3 点，不应不大于 80dB（A）。

5）试验仪器：试验用声级计采用计权，快档。

6）实验结果的计算与评定：

① 运行中轿厢内噪声以额定速度上行、下行时测试，取全运行过程中的最大值；

② 开、关门过程噪声以开、关门过程的最大值作评定依据；

③ 机房噪声：以噪声测试的最大值作评定依据。

第七节　电梯监督检验与交付使用

电梯安装竣工并经全面调整后，依据电梯随机技术条件、安装验收规范、制造与安装安全规范的规定，对电梯的安全装置和整机性能进行试验与测试，并出具完整的自检合格报告后，可向当地的检验机构申请监督检验。申请监督检验前应做好以下工作。

一、施工单位自检

自检的内容、要求、方法及自检报告应符合国家有关标准的要求，一般应按制造或安装企业的技术要求及内容格式，由企业专职检验员进行全面检验，并出具完整的自检合格报告。

二、应准备的资料

自检合格后，应对安装过程的各种记录及技术资料进行整理，以便监督检验机构的检验人员查阅，包括制造、安装企业应提供的资料。

1）电梯制造企业应提供的资料和文件：①制造许可证明文件；②电梯整机型式试验证书；③产品出厂合格证；④产品质量证明文件，包括标注有制造许可证明文件编号、产品编号、主要技术参数、限速器、安全钳、缓冲器、含有电子元件的安全电路（如果有）、可编程电子安全相关系统（如果有）、轿厢上行超速保护装置、轿厢意外移动保护装置、驱动主机、控制柜的型号和编号，门锁装置、层门和玻璃门（如果有）的型号，以及悬挂装置的名称、型号、主要参数（如直径、数量），并且有电梯制造单位的公章或者检验专用章以及制造日期；⑤电气原理图及接线图，包括动力电路和安全电路；⑥部件安装图；⑦安装使用维护说明书，包括安装、使用、日常维护保养和应急救援等方面操作说明的内容；⑧安全部件（门锁装置、限速器、安全钳、缓冲器和标准规定的其他安全部件）的型式试验证书副本，其中限速器和渐进式安全钳还须有调试证书副本。

2）安装单位应提供的资料和文件：①安装许可证明文件和安装告知书；②安装施工方案；③电梯机房、井道的布置图或者土建工程勘测图，有实施安装单位确认符合要求的声明和公章或者检验专用章，表明机房、井道相关距离、尺寸符合标准要求；④安装施工过程记录和由电梯制造单位出具或者确认的自检报告，检查和试验项目齐全、内容完整，并且有安装单位公章或者检验专用章以及竣工日期；⑤安装质量证明文件，包括电梯安装合同编号、产品编号、主要技术参数等内容；⑥由电梯使用单位提出的经制造企业同意的变更设计证明文件。

三、监督检验

各地市市场监督管理局管辖的检验机构负责当地电梯的监督检验，依据国家市场监督管理总局颁布的《电梯监督检验和定期检验规则》及相关标准进行。电梯监督检验规程有24条，附录中包括电梯监督检验必备检测检验仪器设备表、电梯监督检验内容与要求及检验方法、电梯验收检验报告、电梯定期检验报告等检验项目。电梯监督检验内容要求与方法包括要检验的项目共8项：①技术资料；②机房及相关设备；③井道及相关设备；④轿厢与对重；⑤曳引绳、补偿绳（链）及旋转部件防护；⑥轿门与层门；⑦无机房电梯附加检验项目；⑧试验等。

完成检验工作后，检验机构应在10个工作日内，根据原始记录中的数据和结果，填写并向受检单位出具检验报告。检验报告的内容、格式应符合电梯监督检验规程的电梯验收检验报告的规定，结论页必须有检验、审核、批准的人员签字和检验机构的检验专用章。

四、交付使用

施工单位在电梯监督检验合格后，方可与电梯使用单位办理电梯交付使用手续，电梯的随机资料以及安装过程中的相应资料，应在监督检验合格后30日内移交使用单位或者建设单位；电梯的易损件、电梯的各种钥匙等依据双方签订的合同实施交付使用，同时向使用单位介绍保质期的维修保养情况。协助使用单位在电梯监督检验合格后领取检验报告和合格证，并在30日内到当地市场监督管理局的主管部门办理电梯注册登记手续。

第八节　电梯安装和调试过程中的安全注意事项

安装电梯是在高空、狭小场地进行的施工作业，而且携带的工具比较多，其中还包括电动工具和电气设备。因此，必须对每个安装人员进行安全知识、安全防范技能以及正确使用劳防用品的培训教育，制定必要的安全工作制度和安全操作规程，并要求大家自觉遵守。为避免发生人身和设备事故，在电梯的安装过程中，应特别注意以下几点：

1）开箱检查后的电梯零部件应有计划地，合理地堆放和保管，防止丢失、挤压造成零部件损坏。

2）安装前应认真检查脚手架是否牢固可靠（有脚手架安装）？是否符合要求？使用的工具和起重设备是否可靠？井道是否有充分照明。

3）清理好施工场地，在各层站的门洞处应设置防止闲人进入的围栏和护栅。

4）进入井道时应佩戴安全帽，携带工具袋。在安装作业过程中，所使用的专业工具、扳手、锤子等应随时放进工具袋，防止不慎失落时伤人。

5）使用手持电动工具和设备时，要有可靠的保护接地或接零措施，并戴绝缘手套、穿绝缘鞋。

6）施工中所用的汽油、煤油、电石、油漆等易燃易爆物品要妥善保管，远离火源，并备有一定数量的消防器材（灭火器、黄沙等）。

7）做好试运行时的准备工作，确定所有部件正确无误后，方可通电试运行。试运行工作应在专业调试人员的指挥下进行，并有2～3名熟识电梯产品的安装技工参加，没有指挥者的命令任何人不得乱动。

8）在轿顶上调整换速平层装置和其他零部件时，应在电梯完全停稳并按下轿顶检修箱上的急停按钮后进行。电梯运行时，手应扶住上梁或其他安全牢固的机件，不能抓握曳引钢丝绳，而且必须把整个身体置于轿顶防护栏之内，以防被其他机件碰伤。

9）给轴承、摩擦、滑动部位加润滑油时，必须在电梯停稳后进行，避免油外溢到地面上，使人滑倒或引起火灾。

10）在多台电梯共用的井道里作业时应加倍小心，安装人员不但要注意本电梯的位移，还要注意相邻电梯的动态。

11）浇灌巴氏合金时，要戴防护眼镜和手套等。

第四章应了解掌握的主要问题和复习思考题

一、应了解掌握的主要问题

1. 了解国家现行标准和规范（包括地方行政主管部门制定的行政法规）对电梯安装作业开工、竣工交验和交付方面的要求。

2. 了解有脚手架和无脚手架电梯安装作业过程中的工序安排和安全操作规程及注意事项。

3. 掌握相关标准和规范对每个主要电梯部件的安装调整技术要求。

4. 掌握电梯安装工程竣工后安装组织应做哪几种测试和试验，怎么做，有什么要求。

二、复习思考题

1、判断题（对打"√"，错打"×"）

（1）电梯的安装工作是电梯的总装配工作，负责安装工作的机电技工需经当地特种设备管理部门培训合格，持证上岗。　　　　　　　　　　　　　　　　　　　　　　　　　　　（　　）

（2）电梯安装开工前，需到当地特种设备管理部门办理开工手续，方能开展安装作业。　（　　）

（3）电梯在安装过程中，采用背挂式的电梯对重在轿厢侧面，采用侧挂式的电梯对重在轿厢后面。
　　　　　　　　　　　　　　　　　　　　　　　　　　　　　　　　　　　　　　（　　）

（4）电梯导轨安装调校质量的好坏对电梯乘坐舒适感的影响比较大。　　　　　　　　（　　）

（5）电梯安装工作是电梯的总装配工作，其安装质量的好坏会影响电梯的使用效果。　（　　）

（6）一台电梯使用效果的好坏取决于制造、安装、维护保养、使用四方面的质量。　　（　　）

（7）电梯专业技术标准中所说的零线与保护接地线应始终分开，是指电梯电气控制系统中的工作接地线 N 应与保护接地线 PE 自进入电梯机房起应始终分开。　　　　　　　　　　　　　　（　　）

（8）电梯机房内曳引绳和限速器绳穿过电梯机房地板的孔洞四周与地板之间的间隙应按相关标准的要

求保持一定的距离。（　　）

（9）电梯平衡系数，与对重装置的总重量与电梯额定载荷有关，与轿厢的净重无关。（　　）

（10）按我国相关标准的规定，我国近十几年来设计生产、安装、使用的电梯，井道内需装设永久性照明装置，该装置最下和最上两盏灯与底坑地面和机房地板下平面的垂直距离应不大于0.5m，灯与灯之间的垂直距离应不大于10m。（　　）

2. 选择题（填写被选项目序号）

（1）经调校合格的门锁轮与轿厢踏板之间的距离应为：A（2～4）mm；B（5～10）mm；C（11～12）mm　　　　　　　　　　　　　　　　　　　　　　　　　　　（　　）

（2）经调校合格的电梯缓冲器上平面与轿厢架缓冲板之间的距离对于额定速度 V≤0.5～1.0m/s 的电梯应为：A（150～200mm）；B（200～350mm）；C（350～400mm）（　　）

（3）经检验合格的电梯其平衡系数应为：A（0.3～0.4）；B（0.4～0.5）；C（0.5～0.6）（　　）

（4）电梯安装竣工通电试验前，应对电梯电气控制系统的动力电路、电气安全装置电路、照明控制电路的绝缘电阻进行检查测试，其中动力电路的绝缘电阻应为：A（不小于0.25MΩ）；B（不小于0.5MΩ）；C（不小于1.0MΩ）　　　　　　　　　　　　　　　　　　　　　（　　）

（5）按相关标准规定，电梯的供电电源电压允许有一定波动范围，该波动范围应为：A（±5%）；B（±7%）；C（±9%）　　　　　　　　　　　　　　　　　　　　　　　　　（　　）

（6）经安装竣工的电梯存在以下情况者应做静载试验：A（额定载重量在5000kg以上的货梯）；B（额定载重量在320kg以下的客梯）；C（轿厢面积不能限制其载荷超过额定值的货梯）（　　）

（7）有机房电梯曳引绳和限速器绳穿过的孔洞四周应设置围框，围框的高度应≥下列值：A（65mm）；B（50mm）；C（35mm）　　　　　　　　　　　　　　　　　　　　　　（　　）

（8）曳引机承重梁是承载对重装置和电梯轿厢及其载荷的总重量的机件，稳装承重梁时，承重梁两端面应超过承重墙中心的距离和埋入深度应为：A（15mm和60mm）；B（20mm和75mm）；C（25mm和80mm）　　　　　　　　　　　　　　　　　　　　　　　　　　　　　　　　（　　）

（9）在电梯机房应设有易于检查轿厢是否在开锁区的标识，常用的方法是：A（在机房地板设置观察孔洞）；B（在曳引绳或限速器绳上做标识）；C（在曳引轮上做标识）　　　　（　　）

（10）在电梯补偿链中穿绕麻绳的目的是：A（增加重量）；B（提高强度）；C（防止噪声）（　　）

3. 填空题

（1）曳引机承重梁经稳装和检验合格后，其两端面应超过承重墙中心＿＿＿＿＿＿mm，且其埋入承重墙的深度应不小于＿＿＿＿＿＿mm。

（2）电梯经安装、调整、测试合格后，其实际运行速度应不大于额定运行速度的＿＿＿＿＿＿%，不小于额定运行速度的＿＿＿＿＿＿% 。

（3）电梯导轨架在井道墙壁上的稳装方式，有以下＿＿＿＿＿＿、＿＿＿＿＿＿、＿＿＿＿＿＿、＿＿＿＿＿＿、＿＿＿＿＿＿五种。

（4）按GB7588的规定，当电梯的对重装置完全坐在缓冲器上时，轿厢导轨的长度应能提供不小于＿＿＿＿＿＿＿＿＿＿的制动距离。

（5）采用三相五线制的电梯供电电源中、其保护接地线 PE 的接地电阻应不小于＿＿＿＿＿＿Ω。

（6）电梯轿厢导轨经安装调校合格后，两列导轨在整个高度内与铅垂线的偏差应＿＿＿＿＿＿mm，两列导轨侧工作面与铅垂线的偏差，每5m应不大于＿＿＿＿＿＿mm，接头台阶应不大于＿＿＿＿＿＿mm。

（7）高速梯两列轿厢导轨经安装调校合格后，正工作面距的偏差应为＿＿＿＿＿＿mm，低速梯和快速梯两列轿厢导轨正工作面的偏差应为＿＿＿＿＿＿mm。

（8）电梯轿厢导轨架的导轨紧固工作面经调校合格后的不水平度应不大于＿＿＿＿＿＿mm。

（9）乘客电梯层门扇经安装调校合格后，与踏板的间隙应为＿＿＿＿＿＿mm。

（10）我国电梯常用的供电系统有三相＿＿＿＿＿＿制和三相＿＿＿＿＿＿制两种，其中三相＿＿＿＿＿＿制更符合电梯的使用要求。

（11）电梯安装电工在配接线过程中保护接地线按标准要求应采用_____ mm² 的_____ 双色绝缘铜线。动力与控制线应_____ 敷设，用电线管敷设线路时电线管内电线的填充率应不大于_____%，用电线槽敷设线路时电线槽内电线的填充率应不大于_____%。

（12）新安装的电梯或经改造大修后的老电梯，在安装或改造大修工程竣工，投入正常使用运行前，应经当地技监局特种设备监督检验部门_____ 并领取回_____、_____ 和_____ 后方可投入正常使用运行。此外还应在_____ 日内到当地技监局特种设备监督检验部门办理完有关电梯的_____ 等手续。

（13）为便于安装，无机房电梯的曳引机多采用_____ 曳引机，其安装方式有稳装在_____、_____、_____、_____ 等几种。由于曳引机的安装位置与有机房电梯不同，曳引绳的_____ 也与有机房电梯不同。

（14）按相关标准和规范规定，曳引机承重梁安装属于隐避工程，稳装调校合格浇灌水泥前应约请_____ 代表或_____ 代表检查确认合格后方能浇灌稳固水泥。

4. 问答题

（1）什么梯种在什么情况下安装竣工后应做静载试验？怎样做？有什么要求？

（2）电梯安装竣工并经调试合格后按相关标准的要求，还应做运行试验考核，怎么做？有什么要求？

（3）试简述曳引驱动电梯平衡系数的意义和平衡系数为何取值 0.4~0.5？

（4）电梯安装竣工并经调试合格后按相关标准的要求，应做平衡系数试验测试，怎么做？有什么要求？

（5）我国相关电梯专业技术标准对电梯主开关有什么要求？

（6）安装电梯随行电缆时应注意的几个问题？

第五章

电梯的管理与维修

第一节　概　　述

医生给人看病时，如不了解人体的结构和有一定的临床经验，能检查出病因并治好病吗？大家会说：不了解人体结构又没有临床经验的医生，是看不好病治不好病的，弄不好还会越看病越重，甚至造成人身伤害事故。而电梯的维修人员相当于给电梯看病的医生，给电梯看病的维修人员如果不了解电梯的结构原理并积累一定的现场作业经验，同样是不能将电梯维修保养好的，弄不好也是越修毛病越大，甚至出现人身伤害和设备事故。

我国的电梯产品是随着建筑业的快速发展而迅速发展起来的机电类特种设备。由于发展时间短速度快，而且技术更新迅速，产量连年成倍增长，造成电梯制造、安装、维修保养等从业人员的需求急速增加，其数量要求之大和素质要求之高远大于人才培养院校及相关部门的想象。而且由于电梯设备自身存在分散、非一目了然的特点，又给电梯从业人员检查修理电梯、维护保养电梯带来不少困难，也使电梯从业人才的培养周期相对长些。目前国内电梯行业的基本情况是电梯制造、安装、维修单位人才需求量大，而又招聘不到所需人才。由于电梯是一种多层建筑物里的上下公共交通运输设备，尽管它有比较完善的安全保护和安全防护设施，但因设备自身的特点，造成设备的使用效果和运行安全可靠性与电梯制造、安装、维护保养、管理使用等四个方面的工作质量紧密相关，各方面的工作都做好了，才能发挥电梯在人们生产生活中的作用，任何一方面的工作没有做好，轻者会影响电梯的运行效果，重者则会造成人身伤害和设备事故。

实践证明，一部经安装调试合格后的新电梯设备，交付使用后运行效果的好坏，关键在于对"电梯的管理、安全合理使用和日常维护保养与修理"工作。本章将对电梯交付使用后的管理使用与日常维护保养和修理方面的工作进行简要介绍。

第二节　电梯的制造、维护保养、使用、检验单位的职责

一、制造单位的职责

1）依法依规取得电梯制造许可证，不生产超出其制造许可证范围的产品。

2）所制造的电梯（包括整机和部件）符合我国现行法律法规、安全技术规范及行业标

准的要求，不生产国家明令淘汰的落后产品，为本单位生产的电梯产品质量和安全性能负责。

3）电梯出厂时，随附与之对应的安全技术规范要求的设计文件、产品质量合格证、安装及使用维护保养说明书、安全部件形式试验证明等相关技术资料和文件，并在其显著位置设置产品铭牌、安全警示标志及其说明。

4）委托其他取得相应电梯安装（含修理）许可的单位，进行本单位制造的电梯安装、修理的，应当对其安装、修理工作进行安全指导和监控，并按照安全技术规范的要求进行校验和调试，对校验和调试的结果负责。

5）电梯投入使用后，电梯制造单位应当对其制造电梯的安全运行情况进行跟踪调查和了解，对电梯的维护保养单位或者使用单位在维护保养和安全运行方面存在的问题，提出改进建议，并提供必要的技术帮助；发现电梯存在严重事故隐患时，应当及时告知电梯使用单位，并向所在地负责特种设备安全监督管理的部门报告，对调查和了解的情况应当做出记录。

6）因设计、制造等原因造成电梯存在危及安全的同一性缺陷的，制造单位应当立即停止生产并对已出厂的产品主动召回。

7）对于依托本制造单位进口的电梯产品，应当遵守有关进出口商品检验的法律、行政法规；随附的技术资料和文件应当符合我国现有对于电梯的规定，其安装及使用维护保养说明、产品铭牌、安全警示标志及其说明应当采用中文形式。

8）电梯制造单位应当主动加大对于新产品研发的投入，积极采用新材料、新技术、新工艺，不断提升产品的安全性能和使用性能，同时使产品更加节能、环保。

9）快速提供可追溯性的电梯零部件。

二、维护保养单位的职责

所谓维护保养，就是对电梯进行的清洁、润滑、检查、调整、更换易损件等日常维护和保养性工作。其中清洁、润滑不包括部件的解体，调整和更换易损件不会改变任何电梯性能参数。维护保养工作是电梯投入正常运行后必不可少的环节，我国通过法律法规明确了电梯维护保养工作的具体要求。实践证明，做好电梯维护保养，能够提高电梯的使用性能，消除或者减少电梯故障，延长电梯使用寿命。为了更好地落实做好电梯维护保养工作，承担电梯维护保养的单位应具有如下职责：

1）电梯维护保养单位应依法依规取得电梯制造（含安装、修理、改造）或者安装（含修理）许可证，维护保养的电梯规格参数在其许可证范围之内；维修保养的作业人员应当取得相应的电梯维修资格证书。

2）按照我国电梯行业现行的安全技术规范的要求，按照电梯安装使用维护说明书的规定，根据所保养电梯使用的特点，制定合理的维保计划与方案；至少每15天进行一次清洁、润滑、调整和检查，更换不符合要求的易损件，使电梯达到安全要求并能够正常运行。

3）按照维保计划和方案实施电梯维保作业，维保期间做好现场安全防护措施，严格按照规范操作，确保维保作业安全。

4）制定应急措施和救援预案，每半年至少针对本单位维保的不同类别（类型）电梯进行一次应急演练，并保存相关记录。

5）建立值班制度，设立24小时维保值班电话，接到电梯故障电话后及时予以排除；接到电梯困人故障报告后，维修人员及时抵达维保电梯所在地实施现场救援，直辖市或者设区的市抵达时间不超过30分钟，其他地区一般不超过1小时。

6）对电梯发生的故障等情况，维修人员应及时进行详细的记录，必要时由使用单位电梯管理人员签字确认。

7）建立每台电梯的维保记录，并且及时归入该电梯的技术档案，维保记录至少保存4年。

8）协助电梯使用单位制定电梯安全管理制度和应急救援预案。

9）对本单位承担维保的作业人员，进行安全教育和定期的技能培训，教育和培训记录存档备查。

10）每年度至少进行一次自行检查，自行检查在特种设备检验机构进行定期检验前进行，自行检查的项目及其内容根据我国现行有效的《电梯监督检验和定期检验规则》实施，并且向使用单位出具有自行检查和审核人员的签字、加盖维保单位公章或者其他专用章的自行检查记录或者报告，对自行检查记录或者报告的真实性负责。

11）落实维保人员配合特种设备检验机构进行电梯的定期检验。

12）在现场维保或者应急救援时，应落实现场安全防护措施，保证施工安全。发现电梯存在的问题需要通过增加维保项目（内容）予以解决的，维保单位应当增加并且及时修订维保计划和方案；发现有事故隐患及时告知电梯使用单位；发现有严重事故隐患，及时向当地政府监督管理部门报告。

13）维保单位对于电梯的维保项目（内容）和要求分为半月、季度、半年、年度等四类，各类维保的基本项目（内容）和达到的要求依据 TSG T5002—2017《电梯维护保养规则》中附件 A～附件 D 的规定实施。通过维保或者自行检查，发现电梯仅依靠合同规定的维保内容已经不能保证安全运行，需要改造、修理（包括更换零部件）、更新电梯时，维保单位应当书面告知使用单位。

14）维保单位进行电梯维保，应当进行记录，维保记录至少包括以下内容：

① 电梯的基本情况和技术参数，包括整机制造、安装、改造、重大修理单位名称、电梯品种（形式）、产品编号、设备代码、电梯型号或者改造后的型号，其中电梯基本技术参数为：

a）曳引与强制驱动电梯（包括曳引驱动乘客电梯、曳引驱动载货电梯、强制驱动载货电梯）的额定载重量、额定速度、层站门数；

b）液压驱动电梯（包括液压乘客电梯、液压载货电梯）的额定载重量、额定速度、层站门数、油缸数量、顶升形式；

c）杂物电梯的额定载重量、额定速度、层站门数；

d）自动扶梯与自动人行道（包括自动扶梯、自动人行道）的倾斜角、名义速度、提升高度、名义宽度、主机功率、使用区段长度（自动人行道）。

② 使用单位、使用地点、使用单位内编号。

③ 维保单位、维保日期、维保人员（签字）。

④ 维保的项目（内容），进行的维保工作，达到的要求，发生调整、更换易损件等工作时的详细记载。

⑤ 维保记录应当经使用单位安全管理人员签字确认。

15）维保单位的质量检验（查）人员或者管理人员，应当对本单位保养得电梯的维保量进行不定期的检查，并且做出记录。

16）针对特种电梯的维保，维保单位应根据制造单位的要求制定日常维保项目和内容，确保特种电梯正常安全运行。

17）维保单位对其维保电梯的安全性能负责。对于新承接维保的电梯是否符合安全技术规范要求，应当进行认真检查确认，必要时应首先对电梯进行修理施工，消除安全隐患，再承接其维护保养工作；对于维保后的电梯应当符合我国相应的安全技术规范要求，并且使电梯处于正常的运行状态。

三、使用单位的职责

1. 使用单位的含义

（1）一般规定　所谓使用单位，是指对电梯使用履行安全管理义务、承担安全责任的单位或者个人。具体说就是：指具有电梯使用管理权限的单位（包括公司、子公司、机关事业单位、社会团体等具有法人资格的单位和具有营业执照的分公司、个体工商户等）或者具有完全民事行为能力的自然人，一般是电梯的产权单位（产权所有人），也可以是产权单位通过符合法律规定的合同关系确立的电梯实际使用管理者。电梯属于共有的，共有人可以委托物业服务单位或者其他管理人管理电梯，此时的受委托人是使用单位；共有人未委托的，实际管理人是使用单位；没有实际管理人的，共有人是使用单位。电梯用于出租的，出租期间，出租单位是使用单位（或者依据出租合同的约定，明确使用单位）。

（2）特别规定　新安装未移交业主的电梯，因装修或者其他需要使用电梯时，项目建设单位是使用单位；委托物业服务单位管理的电梯，物业服务单位是使用单位；产权单位自行管理的电梯，产权单位是使用单位。

2. 使用单位的职责

电梯使用单位主要负责人是指电梯使用单位的实际最高管理者，对其单位的电梯使用安全负总责。电梯使用单位是电梯使用安全的责任主体，对电梯的安全运行负责，其主要职责如下：

1）使用符合国家现行安全技术规范、标准以及取得制造许可生产的、且经过政府主管部门监督检验检验合格的电梯，不得采购、移装国家明令淘汰和已经报废的电梯。

2）制定并且有效实施电梯安全管理制度、操作规程，建立完整的电梯安全技术档案，其中包括：

① 电梯的相关设计文件、产品质量合格证明、安装及使用维护说明书、监督检验证明等相关记录资料和文件；

② 电梯的定期检验和定期自行检查记录；

③ 电梯的日常使用状况记录；

④ 电梯的日常维护保养记录；

⑤ 电梯的运行故障和事故记录。

3）为公众提供运营服务的，或者在公众聚集场所使用30台以上（含30台）电梯的使用单位，应当设置电梯安全管理机构，配备足够数量的取得《特种设备安全管理》（A）证的专职电梯安全管理人员，确保在电梯运行期间至少有一名安全管理人员在岗。建立人员管理台账，开展安全培训教育，保存人员培训记录。

4）安装在学校、幼儿园、医院、地铁、地下通道、车站、商场、体育场馆、旅游景点、会展场馆、公园等公共聚集场所的电梯，应当在人流高峰期设置专人引导，并指导公众安全、文明乘用电梯。

5）保持电梯视频监控设施、紧急报警装置完好有效，能随时与使用单位安全管理机构或者值班室人员实现有效联系。

6）配合通信运营商完成电梯井道内部通信信号的覆盖，保持移动通信设备的信号畅通。

7）制定房屋装饰装修期间电梯使用管理规定，采取安全防护措施，通过监控或巡查，制止不安全乘用电梯的行为。

8）使用单位在电梯轿厢内部进行装修或者设置广告设施时，应采用阻燃材料，注意节能环保，并告知电梯维护保养单位确认及对电梯进行相应的调整，确保电梯安全、可靠并舒适地运行。

9）在电梯轿厢显著位置或自动扶梯、自动人行道显著位置张贴、悬挂有效的使用标志，安全注意事项、安全警示标志以及应急救援和投诉电话。

10）依据《中华人民共和国特种设备安全法》《特种设备安全监察条例》等法律法规的规定，委托具有相应资质许可的电梯维护保养单位承担维护保养工作。使用单位的安全管理人员现场监督电梯改造、修理和维护保养工作的实施，并给予施工记录（包括改造、修理过程记录、完工报告（记录）、维及急修记录）签字确认；接到电梯保养单位发出的暂停使用通知后，停止使用电梯并设置警示标志。

11）落实维修资金，做好电梯安全检查和隐患整治工作，及时处理电梯安全投诉并做好记录。

12）制定电梯突发事件和事故应急专项预案，每年至少进行一次应急演练并保存演练记录。

13）电梯出现故障或者发生异常情况时，对电梯是否困人进行确认，如有人员被困，则应积极安抚乘客，同时迅速通知维保单位实施救援。解救人员后，应监督维保单位及时排查电梯故障，全面消除安全隐患后再重新投入使用。

14）电梯发生事故时，迅速排险和抢救，保护事故现场，并于事故发生一小时内报告当地特种设备安全监管部门和其他有关部门，配合事故调查处理等。

15）按照特种设备安全监督管理部门、电梯检验、检测机构提出的整改要求，及时整改并确保整改质量。

16）电梯使用单位应当在电梯投入使用前或者投入使用后30日内，向所在地的特种设备安全监督管理部门办理电梯使用登记，取得使用登记证书，登记标志应当放置在电梯轿厢内的显著位置；如电梯报废或拆除，电梯使用单位应当自报废或拆除后，及时到原登记部门办理注销手续，注销时交回使用登记证；如电梯改造或者使用单位发生变更，电梯使用单位应当自改造完成及使用单位变更后，在电梯投入使用前或者投入使用后30日内，到原登记部门办理变更等手续。

17）应当对电梯的安全保护装置（例如限速器），按照国家现行的安全技术规范要求，进行定期校验、试验，并保存相关记录。

18）应当按照国家现行的安全技术规范要求，在电梯检验合格有效期届满前一个月向特种设备检验机构提出定期检验要求，将定期检验合格标志放置在电梯轿厢内的显著位置，未经定期检验或者检验不合格的电梯，不得继续使用。

19）电梯存在严重事故隐患，无改造、修理价值，或者达到安全技术规范规定的其他报废条件的，电梯使用单位应当依法履行报废义务，并向原登记的负责特种设备安全监督管理的部门办理使用登记证书注销手续。

20）电梯停用一年以上的，使用单位应当采取有效的保护措施，并且设置停用标志，在停用后 30 日内，告知原登记机关备案；重新启用时，使用单位应当进行自行检查或者依托专业维保单位进行自行检查，到原登记机关办理启用手续，超过电梯定期检验有效期的，应当按照定期检验的有关要求进行检验，检验合格后投入使用。

3. 使用单位安全管理负责人的职责

1）协助主要负责人履行本单位电梯的安全领导责任，确保电梯安全使用。

2）宣传、贯彻《中华人民共和国特种设备安全法》以及有关法律、法规、规章和安全技术规范。

3）组织制定本单位电梯使用的安全管理制定，落实电梯安全管理机构设置及安全管理员配置。

4）组织制定电梯事故应急专项预案，并且定期组织演练。

5）对本单位电梯安全管理工作实施情况进行检查并做出记录。

6）组织进行电梯运行安全隐患排查，并且提出处理意见。

7）当电梯安全管理员报告电梯存在事故隐患应当停止使用时，立即做出停止电梯使用的决定，并且及时报告本单位主要负责人。

4. 使用单位安全管理员的职责

1）组织建立电梯安全技术档案。

2）办理电梯使用登记证。

3）组织制定电梯使用操作规程。

4）组织开展电梯使用安全教育和技能培训。

5）组织开展电梯定期自行检查。

6）编制电梯定期检验计划，督促落实定期检验、隐患治理和整改工作。

7）按照规定报告电梯事故情况，参与电梯事故救援，协助进行事故调查和善后处理。

8）发现电梯事故隐患，立即进行处理，情况紧急时，可以决定停止使用电梯，并且及时报告本单位电梯安全管理负责人。

9）纠正和制止电梯维修作业人员的违章作业行为。

5. 使用单位安全管理员新接手电梯应迅速开展的工作

1）收取电梯基站开放和关闭的电锁开关钥匙、电梯机房门钥匙、轿内操纵箱下方暗锁钥匙、各层层门的紧急开锁钥匙（即三角钥匙）等，并妥善保管。

2）根据本单位的具体情况，确定是否需要配设电梯专职司机，如需要配设电梯专职司机，应与相关责任人商定人选后，给予其简单的电梯操作技能培训以及安全注意事项，确保安全开启并正常使用电梯。

3）收集和整理与电梯有关的资料，其中包括：

① 电梯的供货合同和安装合同，如果电梯是通过招、投标方式采购的，那么还应包括招标文件和中标方的投标文件及与招标过程有关的文件，这些文件都是供货合同的附件，都应妥当收藏和保管。

② 电梯井道机房的土建资料、电梯安装平面布置图、产品合格证书、装箱单、电气控

制原理图和安装接线图、安装说明书、使用维护说明书、电梯安装单位的自检报告、所在地电梯检验检测单位出具的电梯监督检验报告、安装方与建设方办理的移交单等等。资料收集齐全后自己应认真检查阅读一遍，有的还应记录下来，然后登记建账并送单位资料档案部门归案保存。平日维修常用的电气控制原理图和安装接线图可复制一份准备随时使用。

4）电梯制造厂提供的易损件和随机工具（合同约定有提供的）登记建账并妥当存放和保管。

5）按《中华人民共和国特种设备安全法》的规定，电梯投入使用前或者投入使用后30日内，电梯使用单位应及时为每台电梯办理注册登记手续并领取"特种设备使用登记证"。

6）尽快了解和熟悉电梯的运行情况，带上所有钥匙到电梯上试着开关一下，确认是否正确无误后，还应检查电梯机房里的松闸板手、救援操作说明的摆放及粘贴处位是否合适等。然后再控制电梯上下运行若干次，检查电梯起动、加速、减速、平层停靠开门过程是否正常，运行过程有无异常噪声等。如发现问题应及时与签约的维保单位联系解决。

7）依据国家法律、法规以及安全技术规范的规定，电梯的签约维保单位每月应派两名具有维修资格证的技工上门对电梯进行两次维护保养，并填写维保记录单，电梯管理员不仅应给与签字确认，还应检查监督维保人员是否认真履行维保合同规定的工作。

8）对于有专职司机控制的电梯应要求司机发现电梯有异常情况时及时报告电梯的异常情况，对于无专职司机控制的电梯每天最好去乘坐一下电梯并上下跑一趟，确认电梯的技术状态是否良好。若发现问题应立即电话通知签约维保单位派员检查处理，确保电梯不能带病运行。

9）加强对乘员的电梯乘用安全教育，并结合本单位的实际情况建立一套适应本单位情况的切实可行的电梯使用安全管理制度。

四、检验、检测单位的职责

1）需依法依规取得检验、检测许可资格，并且不得超出许可范围实施检验、检测工作。

2）依据我国现行的法律、法规的规定，按照安全技术规范的要求，对电梯安装、改造、重大维修提供安全、可靠、便捷、诚信的监督检验；对在用电梯实施定期检验。

3）负责审批新电梯的安装施工方案、老电梯的改造方案以及重大维修施工方案符合现行安全技术规范的要求。

4）在检验、检测中，发现电梯存在严重事故隐患时，应当及时告知相关单位，并立即向负责特种设备安全监督管理的部门报告。

5）检验、检测单位的检验、检测人员，对检验、检测过程中知悉的商业秘密，负有保密义务；并且检验、检测人员不得从事有关电梯的销售经营活动，不得推荐或者监制、监销电梯产品及推荐电梯维保单位；不得故意刁难电梯施工单位或者使用单位。

6）检验、检测单位和检验、检测人员应当客观、公正、及时地出具电梯检验检测结果、鉴定结论，并对其负责。

7）电梯检验检测单位不得对存在以下情形的电梯实施定期检验：

① 未进行使用登记的。

② 未签订维护保养合同的。

③ 无维护保养记录及定期自检记录的。

④ 特种设备安全监督管理部门责令整改，未整改的。

8）采用新材料、新技术、新工艺，探讨、研究电梯检验检测的新技术、新方法，不断提升检验检测质量。

第三节　电梯的安全使用

一、概述

电梯是两层以上建筑物里上、下运送乘客和货物的公共交通运输设备。现在的电梯设备已和汽车一样是绝大多数城镇居民每天都必须接触的交通运输设备，是出门的第一步，回家的最后一步，与人们的日常生活息息相关，因此人们对电梯已不再陌生。但是人们对电梯的功能、安全性能和安全使用知识的了解一般还不够。人们对电梯功能的了解不多不要紧，要紧的是人们对乘用电梯时的正确乘用、自我安全防护知识了解比较少才是危险的。因此要做到电梯的安全使用，除提高电梯管理使用责任人、电梯安装维修责任人的责任意识外，还应加强电梯运行过程中的巡查监管工作，及时纠正乘用人员不爱惜电梯、错误操作使用电梯的行为，该做的工作仍然很多。

二、电梯的安全使用

1）电梯轿厢内应悬挂有电梯安全使用守则，该守则应包括使用操作方法和安全防护知识等方面的内容。

2）根据单位具体情况制订出切实可行的规章制度并认真执行，并每年组织一次事故演练，且做好记录。

3）电梯应设有专人管理，电梯安全管理人员应经当地政府主管部门认可的有资质单位培训、考核合格并持证上岗。电梯操纵箱暗盒、基站开梯锁、电梯机房门、层门紧急开锁钥匙等只能由电梯安全管理人保管。

4）配有专职司机操作控制的电梯，司机必须经过相应的专业技术培训并保存培训记录。

5）电梯安全管理员和电梯司机发现异常现象和异常声响应及时通知签约维保单位派员查明原因，防止电梯带病运行。

6）禁止电梯以检修慢速运行当作上、下正常运送乘员或货物使用。因为检修慢速运行时曳引电动机轴输出功率不足正常快速运行时的50%，容易烧损曳引电动机。

7）住宅楼内的电梯由于乘员素质、年龄的差异很大，应加强对住户的教育，行动不便的老年人、五岁以下小孩乘用电梯时要有人陪护，严禁小孩在轿厢内上下开梯玩耍、打闹、嬉戏。

8）现代住宅楼和办公楼内安装使用的电梯都是无人照料（乘员自行操作控制）的电梯，电梯自平层停靠开门起经 $4 \sim 6s$ 就要自动关门，由于轿门上装有防撞乘员的安全触板或光幕等设施，有的乘员因等人或搬运货物，常有乘员用身体、胳膊、腿去挤挡轿门上的安全触板或光幕，这种做法是危险的，也是造成人身伤害事故的主要原因之一。

9）电梯出现异常情况，造成乘用人员被困轿厢内时，任何人都不要急于逃离轿厢，要保持冷静，要通过电话与值班室或设法与电梯签约维保单位联系，请他们派人员处理，只有这样才是最合理最安全的做法，不要自行扒开轿门急于离开轿厢。

10）禁止任何人在层门与轿门之间长久停留。

11）电梯因故停用超过一周后重新使用时，应约请签约维保单位派员对电梯的技术状态作一次认真检查和试运行后，方能重新投入使用。

12）根据电梯使用的频繁程度制订电梯的中、大修计划，及时进行中修和大修，防止因失修而造成人身设备事故。

13）电梯机房应备有灭火器，不允许堆放与电梯无关的物品，机房的安全标识、救援装置等应符合安全技术规范的要求，每年结合年检组织一次电梯状态检查，并做好记录。

第四节 电梯的安全操作规程

制定电梯司机、乘用人员和维修人员的安全操作规程是确保乘用人员和维修人员人身免受伤害的重要措施之一，也是提高电梯使用效果，发挥电梯在人们生产生活中的作用的具体措施。一般的电梯安全操作规程包括以下内容。

一、电梯司机的安全操作规程

一般工厂车间里装设的电梯，医院门诊楼里装设的电梯由于运载对象的关系，这些电梯一般都设专职司机操作控制。这类电梯司机的安全操作规程如下：

1. 司机接班后投入运行前的准备工作

1）在多班制的情况下，投入运行前应办理交接班手续，将上一班的电梯运行情况，存在的问题，如实向下一班交代清楚，并做好交接班记录，如有必要还应报告电梯安全管理责任人处理。

2）接班人最好开梯上、下试运行一、两趟，若有问题证实一下问题的存在情况，并检查确认电梯的各项功能是否正常，若不能正常运行，应报告电梯安全管理责任人处理。

3）若开启层门进入轿厢后经上下试运行一、两趟，确认电梯的各项功能正常，应在做好电梯轿厢、层门和轿门等可见部件的卫生工作后再投入正常运行。

4）如因上洗手间需短暂离开电梯时，可将电梯置于无司机操作控制模式，但时间不宜过长。

5）电梯正常运行过程中出现异常情况时，应及时通知电梯安全管理责任人处理，防止电梯带病运行。

2. 电梯投入正常运行后的注意事项

1）开启层门进入轿厢前应注意轿厢是否停靠在该楼层。

2）严禁乘用人员扳弄操纵箱上的开关和按钮等电气元件。

3）轿厢装运的货物应不超过电梯的额定载重量，如遇特殊情况，也不得超过电梯额定载重量的110%。而且不允许连续超载运行。

4）装运易燃易爆物品时应预先报告电梯安全管理责任人，并采取必要的安全措施。

5）装运大重量货物时应将货物置于轿厢的中间处位，防止轿厢倾斜运行。

6）任何人不允许在轿门与层门之间长期停留。

7）电梯发生溜车事故时，要阻止任何人企图逃离轿厢，防止乘员被剪切造成人身伤害。

8）电梯运行过程中要注意提醒乘员不要依靠轿门，防止开关门时挤碰乘员。

9）司机需暂时离开轿厢时，可将电梯置于无司机控制模式，办完事后再通过厅外召唤按钮将电梯召回并置于司机控制模式。

二、无司机操作控制电梯的管理与安全操作规程

如上所述，除工厂车间里装设的电梯，医院门诊楼里装设的电梯由于运载对象的关系，不得不配专职司机进行操作控制外，其他地方装设的电梯一般都不配专职司机。不配专职司机的电梯，电梯的运行由乘员自行操作控制。根据国内电梯目前的质量技术水平，只要乘员正确操作，万一发生被困轿厢内时，只要通过轿厢内的电话与值班室联系，或按下操纵箱上的警铃按钮报警等待救援，不要乱扒轿门急于离开轿厢，是绝对安全的。但因无专职司机照料，怎么减少发生人身和电梯设备事故呢？

1）轿厢内应挂有电梯使用操作规程和注意事项，包括：

① 乘员召唤或乘坐电梯时，只能用手指点按一下召唤箱或操纵箱上相应的按钮，箭头灯亮表示要求被登记，此后不要去重复按动按钮；

② 搬东西或等候同乘电梯的人员时，为防止电梯关门起动运行，只能用手指按压安全触板或用手掌遮挡光幕，不要用身体压挡安全触板或遮挡光幕；

③ 电梯超载报警信号发出后，后上电梯的乘员应自觉退离轿厢，直至超载报警信号消失为止；

④ 装运易燃易爆物品和搬家时应通知电梯安全管理责任人，采取安全措施；

⑤ 禁止未成年小孩在轿厢内开电梯玩耍、打闹、嬉戏；

⑥ 行动不便的老年人、五岁以下小孩、残疾人乘用电梯时要有人陪护。

2）电梯安全管理责任人每天除应开着电梯上下跑一、两趟，确保电梯处于良好状态才将电梯置于无司机控制模式，由乘员自行操作控制外，若发现问题一定要及时通知签约维保单位派员处理，注意不要让电梯带病运行。电梯投入运行后应注意巡查乘员操作使用电梯的情况，督查乘员正确使用电梯，发现问题及时纠正。

3）发生突然停电事故时，若电梯没有装设停电就近平层停靠开门装置，应派员检查是否有乘员被困电梯轿厢内的情况，如有乘员被困电梯轿厢内时，应首先安抚乘员不要担心，此时的电梯是安全的，只是出现故障而已；同时迅速通知签约维保单位并告知电梯轿厢有困人，需要紧急救援，之后等待专业救援人员到达现场即可。

4）电梯的五方通话系统应保持处于良好状态。

三、维修人员的安全操作规程

现实证明，电梯维护保养人员是电梯从业人员中比较容易发生人身伤害事故的群体之一。发生人身伤害事故的主要原因是安全意识淡薄，次要原因是安全操作知识不足或不遵守安全操作规程。因此，电梯专业维保单位应加强维护保养人员的安全意识教育，提高他们的安全意识和安全操作技能水平，要求他们在维护保养电梯过程中一定要坚持按安全操作规程操作，真正做到安全第一。

1. 强化维护保养修理前的安全准备工作

1）强化维护保养人员的安全意识教育，班前班后会议都不忘记讲安全问题，天天提醒。

2）正在维修保养的电梯，其基站层门口应挂"检修停用"，轿内挂"人在轿顶，不准乱动"等安全警示标牌。

2. 维护保养修理过程中的安全注意事项

1）每次外出维护保养修理必须有两名技工参加，不单打独斗，以利相互照应。

2）每次进入轿顶后都应先按下急停按钮，再扳动照明灯开关，并将电梯轿顶检修开关置于轿顶检修模式。准备工作完成后再使急停按钮复位。进行维护保养操作时也应坚持先按下急停按钮再进行维护保养操作。

3）每次下井道底坑时都应先按下急停按钮，再扳动照明灯开关。离开井道底坑时先关灯后复位急停按钮。

4）每次给转动部位补注油时都必须停闭电梯。

5）一般不允许带电作业，不得不带电作业时应有人负责监护。

6）轿顶维护保养修理人员在电梯运行过程中不得依靠轿顶护栏。

7）不得在轿顶上吸烟。

8）在井道内不得用汽油清洗电梯零部件和其他物品。

第五节　电梯的维护保养与检查调整

一、电梯的维护保养与预检修周期

使用单位的电梯安全管理责任人接收一部新安装竣工、经政府主管部门监督检验合格、手续齐全、双方办理交接手续、正式交付使用的新电梯后，除应按本章第二节描述的条款做好相关工作外，就是按电梯供货合同和安装合同规定的条款，确认电梯的质保期限。按国家相关标准规定，自双方办理电梯交接手续之日起一年或双方合同的约定质保期，质保期间供货方要提供回访服务（一般每季度回访一次）或维保服务，以及免费提供因正常使用而损坏的电梯零配件等。电梯质保期的前3~6个月，是电梯机、电系统的磨合期，磨合期内电梯的故障率一般比较高，过了磨合期后电梯进入稳定期，此时电梯的故障率相对低些。稳定期的长短与电梯使用频繁程度、日常维护保养质量、使用场合等多种因素有关，一般为2~6年。磨合期间电梯安全管理责任人应给予更多的关注，发现问题及时通知供货单位派员处理，切勿让电梯带病运行。

电梯是比较复杂的机、电类特种设备，不发生故障是不可能的，一年发生几次故障是比较正常的。电梯安全管理责任人和电梯质保期服务单位、电梯签约维保单位的职责是降低电梯的故障率，延长电梯的使用寿命，确保电梯安全、可靠并舒适的运行，为电梯的安全性能负责。

为了降低电梯的故障率，确保电梯的安全性能，防止发生人身伤害事故，延长电梯的使用寿命，签约维护保养单位应按国家现行有关法律、法规以及安全技术规范的规定，结合电梯随机技术文件的要求，认真落实电梯的维护保养工作。目前，我国关于电梯维护保养的安全技术规范是 TSG T5002—2017《电梯维护保养规则》，其中电梯的维保项目分为半月、季度、半年、年度等四类，各类维保的基本项目（内容）和要求，在该维护保养规则中已明确，这是对于电梯维护保养的最基本的要求。维保单位应当按照 TSG T5002—2017 的要求，按照电梯安装使用维护说明的规定，并且根据该电梯使用的特点，制定合理的维保计划与方案，对电梯进行清洁、润滑、检查、调整，更换不符合要求的易损件，使电梯达到安全要求，保证电梯能够正常运行。现场维保时，如果发现电梯存在的问题需要通过增加维保项目（内容）予以解决的，维保单位应当相应增加并且及时修订维护计划与方案；通过维保或者自行检查，发现电梯仅依据合同规定的维保内容已经不能保证安全运行，需要改造、修理（包括更换零部件）、更新电梯时，维保单位应当书面告知使用单位。每次维保结束，都应做好维保记录并至少保存 4 年，维保记录需请使用单位持有电梯安全管理证的人员签字确认。各类电梯不同周期的基本维护保养工作内容一般可参照如下要求进行。

1. 曳引与强制驱动电梯维护保养项目内容和要求

1）曳引与强制驱动电梯半月维护保养项目内容和要求见表 5-1。

表 5-1　曳引与强制驱动电梯半月维护保养项目内容和要求

序号	维护保养项目（内容）	维护保养基本要求
1	机房、滑轮间环境	清洁，门窗完好，照明正常
2	手动紧急操作装置	齐全，在指定位置
3	驱动主机（曳引机）	运行时无异常振动和异常声响
4	制动器各销轴部位	动作灵活（润滑）
5	制动器间隙	打开时制动衬与制动轮不应发生摩擦，间隙值符合制造单位要求
6	制动器作为轿厢意外移动保护装置制停子系统时的自检测	制动力人工方式检测符合使用维护说明书要求；制动力自监测系统有记录
7	编码器	清洁，安装牢固
8	限速器各销轴部位	润滑，转动灵活；电气开关正常
9	层门和轿门旁路装置	工作正常
10	紧急电动运行	工作正常
11	轿顶	清洁，防护栏安全可靠
12	轿顶检修开关、停止装置	工作正常
13	导靴上油杯	吸油毛毡齐全，油量适宜，油杯无泄漏
14	对重/平衡重块及其压板	对重/平衡重块无松动，压板紧固
15	井道照明	齐全，正常
16	轿厢照明、风扇、应急照明	工作正常
17	轿厢检修开关、停止装置	工作正常
18	轿内报警装置、对讲系统	工作正常
19	轿内显示、指令按钮、IC 卡系统	齐全，有效
20	轿门防撞击保护装置（安全触板、光幕、光电等）	功能有效
21	轿门门锁电气触点	清洁，触点接触良好，接线可靠
22	轿门运行	开启和关闭工作正常
23	轿厢平层准确度	符合标准值
24	层站召唤、层楼显示	齐全，有效
25	层门地坎	清洁
26	层门自动关门装置	正常

（续）

序号	维护保养项目（内容）	维护保养基本要求
27	层门门锁自动复位	用层门钥匙打开手动开锁装置释放后，层门门锁能自动复位
28	层门门锁电气触点	清洁，触点接触良好，接线可靠
29	层门锁紧元件啮合长度	不小于7mm
30	底坑环境	清洁，无渗水、积水，照明正常
31	底坑停止装置	工作正常

2）曳引与强制驱动电梯季度维护保养项目内容和要求除符合表5-1中半月维护保养项目内容和要求外，还应当符合表5-2的项目内容和要求。

表5-2 曳引与强制驱动电梯季度维护保养项目内容和要求

序号	维护保养项目（内容）	维护保养基本要求
1	减速机润滑油	油量适宜，除蜗杆伸出端外均无渗漏
2	制动衬	清洁，磨损量不超过制造单位要求
3	编码器（位置脉冲发生器）	工作正常
4	选层器动静触点	清洁，无烧蚀
5	曳引轮槽、悬挂装置（曳引钢丝绳）	清洁，钢丝绳无严重油腻，张力均匀，符合制造单位要求
6	限速器轮槽，限速器钢丝绳	清洁，无严重油腻
7	靴衬、滚轮	清洁，磨损量不超过制造单位要求
8	验证轿门关闭的电气安全装置	工作正常
9	层门、轿门系统中传动钢丝绳、链条、传动带（胶带）	按照制造单位要求进行清洁、调整
10	层门门导靴	磨损量不超过制造单位要求
11	消防开关	工作正常，功能有效
12	耗能缓冲器	电气安全装置功能有效，油量适宜，柱塞无锈蚀
13	限速器张紧轮装置和电气安全装置	工作正常

3）曳引与强制驱动电梯半年维护保养项目内容和要求除符合表5-2中季度维护保养项目内容和要求外，还应当符合表5-3的项目内容和要求。

表5-3 曳引与强制驱动电梯半年维护保养项目内容和要求

序号	维护保养项目（内容）	维护保养基本要求
1	电动机与减速机联轴器	链接无松动，弹性元件外观良好，无老化等现象
2	驱动轮、导向轮轴承部	无异常声响，无震动，润滑良好
3	曳引轮槽	磨损量不超过制造单位要求
4	制动器动作状态监测装置	工作正常，制动器动作可靠
5	控制柜内各接线端子	各接线紧固，整齐，线号齐全清晰
6	控制柜各仪表	显示正常

（续）

序号	维护保养项目（内容）	维护保养基本要求
7	井道、对重、轿顶各反绳轮轴承部	无异常声响，无振动，润滑良好
8	悬挂装置、补偿绳	磨损量、断丝数不超过要求
9	绳头组合	螺母无松动
10	限速器钢丝绳	磨损量、断丝数不超过制造单位要求
11	层门、轿门门扇	门扇各相关间隙符合标准值
12	轿门开门限制装置	工作正常
13	对重缓冲距离	符合标准值
14	补偿链（绳）与轿厢、对重结合处	固定，无松动
15	上、下极限开关	工作正常

4）曳引与强制驱动电梯年度维护保养项目内容和要求除符合表5-3中半年维护保养项目内容和要求外，还应当符合表5-4的项目内容和要求。

表5-4　曳引与强制驱动电梯年度维护保养项目内容和要求

序号	维护保养项目（内容）	维护保养基本要求
1	减速机润滑油	按照制造单位要求适时更换，保证油质符合要求
2	控制柜接触器、继电器触点	接触良好
3	制动器铁心（柱塞）	进行清洁、润滑、检查、磨损量不超过制造单位要求
4	制动器制动能力	符合制造单位要求，保持有足够的制动力，必要时进行轿厢装载125%额定载重量的制动试验
5	导电回路绝缘性能测试	符合标准
6	限速器安全钳联动试验（对于使用年限不超过15年的限速器，每2年进行一次限速器动作速度校验；对于使用年限超过15年的限速器，每年进行一次限速器动作速度校验）	工作正常
7	上行超速保护装置动作试验	工作正常
8	轿厢意外移动保护装置动作试验	工作正常
9	轿顶、轿厢架、轿门及其附件安装螺栓	紧固
10	轿厢和对重/平衡重的导轨支架	固定，无松动
11	轿厢和对重/平衡重的导轨	清洁，压板牢固
12	随行电缆	无损伤
13	层门装置和地坎	无影响正常使用的变形，各安装螺栓紧固
14	轿厢称重装置	准确有效
15	安全钳钳座	固定，无松动
16	轿底各安装螺栓	紧固
17	缓冲器	固定，无松动

2. 液压驱动电梯维护保养项目内容和要求

1）液压电梯半月维护保养项目内容和要求见表5-5。

表 5-5　液压电梯半月维护保养项目内容和要求

序号	维护保养项目（内容）	维护保养基本要求
1	机房环境	清洁，室温符合要求，门窗完好，照明正常
2	机房内手动泵操作装置	齐全，在指定位置
3	油箱	油量、油温正常，无杂质，无漏油现象
4	电动机	运行时无异常震动和异常声响
5	层门和轿门旁路装置	工作正常
6	阀、泵、消音器、油管、表、接口等部件	无漏油现象
7	编码器	清洁、安装牢固
8	轿顶	清洁，防护栏安全可靠
9	轿顶检修开关、停止装置	工作正常
10	导靴上油杯	吸油毛毡齐全，油量适宜，油杯无泄漏
11	井道照明	齐全，正常
12	限速器各销轴部位	润滑、转动灵活，电气开关正常
13	轿厢照明、风扇、应急照明	工作正常
14	轿厢检修开关、停止装置	工作正常
15	轿内报警装置、对讲系统	正常
16	轿内显示、指令按钮	齐全，有效
17	轿门防撞击保护装置（安全触板、光幕、光电等）	功能有效
18	轿门门锁触点	清洁，触点接触良好，接线可靠
19	轿门运行	开启和关闭工作正常
20	轿厢平层准确度	符合标准值
21	层站召唤、层楼显示	齐全，有效
22	层门地坎	清洁
23	层门自动关门装置	正常
24	层门门锁自动复位	用层门钥匙打开手动开锁装置释放后，层门门锁能自动复位
25	层门门锁电气触点	清洁，触点接触良好，接线可靠
26	层门锁紧元件啮合长度	不小于 7mm
27	底坑	清洁，无渗水、积水，照明正常
28	底坑停止装置	工作正常
29	液压柱塞	无漏油，运行顺畅，柱塞表面光滑
30	井道内液压油管、接口	无漏油

2）液压电梯季度维护保养项目内容和要求除符合表 5-5 中半月维护保养项目内容和要求外，还应当符合表 5-6 的项目内容和要求。

表 5-6　液压电梯季度维护保养项目内容和要求

序号	维护保养项目（内容）	维护保养基本要求
1	安全溢流阀（在油泵与单向阀之间）	其工作压力不得高于满负荷压力的 170%
2	手动下降阀	通过下降阀动作，轿厢能下降；系统压力小于该阀最小操作压力时，手动操作应无效（间接式液压电梯）

（续）

序号	维护保养项目（内容）	维护保养基本要求
3	手动泵	通过手动泵动作，轿厢被提升；相连接的溢流阀工作压力不得高于满负荷压力的2.3倍
4	油温监控装置	功能可靠
5	限速器轮槽，限速器钢丝绳	清洁，无严重油腻
6	验证轿门关闭的电气安全装置	工作正常
7	轿厢侧靴衬、滚轮	磨损量不超过制造单位要求
8	柱塞侧靴衬	清洁，磨损量不超过制造单位要求
9	层门、轿门系统中传动钢丝绳、链条、胶带	按照制造单位要求进行清洁、调整
10	层门门导靴	磨损量不超过制造单位要求
11	消防开关	工作正常，功能有效
12	耗能缓冲器	电气安全装置功能有效，油量适宜，柱塞无锈蚀
13	限速器张紧轮装置和电气安全装置	工作正常

3）液压电梯半年维护保养项目内容和要求除符合表5-6中季度维护保养项目内容和要求外，还应当符合表5-7的项目内容和要求。

表5-7　液压电梯半年维护保养项目内容和要求

序号	维护保养项目（内容）	维护保养基本要求
1	控制柜内各接线端子	各接线紧固，整齐，线号齐全清晰
2	控制柜	各仪表显示正常
3	导向轮	轴承部无异常声响
4	悬挂钢丝绳	磨损量、断丝数未超过要求
5	悬挂钢丝绳绳头组合	螺母无松动
6	限速器钢丝绳	磨损量、断丝数不超过制造单位要求
7	柱塞限位装置	符合要求
8	上下极限开关	工作正常
9	柱塞、消音器放气操作	符合要求

4）液压电梯年度维护保养项目内容和要求除符合表5-7中半年维护保养项目内容和要求外，还应当符合表5-8的项目内容和要求。

表5-8　液压电梯年度维护保养项目内容和要求

序号	维护保养项目（内容）	维护保养基本要求
1	控制柜接触器、继电器触点	接触良好
2	动力装置各安装螺栓	紧固
3	导电回路绝缘性能测试	符合标准值
4	限速器安全钳联动试验（每2年进行一次限速器动作速度校验）	工作正常
5	随行电缆	无损伤

（续）

序号	维护保养项目（内容）	维护保养基本要求
6	层门装置和地坎	无影响正常使用的变形，各安装螺栓紧固
7	轿顶、轿厢架、轿门及其附件安装螺栓	紧固
8	轿厢称重装置	准确有效
9	安全钳钳座	固定，无松动
10	轿厢及油缸导轨支架	固定
11	轿厢及油缸导轨	清洁，压板牢固
12	轿底各安装螺栓	紧固
13	缓冲器	固定，无松动
14	轿厢沉降试验	符合标准值

3. 杂物电梯维护保养项目内容和要求

1）杂物电梯半月维护保养项目内容和要求见表 5-9。

表 5-9　杂物电梯半月维护保养项目内容和要求

序号	维护保养项目（内容）	维护保养基本要求
1	机房、通道环境	清洁、门窗完好，照明正常
2	手动紧急操作装置	齐全，在指定位置
3	驱动主机	运行时无异常振动和异常声响
4	制动器各销轴部位	润滑，动作灵活
5	制动器间隙	打开时制动衬与制动轮不发生摩擦
6	限速器各销轴部位	润滑、转动灵活；电气开关正常
7	轿顶	清洁
8	轿顶停止装置	工作正常
9	导靴上油杯	吸油毛毡齐全，油量适宜，油杯无泄漏
10	对重/平衡重块及压板	对重/平衡重块无松动，压板紧固
11	井道照明	齐全，正常
12	轿门门锁触点	清洁，触点接触良好，接线可靠
13	层站召唤、层楼显示	齐全，有效
14	层门地坎	清洁
15	层门门锁自动复位	用层门钥匙打开手动开锁装置释放后，层门门锁能自动复位
16	轿门门锁电气触点	清洁，触点接触良好，接线可靠
17	层门锁紧元件啮合长度	不小于 5mm
18	层门门导靴	无卡阻，滑动顺畅
19	底坑环境	清洁，无渗水、积水，照明正常
20	底坑停止装置	工作正常

　　2）杂物电梯季度维护保养项目内容和要求除符合表 5-9 中半月维护保养项目内容和要求外，还应当符合表 5-10 的项目内容和要求。

表 5-10　杂物电梯季度维护保养项目内容和要求

序号	维护保养项目（内容）	维护保养基本要求
1	减速机润滑油	油量适宜，除蜗杆伸出端外均无渗漏
2	制动衬	清洁，磨损量不超过制造单位要求
3	曳引轮槽、悬挂装置	清洁，无严重油腻，张力均匀
4	限速器轮槽，限速器钢丝绳	清洁，无严重油腻
5	靴衬	清洁，磨损量不超过制造单位要求
6	层门、轿门系统中传动钢丝绳、链条、传动带	按照制造单位要求进行清洁、调整
7	层门门导靴	磨损量不超过制造单位要求
8	限速器张紧轮装置和电气安全装置	工作正常

3）杂物电梯半年维护保养项目内容和要求除符合表 5-10 中季度维护保养项目内容和要求外，还应当符合表 5-11 的项目内容和要求。

表 5-11　杂物电梯半年维护保养项目内容和要求

序号	维护保养项目（内容）	维护保养基本要求
1	电动机与减速机联轴器	链接无松动，弹性元件外观良好，无老化等现象
2	驱动轮、导向轮轴承部	无异常声响，无振动，润滑良好
3	制动器上检测开关	工作正常，制动器动作可靠
4	控制柜内各接线端子	各接线紧固，整齐，线号齐全清晰
5	控制柜各仪表	显示正常
6	悬挂装置	磨损量、断丝数未超过要求
7	绳头组合	螺母无松动
8	限速器钢丝绳	磨损量、断丝数不超过制造单位要求
9	对重缓冲距离	符合标准值
10	上、下极限开关	工作正常

4）杂物电梯年度维护保养项目内容和要求除符合表 5-11 中半年维护保养项目内容和要求外，还应当符合表 5-12 的项目内容和要求。

表 5-12　杂物电梯年度维护保养项目内容和要求

序号	维护保养项目（内容）	维护保养基本要求
1	减速机润滑油	按照制造单位要求适时更换，油质符合要求
2	控制柜接触器、继电器触点	接触良好
3	制动器铁心（柱塞）	分解进行清洁、润滑、检查、磨损量不超过制造单位要求
4	制动器制动弹簧压缩量	符合制造单位要求，保持有足够的制动力
5	导电回路绝缘性能测试	符合标准值
6	限速器安全钳联动试验（每 5 年进行一次限速器动作速度校验）	工作正常
7	轿顶、轿厢架、轿门及附件安装螺栓	紧固

（续）

序号	维护保养项目（内容）	维护保养基本要求
8	轿厢及对重/平衡重导轨支架	固定，无松动
9	轿厢及对重/平衡重的导轨	清洁，压板牢固
10	随行电缆	无损伤
11	层门装置和地坎	无影响正常使用的变形，各安装螺栓紧固
12	安全钳钳座	固定，无松动
13	轿底各安装螺栓	紧固
14	缓冲器	固定，无松动

二、电梯主要机电零部件的检查调整

1. 电梯主要机械部件的检查调整和修理

（1）有减速器曳引机

1）减速器：电梯的曳引机多采用平稳、低振动、低噪声的蜗轮副作为曳引机的减速装置。采用蜗轮副作为曳引机的减速装置的电梯经长期运行后，由于磨损使蜗轮付的啮合齿侧间隔增大，或由于蜗杆的推力轴承磨损造成轴向窜动超差，使电梯换向运行时产生较大冲击。为了确保曳引机的技术性能，提高电梯的运行效果，应及时检查蜗轮与蜗杆之间轴向游隙是否符合随机技术文件的要求，在一般情况下蜗轮与蜗杆之间的轴向游隙应符合表5-13的规定。若经检查实测结果超过表5-13的规定，则应及时更换中心距调整垫片和轴承盖垫片或更换轴承等。

表5-13　蜗轮和蜗杆轴向游隙　　　　　　　　　　（单位：mm）

中心距	100～200	>200～300	>300
蜗杆轴向游隙	0.07～0.12	（0.10～0.15）	0.12～0.17
蜗轮轴向游隙	0.02～0.04	0.02～0.04	0.03～0.05

减速箱中的润滑油在环境温度为 −5～40℃ 的范围内时，可采用表5-14中所列的油号或相近似油号。

表5-14　减速箱润滑油型号

名　　称	型　　号	100℃时黏度	
		厘　　池	°E100
齿轮油（SYB1103～620）	HL-20（冬季）	17.9～22.1	2.7～3.2
齿轮油（SYB1103～620）	HL-30（夏季）	28.4～32.3	4.0～4.5
轧钢机油（SYB1224～655）	HJ₃-28 号	26～30	3.68～4.2

减速箱的窥视孔、轴承盖与箱体应紧密不漏油。对于仍采用下置式曳引机的蜗杆伸出端用盘根密封者，不宜将压盘根的端盖挤压过紧，应通过调整端盖压力，使蜗杆伸出端渗油量以3～5分钟一滴为宜。减速箱中的润滑油，对于新安装投入使用的电梯，第一年应注意检查油的清洁度，发现杂质及时换油，头两年每年换油一次，往后每次上门维保作业时都应检查油位，及时补注油，每2～3年换油一次即可。

每次上门维保作业时，都要耳听曳引机运行过程中有无异常的声音，用手触摸减速箱的箱体和转动部位的外表面，检查减速箱和转动部位的油温，其温升以不超过80℃为宜。否则应检查处理。

2）制动器：制动器是电梯的主要安全部件之一。每次上门维保电梯时都应耳听制动器动作、复位的声响是否正常，查看闸皮与制动轮之间的间隙是否合适，其最大最小间隙是否在标准规定的范围内或者符合电梯制造厂家的相关规定。轴销处应灵活并适当补注润滑油，制动器线圈的引出线螺钉应紧固可靠，温升不超过60℃，铁心动作应灵活无异常声音，声音异常应予以处理。

制动器闸皮和制动轮的表面应无油垢，闸皮的磨损超过其厚度的1/4或露出铆钉时应及时更换闸皮，更换的闸皮应该是电梯制动器专用的闸皮，千万不要用汽车用闸皮代替，因为二者的材质不同，汽车用闸皮太硬，刹车效果不好。2011年西安市有一家电梯维修单位，在给电梯制动器更换闸皮时就因为采用汽车用闸皮代替，造成电梯在某层站停靠开门、乘员进出轿厢过程中，在轿内乘员不足10人（额定载重1000kg）的情况下，发生轿厢突然向下溜车，造成一名用脚阻挡安全触板的女乘员被挤压在轿门上坎与层门地坎之间，乘客被挤压造成当场致死的人身伤害事故。

3）曳引电动机：曳引机和曳引电动机是电梯的动力源，也是电梯的噪声源和震动源。对于有减速器的曳引机，电动机与底座的紧固螺栓应紧固，电动机轴与蜗杆同轴，对于刚性连接的曳引机其不同轴度应不大于0.02mm，对于弹性连接的曳引机其不同轴度应不大于0.1mm。

每次上门维保电梯时，要耳听电动机运行时有无异常声音，发现异常声音要查明原因并及时处理；要查看电动机油槽的油位，油槽的油位应保持在油位线上，否则应补注油，与此同时还应定期检查油的清洁度，发现杂质应及时清洗换油。换油时，应将原油全部放完后再用煤油清洗干净，之后再注入新油；要用手触摸电动机的外壳，检查电动机的温升情况，一般情况下电动机的温升应不超过60℃，若温升过高应查明原因并及时处理；要定期检查电动机三相电流是否平衡（相差应不大于5%）。

4）曳引绳轮：曳引绳轮是承载电梯轿厢、对重装置和轿厢载荷等全部重量的机件。电梯维护保养人员在维保电梯时应定期检查曳引绳槽的磨损情况，眼看曳引绳轮上的曳引绳水平高度不一时，就应检查曳引绳的张力是否一致并进行调整，使其张力差不大于±5%。经检查发现个别曳引绳出现落底情况时，应更换同规格的曳引绳轮，一般情况下，还应同时更换曳引钢丝绳。

5）曳引绳：曳引绳依靠天然纤维或人造合成纤维芯存储的润滑油润滑，因此外界不必也不允许在曳引绳上涂抹黄油或机油，否则会降低曳引力。

维保人员应定期清洁曳引绳上的油垢，检查曳引绳的张力是否均匀，确保其张力差不大于5%。国际标准规定，曳引钢丝绳的更换条件是：①在一个捻距内的最大断丝数超过32根；②断丝集中在一股或两股中且在一个捻距内的最大断丝数超过16根；③钢丝绳的直径小于或等于其公称直径的90%；④钢丝绳表面有较大磨损或锈蚀严重。特别注意：钢丝绳应一次性全部更换，不可只更换一根或两根。

6）曳引绳锥套：应定期检查锥套上的锁紧螺母有无松动、开口销是否完好，电梯运行过程中有无由于相互碰撞产生异常声音等。

7）测速反馈装置：本书介绍过的测速反馈装置有直流发电机测速反馈装置、光电开关测速反馈装置、旋转编码器测速反馈装置三种。前两种已经很少见到，目前应用最多的 VVVF 拖动电梯采用的测速反馈装置均为旋转编码器测速反馈装置。对于旋转编码器测速反馈装置应定期检查旋转编码器的紧固是否良好，运转是否自如，电梯起动、运行、制动减速过程的舒适感是否良好，如果舒适感出现异常，则应先检查旋转编码器的紧固是否良好、旋转编码器是否有问题等。

（2）限速器和安全钳

1）每次上门维保电梯都必须到电梯机房，进入机房后都应耳听限速器在电梯运行过程中有无异常声音，限速器开关是否稳固，开关是否良好，并给转动部位补注适量润滑油。

2）应定期下井道底坑检查限速器张紧装置是否稳固，限速器绳长期受力伸长的程度，如超过规定值应及时处理，断绳开关作用是否可靠等，并同时检查两组四只安全钳楔块与导轨侧工作面之间的间隙是否在 1.5～2.5mm 的范围内。

3）应在断开电梯供电电源的情况下，定期通过安全钳的绳头拉手检查安全钳传动机构的提拉力是否符合规定要求，绳头拉手碰打的安全钳开关作用是否灵活可靠，传动机构是否灵活，作用是否可靠，并给转动部位适量补注润滑油。

（3）自动开关门机构和轿门及层门

1）自动开关门机构：

① 目前，多数电梯采用 VVVF 调速的交流门电动机，驱动轿门打开、关闭并联动层门实现电梯的自动开关门，应定期检查门电动机的紧固状况以及运转有无异响；门机编码器的运转有无异响、接线有无松动等。

② 每次上门维保都要上轿顶检查门机传动三角带的张力是否适中，限位和减速开关是否稳固，作用是否良好，开关门速度是否合适，否则应予以处理。

2）轿门和层门：

① 要按计划定期检查轿门、层门吊挂装置、门导轨、门传动机构、门锁装置、层门自闭装置的工作状况是否正常，清除门导轨上的油垢并补注适量润滑油脂，发现问题及时处理。

② 要按计划定期检查门滑块与轿门、层门踏板之间的间隙，发现磨损严重的滑块应及时更换。

③ 定期检查安全触板的传动机构、安全触板开关的工作情况是否正常，安全触板的碰撞力应不大于 4.9N。对于采用光幕的电梯应定期检查光幕的作用是否可靠。

（4）导轨和导靴

1）为了保持两组四列导轨处于垂直状态，每年应将全部压导板螺栓紧固一次。电梯正常运行过程中人站在轿厢内应无前后、左右晃动的感觉，如有前后、左右晃动的感觉，应检查导轨的接头台阶是否超差，导靴座是否稳固，靴衬是否严重磨损或脱落，在查明原因的基础上妥当处理。

2）对于采用刚性滑动导靴电梯，应定期给导轨涂抹适量钙基润滑脂，对于采用弹性滑动导靴（带加油盒）的电梯，应注意检查加油盒的油位，适时补油（HJ-40 机械油）。对于采用滚轮导靴的电梯则不允许给导轨加润滑剂，但应保持导轨工作面清洁，而滚轮导靴上的滚动轴承则应有良好的润滑。

（5）缓冲器

1）缓冲器是电梯万一发生蹾底事故时防止轿厢硬着陆的机件，也是电梯万一发生蹾底事故时，为保护轿厢和乘员的安全而设置的最后一道安全防护装置。对用于 $V < 1.0 \text{m/s}$ 的低速梯的弹簧缓冲器应定期检查固定螺栓有无松动以及弹簧有无锈蚀。

2）对用于 $V \geqslant 1.0 \text{m/s}$ 电梯的油压缓冲器，选用的缓冲器油，其凝固点应在 $-10℃$ 以下，黏度指标应在 75% 以上。应定期检查油压缓冲器的油位线是否在规定范围内，是否有漏油情况，油面高度应保持在最低油位线以上，低于油位线时，应补油注油。油压缓冲器用油的黏度范围及规格可参照表 5-15 选用或按制造厂家随机技术文件的规定执行。

表 5-15　油压缓冲器用油的规格及黏度范围

电梯载重量/kg	缓冲器油号规格	黏 度 范 围
500	高速机械油 HJ-5（GB443—1989）	$1.29 \sim 1.40°\text{E}50$
750	高速机械油 HJ-7（GB443—1989）	$1.48 \sim 1.67°\text{E}50$
1000	机械油 HJ-10（GB443—1989）	$1.57 \sim 2.15°\text{E}50$
1500	机械油 HJ-20（GB443—1989）	$2.6 \sim 3.31°\text{E}50$

缓冲器的稳固螺栓应紧固，柱塞外露面应干净，并涂适量防锈油（可用缓冲器油）。应定期检查缓冲器柱塞的复位情况，检查时以低速使缓冲器置于被全压缩状态，然后向上开启电梯，从开始开启瞬间计算，直到柱塞回复到原位置止，所需时间应不大于 90s。

（6）导向轮与轿顶轮和对重轮　对于采用铜套的导向轮、轿顶轮和对重轮，铜套与轴的转动摩擦部位应保持良好的润滑状态，油杯内应装满润滑油脂，并定期清洗换油，防止由于润滑油失效或润滑油路不通，造成润滑不良而发生抱轴事故。对于采用滚动轴承的导向轮、轿顶轮和对重轮也应保证轴承处于良好润滑状态。

（7）自动门锁

1）应定期检查自动门锁的锁钩、锁臂及滚轮是否转动灵活，作用是否可靠，给轴承挤加适量的钙基润滑脂，每年应彻底检查和清洗换油一次。

2）应定期以检修慢速运行速度：对于单门刀的电梯，应检查门刀是否处于各层门锁滚轮的中心，避免门刀撞坏门锁滚轮；对于双门刀的电梯，应检查门刀有无碰擦门锁轮的情况，防止由于门锁或门刀错位，造成电梯运行过程中断开门电联锁电路而发生中途停车故障。

3）应定期检查门关妥后，是否能将门锁紧，门锁是否可靠，能否在层门外将层门扒开等情况。

2. 主要电气部件及主要电气元件的检查与调整

（1）轿厢端站强迫减速开关、超越端站楼面开关、超越端站楼面极限位置开关

1）每半年一次检查轿厢端站强迫减速开关、超越端站楼面开关、超越端站楼面极限位置开关的打板铅垂度是否符合规定要求，固定螺钉是否紧固。

2）每半年一次检查轿厢端站强迫减速开关、超越端站楼面开关、超越端站楼面极限位置开关的固定架（通过压导板固定在轿厢导轨上）压导板螺栓是否紧固，各开关在固定架上的固定螺钉是否紧固。并以检修慢速检查打板与各开关滚轮之间的配合压力是否合适。开关动作和作用是否可靠。如不可靠则应及时更换。

3）每半年检查一次轿厢端站强迫减速开关、超越端站楼面开关、超越端站楼面极限位置开关的作用点是否在规定范围内。这几道开关的作用点应符合规定要求，小于规定要求时发生轿厢冲顶、蹾底的危险事故将会增加。

（2）控制柜

1）每半年一次在断开控制柜输入电源的情况下，清扫控制柜内各电气元件上的积灰和油垢。

2）每半年一次检查 PLC 和计算机控制的 LCD 显示屏上的指示灯亮、灭情况是否正常，继电器和接触器动作时有无异常声音，引出引入线是否紧固。主接触器每组触点被电弧烧伤的程度，严重者应更换触点或接触器。每年将控制柜全部引出引入线的压紧螺钉紧固一次。

对控制柜进行比较大的维护保养后，对于 PLC 控制的电梯，应根据电路原理图检查 PLC 输入、输出点对应的指示灯亮或灭是否正常；对于计算机控制的电梯应根据电路原理图或控制说明书检查各种指示灯亮或灭是否正常；控制电梯上、下试运行一、两趟，经检查一切正常后方能投入正常运行，避免造成人为故障。

3）应经常检查电梯供电电源电压是否正常，变压器等有无发热现象。

（3）操纵箱和召唤箱

1）操纵箱和召唤箱是乘员的可见部件，也是广大乘员乘用电梯时首先接触的电气部件。这两种电气部件上的按钮使用频率比较高，外加乘员对电梯的使用知识欠缺以及素质方面的原因，造成按钮（特别是操纵箱上的开关门按钮）比较容易损坏。因此维保人员一旦发现按钮的功能不正常时应及时更换，以免影响电梯的正常使用。

2）操纵箱下方设有暗盒，暗盒的钥匙对于有专职司机控制的电梯应由司机掌管，对于无司机控制的电梯应由电梯安全管理责任人掌管，电梯安全管理责任人或维保人员发现暗盒的锁头损坏应及时更换。

（4）轿顶检修箱和底坑检修箱　轿顶检修箱和底坑检修箱是电梯保养维修人员接触和使用的装置，其应用频率不高，接触范围小，一般不容易损坏。但上面装设的急停按钮、运行转换开关、慢速上下按钮、开关门按钮等元器件都是保养和修理电梯时必须使用的。因此当发现这些元器件有不正常情况时都应及时更换，以免影响电梯的正常保养和维修工作质量。

（5）换速、平层装置

1）对于采用接近开关和隔磁板作为换速、平层控制装置的电梯，应在检修慢速运行模式下，定期检查接近开关的紧固螺钉有无松动，隔磁板与接近开关凹形口的相对位置是否符合规定要求（隔磁板与开关凹形口底面应为 6～8mm 并处于凹形口中间处）。

2）采用双稳开关与磁豆作为换速、平层控制装置的电梯，应在检修慢速运行模式下，定期检查磁豆与双稳态开关之间的间隙，该间隙应不大于 8mm。磁豆和双稳态开关的固定螺钉应紧固。

3）采用光电开关和遮光板作为换速、平层控制装置的电梯，应在检修慢速运行模式下，检查遮光板能否可靠隔断光源，光电开关和遮光板的固定螺钉是否紧固。

（6）安全触板　应经常检查安全触板开关的动作点是否准确，开关的紧固螺钉有无松动，引出引入线是否有断裂现象，发现问题应及时处理。

（7）门电联锁（门锁触点）　由于电梯轿门和层门处于频繁开关状态，比较容易造成门电联锁触点与锁钩上的导电片配合失调，出现层门虽然锁紧，但锁钩上的导电片与门电联锁触点不能可靠接通，导致电梯不能起动运行甚至半路停梯等故障。因此维保人员每次维保电梯时，都应注意检查、调整锁钩上的导电片与门锁触点之间的接触压力，确保层门关闭后锁钩上的导电片与门锁触点之间的接触是可靠的，没有虚接现象，避免中途停车。

（8）自动开关门调速开关和限位（断电）开关 由于轿门和层门处于频繁开关状态，驱动轿门和层门开关的开关门机构也处于频繁运行中。由于运行频率高，碰撞或动作频繁高，开关打板和开关的紧固螺钉、开关引出引入线的压紧螺钉容易松动，因此应定期检查打板碰撞时的角度和碰撞力是否合适，传动带的松紧是否合适，开关门速度是否合适以及传动机构的磨损情况，并适时给开关滚轮的转动部位、传动机构的转动部位补注适量润滑油或清洗换油，确保电梯的开关门机构处于良好技术状态。

（9）制动器电磁线圈 制动器是电梯重要的安全设施之一，而制动器安全性能的好坏与制动器电磁线圈又密不可分。维保人员应定期检查制动器电磁线圈的引出引入线接头螺钉是否紧固，供电电压和抱闸松闸时的声音是否异常。

（10）分散安装的其他元器件的检查与调整 除上述电梯电气部件和元器件外，分散安装到各相关机械部件、与相关机械部件配合动作，实现电梯功能的元器件还很多，如限速器开关和限速器张紧绳断绳开关、安全钳开关、油压缓冲器开关等。若上述元器件功能失常，则电梯一般都不能正常运行。因此维保人员应定期清扫这些元器件上的积灰、检查这些元器件的紧固螺钉和引出引入线的压紧螺钉有无松动，确保这些元器件处于良好技术状态，若发现问题则应及时修复或更换。

三、电梯改造、修理以及维护保养项目的划分

电梯隶属于机电类特种设备，我国是按照"特种设备目录"实施对于特种设备的监督管理，并且对于电梯制造（含安装、改造、修理）、安装（含修理）单位实行许可制度，从源头确认了企业的制造、安装、改造、修理以及维护保养服务的项目及范围，不允许超范围制造、超范围实施安装（含修理）作业。为了深入贯彻国家"放管服"改革要求，进一步规范电梯安装、改造、修理、维保等行为，降低企业施工过程的制度性交易成本，国家市场监督管理总局发文"国市监特设函【2019】64号"，针对《电梯施工类别划分表》进行了调整，其中关于电梯改造、修理以及维护保养项目的内容如下：

1. 改造项目

1）改变电梯的额定速度、额定载重量、提升高度、轿厢自重（制造单位明确的预留装饰重量或累计增加/减少质量不超过额定载重量的5%除外）、防爆等级、驱动方式、悬挂方式、调速方式或控制方式。

2）改变轿门的类型、增加或减少轿门。

3）改变轿架受力结构、更换轿架或更换无轿架式轿厢。

2. 修理项目

修理分为重大修理和一般修理两类。

（1）重大修理项目

1）加装或更换不同规格的驱动主机或其主要部件（包括电动机、制动器、减速器和曳引轮）、控制柜或其控制主板或调速装置、限速器、安全钳、缓冲器、门锁装置、轿厢上行超速保护装置、轿厢意外移动保护装置、含有电子元件的安全电路、可编程电子安全相关系统、夹紧装置、棘爪装置、限速切断阀（或节流阀）、液压缸等。

2）更换不同规格的悬挂及端接装置、高压软管、防爆电气部件。

3）改变层门的类型、增加层门。

4）加装自动救援操作（停电自动平层）装置、能量回馈节能装置等，改变电梯原控制

电路的。

5）采用在电梯轿厢操纵箱、层站召唤箱或其按钮的外围接线以外的方式加装电梯 IC 卡系统等身份认证方式（包括但不限于密码、磁卡、移动支付、指纹、掌形、面部、虹膜、静脉等）。

（2）一般修理项目

1）修理或更换同规格不同型号（制造单位对产品按照类别、品种并遵循一定规则编制的产品代码）的门锁装置、控制柜的控制主板或调速装置。

2）修理或更换同规格的驱动主机或其主要部件、限速器、安全钳、悬挂及端接装置、轿厢上行超速保护装置、轿厢意外移动保护装置、含有电子元件的安全电路、可编程电子安全相关系统、夹紧装置、限速切断阀（或节流阀）、液压缸、高压软管、防爆电气部件等。

3）更换防爆电梯电缆引入口的密封圈。

4）减少层门。

5）仅通过在电梯轿厢操纵箱、层站召唤箱或其按钮的外围接线方式加装电梯 IC 卡系统等身份认证方式。

3. 维护保养项目

为保证电梯符合相应安全技术规范以及标准的要求，对电梯进行的清洁、润滑、检查、调整以及更换易损件的活动，包括裁剪、调整悬挂钢丝绳，不包括上述安装、改造、修理规定的内容。更换同规格、同型号的门锁装置、控制柜的控制主板或调速装置，修理或更换同规格的缓冲器等实施的作业均被列入维护保养范围。

第六节　电梯的常见故障与检查修理

一、概述

国家标准 GB 7588 把由于电梯本身原因造成的停机次数或整机性能不符合规定要求的非正常运行称为失效（本书按电梯从业人员的习惯仍称为故障）。电梯故障的引发原因是多方面的。

1）正如人们所说电梯的质量是由制造质量、配套件质量、安装质量、维护保养质量等四个方面的质量决定的。据 20 世纪 80 年代初统计，在每 100 次故障中，上述四个方面引发的故障比例是 10:29:36:25，这个统计数字客观地反映出全继电器控制年代电梯引发故障的比例情况。进入 21 世纪后由于电梯电气控制系统无触点化率的提高，使电梯电气控制系统的故障率大大降低，与此同时，电梯机械系统由于优化了机械零部件的结构、材料、制造工艺技术水准，也使电梯机械系统的零部件故障率大大降低。电梯机电两大系统故障率的大大降低，使近年来生产的电梯可靠性大大提高。现在每 100 次故障中，若只从机、电两大系统预测，则对于采用 PLC 和计算机控制的电梯，机电故障率的比例约为 40:60。

2）电梯故障率的降低与可靠性的提高除电梯本身质量提高外，也与国家颁布的相关法律、法规以及安全技术规范有关。依据相关规定，电梯被列为"机电类特种设备"，对电梯的制造、安装、改造、修理实行许可证制度，对制造、维修、使用、监督检验等四方的职责作了比较明确的界定，这些规定对于加强电梯的维护保养、使用管理以及检验检测等有明确要求，日常工作做的认真、仔细，也能够有效降低电梯故障率，提高电梯的安全使用性能。

　　尽管我国生产的电梯技术水平与 20 世纪 80 年代初比较已经发生质的变化，但是再好的产品也有发生故障的时候，只要能够及时修理，避免带病运行，就能取得好的使用效果。以下对电梯机电系统的常见故障及其修理做简要介绍。

二、电梯机械系统的常见故障及其检查修理

　　进入 21 世纪后生产的电梯，由于电梯电气控制系统的无触点化率提高后，电梯机械系统的故障虽然略低于电气控制系统，但是机械系统一旦发生故障，修复时间可能更长，后果可能更严重。因此尽可能减少机械系统的故障，应是电梯维修人员的主要目标之一。

1. 机械系统的常见故障

　　长时间的实践证明，机械系统的常见故障有以下几类。

　　1）由于没有及时补注油或润滑油路堵塞，造成润滑不良而发生电梯零部件的转动部位发热烧伤、烧死或抱轴，造成滚动或滑动部位的零部件损坏而被迫停机修理。

　　2）由于没有开展预检修工作，未能及时检查发现部件的转动、滚动、滑动部位中有关机件的磨损程度，并根据各机件磨损程度和电梯使用频繁程度，制定修复或更换有关机件的期限，造成零部件损坏而被迫停机修理。

　　3）由于电梯常处于频繁起制动和运行过程中，起制动和运行过程中的振动造成紧固螺钉松动，特别是某些存在相对运动、并在相对运动过程中实现机械动作的部件，由于零部件紧固螺钉松动造成零部件位移或失去原有精度，造成磨、碰、撞坏机件而被迫停机修理。

　　4）由于平衡系数与标准要求相差太大（20 世纪 70 年代末前发生这种情况比较多），或严重超载造成轿厢蹾底或冲顶，由于轿厢冲顶造成对重蹾底，对重因蹾底造成曳引绳瞬间松弛轿厢快速堕落，轿厢快速堕落瞬间造成安全钳动作，将轿厢卡死在导轨上而被迫停机待修复。

　　电梯机械系统的故障，离不开上述几种原因和类型。例如某城市有两台采用 2:1 吊索法的电梯，1986 年，因长期没有维护保养，造成限速器和安全钳不起作用，而对重轮的铜衬套又与轮轴烧死抱轴的情况下，造成轮和轴同时转动，轴将对重架上方两块 4mm 厚、120mm 长的钢板磨穿，而发生轿厢和对重同时堕落的重大人身设备事故。也是在这座城市，2010 年大年三十那天，由于曳引机制动器闸皮磨损严重更换闸皮时采用汽车闸皮，因汽车闸皮太硬刹车效果差，造成电梯停车开门后轿厢突然快速下溜，将一位年仅 30 岁的孩子母亲当场挤压致死的重大人身伤亡事故。因此，按标准和规范要求，按表 5-1 ~ 表 5-12 的要求，做好电梯设备的日常维护保养，定时检查机械系统各部件转动、滚动、滑动部位的润滑情况，及时加油和补充注油，避免出现润滑不良甚至干磨的现象发生是至关重要的。如果能够坚持做好各种滚动、转动、滑动部位的润滑工作，就可以把机械系统的故障降低到最低限度，确保电梯的正常运行，还可以延长电梯的使用寿命，提高电梯的使用效果，避免发生人身设备事故。若能在搞好日常维护保养工作基础上开展预检修工作，把故障消灭在萌芽状态，那么还可以减少停机待修时间。

2. 机械系统常见故障的检查修理

　　由于某种原因出现电梯冲顶，造成限速器和安全钳动作，把轿厢卡在导轨上，造成电梯不能继续运行，是曳引驱动电梯特有的一种故障。这时必须用承载能力不小于轿厢重量（含载荷）的手动葫芦（挂在曳引机承重梁上），把轿厢上提 100 ~ 150mm 左右，便能使安

全钳复位，再慢慢地将轿厢放下，待曳引绳受力后再拆去手动葫芦，再将位于轿架上梁的安全钳开关和位于井道上端站的轿厢超越端站楼面开关、超越端站楼面极限位置开关复位后，在一般情况下电梯就能恢复运行，但需在查明事故原因之后，方能交付正常使用。

电梯机械系统中其他各部件万一发生故障时，机械维修钳工除应向司机、乘用人员或安全管理责任人了解出现故障时的情况和现象外，如果电梯还能继续运行，则还应亲自到轿内控制电梯上下运行数次，也可以让司机或协助人员控制电梯上下运行，自己到有关部位通过眼看、耳听、鼻闻、手摸、实地测量等手段，分析判断和确定故障发生点。

故障发生点确定之后，就可以像修理其他机械设备一样，按有关技术文件的要求，仔细进行拆卸、清洗、检查测量，通过检查测量确定造成故障的原因，并根据故障点的情况，制订修复方案或更换相关机件。机件经修理复原或更换新零部件后，投入运行之前还需通过试运行考核，一切正常后方能交付使用。

三、电梯电气控制系统的常见故障及其检查修理

电梯故障中的60%是电气控制系统的故障。电气控制系统的故障主要包括元器件质量、安装调整质量、维护保养质量引发的故障，外界环境条件变化和电磁脉冲干扰引发的故障，机电配合动作的电气元件被反复碰撞造成元器件变形损坏、电气元件触点在反复接通断开电路时产生的电弧把触点烧伤氧化、电路板上的元器件烧坏引发的故障等。故障的原因是多方面的，故障点更难以预测。

20世纪80年代初国内生产的电梯产品中，其电气控制系统都是全继电器控制的，量大面广的中间过程控制继电器、接触器、行程开关、按钮等器件选用的都是为机床配套设计生产的电气元件。由于机床和电梯的工作条件及其工作特点存在很大差异，为机床配套设计生产的电气元件，其使用寿命、噪声水平等主要技术指标远不能适应电梯的要求，加之当时的几个电梯制造厂家，对进厂元器件的筛选又不够严格，或根本没有条件进行筛选，将没有进行筛选的元器件就直接装配到电梯的电气控制系统中去，所以用这些元器件生产出来的电梯故障必然比较多。

20世纪80年代末期后生产的电梯产品中，由于国家明令禁止全继电器控制电梯的生产，迫使各电梯制造厂家从速开发生产采用"可编程序控制器PLC和计算机"取代运行过程控制继电器的电梯后，使电梯电气控制系统的无触点控制率大大升高，电梯的运行可靠性也大大提高。与此同时，也由于拖动控制技术的进步，又使电梯的乘坐舒适感得以较大改善。

但是，PLC和计算机的采用，也不可能完全甩掉继电器、接触器、开关、按钮等有触点的元器件。电梯的运行管理控制操作、内外指令登记、井道信息采集和传送、电功率转换等都依赖有触点电工器件去实现，而有触点的电工器件由于存在机电寿命问题，无故障时间仍然比较短，而实现无触点控制的印刷电路板主要由大规模集成电路模块和电子电路器件组装而成，其无故障时间比较长，一般合格的大规模集成电路模块的无故障时间都在1000万小时以上，由大规模集成电路模块和电子电路器件组装成的印刷电路板，其无故障时间也都在10万小时以上。由于PLC和计算机的外围电路仍然是由有触点的电工器件构成，即今后生产的电梯电气控制系统，有触点的电工器件仍然必不可少，它的存在，仍然是诱发电梯故障的主要原因。实践证明，采用PLC和计算机控制的电梯电气控制系统中产生的故障，95%以上是PLC和计算机外围电路诱发的故障。因此，提高电梯电气维修人员的读图（有触点

电路）能力和检查分析排除有触点电路故障的技能，仍然是减少电梯停机修理时间的重要手段。以下对电梯电气控制系统中有触点电路的常见故障及其分析判断排除方法做简要介绍。

1. 电气控制系统的常见故障

电梯电气控制系统的故障是多种多样的，具体的故障发生点很难预测，用列表说明故障点和排除方法的作用是有限的。看懂和掌握电梯电气控制原理图，了解各元器件和各电路板块的作用、安装位置、线路敷设的情况，掌握检查分析判断故障的技能，才能提高排除故障的效率。只有提高读图能力（主要是有触点控制电路）和分析判断电气系统故障的技能，才能确保电梯正常运行，减少电梯停机待修时间，避免发生人身设备事故。

（1）有触点控制电路的常见故障　如上所述，20世纪80年代末后生产的电梯基本上是PLC和计算机控制的电梯，但PLC和计算机的外围电路，即输入点之前和输出点之后的电路仍然是有触点控制电路。这种电路的常见故障仍然是断路故障和短路故障，这两类故障约占这类电梯电气控制系统故障的95%以上。因此降低这两类故障的发生率和提高这两类故障的排除效率，就可以提高电梯的运行可靠性，减短电梯停机修理的时间，提高电梯的使用效果。所以，了解掌握有触点控制电路常见的断路故障和短路故障的发生原因，了解掌握判断分析断路故障和短路故障点的方法仍然是最为重要的。以下对断路故障和短路故障做简要介绍。

1）断路故障：断路就是该接通的电路不通，因此该工作的元器件不能工作。造成电路接不通的原因也是多方面的。对于已投入正常运行的电梯电气控制系统，由于断路造成的故障约占电梯电气系统故障率的90%以上。而发生断路故障的原因是多方面的，常见的有：元器件的引入引出线的压紧螺钉松动或焊点虚焊造成断路或接触不良；继电器或接触器的触点被电弧烧蚀、烧毁、触点表面有氧化层，触点的簧片被触点接通或断开电路时产生的电弧加热、自然冷却处理而失去弹力、造成触点的接触压力不够而接触不良或接而不通；一些继电器或接触器吸合和复位时产生的震动，造成一些元器件的触点产生颤动或抖动，造成开路或接触不良；元器件的烧毁或撞毁造成断路等。

2）短路故障：短路就是不该通的电路被接通，而且接通后电路内的电阻很小，造成短路。短路时轻则熔断器熔体烧毁或空气开关跳闸，重则烧毁电气元件，甚至引起火灾。对于已投入正常运行的电梯电气控制系统，由于短路造成的故障比较少，不足电梯电气控制系统常见故障的1%，但若发生这种故障检查排除起来则比较麻烦。而发生短路故障的原因也是多方面的，常见的有：方向接触器或继电器的机械和电气联锁失效，造成接触器或继电器抢动作而造成短路；接触器的主触点接通或断开时，产生的电弧将周围的介质击穿而产生短路；电气元件的绝缘材料老化、失效、受潮造成短路；由于外界导电物质入侵造成短路等。

（2）无触点控制电路的常见故障　无触点控制电路的故障，是指20世纪80年代末后、采用PLC和计算机取代中间过程控制继电器后的PLC和计算机印刷电路板部分的故障。如上所述，当PLC和计算机控制电梯的电气系统发生故障时，应首先检查PLC和计算机的外围电路，经认真检查确认外围电路确实没有问题后再检查PLC和计算机内部的印刷电路板部分的故障。以下对PLC和计算机内部的印制电路板部分的故障做简要介绍。

1）由于元器件损坏或烧坏，造成印刷电路板没有信号输出或输出信号不正常，造成电梯不能正常运行。

2）继电器输出型的 PLC 输出继电器触点，因外部电路过载或短路造成触点被烧蚀、烧毁，造成电梯不能正常运行。

3）PLC 内的锂电池失效造成程序丢失，造成电梯不能正常运行。

4）由于外界强脉冲信号干扰，造成程序瞬间混乱，造成电梯瞬间运行失常。

5）由于外界腐蚀物质的入侵（如老鼠尿）造成印刷电路板损坏等。

2. 电梯电气控制系统常见故障的检查判断及排除方法

（1）迅速检查判断和排除故障的必要条件

1）看懂电梯电路原理图并掌握排除一般电路故障的技能。由于电梯电气控制系统的电路结构比较复杂，而且元器件的安装处位非常分散，特别是 20 世纪中期前生产的全继电器控制电梯更是如此。因此，对于比较复杂的电梯电气控制系统，要想迅速排除故障全凭经验是不够的也是不可能的。应能看懂电梯电路原理图的基本控制原理、了解电路原理图中各电气元件的处位、存在机电配合的器件还应明白它们之间是怎样配合动作的，并掌握排除一般电路故障的技能，就具备通过一定的方法步骤，比较快地查找到故障的发生点，迅速排除故障。看不懂电路原理图，无根据地胡猜测，乱拆卸，就像海底捞针一样，造成原有的故障没有排除又人为地制造出新的故障，越修问题越多，甚至造成人身设备事故。

2）彻底搞清楚故障的现象。迅速排除电梯电气控制系统的故障，除应看懂控制系统的电路原理图、弄明白各电气元件的作用和处位、掌握排除一般电路故障的技能外，在着手排除故障之前，都应想方设法搞清楚故障的现象。所谓故障现象就是"电梯发生不能正常运行时的表现形式"，表现形式弄明白后才能根据电路原理图的控制原理，分析故障的性质和可能发生的范围，确定查找故障的方法。彻底搞清楚故障现象的方法很多，可以通过听取司机、乘员、电梯管理责任人讲述电梯发生不能正常运行时的情况。听完情况介绍后，自己还要通过轿顶、轿内或机房控制电梯慢速上、下试运行一趟，以便通过眼看、耳听、鼻闻、手模以及其他检查手段和方法，尽一切可能把故障现象搞清楚，故障现象搞清楚之前切不要急于动手，冷静思考和确定出检查方法后再着手检查。

3）掌握检查故障的方法。电梯电气控制系统的故障往往是用肉眼看不到的，必须结合自己掌握的电路故障检查技能，借助检查检测仪器仪表和工具，按一定的方法步骤进行认真检查后才有可能准确无误地找到故障发生点，排除故障。

（2）有触点控制电路常见故障点的检查分析判断及排除方法　如上所述，有触点控制电路环节在全继电器电梯电路原理图中最多、在 PLC 控制电梯电路原理图中也不少、在计算机控制电梯电路原理图中仍然存在，而且是故障频发的部位。由此可见，掌握有触点电路常见故障点的检查分析判断方法，仍然是缩短因电梯电气故障而停机修理时间的首要方法，也是检查排除一切电路故障的基础。以下对有触点控制电路常见的短路、断路故障点的检查分析方法做简要介绍。

1）短路故障点的检查与排除。短路故障是指由于某种原因造成控制电路中两根电源引出线直接接触，而且接触电阻很小而引发的故障。由于短路引发的故障与断路引发的故障比较虽然少得多，但也常碰到。因短路造成故障时，若对电路中作短路保护的熔断器熔体选择得当或断路器的容量选择得当，则发生短路故障瞬间熔断器熔体必将立即烧毁或断路器必将立即跳闸，由于熔断器熔体烧毁或断路器跳闸在瞬间发生，维修人员根本来不及弄清楚故障现象，所以无法对故障进行全面分析判断。在这种情况下，修理人员可以拉断电源，用万用表的电阻档对熔断器或断路器保护的电路进行分区、分段全面测量检查，逐步查找，最终也能找到故障发生点。但是有些故障点可能要花费比较长的时间、比较大的力气才能找到，延长了修复时间。

能比较快地查找到短路故障点的方法是按烧毁熔断器熔体或跳闸断路器的保护电路，先将全部被保护电路断开，然后再分区分段送电，送电后再查看熔断器熔体烧毁或断路器跳闸的情况。如果给甲区域送电后熔断器熔体不烧毁或断路器不跳闸，而给乙区域送电后熔断器熔体烧毁或断路器跳闸，则说明短路故障点发生在乙区域内；如果乙区域比较大，则还可以将其分为若干段，再按上述方法分段送电检查。

实践证明，采用分区分段送电检查短路故障的方法，可以很快地将故障发生范围缩小到最小限度，然后再用万用表的电阻档进行检查测量，就能够迅速找到故障点并把故障排除。

2）断路故障点的检查与排除。断路故障是指由于某种原因造成控制电路中该接通的电路没有接通，该动作的元器件不能正常动作，造成断路的原因是多方面的，检查方法有万用表带电检查法和断电检查法及低电压白炽灯带电检查法等几种。以下分别予以介绍。

① 万用表检查法。采用万用表检查断路故障点时，有带电检查法和断电检查法两种。

a）万用表电压档检查法。采用带电检查法用表的电压档，电压档又有交、直流之分、交直流又有电压级差之分，如500V、250V等。检查不同电路时电压档要选择交、直流档和电压等级，电压等级要选择略高于被查电路电压的档级。然后通过表笔检测被查电路负载（如继电器或接触器线圈）两边各点电压的有无或大小去分析判断电路的故障点。对于这种带电检查的方法，效率比较高，但应注意安全，避免发生触电事故，因此进行检查作业时应有人监护。用万用表电压档检查一般电路的方法，一般电气技工都比较熟悉，不再赘述。

b）万用表电阻档检查法。采用断电检查法用表的电阻档，一般将表置于检查通断带蜂鸣音档即可，然后在断开电路电源的情况下，通过表笔检测被查电路负载（如继电器或接触器线圈）两边电路通断的情况，或某段电路通断的情况去分析判断电路的故障点。用万用表电阻档检查一般电路的方法，一般电气技工也都比较熟悉，也不再赘述。

② 用低电压白炽灯检查法。所谓低电压白炽灯检查法就是用一个220V、15W或25W的普通白炽灯与灯头装好后在灯头的两极各引出一根线作为检测棒（线端的检测棒可用2.5mm² 单股硬线制作）。这时白炽灯相当于万用表，两根检测棒相当于万用表的检测表笔。检查电梯故障时相当于万用表电压档检查法。如检查电梯控制柜的电路故障时将白炽灯吊挂到控制柜的任何处置均可。在那全继电器控制电梯生产年代，控制系统的电压等级一般为380V、220V、110V、36V 四个档次，这四个电压档次的电路故障都可用低压灯泡检查控制系统的电源、控制系统的各类故障，检查其他机电设备（例如20世纪70、80年代工厂里各类机床）的电气故障同样方便高效。检查380V电源时，三相电路的三线对地电压为220V，因此同样可用低电压白炽灯检查，检查36V电源电压时，对于220V白炽灯灯丝不发亮但发红，110V交直流电压对于220V白炽灯暗亮等。用作检查这类故障的白炽灯，其电功率最好是15~25W，并带有防护罩最好。以下以本书图3-15为例，介绍采用低电压白炽灯检查断路故障的方法。

例：设有一台5层5站电梯停靠在3楼，司机按下1NLA后电梯不能自动关门，电梯不能起动向下运行（电梯修理现场实例）。

在正常快速运行模式下，经查看控制柜中的 YJ、3THJ、SPJ、XPJ 是吸合的，说明控制系统处于起动前的正常状态，但是司机点按 1NLA 后，虽然控制柜内的 1NLJ↑→XKJ↑，而 GMJ 却不能吸合，由于 GMJ 不能吸合，所以电梯不能自动关门，电梯不关门，门电联锁电路不通，电梯不能起动下行。根据这一现象，可认为故障发生在 GMJ 吸合电路内，这时维修人员若采用低压灯泡检查 GMJ 不吸合故障，其检查方法步骤如下，检查方法和步骤示意图如图 5-1 所示。

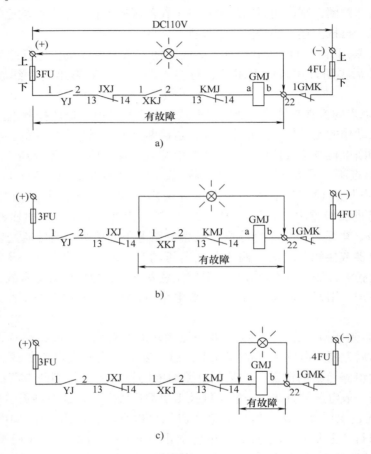

图 5-1　用低压灯泡检查起动电梯时 GMJ 不吸合的故障
a）检查方法步骤（一）　b）检查方法步骤（二）　c）检查方法步骤（三）

1）用左手拿白炽灯两根引出线中的一根检测棒搭 $3FU_上$，右手拿白炽灯另一根引出检测棒去碰 GMJ_b，若灯亮，则说明 $4FU_上$ 至 GMJ_b 这段电路是好的，故障在 $3FU_上$ 至 GMJ_b 这段电路内。若灯不亮，则故障在 $3FU_上$ 至 GMJ_b 这段电路之间，如图 5-1a 所示。

2）右手拿白炽灯一根检测棒搭 GMJ_b 不动，左手拿白炽灯另一根检测棒去碰 XKJ_1，若灯亮，则说明 $3FU_上$ 至 XKJ_1 这段电路也是好的，故障在 XKJ_1 至 GMJ_b 这段电路之间。若灯不亮，则故障在 $3FU_上$ 至 XKJ_1 这段电路之间，如图 5-1b 所示。

3）右手拿白炽灯一根检测棒搭 GMJ_b 不动，左手拿白炽灯另一根检测棒去碰 GMJ_a 若灯亮，则故障在 $GMJ_{a、b}$ 内。若灯不亮，则故障在 XKJ_1 至 GMJ_a 之间，如图 5-1c 所示。

4）拉断电源，用万用表的电阻档测量 $GMJ_{a、b}$ 两端，确定故障点具体位置并修复或更换继电器。

5）合上电源，通知另一名维修人员进行试运行。若电梯仍不关门则应检查门电动机的运行电路，直至电梯能正常开关门，电梯能正常运行为止。

在全继电器控制电梯生产年代，制造厂在对控制柜做出厂检验时，采用低电压白炽灯检查分析判断遇到的各种电路故障，迅速准确效率高，是一种受电梯厂配接线技术工人欢迎的好方法，对于采用这类控制系统的电梯，处理维修过程中发生的故障也同样迅速准确效率高。对于采用 PLC 控制的电梯，检查电压等级较高的 PLC 输出电路故障，采用低电压白炽灯检查法也具有同样的效果。

（3）无触点控制为主的电梯常见故障检查分析判断及排除方法　如上所述，以无触点控制为主的电梯电气故障，是指 20 世纪 80 年代末后采用 PLC 和计算机取代中间过程控制继电器后的电梯出现的电气故障。这类电梯的电气控制系统由 PLC 和计算机及其外围电路构成。PLC 和计算机的无触点控制印制电路板由各种大规模集成电路模块及配套的电子器件焊接而成，由于大规模集成电路模块的无故障时间多在 1000 万小时以上，由它们焊接成的电路板的无故障时间一般也都在 10 万小时以上。因此当这类电梯的电气控制系统发生故障时应首先检查 PLC 和计算机的外围电路，外围电路确实没有问题后，再检查 PLC 和计算机部分是否有问题。PLC 和计算机部分的常见故障简要介绍如下。

1）PLC 和计算机控制电梯的常见电气故障。PLC 和计算机控制电梯的常见电气故障多为外围电路的故障，外围电路的故障约占这类电梯电气故障的 95% 以上。这类外围电路故障的检查方法可参考有触点控制电路常见故障的检查分析判断及排除方法。但因 PLC 和计算机输入电路及部分输出电路的电压等级比较低，因此只能采用万用表的电压或电阻档检查法，万用表电压或电阻档检查法和用低压灯泡检查法的原理是相同的，关键是要看懂电路原理图。这些前面已述及，不再赘述。

2）PLC 常见故障的检查与排除。

① 国内电梯用 PLC 的结构形式和电压等级。国内电梯采用的 PLC 多为继电器输出型的箱式 PLC，输入电路的电压等级多为 DC24V。输出电路的电压等级中，用于电梯位置显示、内外指令登记显示电路的多为 DC24V 或 AC24V；用于控制电功率转换的接触器多为 AC220V 等。

② PLC 输入输出点的状态显示与故障分析处理。PLC 箱体右侧面有对应每个输入输出点的状态显示灯。当某输入点的外部电路接通时，对应该输入点的状态显示灯点亮。反之，若某输入点的状态显示灯不亮，则说明对应该输入点的外部电路不通，维修人员可据此去检查分析是 PLC 输入点内的电路故障或是输入点外的电路故障，然后再做进一步处理。当某输出点的内部逻辑控制电路接通时，对应该输出点的显示灯燃亮，该点控制的电气元件应该工作（运转、动作或点亮），如果不工作，则应首先检查 PLC 输出点处的外部电路故障，若输出点控制的外部电路没有问题，则再检查 PLC 输出点继电器的接点是否损坏。

③ PLC 内装有一只锂电池，电池的使用寿命为 3~5 年，电池一旦失效会造成 PLC 用户程序丢失，也会造成电梯不能正常运行。

④ PLC 内的电路板和元器件一般不容易损坏，但也曾遇到过因老鼠尿而造成印制电路板损坏和电梯不能正常运行等故障，因此应有防止老鼠进入控制柜内的措施。

3）计算机常见故障的检查与排除。

① 和 PLC 一样，一般电梯用计算机也设有多种工作状态显示灯，以此显示计算机各环

节的工作状态，维修人员可以此判断计算机的工作是否正常。

②　部分电梯厂家的电梯运行控制计算机还设有故障代码，维修人员可以根据故障代码去确认故障的范围，并首先检查计算机的外围电路，95% 以上的故障都发生在计算机的外围电路里。

③　经检查分析判断故障是计算机造成时，由于一般维修人员没有检查印制电路板部分的专用仪器设备。这时，维修人员可用同型号印制电路板替换法检查确认是否为印制电路板故障，如果是计算机印制电路板故障，则应更换电路板，并将有故障印制电路板送制造厂家修理，这种方法最简便。

四、新控制柜配接线后的程序检查

电梯制造厂控制柜组装和配接线人员对组装和配接线后的新控制柜，在入库前都要进行检查，确保控制柜组装的器件和配接线是符合设计图纸要求，质量是合格的。以下对这种程序检查做简要介绍。

1. 检查目的

目的是检查配接线人员领用的 PLC、计算机印制电路板、继电器、接触器的规格型号和质量是否符合图纸要求。配接线是否正确，是否存在错、漏、虚接线情况。如有差错及时处理，直至合格为止。

2. 检查要求

1）　控制柜内所组装的元件的配接线都不能缺漏。

2）　检查过程中发现的问题都必须予以解决，然后贴上合格证，不能将存在问题的控制柜包装发货出厂。

3. 检查方法

检查的方法是模拟电梯的实际运行情况：将控制柜以外的操作控制电气元件采用勾线短接起来（即假设某些元器件是好的或某段电路是好的，包括电梯快、慢速运行模式的设置，上下运行方向的设置等各种电路环节等）；搭线（即假设有乘员点按某层楼的主令按钮、某层楼的外召唤按钮、电梯到达某层楼、电梯到达平层位置等）。

现以本书图 3-15 为例，简要介绍按图 3-15 装配成的（全继电器控制）控制柜进行程序检查的方法步骤：由于控制柜与外部接线编号全部引接至控制柜下方的接线端子，因此程序检查过程中的勾线和搭线都在控制柜下方的接线端子上实施。

（1）快速上、下行程序检查

1）快速上行程序检查。

①　快速上行程序检查的准备工作：

a）勾线：用电线将与上行有关的 "03-43（使电梯处于正常快速运行模式）、03-45、51-55、102-106-112" 端子号线短接。

b）搭线：从 03 号线端子（依据电路原理图）上引出三根（根据需要）线，作为程序检查时用作模拟产生输入信号的搭线。

②　快速上行程序检查：

a）用 03 端子上引出的一根搭线搭接 T_1 端子（设电梯停靠在一楼）。

b）用 03 端子上引出的另一根搭线搭（碰）一下 A_3 端子（设司机点按一下 3 楼的主令按钮 3NLA）。这时电梯处于快速上行状态，控制柜内的继电器和接触器的动作程序应符合

图 3-29 的要求。

c）将 03 端子上引出的与 T_1 端子搭（碰）这一端折下后先搭（碰）一下 T_2（表示电梯到达 2 楼的上行换速点，这时相当于"$2THG_{2,3}$ 闭合"，2THJ 吸合但不起作用，因 2 楼没有做主令登记），再搭一下（接死）T_3（表示电梯到达 3 楼的上行换速点，这时相当于"$3THG_{2,3}$"闭合），3THJ 得电吸合后，3THJ 的常闭触点 $3THJ_{2,8}$ 和 $3THJ_{5,11}$ 断开，SKJ↓→KC↓→MC↑…电梯由快速运行切换为慢速运行。这时控制柜内继电器和接触器的动作程序应符合图 3-30 的要求。

d）再用 03 号端子上引出线中的一根去碰（接死）一下 73 号端子（表示上平层传感器 SPG 插入平层隔磁板，$SPG_{2,3}$ 接通）。再用 03 号端子上引出中的另一根线去碰一下（接死）75 号端子（表示下平层传感器 XPG 也插入平层隔磁板，$XPG_{2,3}$ 接通），这时控制柜内继电器和接触器的动作程序应符合图 3-31 的要求。

2）快速下行程序检查。快速下行程序检查与快速上行程序检查相仿，但勾线和搭线需改动，不予重复。

（2）慢速上、下行程序检查

1）慢速上行程序检查。

① 慢速上行程序检查的准备工作：勾线（用电线将 03-47、51-55、102-106-112 接短）；搭线（从 03 端子上引出一根搭接线）。

② 慢速上行程序检查：用 03 号端子上引出的一根搭线搭接 A_5（下行搭接 A_1），控制柜内继电器和接触器的动作程序应符合图 3-32 的要求。

2）慢速下行程序检查与慢速上行程序检查（勾线需改动、搭线也有变化）相仿，不予重复。

（3）开关门程序检查　开关门程序检查可以单独进行也可与快速上下行程序检查一起进行，若同时进行需先用 02 号线搭 22 号线，看电梯起动前 GMJ 是否适时动作，然后用 02 搭接 24 号线，看平层程序检查时 KMJ 是否动作等。

（4）外召唤程序检查　外召唤程序检查比较简单，不再赘述。

电梯制造厂生产的 PLC 和计算机控制电梯的控制柜也必须采用类似全继电器控制柜的模拟程序检查方法进行程序检查。电梯安装、改造、维修单位大修改造电梯时，重新配接线的控制柜也可以采用类似的模拟程序检查方法进行程序检查。

对控制柜进行出厂前程序检查，在电梯制造厂里是一件工作量比较大的工作（也有采用试验台对控制柜进行程序检查的，但因控制柜的规格品种多，试验前勾接线和试验后对问题的处理同样必不可少）。如果一个年生产 1000 台电梯的制造厂，就有 1000 台控制柜需要进行出前程序检查，则其工作量可想而知。而检查过程中发现的问题，对于全继电器控制柜，总结起来有以下两类：一类是该动作的继电器和接触器不动作，原因是该接通的电路不通，这种故障多为漏接和虚接线所致；另一类是不该动作的继电器和接触器动作了，原因是不该接通的电路接通了，这种故障多为错接线所致。对 PLC 和计算机控制电梯的控制柜，问题的表现类型还要多些。在全继电器控制的电梯生产年代，如何提高配接线人员根据故障现象和电路原理图的控制原理，分析检查故障点，迅速排除断路、短路故障和改正错接线的速度就成了当年急需解决的问题。

在 20 世纪 80 年代中后期至 90 年代初期，笔者曾给西安两届电梯技校学生传授低电压白炽灯检查法，与采用万用表检查法比较提高效率 50% 以上。在当年的一次毕业实习考核中，实习教师在按本书图3-15装配成的控制柜内任意制作三个故障，最快的学生12分钟就能将三个故障的故障点查找出来并予以排除，最慢的学生20分钟也能将三个故障的故障点查找出来并予以排除。

五、电梯机电系统常见故障及排除方法一览表

表5-16所列常见故障的现象、主要原因及排除方法，仅供读者遇到类似故障时作为分析、判断的参考。电梯的故障是千变万化的，掌握电梯机、电系统的结构原理，提高自身的基本维修技能，才能迅速准确地查找故障、排除故障，确保电梯安全、可靠、舒适运行。近十几年来，计算机控制的电梯都具有自诊断及故障显示功能，维修人员通过检查故障代码就能基本判别电梯的故障原因。由于各电梯制造厂家的电梯控制系统以及故障代码不尽相同，读者可参阅电梯随机资料了解，这里不再赘述。

表5-16 常见电梯故障及其主要原因和排除方法

故障现象	主要原因	排除方法
按关门按钮不能自动关门	1）开关门电路的熔断器熔体烧断 2）关门继电器损坏或其控制电路有故障 3）关门第一限位开关的触点接触不良或损坏 4）安全触板不能复位或触板开关损坏 5）光电门保护装置有故障	1）更换熔体 2）更换继电器或检查其电路故障点并修复 3）更换限位开关 4）调整安全触板或更换触板开关 5）修复或更换
在基站厅外扭动开关门钥匙开关不能开启厅门	1）厅外开关门钥匙开关触点接触不良或损坏 2）基站厅外开关门控制开关触点接触不良或损坏 3）开门第一限位开关的触点接触不良或损坏 4）开门继电器损坏或其控制电路有故障	1）更换钥匙开关 2）更换开关门控制开关 3）更换限位开关 4）更换继电器或检查其电路故障点并修复
电梯到站不能自动开门	1）开关门电路熔断器熔体熔断 2）开门限位开关触点接触不良或损坏 3）提前开门传感器插头接触不良、脱落或损坏 4）开门继电器损坏或其控制电路有故障 5）开门机传动带松脱或断裂	1）更换熔体 2）更换限位开关 3）修复或更换插头 4）更换继电器或检查其电路故障点并修复 5）调整或更换皮带
开或关门时冲击声过大	1）开关门限速粗调电阻调整不妥 2）开、关门限速细调电阻调整不妥或调整环接触不良	1）调整电阻环位置 2）调整电阻环位置或调整其接触压力
开、关门过程中门扇抖动或有卡住现象	1）踏板滑槽内有异物堵塞 2）吊门滚轮的偏心挡轮松动，与上坎的间隙过大或过小 3）吊门滚轮与门扇连接螺栓松动或滚轮严重磨损	1）清除异物 2）调整并修复 3）调整或更换吊门滚轮

（续）

故障现象	主要原因	排除方法
选层登记且电梯门关妥后电梯不能起动运行	1) 厅、轿门电联锁开关接触不良或损坏 2) 电源电压过低或断相 3) 制动器抱闸未松开 4) 直流电梯的励磁装置有故障	1) 检查修复或更换电联锁开关 2) 检查并修复 3) 调整制动器 4) 检查并修复
轿厢起动困难或运行速度明显降低	1) 电源电压过低或断相 2) 制动器抱闸未松开 3) 直流电梯的励磁装置有故障 4) 曳引电动机滚动轴承润滑不良 5) 曳引机减速器润滑不良	1) 检查并修复 2) 调整制动器 3) 检查并修复 4) 补油或清洗更换润滑油脂 5) 补油或更换润滑油
轿厢运行时有异常的噪声或振动	1) 导轨润滑不良 2) 导向轮或反绳轮轴与轴套润滑不良 3) 传感器与隔磁板有碰撞现象 4) 导靴靴衬严重磨损 5) 滚轮式导靴轴承磨损	1) 清洗导轨或加油 2) 补油或清洗换油 3) 调整传感器或隔磁板位置 4) 更换靴衬 5) 更换轴承
轿厢平层误差过大	1) 轿厢过载 2) 制动器未完全松闸或调整不妥 3) 制动器刹车带严重磨损 4) 平层传感器与隔磁板的相对位置尺寸发生变化 5) 再生制动力矩调整不妥	1) 严禁过载 2) 调整制动器 3) 更换刹车带 4) 调整平层传感器与隔磁板相对位置尺寸 5) 调整再生制动力矩
轿厢运行未到换速点突然换速停车	1) 门刀与厅门锁滚轮碰撞 2) 门刀或厅门锁调整不妥	1) 调整门刀或门锁滚轮 2) 调整门刀或厅门锁
轿厢运行到预定停靠层站的换速点不能换速	1) 该预定停靠层站的换速传感器损坏或与换速隔磁板的位置尺寸调整不妥 2) 该预定停靠层站的换速继电器损坏或其控制电路有故障 3) 机械选层器换速触头接触不良 4) 快速接触器不复位	1) 更换传感器或调整传感器与隔磁板之间的相对位置尺寸 2) 更换继电器或检查其电路故障点并修复 3) 调整触点接触压力 4) 调整快速接触器
轿厢到站平层不能停靠	1) 上、下平层传感器的干簧管触点接触不良或隔磁板与传感器的相对位置参数尺寸调整不妥 2) 上、下平层继电器损坏或其控制电路有故障 3) 上、下方向接触器不复位	1) 更换干簧管或调整传感器与隔磁板的相对位置参数尺寸 2) 更换继电器或检查其电路故障点并修复 3) 调整上、下方向接触器
有慢车没有快车	1) 轿门、某层站的厅门电联锁开关触点接触不良或损坏 2) 直流电梯的励磁装置有故障 3) 上、下运行控制继电器、快速接触器损坏或其控制电路有故障	1) 更换电联锁开关 2) 检查并修复 3) 更换继电器、接触器或检查其电路故障点并修复

（续）

故障现象	主要原因	排除方法
上行正常下行无快车	1）下行第一、二限位开关触点接触不良或损坏 2）直流电梯的励磁装置有故障 3）下行控制继电器、接触器损坏或其控制电路有故障	1）更换限位开关 2）检查并修复 3）更换继电器、接触器，或检查其电路故障点并修复
下行正常上行无快车	1）上行第一、二限位开关触点接触不良或损坏 2）直流电梯的励磁装置有故障 3）上行控制继电器、接触器损坏，或其控制电路有故障	1）更换限位开关 2）检查并修复 3）更换继电器、接触器，或检查其电路故障点并修复
轿厢运行速度忽快忽慢	1）直流电梯的测速发电机有故障 2）直流电梯的励磁装置有故障	1）修复或更换测速发电机 2）检查并修复
电网供电正常，但没有快车也没有慢车	1）主电路或直流、交流控制电路的熔断器熔体烧断 2）电压继电器损坏，或其电路中的安全保护开关的触点接触不良、损坏	1）更换熔体 2）更换电压继电器或有关安全保护开关

第五章应了解掌握的主要问题和复习思考题

一、应了解掌握的主要问题

1. 了解我国现行的法律、法规、安全技术规范以及技术标准等对于电梯制造、安装、维护保养、使用单位应负职责的规定。

2. 了解电梯的安全使用要求，维护保养人员的安全操作规程和维护保养电梯过程中的安全注意事项。

3. 掌握电梯机、电系统主要零部件的维护保养和检查调整要求。

4. 掌握电梯机电系统常见故障的检查排除方法。

二、复习思考题

1. 判断题（对打"√"，错打"×"）

（1）电梯维保单位的职责是确保电梯安全可靠运行，接报修电话及时赶赴现场处理解决问题。（　　）

（2）电梯长期带病运行的后果是小问题可能转化为大问题。（　　）

（3）缩短电梯停机修理时间的最好办法是把故障消灭在萌芽状态。（　　）

（4）减少电梯机械部分包括曳引绳在内的故障的手段是及时补油注油。（　　）

（5）避免维保电梯过程中发生人身设备事故的主要手段是提高维保人员的安全意识，严格贯彻执行安全操作规程。（　　）

（6）电梯的层门外除专用的开锁装置（三角钥匙）手动开启外，不允许用其他方式将层门打开。（　　）

（7）曳引钢丝绳依靠曳引绳内的天然纤维或人造纤维芯储存的润滑剂进行润滑，因此不宜过量注油，否则会降低曳引力甚至出现打滑现象。（　　）

（8）交流双速曳引电动机的快速绕组用于快速运行，从快速起动、稳速运行至换速点止采用快速绕组。自换速点起至平层停靠点止采用慢速绕组，而且慢速绕组还兼作检修慢速运行绕组。（　　）

（9）每台电梯必须设置一个能切断该台电梯所有电路的主开关，如果该开关装在柜内，为了安全起

见，必须给柜加锁。　　　　　　　　　　　　　　　　　　　　　　　　　　　　　　（　　　）

（10）为了维护修理工作时便于查看和联系可以开着电梯门运行。　　　　　　　（　　　）

（11）为了方便工作紧急开锁三角钥匙多配几把，供电梯管理、司机和维保人员分别保管使用。

　　　　　　　　　　　　　　　　　　　　　　　　　　　　　　　　　　　　　（　　　）

（12）把门电联锁短接起来，以便在维修过程中控制电梯上下运行，方便开展维修工作。　（　　　）

2. 选择题（填写被选项目序号）

（1）电梯制动器的闸皮与制动轮的间隙应均匀，且其平均值应不大于：A（0.3mm）；B（0.7mm）；C（1.4mm）　　　　　　　　　　　　　　　　　　　　　　　　　　　　　　　（　　　）

（2）电梯安全钳经检查调整合格后，其楔块与导轨侧工作面的间隙应不大于：A（1～1.5mm）；B（2～3mm）；C（3.5～4.5mm）　　　　　　　　　　　　　　　　　　　　　　　　（　　　）

（3）继电器输出型 PLC 输出点对应的指示灯燃亮，可以肯定：A（该输出点的输出电路必定是好的）；B（该输出点的输出电路未必是好的）　　　　　　　　　　　　　　　　　　（　　　）

（4）电梯轿厢发生冲顶事故时对重装置也坐簧了，正常情况下电梯的限速器和安全钳：A（必定动作）；B（不会动作）　　　　　　　　　　　　　　　　　　　　　　　　　　（　　　）

（5）按相关标准的规定，曳引驱动电梯曳引绳的张力差应控制在：A（±5%）；B（±7%）；C（±10%）　　　　　　　　　　　　　　　　　　　　　　　　　　　　　　　（　　　）

（6）曳引驱动电梯在下列三种模式下，耗能最大的是：A（满载上行）；B（空载上行）；C（平衡载上行）　　　　　　　　　　　　　　　　　　　　　　　　　　　　　　　　　（　　　）

（7）平衡系数太小时容易发生的事故是：A（轿厢冲顶对重蹾底）；B（轿厢蹾底对重冲顶）　（　　　）

（8）按 GB 7588 的规定，由交流或直流电源直接供电的电梯，必须用接触器切断曳引电动机的供电电路，其接触器的触点应该是串联的，对于切断电源的接触器，应该是：A（两个独立的）；B（两个以上独立的）；C（越多越好）　　　　　　　　　　　　　　　　　　　　（　　　）

（9）电梯电气维修技工在修理电梯过程中，有的电气故障常需要带电进行检查，若采用万用表检查交流电路的通断故障，这时的万用表应采用：A（电阻档）；B（直流电压档）；C（交流电压档）；D（电流档）

　　　　　　　　　　　　　　　　　　　　　　　　　　　　　　　　　　　　　（　　　）

（10）电梯运行过程中，若由于某种原因造成限速器动作，限速器动作后的电气联锁开关应该：A（动作后自动复位）；B（动作后不能自动复位）；C（不能动作并保持接通）　　　　　　（　　　）

3. 填空题

（1）电梯维护保养单位至少每_____日应派_____名具有_____的维修人员对电梯进行一次清洁、润滑、调整和_____。

（2）电梯运行速度的测试，是在轿厢施加_____%的额定载荷，以上或下行至行程的_____时测得的电梯运行速度。

（3）油压缓冲器的柱塞由全压缩状态至完全复原所需的时间应不大于_____s。

（4）再好的电梯也有发生故障的时候，当维修人员接到报修电话赶赴现场后，首先应听取报修人反映故障发生时的情况，然后通过_____、_____、_____、_____等手段分析故障的发生范围和检查确定故障点。

（5）引发电梯机械系统故障的最常见原因是_____。电气控制系统最常见的两类故障是_____和_____。

（6）电梯安装、保养维修、使用人员比较容易发生的事故有坠落、剪切、触电、挤压、碰挂、砸等事故，其中，安装人员最容易发生的三种事故是_____、_____、_____；保养维修人员最容易发生的三种事故是_____、_____、_____；使用人员比较容易发生的两种事故是_____、_____。发生事故的主要原因是_____和_____。

（7）交流双速电动机的快慢速绕组在标记不清楚的情况下，确认快慢速绕组的简易方法是用_____测量绕组的电阻，电阻大的是_____绕组。

（8）维护保养人员为确保自身的安全，上轿顶和下底坑后均应先_____再扳_____后再开展维护保养工作。

（9）在电梯门开着和用三角钥匙开起层门后进入轿厢前应先观察_____在本层。

（10）修理电梯时应避免在未弄清_____之前就_____动手，防止原有故障没有排除又制造出新故障。

4. 问答题

（1）曳引驱动电梯轿厢发生冲顶事故而且对重装置又坐簧时，在正常情况下限速器和安全钳为什么会动作？怎么处理？

（2）当电梯电气控制系统发生短路故障，造成空气开关合不上而不能正常送电时，用什么方法可以比较快地缩小故障范围、检查确定故障点，做到比较快地排除故障？

（3）维修人员上轿顶和在轿顶进行维护修理作业时的安全注意事项？

（4）电梯机械维修技工迅速检查确认机械故障点的条件与方法？

（5）电梯电气维修技工迅速检查确认电气故障点的条件与方法？

第六章

自动扶梯及自动人行道

自动扶梯及自动人行道和电梯一样同属机电类特种设备。自动扶梯及自动人行道的机械结构、电气拖动控制、安全装置等诸多方面具有相同或相似之处，但它们的结构原理和运行模式与电梯又有很大差别。随着社会进步和人们物质文化水平的迅速提高，近年来自动扶梯和自动人行道的生产和应用日趋广泛。为满足广大读者需求，本书只以一章的篇幅对自动扶梯和自动人行道的结构原理做简要介绍。

第一节　自动扶梯及自动人行道的特点、分类及主要参数

一、概述

自动扶梯是带有循环运行梯级，用于向上或向下倾斜输送乘客的固定电力驱动设备。按美国安全法的解释，自动扶梯被定义为：用以将人员升降的、由动力驱动的、倾斜连续的楼梯。这两种解释中前者是国标 GB 16899—2011 的规范定义，后者比较形象。

自动人行道是带有循环运行（板式或带式）的走道，用于水平或倾斜角不大于 12°、连续输送乘客的固定电力驱动设备。

"自动扶梯"一词是美国设计者 C. D. 西伯格在 1895 年提出的。它的原形可以追溯到 1859 年。当时，美国人纳森·艾姆兹以"旋转式梯级"的名义取得了美国的专利权。搭乘这种"旋转式梯级"时，乘客在其正三角形的一边进入，到达其顶点时飞降下来。这种类似演杂技的运行模式与今天乘客所乘的自动扶梯相比确有天渊之别。在乘坐要求安全性的前提下，1892 年，一位叫乔治·H. 韦勒的人设计出与现在相同的扶手带并取得专利权，此发明是一个可与电梯中的安全钳装置相媲美的发明，为后来自动扶梯及自动人行道的设计生产奠定了良好的技术和物质基础。由此，自动扶梯开始进入实用阶段。时至 1898 年，韦勒将此专利卖给 C. D. 西伯格，并经他的不懈努力，于 1899 年与美国奥的斯公司合作，制造了两台世界上最早的梯级式自动扶梯。并于 1900 年将"自动扶梯"这一名词作为西伯格先生的注册商标问世，但作为产品直至 1910 年才由奥的斯公司正式销售。在 1920 年之前，仅有奥的斯公司生产自动扶梯，由于该公司对产品作了不断的改进完善，因而在 1921 年至 1922 年之间的销售量远远超过在此之前的 20 年，随后自动扶梯的使用越来越广泛。1932 年在上海大新公司（现中百一店）安装了我国最早使用的两台自动扶梯，直到 1959 年，上海电梯厂自行设计生产了我国第一批自动扶梯，并安装使用在北京火车站。自动人行道的问世比自

动扶梯晚了许多年，在20世纪50年代，美国首先研制出可以应用的自动人行道。20世纪60年代以后，美国、法国、德国和日本等国相继使用自动人行道。直到1976年，我国原上海电梯厂自行设计和制造长度为100m自动人行道并安装在北京首都国际机场，结束我国不能制造自动人行道的历史。特别是进入20世纪80年代以后，自动扶梯及自动人行道与我们的生活息息相关。近年来，随着科学技术的发展，我国科技人员研制出了富有艺术性、独特性和创造性的自动扶梯及自动人行道。如今，它们已是购物中心、超市、机场、火车站、地铁等公共场所使用的重要交通运输设备。它们的精致装饰和运行状态成为建筑物内一道亮丽的风景线。在为我们提供生活便利的同时也美化着我们的生活空间，更为其建筑物增光添彩。

二、自动扶梯及自动人行道的特点

1. 自动扶梯及自动人行道的特点

自动扶梯和自动人行道是一种"以梯代步"，主要用于购物中心、超市、机场、火车站、地铁以及办公大楼等的两个层面间连续运送乘客，隶属机电类的特种设备。其主要特点是：输送能力强；运送客流量均匀，能连续地运送乘客，自动人行道还可输送乘客所携带的童车、残疾人用车、购物手推车等；通过简单的开关控制即可实现向上或向下双向运行的转换，方便在紧急状况下快速疏散乘客（**特别提醒：由于自动扶梯和自动人行道是机器，因此即使在非运行状态下，也不能当作固定楼梯、固定通道使用**）。它的主要优点是：外观优雅华丽；乘坐舒适、平稳安静，可在运动中观赏景色，视线开阔；高度安全可靠；能耗低；节省空间、立体感强；便于安装和维修。

2. 自动扶梯和自动人行道与电梯相比存在的缺点

1）自动扶梯结构有水平区段，有附加的能量损失。

2）大提升高度自动扶梯和名义长度长的自动人行道，人员在其上停留时间长。

3）造价高。

3. 自动扶梯与自动人行道相比存在的差异

1）自动人行道的倾斜角在0°～12°之间，自动扶梯的倾斜角比较大，有27.3°、30°、35°三种，常用的有30°和35°两种。

2）自动扶梯的输送方向是垂直方向，而自动人行道的输送方向基本上是水平方向，而且垂直方向的位移比较小。

3）自动扶梯的驱动力主要是克服重力，只有一小部分用于克服阻力。自动人行道的驱动力基本上用于克服阻力。在同样跨度下，自动扶梯的驱动功率要大得多。

4）自动人行道的安全性要比自动扶梯好。

5）自动扶梯的桁架结构要比自动人行道的桁架复杂得多，因为水平状态的桁架既简单又轻便。

6）自动扶梯在运行时，倾斜部分是台阶状，像楼梯。自动人行道承载用的踏板之间是平的没有台阶。

三、自动扶梯及自动人行道的分类

自动扶梯及自动人行道的分类方法与电梯类似，一般按照用途、运行方式、提升高度、机房位置等的不同角度分类。但与电梯不同的是，它们没有按电动机的电源分类。这是因为自动扶梯及自动人行道一旦起动并投入运行，将长时间按同一方向连续运行，驱动电动机几乎清一色地选用通用的三相交流感应电动机。

1. 自动扶梯的分类

1）按用途分类：公共场所用自动扶梯、公共交通型自动扶梯和人行天桥用自动扶梯。

2）按提升高度分类：小高度自动扶梯、中高度自动扶梯和大高度自动扶梯。

3）按运行方式分类：单速运行自动扶梯、双速运行自动扶梯、高速运行自动扶梯。

4）按曳引链的形式分类：链条式和齿条式。

5）按梯级宽度分类：600、800 和 1000 三种。

6）按扶手护壁形式分类：全透明、半透明和不透明。

7）按扶手照明分类：有扶手照明和无扶手照明。

8）按机房位置分为标准型：机房在扶梯上部；分离型：动力与传动分隔设置；吊架型：动力装置设在桁架内；地面安装型：动力装置放在扶梯下部，传动部分放在桁架内。

9）按拖动调速方式分类：交流降压直接起动运行方式和交流变频拖动方式。

2. 自动人行道的分类

自动人行道的分类相对自动扶梯而言比较简单。按用途分有商用型和公共交通型两种；按规格可分有轻型、中型和重型三种；按倾斜角度可分有水平型（倾斜角为 $0° \sim 6°$）和倾斜型（倾斜角为 $6° \sim 12°$）两种；按结构形式分为踏步式、带式和双线式三种。

四、自动扶梯及自动人行道的主要参数

自动扶梯的主要参数有名义速度、倾斜角、提升高度、名义宽度、最大输送能力等，自动人行道的主要参数与自动扶梯相仿，还具有土建提升高度和名义长度等重要参数。

1. 名义速度 V（m/s）

是由制造商设计确定的，自动扶梯的梯级在空载（例如：无人）情况下的运行速度。通常有 0.5m/s，0.65m/s，0.75m/s，三种，最常用的为 0.5m/s。当倾斜角为 35°时，其名义速度为 0.5m/s。

自动人行道的名义速度不应大于 0.75m/s，如果踏板或胶带的宽度不大于 1.1m，并且在出入口踏板或胶带进入梳齿板之前的水平距离不小于 1.6m 时，自动人行道的名义速度最大允许达到 0.9m/s（如果该自动人行道具有加速区段或能直接过渡到不同速度运行的自动人行道时，其名义速度不能达到 0.9m/s）。

2. 倾斜角 α

倾斜角是梯级、踏板或胶带运行方向与水平面构成的最大角度。一般自动扶梯的倾斜角有 27.3°、30°、35°三种，其中 30°和 35°的最为常用。若提升高度超过 6m 时，则倾斜角不大于 30°。自动人行道的倾斜角为 $0° \sim 12°$。

3. 提升高度 H

自动扶梯进出口两楼层板之间的垂直距离称为自动扶梯的提升高度。

4. 土建提升高度

自动人行道上下前沿板两水平面间的垂直距离称为自动人行道的土建提升高度。

5. 名义宽度 Z_1

梯级或踏板的宽度称为自动扶梯及自动人行道的名义宽度。自动扶梯的名义宽度有 400、600、800、900、1000、1200 等规格。自动人行道的名义宽度有 800 和 1000 两种。

6. 名义长度

自动人行道头部与尾部基准点之间的距离称为自动人行道的名义长度。它是水平式自动人行道的重要参数。

7. 最大输送能力 C_1

在正常运行条件下，自动扶梯或自动人行道每小时能够输送的最多人员流量称为它的最大输送能力。

GB 16899—2011《自动扶梯和自动人行道的制造与安装安全规范》规定的自动扶梯和自动人行道最大输送能力见表 6-1 所示。

表 6-1　最大输送能力 C_1

梯级或踏板宽度 Z_1/m	名义速度 $V/(\mathrm{m/s})$		
	0.5	0.65	0.75
0.6	3600 人/h	4400 人/h	4900 人/h
0.8	4800 人/h	5900 人/h	6600 人/h
1.0	6000 人/h	7300 人/h	8200 人/h

注：1. 使用购物车和行李车时，将导致输送能力下降约 80%。

2. 对于踏板宽度大于 1.0m 的自动人行道，其输送能力不会增加，因为使用者需要握住扶手带，其额外的宽度原则上是供购物车和行李车使用的。

五、自动扶梯及自动人行道执行的专业技术标准

自动扶梯及自动人行道和电梯一样，都有必须遵循的专业技术标准。由于自动扶梯及自动人行道的结构原理、运行模式、使用管理和维修保养等都比较相似，属于同类型的特种设备。因此国家颁布和执行的也是同一标准，该标准是 GB 16899—2011。《自动扶梯和自动人行道的制造与安装安全规范》。该标准对涉及自动扶梯及自动人行道的名词术语、参数尺寸、机械构件、电气控制及照明、安装检验、使用管理、维修保养等各方面都做了适当的规定。本书因篇幅限制，对标准涉及的具体规定不能予以详细介绍。读者如有必要，请查阅有关标准。

第二节　自动扶梯及自动人行道的结构

一、自动扶梯的总体结构

自动扶梯是由一台特种结构形式的链式（或齿轮）输送机和两台特殊结构形式的胶带输送机组合而成的、用于两个相邻楼层面间连续运载乘客上、下的特种设备。自动扶梯的机械系统是一个非常紧凑的复杂的整体。常见的链条式自动扶梯总体结构如图 6-1 所示。这种扶梯一般由桁架、驱动装置、运载系统、扶手装置、安全保护装置和润滑系统等组成。

二、桁架

自动扶梯及自动人行道的桁架也称金属骨架，是它的基础构件，也是承载部件，具有连接两个不同层高的地面、承受各种载荷及安装支撑所有零部件的作用。一般自动扶梯的桁架结构示意图如图 6-2 所示。

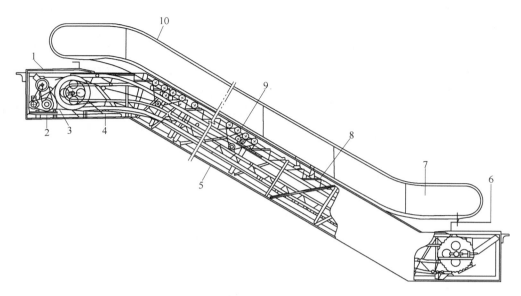

图 6-1 链条式自动扶梯总体结构图

1—前沿板 2—驱动装置 3—驱动链 4—梯级链 5—桁架
6—扶手入口安全装置 7—内侧板 8—梯级 9—扶手驱动装置 10—扶手带

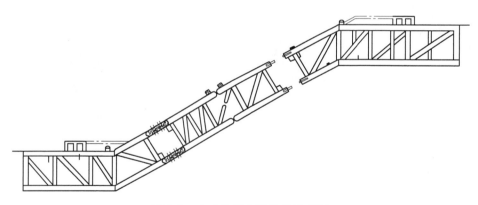

图 6-2 自动扶梯桁架结构示意图

桁架一般由角钢、型钢（或方形）与矩形钢管等焊接而成，它必须具有足够大的强度和刚度。它的整体或局部刚性的好坏对扶梯的运行性能影响较大。一般规定：对于普通型自动扶梯，根据 $5000\mathrm{N/m^2}$ 的载荷计算或实测的最大挠度（即扶梯受载时的弯曲程度）不应超过支承距离的 1/750；对于公共交通型自动扶梯，其挠度不应超过支承距离的 1/1000。

自动扶梯的桁架一般由上水平段、下水平段和直线段组成。有整体结构和分体结构两种款式。自动人行道一般为分体结构。当自动扶梯的提升高度超过 6 米时，为了确保桁架的刚性和强度，降低扶梯的运行振动，提高整机运行质量，一般通常在上下两水平段之间设置中间支撑构件。

三、驱动装置

驱动装置是自动扶梯及自动人行道的动力源，相当于电梯的曳引机。它的主要功能和作用是驱动扶梯或人行道运行，同时限制超速和阻止逆转运行，是扶梯及人行道的重要部件，也是主要振动源和噪声源。由于扶梯及人行道是在人流繁忙集中的公共场所运送乘客，且运行时间一般都较长，因此驱动装置性能的好坏将直接影响整梯的工作性能、运行状态、运载能力和使用寿命等。随着科学技术的不断发展和进步，以及人民群众物质文化生活水平的不断提高，人们对扶梯及人行道的乘用安全感、舒适感等提出更高要求。对驱动装置在设计、制造和维护方面也提出了较高的要求：所有零部件应有较高的制造准确度、较高的机械强度和刚度，确保在短期过载的情况下，具有充分的可靠性以及良好震动、噪声性能；结构紧凑，体积小，重量较轻，便于装拆与维修；使用的零部件具有较高的耐磨性和抗疲劳强度等。

1. 驱动装置的组成

驱动装置通常由电动机、减速器、中间传动件、主驱动轴、制动器、传动链轮及链条等组成。常见的扶梯端部驱动装置分有、无链条式两种，有链条式自动扶梯端部驱动装置结构如图6-3所示。

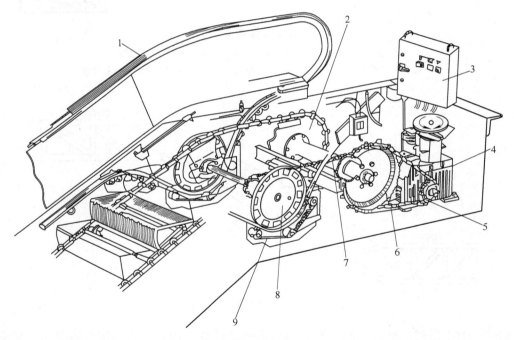

图6-3　有链条式自动扶梯端部驱动装置结构示意图
1—扶手胶带　2—牵引链轮　3—控制箱　4—驱动机　5—传动链轮
6—传动链条　7—驱动主轴　8—扶手驱动轮　9—扶手胶带压紧装置

这种驱动装置的工作原理为：当扶梯的运行指令接通后，驱动装置上的制动器得电松闸，电动机得电运转，通过联轴器带动蜗轮副转动，与蜗轮同轴的传动链轮同步转动，并通过驱动链将动力传递给梯级链轮，带动梯级运行接送乘客；梯级链轮转动时，扶手驱动轮随驱动主轴同步转动，通过扶手带驱动轮以及扶手带张紧系统驱动扶手带与梯级同步运动。这种驱动装置投入生产运行的时间比较长，工艺性能比较成熟，已成规模生产且成本较低，安装和维修方便，因此被各扶梯制造厂家广泛采用。

由于篇幅限制，这里不再介绍不用链传动的端部驱动装置和中间齿条式驱动装置的扶梯结构原理。读者可根据供货厂家提供的随机资料了解其工作性能。

2. 驱动主机

驱动装置的驱动主机主要由电动机、减速器和制动器等组成。

（1）电动机　自动扶梯及自动人行道的电动机主要采用连续工作制的 YZTD160L 系列三相交流异步电动机。该电动机具有噪声小、起动转矩大等特点。这种电动机的电气参数和机械特性读者必要时可查阅相关资料，这里不予介绍。

（2）减速器　自动扶梯及自动人行道的减速器有立式和卧式两大系列。立式减速器是采用蜗轮蜗杆变速的减速器，具有结构紧凑、减速比较大、运行平稳、噪声及体积小等优点，但传动效率较低；卧式减速器是采用齿轮传动实现减速的减速器，具有传动效率高且运行平稳、噪声较低、起动和制动性能较好等优点，但因其加工准确度要求较高，机修工作位置小，维修时安全性较差等缺点，目前已不予采用。

（3）制动器　制动器安装在驱动主机的高速轴上，是依靠摩擦实现自动扶梯制动减速过程直至停车，并保持静止的重要部件。为确保安全运行，自动扶梯或自动人行道应至少设置一个以上的制动器，通常采用的制动器有工作制动器、紧急制动器和附加制动器三种。

1）工作制动器。工作制动器是自动扶梯或自动人行道必须配置的制动器。它有带式制动器、盘式制动器和块式制动器三种结构形式。带式制动器是较为常用的一种制动器。制动力为径向方向，具有结构简单、紧凑、包角大等特点。若要增大摩擦力，则可在制动钢带上铆接制动衬垫去实现；盘式制动器的方向是轴向方向，具有结构紧凑，制动平稳灵敏，散热好等特点；块式制动器是一种抱闸式制动器，它与电梯曳引机上的制动器相似，具有结构简单，制造与安装维修方便等特点，一般应用在立式蜗轮减速器和卧式斜齿轮减速器上，安装在自动扶梯上端部机房。

2）紧急制动器。紧急制动器是直接作用于驱动主轴上的机械式制动器，当驱动机组与驱动主轴采用传动链条连接时，一旦传动链条突然断裂，它能使自动扶梯有效地减速停靠并使其保持静止状态。紧急制动器在自动扶梯运行速度超过额定运行速度的 1.2 倍或梯级改变其规定运行方向时起作用。该制动器动作开始时应强制切断自动扶梯的控制电路。因此在下列情况下应配置紧急制动器：工作制动器和梯级（踏板或胶带）驱动轮之间不是用轴、齿轮、多排链条、两根或两根以上的单根链条连接的；工作制动器不是机械式制动器；提升高度超过 6m 等。

3）附加制动器。自动扶梯超过额定速度运行或者低于规定速度运行时，都是很危险的。因此一般的自动扶梯应尽可能配设速度监控装置。当速度监控装置发出信号后，附加制动器动作，确保自动扶梯立即停止运行。附加制动器动作后需要人工操作才能复位。因此在自动扶梯停止时也具有保护作用，尤其在满载下行时，其作用更加显著。附加制动器属于选择功能，根据用户的要求配置。如果自动扶梯的提升高度大于 6m（对于公共交通型自动扶梯提升高度小于 6m 时，也应配置）；或驱动传动中存在摩擦传动或者存在单根单排链传动；或工作制动器不是机械式时，必须配置附加制动器。

3. 主驱动轴

主驱动轴是链条式自动扶梯端部驱动装置的重要部件，主轴上装有驱动链轮、梯级链轮、扶手带链轮和附加制动器等。驱动装置运行时，主机通过主驱动链条带动主驱动轴上的驱动链轮、梯级链轮、梯级链，使安装在梯级链条上的梯级运行，轴上的扶手带驱动链也以相同的方式驱动扶手带驱动轮，使扶手带同步运行。为提高输出扭矩，一般把主驱动轴制成一个实心轴且具有一定的强度。

四、运载系统

运载系统由梯级、牵引构件、梯路导轨系统、梳齿前沿板等组成。自动扶梯运行时，梯级链将驱动主机的动力传送给梯级，使梯级沿着梯路导轨系统运行，安全快速运输乘客。

1. 梯级

梯级是供乘客站立的一种特殊结构形式的4轮小车。梯级有分体式和整体式两种结构形式，常见的整体式梯级结构如图6-4所示。梯级是自动扶梯中很重要的工作部件，也是数量最多的运动部件。梯级上有四个轮子，两个直接装在梯级上，称为梯级滚轮，也称副轮，另外两个装在梯级链上，使梯级与梯级链铰接在一起，称为梯级链滚轮，也称主轮。为了使梯级能在梯路导轨上运行，且在扶梯上分支保持水平，而在下分支可以自由地倒挂翻转，梯级的主轮轮轴应与牵引链条铰接在一起，并因副轮不与牵引链条连接而保持浮动状态。

由于梯级的结构和质量直接影响到自动扶梯的运行性能、舒适感和安全感，因此要求其具有制造准确度高（包括分体结构和整体结构的机械制造压铸准确度）；刚性好，运行安全可靠，有较高的抗疲劳强度；重量轻，结构合理，工艺性好，便于安装、维修；有较好的外观质量又具有一定的耐磨性和防腐蚀性。

在自动扶梯和自动人行道的制造与安装安全规范（GB 16899—2011）中，对梯级的几何尺寸规定为：梯级高度不大于0.24m（若自动扶梯在停止运行时允许用作紧急出口，则梯级高度不应大于

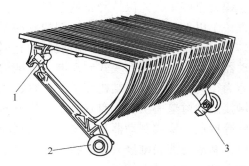

图6-4 整体式梯级结构
1—梯级导向块 2—副轮 3—钩子

0.21m）；梯级深度不应小于0.38m；梯级的宽度应不小于0.58m且不大于1.1m；踏板表面的齿槽宽度为5~7mm，齿槽深度不小于10mm；齿槽顶宽为2.5~5mm。

2. 牵引构件

自动扶梯的牵引构件是传递牵引力的主要机件，常见的有牵引链条和牵引齿条两种。一台自动扶梯一般有两根构成闭合环路的牵引链条或牵引齿条。牵引链条也称为梯级链，牵引构件质量的优劣影响自动扶梯运行的平稳和噪声。

随着使用场合的不同，牵引链的结构、材料和加工方法也不同。国外许多国家和地区的扶梯标准规定牵引构件的安全系数不小于5，一般小提升高度自动扶梯牵引构件的安全系数为7，大提升高度自动扶梯牵引构件的安全系数为10。

（1）牵引链条 牵引链条按梯级主轮所处的不同位置结构，分为套筒滚子链和滚轮链两种。梯级主轮在链条内侧或外侧的称为套筒滚子链，其结构如图6-5所示；梯级主轮在链条之间的称为滚轮链，其结构如图6-6所示。

（2）牵引齿条 牵引齿条的结构如图6-7所示。牵引齿条是中间驱动装置所使用的牵引构件，这种齿条分一侧有齿和两侧均有齿两种。一侧有齿的齿条，两梯级间用一节牵引齿条连接，牵引齿条的节距为400mm。自动扶梯在运行过程中，通过中部驱动装置上的传动链条销轴与牵引齿条牙齿之间的啮合实现传递动力。两侧都有齿的齿条，一侧为大齿，另一侧为小齿。大齿用来带动梯级，小齿用来驱动扶手胶带。

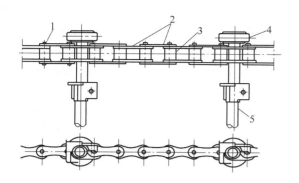

图 6-5　套筒滚子链结构

1—销　2—链板　3—滚子　4—梯级主轮　5—梯级轴

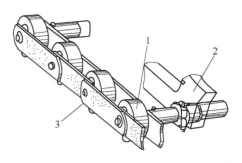

图 6-6　滚轮链结构

1—滚轮（梯级副轮）　2—梯级　3—链板

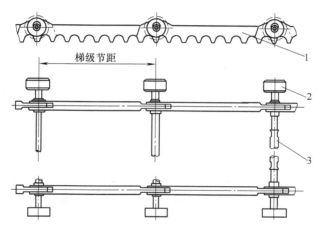

图 6-7　牵引齿条结构

1—齿条　2—主轮　3—梯级轴

（3）张紧装置　张紧装置是使自动扶梯的梯级链条获得恒定的张力，以补偿在运行过程中梯级链条的伸长。梯级链张紧装置分为重锤式和弹簧式两种。重锤式张紧装置是通过重锤的上下自动调节梯级链的张力，这种装置的结构复杂且自重较大，故在扶梯中已很少使用。弹簧式张紧装置结构示意图如图 6-8 所示。这种张紧装置的链轮轴两端均装在滑块内，滑块可在固定的滑槽中滑动，以调节梯级链条的张力，达到张紧的目的。张紧装置不仅具有张紧作用而且还具有改向功能。目前这种张紧装置在我国的自动扶梯制造企业中普遍采用。

3. 梯路导轨系统

梯路导轨系统是由主轮、副轮的全部导轨、反轨、转向壁以及相应的支撑物等

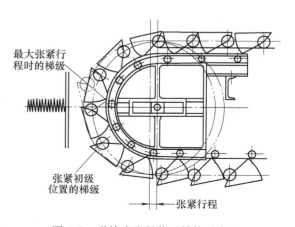

最大张紧行程时的梯级

张紧初级位置的梯级

张紧行程

图 6-8　弹簧式张紧装置结构示意图

组成的阶梯式导轨系统。导轨系统的作用是保证梯级按一定轨迹运行，确保乘客上下扶梯的安全和平稳运行，并支撑梯路的负载和防止梯级跑偏。为了提高自动扶梯的运行平稳性，减少震动，降低运行噪声，延长使用寿命，扶梯导轨必须具有光滑、平整且耐磨的工作表面，并具有一定的加工准确度，上下端部左右圆弧导轨的曲率半径应一致，左右导轨运行轨迹应一致。转向壁也称为转向导轨，是主轮、副轮或副轮运行终端转向的整体式导轨。设置转向壁的目的是确保梯级平滑反转运行时有良好的连续性。梯路导轨按其功能分为主轮导轨、主轮返回轨、副轮导轨、副轮返回轨、梯级链卸载导轨、转向轨等。导轨的常见形状如图6-9所示。

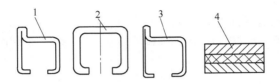

图6-9　导轨常见形状结构
1—主轮工作轨　2—副轮工作轨　3—返回轨　4—卸载轨

4. 梳齿前沿板

梳齿前沿板是设置在自动扶梯的出入口处，确保乘客安全上下扶梯的机械构件。它由梳齿、梳齿板和前沿板三部分组成。梳齿板为易损件，成本低且更换方便。梳齿前沿板结构示意图如图6-10所示。

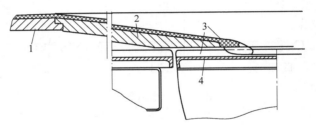

图6-10　梳齿前沿板结构示意图
1—前沿板　2—梳齿板　3—梳齿　4—梯级踏板

五、扶手装置

扶手装置是供站立在自动扶梯或自动人行道上的乘客扶手用的，让乘客有安全感，同时也是一种装饰。自从装设了活动扶手之后，自动扶梯及自动人行道才真正进入实际应用阶段。活动的扶手有如电梯中的安全钳一样，是一种重要的安全部件。扶手装置安装在扶梯及人行道梯路两侧的两台结构形式特殊的胶带输送机上，与梯级同步运行，产生流动的美感。

扶手装置由扶手带、扶手带驱动装置、护壁板、扶手支架及导轨、扶手带张紧装置、围裙板、内盖板、外盖板等组成。垂直扶手装置结构如图6-11所示。

1. 扶手带

扶手带是一种边缘向内弯曲的封闭型橡胶带，常见的平面型扶手带结构如图6-12所示。它由橡胶外层、帘子布层、钢丝、摩擦层组成。设置扶手带的主要目的是确保乘客的乘梯安全。扶手带一般为黑色，也可根据建筑物的需求选用聚乙烯合成材料制成所需要的彩色。

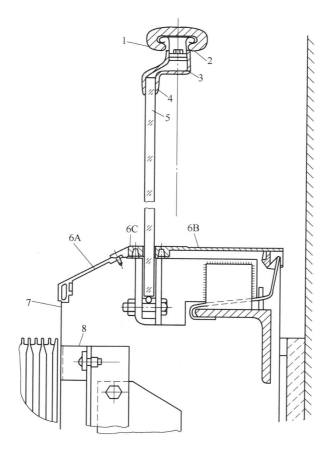

图 6-11　垂直扶手装置结构图

1—扶手带　2—扶手带导轨　3—扶手支架　4—玻璃垫条　5—钢化玻璃

6A—斜盖板　6B—外盖板　6C—内盖板　7—围裙板　8—安全保护装置

2. 扶手支架与导轨

（1）扶手支架　扶手支架大多采用合金或不锈钢经压制加工而成，它是支撑扶手带，连接扶手导轨，固定护壁板及扶手照明装置的机件，常见的扶手支架结构如图 6-13 所示。

（2）扶手导轨　扶手导轨一般采用冷拉型材，或用不锈钢经压制而成，它安装在扶手支架上，起着导向扶手带的作用。

（3）扶手照明装置　扶手照明装置具有照明和装饰的两重作用，一般由客户根据需要自主选择扶手照明装置的有或者无。有扶手照明

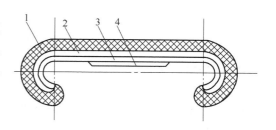

图 6-12　平面型扶手带结构

1—橡胶外层　2—帘子布层（纤维衬）

3—钢丝（或薄钢片或玻璃纤维）

4—摩擦层（滑动层）

的扶梯其照明装置一般安装在扶手支架下方，为防意外碰触，照明装置外面装设有透明塑料护罩。扶手照明装置结构如图 6-14 所示。

（4）护壁板　护壁板一般采用一定厚度的钢化玻璃经拼装而成，也有根据使用场所的需要采用不锈钢板材制作的护壁板。选用的钢化玻璃应具有良好的刚性和强度且耐高温。

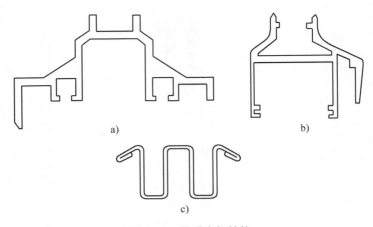

图 6-13　扶手支架结构

a）大型扶手支架　b）小型扶手支架　c）不锈钢扶手支架

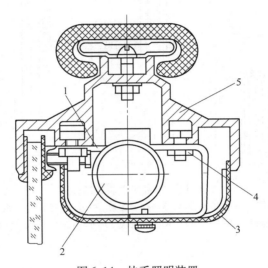

图 6-14　扶手照明装置

1—固定支架　2—荧光灯　3—灯罩　4—紧固件　5—支架

3. 扶手带驱动装置

扶手带驱动装置就是驱动扶手带运行，并使扶手带运行速度比梯级运行速度快 0 ~ +2%。扶手带驱动装置一般分为摩擦轮驱动（见图 6-15）、压滚轮驱动（见图 6-16）和端部驱动（见图 6-17）三种形式。

4. 扶手带张紧装置

扶手带张紧装置是确保扶手带正常、平稳运行的重要部件，其作用是消除因制造和环境变化产生的扶手带长度误差，避免因扶手带过松，造成扶手带脱出导轨；过紧则表面磨损严重且运行阻力增大，以及扶手带与梯级同步性超标等。因此在安装扶手带时张力的调整十分重要。

5. 围裙板、内盖板、外盖板

围裙板是与梯级（踏板或胶带）两侧相邻的围板部分，如图 6-11 所示。它一般用 1 ~ 2mm 的不锈钢板材料制成，它既是装饰部件又是安全部件。为了确保扶梯的安全运行，围裙板与梯级的单边间隙应不大于 4mm，两边间隙之和不大于 7mm。

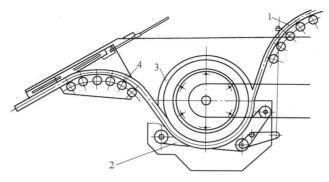

图 6-15　摩擦轮扶手带驱动装置

1—扶手带　2—楔形带　3—扶手带驱动轮　4—滚轮组

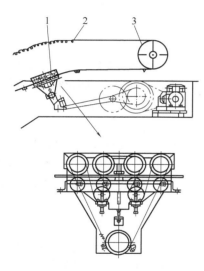

图 6-16　压滚轮扶手带驱动装置

1—扶手带驱动装置　2—滚子　3—导向轮

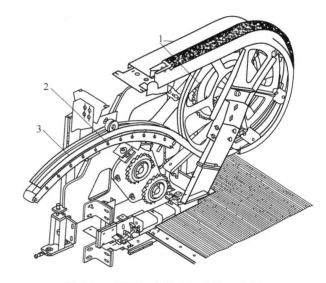

图 6-17　端部轮式驱动扶手带驱动装置

1—驱动轮　2—张紧弓　3—扶手带

内盖板是连接围裙板和护壁的盖板。外盖板是扶手带下方的外装饰板上的盖板。内盖板与围裙板之间用斜盖板连接，有时也用圆弧状板连接。内、外盖板和斜盖板一般用铝合金型材或不锈钢板制成，起到安全、防尘和美观的作用。

六、安全保护装置

自动扶梯及自动人行道是一种开放、连续运行的运输设备。人们在乘梯时，与其部件的接触、碰撞、以及其突然的速度变化等，都存在对人员的安全隐患。因此，自动扶梯及自动人行道应有可靠的机电安全保护装置，避免各种潜在危险事故的发生，确保乘用人员和设备的安全，并把事故对设备和建筑物的破坏程度降到最小。以下简要介绍自动扶梯及自动人行道的主要安全保护装置。

1. 工作制动器、紧急制动器和附加制动器

工作制动器安装在主机上，是确保扶梯正常停车的制动器；紧急制动器直接作用在主驱

动轴上，是确保扶梯在紧急情况下有效地减速停车、并保持静止状态的制动器；附加制动器直接安装在主驱动轴上，在工作制动器失效时动作，实现加强制动力矩，是确保扶梯停止运行的制动器。以上三种制动器的结构和工作原理在前面已经述及，不予重复。

2. 超速保护装置

当电动机的转差率大于10%或电动机与梯级间的传动存在摩擦传动时所设置的一种保护称为超速保护装置。超速保护装置一般有机械式和电子式两种。当扶梯超速运行至某设定值或欠速运行至某设定值时超速保护装置动作，切断扶梯的电源，使扶梯停止运行的装置。

3. 防逆转保护装置

防逆转保护装置是防止扶梯改变规定运行方向的自动停止扶梯运行的控制装置。这种装置有机械式和电子式两种。当扶梯发生逆转时，该装置使工作制动器或附加制动器动作，使扶梯停止运行。

4. 梯级链保护装置

梯级链保护装置是当梯级链伸长超出允许范围或其中一条链条发生断裂时，安装在其上的安全保护开关动作，使扶梯停止运行的装置。

5. 梳齿板安全保护装置

梳齿板安全保护装置是当异物卡在梯级踏板与梳齿之间造成梯级不能与梳齿板正常啮合时，梳齿就会弯曲或折断。此时梯级不能正常进入梳齿板，梯级的前进力就会将梳齿板抬起移位，使微动开关动作，扶梯停止运行，达到安全保护的装置。

6. 扶手带入口安全保护装置

在通常情况下，人的手不会碰触扶手带的出入口，但小孩因为好奇有可能用手去摸，手和手臂有可能被扯入。为防止类似的安全隐患发生，在扶手带出入口装设有安全保护装置。当扶手带出入口的橡胶套受到30~50N的压力时，会使微动开关动作，使扶梯停止运行。

7. 围裙板保护装置

自动扶梯正常运行时，围裙板与梯级间应有一定的间隙，为了防止异物夹入梯级与围裙板之间的间隙中，在围裙板的反面机架上装有微动的开关，一旦围裙板被异物挤夹而变形，微动开关动作，自动扶梯立即断电停止运行。虽然国家标准没有规定必须安装这种保护装置，但一般的扶梯生产厂家均在自动扶梯的上部和下部安装四个围裙板保护装置，确保扶梯安全运行。

8. 扶手带断带保护装置

公共交通型自动扶梯一般都设有扶手带断带保护装置。如果扶手带断裂，则紧靠在扶手带内表面的滚轮摇臂就会下跌，使微动开关动作，微动开关将使扶梯停止运行。

9. 梯级塌陷保护装置

梯级塌陷指梯级滚轮外圈的橡胶剥落或梯级滚轮轴断裂等情况发生时，造成梯级在进入水平段时不能与梳齿板正常啮合。当梯级塌陷后，运动中的梯级碰撞开关上的摆杆使开关动作，使扶梯停止运行的装置。

10. 驱动链断链保护装置

驱动链断链保护装置一般有机械式和电子式两种结构形式。当链条下沉超过某一允许范围或驱动链断裂时，该保护装置的微动开关动作，断开主机电源而使扶梯停止运行。该保护装置总是和紧急制动器同时动作的。因为驱动链断开后，工作制动器和附加制动器不再起作用，不能使扶梯停止运行，而只有紧急制动器动作，才能达到安全保护的目的。

11. 机械锁紧装置

自动扶梯在运输过程中或长期不用时，为了安全起见，可按用户要求增设一套机械锁紧装置，将驱动机组锁定。

12. 梯级黄色边框

为确保扶梯的使用安全，在梯级上装设有黄色边框。世界上的许多国家和地区要求，梯级边框应涂有5cm宽的黄色漆条（也称边框），或用ABS聚氨酯黄色边框条等，提醒乘客注意"黄色区域为禁止区"，同时也具有装饰的作用。

七、润滑系统

机械零件经相对运动摩擦后会产生大量热量，如不采取措施，久而久之，会造成机件严重磨损，破坏设备的结构性能。配备自动加油润滑装置，可以减少机件摩擦产生的热量，降低运行噪声，延长使用寿命。自动扶梯需要润滑的主要机械部件包括主驱动链条、梯级驱动链条、扶手带驱动链条、导轨转向壁等。常见的自动润滑装置示意图如图6-18所示。

润滑装置分为浸润式自动润滑装置、电磁阀控制的润滑装置和滴油式润滑装置三种。由于滴油式润滑装置在扶梯长时间不用的情况下，存在不能停止加油而造成浪费的缺陷，目前扶梯制造厂家已经很少采用这种润滑装置。

八、自动人行道

自动人行道的驱动装置和扶手装置与自动扶梯通用；桁架、运载系统、安全保护装置、润滑系统和电气控制系统与自动扶梯基本相同，主要区别是自动扶梯供乘客站立的是梯级，自动人行道供乘客站立的是踏板。由于自动人行道的安装、维修和日常保养与自动扶梯相似，此后的章节多以自动扶梯为例介绍自动扶梯及自动人行道的安装和维修保养。

1. 踏板

踏板也称为踏步，是踏板式自动人行道供乘客站立的板状构件，它一般采用铝合金压铸而成，是一平板小车其结构形式如图6-19所示。在踏步下面装有两根支承主轴，主轴两端各装一个滚轮，滚轮与拖动链条相连。踏步的两个轴一个是固定的，一个是游动的，游动轴又是另一个踏步的固定轴，

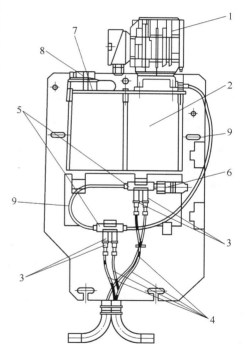

图6-18　自动润滑装置示意图
1—油泵　2—油箱　3—剂量器　4—软管
5—油路分配器　6—压力开关　7—注油口
8—油位开关　9—主电路

这样使踏步与踏步之间既互相牵制又互相游动，在转向时踏步就不会被卡死。

2. 自动人行道的三种结构形式

（1）踏步式自动人行道　踏步式自动人行道是目前普遍采用的人行道，其基本结构如图6-20所示。由于循环运动的踏步车轮没有主轮与副轮之分，因而踏步在驱动与张紧端转向都不需要使用转向壁，结构大大简化，同时降低了自动人行道的结构高度。另外自动人行

道的各踏步间形成一个平坦的路面，踏步铰接在两根牵引链条上，因此简化了人行道的导轨系统。

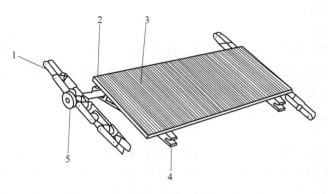

图6-19 踏板结构

1—曳引链条 2—装饰嵌条 3—踏板 4—托架 5—驱动滚轮

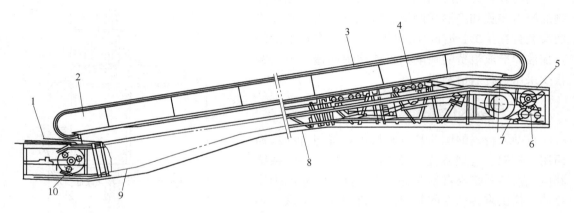

图6-20 踏步式自动人行道基本结构图

1—扶手带入口安全装置 2—侧板 3—扶手带 4—扶手驱动装置
5—前沿板 6—驱动装置 7—驱动链 8—桁架 9—曳引链条 10—踏板

（2）带式自动人行道 带式自动人行道的结构类似于工业企业常用的带式输送机。其结构如图6-21所示。对于这种带式自动人行道，从安全的角度和心理学的角度出发，能使乘客感觉站在上面如站在地面一样，因此平稳和安全的运行是这种人行道的重要质量考核指标。

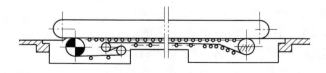

图6-21 带式自动人行道结构简图

这种带式自动人行道的最重要部件是输送带，它一般由冷拉、淬火的高强度钢带制成，表面必须平整。为了减小噪声和保护钢带，一般在钢带的外面覆盖有橡胶层。为了确保乘客能安全上下人行道，在钢带橡胶面上有小槽，使输送带能顺利进出梳齿板，达到安全保护的目的。钢带的支承可以是滑动的，也可以是用托辊的。如果使用滑动支承，钢带的另一面不需要覆盖橡胶。如果使用托辊时，钢带的另一面也要覆盖橡胶。托辊间距一般较小。

这种带式自动人行道的长度一般为300～350m。当自动人行道的长度为10～12m时，一般采用滑动支承。

（3）双线式自动人行道　双线式自动人行道的结构简图如图6-22所示。它是使用一根销轴垂直放置的牵引链条构成一个水平闭合轮廓的输送系统，这种系统与踏步式自动人行道的链条所构成的垂直闭合轮廓系统不同。牵引链条两分支即构成两台运行方向相反的自动人行道。一系列踏步的一侧装在该牵引链条上，踏步另一侧的车轮自由地运行在它的轨道上。

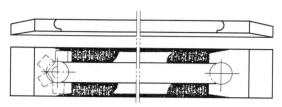

图6-22　双线式自动人行道结构简图

这种自动人行道的驱动装置在它的一端。并将动力传给轴线垂直的大链轮。电动机、减速器等就装在两台自动人行道之间。张紧装置装在自动人行道另一端的转向大链轮上。

双线式自动人行道的特点是结构的高度低，可以利用两台自动人行道之间的空间放置驱动装置，而且可以直接固接于地面之上。因而，当建筑物的大厅高度不够时以及在高度特别紧凑的地方（例如隧道或某些通道中），可采用这种自动人行道。

第三节　自动扶梯的电气控制系统

电气控制系统是自动扶梯的重要组成部分，属于自动扶梯的神经、指挥控制系统，为扶梯的安全、舒适、可靠运行提供保障。它由控制柜、主驱动电动机、制动线圈、自动润滑电动机、上下端部的起动、停止钥匙开关及起动警铃钥匙开关、速度监测电气装置、安全保护开关、扶手照明电路、下端机房接线箱、移动检修盒、故障显示器等部件组成。控制柜一般位于扶梯上端部机房，是实现扶梯电力拖动控制和逻辑控制功能的核心部件；分布在扶梯各部位的各个电气开关是确保扶梯安全运行的器件，检修盒实现扶梯检修运行，下端部机房的控制箱使分散的电气元件有机连接起来，共同实现扶梯的自动控制及故障显示等功能。自动润滑电气控制装置是确保各机械运动部件适时润滑加油，提高运行舒适性，降低运行噪声和延长机械寿命的重要装置。相对于电梯而言，自动扶梯的电气控制系统比较简单，它与机床的电气控制系统有相似之处。

一、自动扶梯的电气保护装置

本章第二节的"安全保护装置"介绍的自动扶梯机械安全保护装置中，大多数是通过机械动作使电气开关动作，实现扶梯停止运行而达到安全保护目的。除此之外，自动扶梯还有以下三种电气保护装置。

1. 供电电源的相位保护

当接入的三相五线制电源缺相或错相时，接在扶梯控制电路中的相序继电器动作，断开扶梯的安全控制电路，此时自动扶梯不能起动运行，如果扶梯在运行过程中，由于供电电网缺相时，相序继电器动作，扶梯同样会立即停止运行，实现安全保护作用。

2. 电动机保护装置

1）当自动扶梯超载或其他原因造成电动机电流大并长时间运行时，串接在电动机供电电路中的热继电器动作，断开安全控制电路使扶梯停止运行，防止烧毁电动机。而在充分冷却后，该热继电器自动复位，接通扶梯的安全控制电路，通过上、下行钥匙开关仍可起动扶梯并投入正常运行。发生此故障时，应认真检修，查明原因并排除后再起动扶梯。

2）当自动扶梯的电源发生短路致使电动机三相电流不平衡时，为了保护电动机，在电动机供电电路中接入的熔断器在短路瞬间立即烧断，能立即使扶梯停止运行，实现短路保护。待查明原因并排除后，接通熔断器，可重新起动扶梯并投入正常运行。

3. 停止按钮和急停按钮

在自动扶梯上下出入口处的围裙板（或其盖板）上装有一个红色停止按钮和一个钥匙开关，该停止按钮一般比较醒目、易操作、灵敏度好。在遇有紧急情况时，按下这只红色停止按钮，扶梯立即停止运行。待一切恢复正常后，再用专用钥匙接通安装在其旁边的钥匙开关，重新起动自动扶梯并投入正常运行。急停按钮一般有两个，一个安装在上端部机房控制柜内；一个安装在下端部的检修盒内。它们的作用与停止按钮相同。急停按钮一般是采用非自动复位的红色按钮，停止按钮是自动复位的红色按钮。

二、自动扶梯电气控制原理图及其工作原理

自动扶梯的电气控制系统按采用的过程管理、控制装置分有继电器控制、可编程序控制器（PLC）控制、计算机控制等几种。继电器控制方式在 15 年前用得比较多，这种电气控制原理比较简单、直观，但由于其触点较多，接线比较复杂，故障率较高且排除故障比较困难，难以实现许多附加的先进功能等现已被淘汰。可编程序控制器的自动扶梯控制系统具有控制柜接线少、抗干扰能力强、可靠性高、编程简单、操作方便、通用性强、安装调试简单、维修方便等优点而被广泛采用。常见的 PLC 控制自动扶梯电气控制原理图如图 6-23 所示。

1. 在正常状态下的操作程序及其控制原理

（1）上班开启自动扶梯

1）自动扶梯管理人员在上班前，应按预先设置的自动扶梯运行方向，起动自动扶梯投入正常运行。例如起动自动扶梯上行：用专用钥匙扭动位于上端部的 YSK_1 钥匙开关或位于下端部的 YSK_2 钥匙开关处于上行位置，此时 PLC 的输入点 X_{14} 接通，经过 PLC 逻辑控制程序，分别使 PLC 的输出点 Y_0 接通，SC↑、Y_4 接通，ZDC↑，驱动电动机的抱闸线圈得电打开、Y_2 接通，QDC↑，驱动电动机绕组采用丫联结降压起动运行，经过 2.5s 左右，Y_2 断开，QDC↓、Y_3 接通，YXC↑，驱动电动机绕组采用△联结全电压正常运行，自动扶梯投入正常的向上运行状态。

自动扶梯向下起动运行过程与向上相仿，只是 YSK_1 或 YSK_2 钥匙开关的扭动方向相反，PLC 的输入点 X_{15} 接通，经过 PLC 逻辑控制程序，使 PLC 的输出点 Y_1 接通，XC↑，以后的动作过程与上行时完全一致。

2）自动扶梯起动运行后，扶梯管理人员拔下专用钥匙，观察扶梯运行是否正常、听听扶梯运行有无异声，待确认一切正常后离开该扶梯，再按同样的方式起动所有需要运行的自动扶梯。

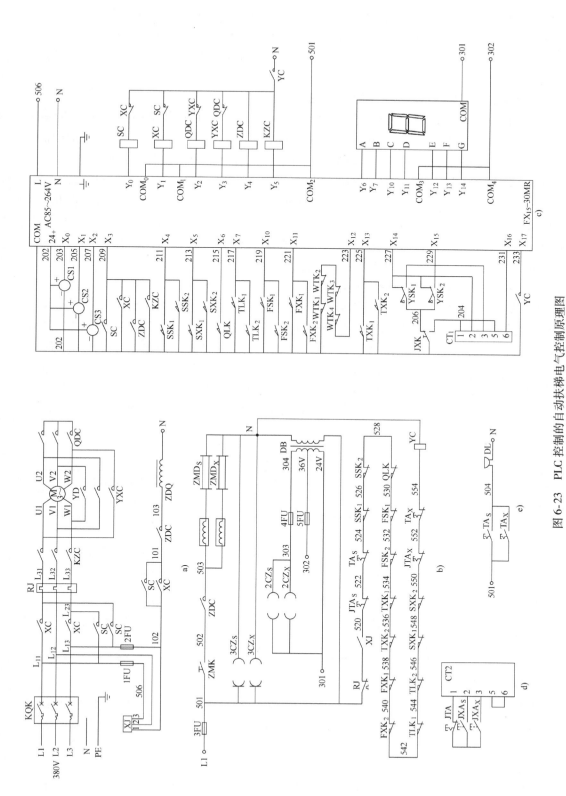

图 6-23 PLC 控制的自动扶梯电气控制原理图

a) 主拖动控制电路 b) 梯级照明和安全电路控制电路 c) PLC 和逻辑辑控制电路 d) 检修插头控制电路 e) 选择开梯预备铃控制电路

（2）下班关闭自动扶梯 下班后，扶梯管理人员在确认扶梯上没有人员时，按下位于上端部的停止按钮 TAS 或下端部的停止按钮 TAX，此时控制电路的电压接触器 YC↓，扶梯立即停止运行。因为 TAS 和 TAX 为自动复位按钮，当松开该按钮时，YC↑，为上班开启扶梯做好准备。

2. 在检修模式下的操作程序及其控制原理

打开扶梯下端部盖板，将检修开关 JXK 打到检修位置，并将检修盒的插头插入检修插座上，此时 201 线与 204 线接通，201 线与 206 线断开，PLC 的输入点 X_{16} 接通，自动扶梯处于检修模式，扶梯上的开梯钥匙开关 YSK_1 和 YSK_2 不起作用。自动扶梯的检修为点动运行方式，即按下按钮，扶梯运行；放开按钮，扶梯停止。例如检修扶梯上行：按下检修盒上的上行检修按钮 JXA_S，PLC 的输入点 X_{14} 接通，扶梯与正常运行模式下的上行运行过程相同，当放开 JXA_S 按钮时，PLC 的输入点 X_{14} 断开，PLC 程序控制使扶梯立即停止，实现检修时的点动运行。扶梯检修下行与上行相仿，只是按下检修盒上的下行检修按钮 JXA_X，PLC 的输入点 X_{15} 接通，扶梯向下运行，当放开 JXA_X 按钮时，扶梯停止运行。

3. 自动扶梯电气控制系统中的安全控制

自动扶梯电气控制系统中的安全控制有两种途经，一种是将安全开关如扶手带出入口开关、梯级塌陷开关、梯级链链断开关、驱动链链断开关、梳齿异常开关等等串接在安全控制电路中，只要有任一个开关动作，电压接触器 YC 失电复位，扶梯立即停止运行；另一种是将开关信号直接接在 PLC 的输入点上，如主电动机测速传感器、左、右扶手带测速传感器以及围裙板与梯级间隙开关等，通过 PLC 程序控制，使扶梯停止运行，确保乘客安全。为了便于维修，本电气控制系统采用七段数码形式显示了扶梯的运行模式和故障状态，其对应关系见表 6-2。

表 6-2 扶梯运行状态及故障状态显示对应表

数 码 显 示	运行状态或故障状态	数 码 显 示	运行状态或故障状态
0	YC 回路	7	下扶手进出口异常
1	检修状态	8	围裙间隙开关异常
2	上梳齿异常	9	梯级下陷开关异常
3	下梳齿异常	A	主机速度异常（超、欠速）
4	驱动链异常	C	左扶手速度异常
5	梯级链异常	D	右扶手速度异常
6	上扶手进出口异常	E	起动保护

4. 开梯预备铃控制电路

开梯预备铃为选择功能。在开梯前，按下扶梯上的停止按钮 TA_S 或 TA_X，预备铃响起，通告扶梯即刻要起动，松开按钮，铃声停止，此时可扭动扶梯上的钥匙开关起动扶梯投入正常运行。

5. 梯级照明控制电路

自动扶梯正常工作后，将控制柜内的照明开关 ZMK 闭合，只要扶梯运行，扶梯上下端部的梯级照明灯（绿色）亮，若扶梯停止运行，梯级灯熄灭。

6. 自动扶梯的润滑

自动扶梯的润滑系统分为手动和自动两种方式。本节讲述的控制系统采用的是手动润滑装置，一般每周对扶梯润滑一次，实施润滑工作应在检修模式下进行。自动润滑系统一般以时间为设定参数，在扶梯正常运行累计时间为 40～48 小时时，应给自动扶梯的主驱动链、梯级链、扶手带驱动链等加油润滑一次，润滑时间一般为 2～4 分钟。自动润滑控制系统应视润滑装置设定，一般是直接给润滑装置提供电源，由润滑装置本身设定时间自动润滑；还有的是依靠外部控制电路计时，再直接驱动润滑装置实现自动润滑。由于篇幅限制，此处不一一列举，但对于扶梯的自动润滑系统，扶梯的管理人员以及日常的维修人员应定期检查润滑装置的油位，确保润滑装置工作正常。

第四节 自动扶梯的安装、使用及维修保养

一、安装前的准备工作

自动扶梯的安装和电梯一样，必须组织具有自动扶梯安装许可资质的单位来实施安装作业。在安装自动扶梯之前需做以下准备：

1. 组织安装小组

安装小组一般由 4～6 人组成，其中必须有熟悉扶梯产品的钳工和电工各一名，以便全面负责扶梯的安装和调试工作。安装小组的技工均应经制造单位培训，考核合格并纳入其安装人员管理体系中。

2. 熟悉技术文件

安装小组长应索取本工程项目的产品合同和安装合同复印件，了解产品的规格和参数、技术性能、出厂状态及安装方式。同时应开箱索取该产品的随机文件，熟悉随机文件，并对小组全体人员进行安装前的技术交底和安全教育。

3. 查看施工现场周围环境，核查扶梯井道土建尺寸

对扶梯井道土建尺寸的再次核查应认真、细致、精确，确保进场后安装工作顺利进行。现场查看时：首先应观察井道周围的环境是否影响扶梯桁架的搬入和拼接；与现场土建承包方、业主代表、监理方等充分协调，确定扶梯到工地后的堆放，以及扶梯驳运到建筑物内的通道；测量扶梯井道的提升高度、跨度尺寸、上下开口部的宽度尺寸及其对角线的尺寸以及扶梯底坑长、宽、深的尺寸是否符合要求；检查上、下支承梁上是否有预埋钢板等。

4. 确定施工方案

结合用户工期要求，编制符合现场实际的施工方案，合理安排人力资源、文明施工，在安全施工的前提下，确保施工周期和安装质量，同时注意施工现场的环境保护。

5. 清查或购置安装工具和必要的设备

安装自动扶梯及自动人行道必备的一般工具和设备与安装电梯的工具相似，这里不再赘述。

6. 办理开工申报手续

依据国家和地方政府的相关要求，准备好有关资料，在当地政府部门办理开工申报手续，经同意开工之后，安装小组方可正式实施安装工作。

7. 开箱及验收

安装前应由安装小组长会同业主代表等根据装箱清单核对所有零部件和安装材料，有缺件或损坏时应及时与生产厂家联系办理三包补缺更换手续。开箱后的零部件应妥善保管在事先与业主确定的库房内，库房内要注意防止进水，以免部件生锈，同时做好防火、防盗工作。

8. 安装小组人员应遵守的作业守则

安装施工时应遵守政府部门及业主单位的有关安全规则，正确规范使用劳防用品，凡进行带电操作需有二人以上同时在场。使用电焊、气割等有一定危险性的作业时，操作人员应持证上岗，同时应办理动火申请手续，在落实好现场预防措施及动火申请批准后，方可动火，动火时应有一人监护施工，以免发生意外。

二、自动扶梯的安装

1. 起吊就位

（1）驳运　自动扶梯从建筑物外运送到井道能够起吊的位置的整个过程称为自动扶梯的驳运。驳运路线上的空间净高度和宽度应能满足自动扶梯顺利通过。驳运通道的地面应能承受该自动扶梯自重及驳运设备的载荷。在驳运过程中，受力点只能是自动扶梯两端的支承角钢、起吊螺栓或吊装脚上。严禁冲撞或拖吊扶梯其他部位。在安装起吊就位前，应将工厂因装箱发运而摆放在桁架内的全部零部件拆移出来，避免零部件窜动而损坏。

（2）起吊顺序　在一个建筑物内有多台自动扶梯安装时，应依据产品订货合同中扶梯的规格参数，主要是倾斜角和提升高度，确定起吊的先后顺序，而且必须从最上一层的一台开始逐层向下起吊就位。

（3）吊装　自动扶梯的吊装分为整机吊装和分段吊装两种方式。

1）整机吊装。提升高度较小的扶梯，制造厂一般在工厂已完成装配和调试，有的扶栏也装好，整机运到工地，直接吊装到井道上。因扶梯运输和吊装允许长度的限制，整机吊装的扶梯提升高度一般在 6m 以下。

2）分段吊装。对不能作整机吊装的扶梯，一般在工厂装配调试好后，分开几段运到工地。现场拼接可在地面进行，也可在空中对接，然后放置入预定位置。

由于自动扶梯的桁架体积大而且重，因此在吊装时事先应有一个完善的吊装方案。在吊装前，应仔细察看现场，充分考虑驳运路线和吊装方式。现场的驳运和吊装一般都委托给有专业起重资质的单位组织实施。在签订相关起吊协议的同时，必须明确安全责任，因为在驳运和吊装过程中，设备和人身安全是非常重要的。

（4）桁架的定位

1）高度定位。扶梯吊装到井道支撑梁上后，其高度位置可通过桁架两端梯头上的调整螺栓或垫片加以调整。高度的调整应考虑与地面最终装修面配合，一般要求自动扶梯的盖板高出最终完成面 2～5mm。

2）水平位置。依据扶梯的安装布置图，左右移动桁架调整其水平位置。在调整时，还需要对主驱动轴打水平，如图 6-24 所示，水平度一般不应大于 0.5/1000。

3）桁架的固定。在调整好桁架的高度和水平位置后，应立即紧固桁架。一般自动扶梯的桁架上部实行左右、前后方向全部与安装底板焊接在一起固定。下部左右方向的桁架止动角钢焊接在底板（预埋钢板）上，而前后方向的桁架止动角钢焊接在安装底板上，使桁架在长度方向有伸缩余地。

（5）放置中心样线 有的自动扶梯在安装时需要拉中心样线，如图 6-25 所示，中心样线是安装调整导轨、扶手等部件的基础。

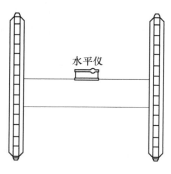

图 6-24 主驱动轴的水平

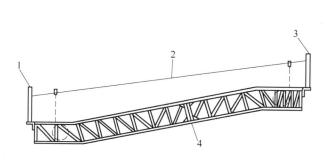

图 6-25 中心样线示意图

1—下部样线支架 2—钢丝线（$\phi0.5$） 3—上部样线支架 4—桁架

2. 整机出厂自动扶梯的现场安装

整机出厂的自动扶梯一般分为两种形式：一种是工厂已全部安装调试完成，现场只作少量工作，扶梯即可调试验收并投入运行；另一种是除扶手系统、围裙板、内外盖板等要在使用现场安装，再通电调试运行。由于篇幅限制，读者可参考相关生产厂家的出厂安装说明书了解其安装过程，这里不再赘述。

3. 分段出厂自动扶梯的安装

分段出厂自动扶梯在工地现场首先要进行拼接，其中包括桁架拼接、梯级导轨和扶手导轨拼接、梯级链条拼接等。由于工厂在出厂前已安装调试运行正常后，再分段拆开运送到工地，因此在拼接处的每个接合面上都有冲印线，在现场拼接时，应充分调整左右上下位置使冲印线对齐，再在连接面的间隙插入相应的垫片，然后再穿入高强度螺栓，用力矩扳手拧紧螺栓。拼接完成并吊装在井道支承梁上之后的安装与整机出厂自动扶梯的现场安装类似，这里不再重复。

4. 安全保护装置的安装调整

为确保乘客和设备本身的安全，自动扶梯设置了一系列安全保护装置，因此在现场安装时，一定要精心安装调整，避免意想不到的事故发生。现场安装时，应按生产厂家提供的安装说明书中的安装技术要求调整好机械动作间隙和接好安全开关配线，确保起到安全保护的作用。

三、自动扶梯的调试运行及验收移交

1. 调试运行

自动扶梯的调试运行分为检修运行（点动运行）和正常运行两个过程。首先应进行检修运行：检查扶梯是否能按钥匙开关选定的方向起动；将检修操纵盒与控制屏连接，此时扶梯的钥匙开关不能起动扶梯，只能通过检修操纵盒上的检修上行或下行按钮点动，且运行方向正确，必要时可改变驱动电动机的两相接线进行修正；检查当急停按钮按下时应能够使扶梯立即停止运行；检查梯级运行时有没有异常振动、噪声、碰擦等现象。以上检修运行检查确认正确之后，可进行正常调试运行。调试运行结束后，调试人员在离开工地前应填写好调试报告，一份自己带回单位备案，一份移交该工程项目负责人或安装队长。

2. 自动扶梯的验收移交

自动扶梯安装调试完成后，首先由安装班组依据有关国标要求进行自验和互验，将检测数据填写在自检报告中；再由生产厂家进行厂检并出具检验报告给用户，确认扶梯的现场安装合格；安装班组整理好相关资料协同用户一起报请当地政府主管部门监督检验，监检合格后，出具一份监督检验报告及合格证给用户、一份监督检验报告由施工单位长期保存。监督检验合格后 30 天内，施工单位应将该自动扶梯的相关随机资料、技术资料等移交使用单位。安装班组依据安装合同的相关条款催讨安装费，办理扶梯移交手续并正式投入营运。

四、自动扶梯的管理使用

自动扶梯是连续运送乘客的机电类特种设备，一般使用在人流比较集中的场所，运输客流量大且连续工作时间长。因此，自动扶梯的管理使用工作尤为重要。

1. 落实管理部门及人员

使用单位接收到可以正常投入运行的自动扶梯后，要做的第一件事就是落实管理部门，指定专职或兼职的管理人员，以便在扶梯投入运行后，妥善处理维护保养、检查修理等方面的问题。

2. 建立自动扶梯的资料档案

1）将安装单位和制造厂家提供的所有技术文件和图纸资料进行统一编号并归档，妥善保管以便于查阅，其中使用维护说明书、电气控制原理图以及电气接线图等应该放在醒目位置，便于日常维护保养时随时查阅。

2）当地政府部门每年对扶梯的检验报告书，每次维修记录以及发生事故的相关记录也应一并归档管理。

3. 自动扶梯的日常管理要点

1）每日由专人负责用钥匙开启自动扶梯，并确认一切正常后方允投入运行；

2）雨雪天应提醒乘客不要让雨具接触扶梯，因水滴进入扶梯内部易引起设备损坏；

3）发现孩童在扶梯上玩耍时应及时制止；

4）穿着婚纱等长下摆服饰乘扶梯时，应尽量劝阻，以免衣物卷入扶梯中造成伤害；

5）避免在扶梯出入口聚集，以免大量人员涌入造成跌倒等事故发生。

4. 自动扶梯的正确乘用

自动扶梯的乘用者应手握扶手带，面朝运行方向，两脚站在一个梯级上，并站立在黄色安全界线内。进入和离开扶梯梯级时，应及时抬脚和站稳。儿童应由大人拉住乘梯，且在扶梯下行时不要将儿童跨在扶手带上，老人和行动不便者应由他人搀扶。乘梯时不要将头伸出扶手带之外张望。严禁赤脚者乘坐，乘梯时不要吸烟。自动扶梯主要用于输送乘客，除随身携带的小物品外，严禁搬运笨重货物，严禁将手提行李放置在扶手带上。在进入自动扶梯前的显著位置上，应设置以上正确乘梯的警示牌。

五、自动扶梯的维修保养

为了确保自动扶梯和自动人行道的安全乘用，符合国家关于特种设备相关的法律、法规、安全技术规范等规定，应定期实施维修保养，维保记录至少保存 4 年。自动扶梯和自动人行道的不同周期的基本维护保养工作内容一般可参照表 6-3 ~ 表 6-6 的要求进行。

1）自动扶梯与自动人行道半月维护保养项目内容和要求见表6-3。

表6-3　自动扶梯与自动人行道半月维护保养项目内容和要求

序号	维护保养项目（内容）	维护保养基本要求
1	电器部件	清洁，接线紧固
2	故障显示板	信号功能正常
3	设备运行状况	正常，没有异常声响和抖动
4	主驱动链	运转正常，电气安全保护装置动作有效
5	制动器机械装置	清洁，动作正常
6	制动器状态监测开关	工作正常
7	减速机润滑油	油量适宜，无渗油
8	电机通风口	清洁
9	检修控制装置	工作正常
10	自动润滑油罐油位	油位正常，润滑系统工作正常
11	梳齿板开关	工作正常
12	梳齿板照明	照明正常
13	梳齿板梳齿与踏板面齿槽、导向胶带	梳齿板完好无损，梳齿板梳齿与踏板面齿槽、导向胶带啮合正常
14	梯级或者踏板下陷开关	工作正常
15	梯级或者踏板缺失监测装置	工作正常
16	超速或非操纵逆转监测装置	工作正常
17	检修盖板和楼层板	防倾覆或者翻转措施和监控装置有效、可靠
18	梯级链张紧开关	位置正确，动作正常
19	防护挡板	有效，无破损
20	梯级滚轮和梯级导轨	工作正常
21	梯级、踏板与围裙板之间的间隙	任何一侧的水平间隙及两侧间隙之和符合标准值
22	运行方向显示	工作正常
23	扶手带入口处保护开关	动作灵活可靠，清除入口处垃圾
24	扶手带	表面无毛刺，无机械损伤，运行无摩擦
25	扶手带运行	速度正常
26	扶手护壁板	牢固可靠
27	上下出入口处的照明	工作正常
28	上下出入口和扶梯之间保护栏杆	牢固可靠
29	出入口安全警示标志	齐全，醒目
30	分离机房、各驱动和转向站	清洁，无杂物
31	自动运行功能	工作正常
32	紧急停止开关	工作正常
33	驱动主机的固定	牢固可靠

2）自动扶梯与自动人行道季度维护保养项目内容和要求除符合表6-3半月维护保养项

目内容和要求外，还应当符合表6-4的项目内容和要求。

表6-4 自动扶梯与自动人行道季度维护保养项目内容和要求

序号	维护保养项目（内容）	维护保养基本要求
1	扶手带的运行速度	相对于梯级、踏板或者胶带的速度允差为 0 ~ +2%
2	梯级链张紧装置	工作正常
3	梯级轴衬	润滑有效
4	梯级链润滑	运行工况正常
5	防灌水保护装置	动作可靠（雨季到来之前必须完成）

3）自动扶梯与自动人行道半年维护保养项目内容和要求除符合表6-4季度维护保养项目内容和要求外，还应当符合表6-5的项目内容和要求。

表6-5 自动扶梯与自动人行道半年维护保养项目内容和要求

序号	维护保养项目（内容）	维护保养基本要求
1	制动衬厚度	不小于制造单位要求
2	主驱动链	清理表面油污，润滑
3	主驱动链链条滑块	清洁，厚度符合制造单位要求
4	电动机与减速机联轴器	连接无松动，弹性元件外观良好，无老化等现象
5	空载向下运行制动距离	符合标准值
6	制动器机械装置	润滑，工作有效
7	附加制动器	清洁和润滑，功能可靠
8	减速机润滑油	按照制造单位的要求进行检查、更换
9	调整梳齿板梳齿与踏板面齿槽啮合深度和间隙	符合标准值
10	扶手带张紧度张紧弹簧负荷长度	符合制造单位要求
11	扶手带速度监控系统	工作正常
12	梯级踏板加热装置	功能正常，温度感应器接线牢固（冬季到来之前必须完成）

4）自动扶梯与自动人行道年度维护保养项目内容和要求除符合表6-5半年维护保养项目内容和要求外，还应当符合表6-6的项目内容和要求。

表6-6 自动扶梯与自动人行道年度维护保养项目内容和要求

序号	维护保养项目（内容）	维护保养基本要求
1	主接触器	工作可靠
2	主机速度检测功能	功能可靠，清洁感应面、感应间隙符合制造单位要求
3	电缆	无破损，固定牢固
4	扶手带托轮、滑轮群、防静电轮	清洁，无损伤，托轮转动平滑
5	扶手带内侧凸缘处	无损伤，清洁扶手导轨滑动面
6	扶手带断带保护开关	功能正常
7	扶手带导向块和导向轮	清洁，工作正常

（续）

序号	维护保养项目（内容）	维护保养基本要求
8	进入梳齿板处的梯级与导轮的轴向窜动量	符合制造单位要求
9	内外盖板连接	紧密牢固，连接处的凸台、缝隙符合制造单位要求
10	围裙板安全开关	测试有效
11	围裙板对接处	紧密平滑
12	电气安全装置	动作可靠
13	设备运行状况	正常，梯级运行平稳，无异常抖动，无异常声响

第六章应了解掌握的主要问题和复习思考题

一、应了解掌握的主要问题

1. 了解自动扶梯和自动人行道的发展简况。

2. 掌握自动扶梯和自动人行道的特点、主要参数和从不同角度分类的结果。

3. 掌握自动扶梯和自动人行道机械部分的主要构成部分及其作用。

4. 掌握自动扶梯和自动人行道电气部分的组成部分及其控制原理。

5. 掌握自动扶梯和自动人行道的管理、安装、使用和维护保养。

二、复习思考题

1. 判断题（对打"√"，错打"×"）

（1）自动扶梯的安全性比自动人行道好。　　　　　　　　　　　　　　　　（　　）

（2）安装自动扶梯和自动人行道的关键工作是吊装。　　　　　　　　　　　（　　）

（3）自动扶梯及自动人行道和电梯一样同为机电类特种设备，其管理、使用和维护保养的基本要求是相似的。　　　　　　　　　　　　　　　　　　　　　　　　　　　　　　　　（　　）

（4）自动扶梯的驱动力主要是克服阻力，自动人行道的驱动力主要是克服重力。（　　）

（5）自动人行道的踏板相当于自动扶梯的梯级。　　　　　　　　　　　　　（　　）

（6）本书介绍的自动扶梯和自动人行道均采用"丫-△"起动、运行模式，其目的是降低起动电流，减少对同网用电设备的影响。　　　　　　　　　　　　　　　　　　　　　　　　　（　　）

（7）自动扶梯的运送能力取决于扶梯的额定运行速度和梯级宽度。　　　　　（　　）

（8）转换自动扶梯的运行方向时，只要在运行过程中将控制开关钮至反方向即可。（　　）

（9）生产厂家应根据自己产品的特性，确定自动扶梯的基础标高的位置。　　（　　）

2. 选择题（填写被选项目序号）

（1）自动扶梯和自动人行道最常用的运行速度是：A（0.5m/s）；B（0.65m/s）；C（0.75m/s）（　　）

（2）大提升高度自动扶梯牵引构件的安全系数一般为：A（5）；B（7）；C（10）（　　）

（3）自动扶梯梯级的高度应不超过：A（0.24m）；B（0.30m）；C（0.35m）（　　）

（4）自动扶梯的桁架是承载部件，当提升高度超过一定高度时，为增加桁架的刚性和强度，需在两水平面之间设支撑构件，这个高度一般为：A（4m）；B（6m）；C（8m）（　　）

（5）为确保自动扶梯安全运行，围裙板与梯级的单边间隙应不大于：A（2mm）；B（4mm）；C（6mm）（　　）

（6）自动扶梯扶手带的运行速度相对于梯级、踏板的运行速度、允许偏差为：A（-2%～+2%）；B（0%～2%）；C（-1%～+1%）；D（0%～1%）（　　）

3. 填空题

（1）自动扶梯的机械部分由＿＿＿＿＿＿、＿＿＿＿＿＿、＿＿＿＿＿＿、＿＿＿＿＿＿

_____、_____六大构件（系统）组成。

（2）自动扶梯的倾斜角在_____之间，自动人行道的倾斜角在_____之间。

（3）自动扶梯和自动人行道的梯级宽度有_____、_____、_____三种。

（4）自动扶梯和自动人行道有_____、_____、_____、_____、_____、_____、_____7 个主要参数。

（5）自动扶梯的润滑有手动和自动两种形式，手动润滑一般_____润滑一次，润滑工作应在_____下进行。自动润滑一般以_____作为设定参数，当累计运行时间为_____小时应给_____、_____、_____加油一次，加油时间大约为_____分钟。

（6）自动扶梯的出入口外应有不少于_____ m 的水平段，此水平段的梯级差应不大于_____ mm。

（7）当自动扶梯的倾斜角≤30°时，额定运行速应不大于_____ m/s，倾斜角为 35°且提升高度不超过 6m 时，额定运行速度应不大于_____ m/s。

4. 问答题

（1）简述图 6-23 实现上班开启自动扶梯的步骤及其控制原理？

（2）自动扶梯应有哪些安全防护装置？

（3）简述链条式自动扶梯驱动装置的工作原理？

附录

各章复习思考题的参考答案

第一章复习思考题的参考答案

1. 判断题（对打"√"，错打"×"）

（1）（√）；（2）（×）；（3）（√）；（4）（×）；（5）（√）；（6）（×）；（7）（×）；（8）（√）；（9）（×）；（10）（√）。

2. 选择题（填写被选项目序号）

（1）（B）；（2）（B）；（3）（A）；（4）（B）；（5）（C）；（6）（A）；（7）（C）；（8）（C）；（9）（C）；（10）（B）。

3. 填空题

（1）动力　载人（货）电梯　自动扶梯　自动人行道　（2）使用现场　安装质量

（3）内　外　（4）整机性能　自动化程度

（5）额定载重量　额定运行速度　大部分电梯零部件的结构参数尺寸

（6）两端　中间层　1　额定运行速度　额定运行速度　（7）2400　2300

（8）背面（后面）　右侧面　左侧面　（9）集选控制　有司机　无司机　检修慢速

（10）有专职　无专职

4. 问答题

（1）答：1）无机房电梯的优缺点：A、优点：可以省去电梯机房的建设费用，又由于楼顶没有电梯机房而整齐美观；B、缺点：对曳引机、限速器等部件维护保养比较麻烦，而且电梯万一发生冲顶事故，造成限速器和安全钳动作后的复位以及解救轿内被困人员的工作也比较麻烦。2）小机房电梯的优点：可以省去30%以上的机房建设费用，又没有无机房电梯的缺点。

（2）答：因为额定载重量和额定运行速度的变化会引发曳引机、轿厢、控制柜、限速器、安全钳等很多零部件的结构、元器件规格参数尺寸的变化，因此额定载重量和额定运行速度是电梯众多参数中的最重要参数也称主参数。

（3）答：电梯产品的主要特点是：1）按国务院颁发的《特种设备安全监察条例》的规定，电梯是一种涉及人们生命安全的机电类特种设备，为了确保电梯的安全使用，条例对电梯的制造、安装、维修保养、使用和安全质量监管单位等的职责均有明确的规定；2）决定一台电梯有16个以上的参数，这些参数与安装电梯的建筑物和用户使用要求有关，这就造成电梯用户必须先与制造厂签订购销合同后才能安排生产（俗称以售定产）；3）电梯是一种零碎分散的产品，电梯的零部件分散安装在电梯机房、井道、层门各个角落，这就造成制造厂发货出厂的电梯产品不可能是完整的整机，而是大小不同的十几箱电梯零部件，电梯的总装配工作只能交给远离制造厂的若干名安装人员去完成，也使制造厂对电梯产品的质量控制受到一定的制约，因此一台电梯产品使用效果的好坏，是由制造、安装、维修保养、使用四个方面的质量决定的；4）衡量一台电梯使用效果好坏的主要综合技术质量考核指标是乘用安全、可靠、舒适、节能。

第二章复习思考题的参考答案

1. 判断题（对打"√"，错打"×"）

（1）（√）；（2）（×）；（3）（√）；（4）（×）；（5）（√）；（6）（√）；（7）（√）；（8）（√）；（9）（×）；（10）（×）。

2. 选择题（填写被选项目序号）

（1）（B）；（2）（A）；（3）（C）；（4）（B）；（5）（B）；（6）（C）；（7）（A）；（8）（C）；（9）（A）；（10）（B）。

3. 填空题

（1）安全钳　限速器　门锁　缓冲器　夹绳器

（2）闸皮与制动轮的间隙应均匀，且其平均值不大于 0.7mm

（3）储能　耗能　油压　$V \leqslant 1.0$m/s　$V > 1.0$m/s

（4）非组合式　组合式　自锁楔式　固定和调节曳引钢丝绳的张力。

（5）结构简单、调试方便、故障率低　　（6）压簧、拉簧、重锤　开门区

（7）115%　0.8　1.0　1.5　$1.25V + 0.25/V$

（8）轿顶护栏　轿厢护脚板　底坑对重侧防护　共用井道防护　机械设备安全防护

（9）2.5　　（10）向上　向下

4. 计算问答题

（1）解：1）已知：额定载重量 Q 为 1000kg；轿厢净重 G 为 1200 kg；对重系数 K_P 取 0.45。

2）代入公式：$P_D = G + QK_P = 1450$kg（所求的对重重量）

（2）解：1）已知：额定载重量 Q 为 1000kg；额定运行速度 V 为 1.0m/s；对重系数 K_P 取 0.45；整机运行效率 η 取 0.55。

2）代入公式：$P = (1 - K_P) QV/102\eta = 9.8$kW（所求电动机功率）

（3）解：1）已知：① 双速电动机快速绕组的同步转速为 1000r/min，慢速绕组的同步转速为 250r/min。

② 我国三相电源频率为：$f = 50$Hz

③ 计算公式为：$n = 60f/p$，n 为旋转磁场转速，p 为旋转磁场磁极对数

2）求快速绕组磁极对数 p_1：$p_1 = 60 f/n = 60 \times 50/1000 = 3000/1000 = 3$（对）

3）求慢速绕组磁极对数 p_2：$p_2 = 60 f/n = 60 \times 50/250 = 3000/250 = 12$（对）

（4）答：1）曳引驱动电梯利用就位于曳引轮槽的曳引绳与曳引轮槽的摩擦力，驱动连接于曳引绳两端的轿厢和对重上、下运行。采用这种驱动形式的电梯，当电梯轿厢越过上端站楼面一定距离时，对重将坐在它的缓冲器上，可避免轿厢冲撞井道顶板（或电梯机房地板）的可能，反之亦然，使电梯的运行安全性大大提高。2）电梯从空载至满载运行过程中，曳引电动机的轴功率输出平均降低 40% ~ 50%。因此，曳引驱动与强制驱动比较，更具安全和节能两方面的优点。3）曳引驱动电梯曳引钢丝绳的长度不受限制，即曳引驱动电梯的提升高度不受限制（理论上如此），而且提升高度的改变对电梯驱动装置和其他电梯零部件的影响也很小。曳引驱动技术的成功和发展，为高行程多层站电梯的发展奠定良好基础。

（5）答：1）特点：永磁同步电动机具有在低速状态下实现大功率输出，利于摆脱电动机→减速器→曳引绳轮→轿厢和对重的传统驱动模式；在电梯处于停靠状态下，若曳引电动机的三相定子绕组构成闭合电路，一旦曳引机的制动器失效，电梯的溜车速度不大于 0.4m/s，使电梯的安全性能大大提高。2）优点：效率接近 100%，能比普通交流 VVVF 电梯节能 20% ~ 25%；由于甩掉减速器不需要加油润滑和换油、维修方便，使用成本降低且环保，节省原材料及加工装配时间，又便于搬运和安装等。

第三章复习思考题的参考答案

1. 判断题（对打"√"，错打"×"）

（1）（√）；（2）（×）；（3）（√）；（4）（√）；（5）（√）；（6）（×）；（7）（√）；（8）（√）；（9）（√）；（10）（√）。

2. 选择题（填写被选项目序号）

（1）（B）；（2）（A）；（3）（B）；（4）（B）；（5）（A）；（6）（A）；（7）（C）；（8）（C）；（9）（B）；（10）（B）；（11）（A）；（12）（A）；（13）（C）。

3. 填空题

（1）主拖动电路　直流控制电路　交流控制电路　外召唤控制电路　照明控制电路　主拖动电路　直流控制电路　PLC 输入控制电路　PLC 输出控制电路　照明控制电路　安全回路　门锁电路　制动器控制电路　开关门控制电路　门电动机拖动电路

（2）有司机控制　无司机控制　检修慢速运行控制　（3）整机性能　自动化程度

（4）维保和电梯主管人员　电梯主管人员　（5）电源频率　磁极对数

（6）旋转磁场转速　力矩　再生制动力矩　强度　电流大小

（7）交流双速　正反向并联可控硅　单相半桥电路　给定速度曲线

（8）直流电源　频率　幅值　给定速度曲线　（9）直流　可控硅励磁装置　给定速度曲线

（10）内转子式　外转子式　电动机　减速器　曳引轮　轿厢和对重

（11）消防运行模式　就近停靠不开门并直驶基站　直驶基站　关门直驶基站　外选不起作用　消防员

（12）强迫减速　越位　极限位置

（13）所在位置信号　上、下行召唤登记信号　前往层楼登记信号　时间　2

（14）断错相　安全回路　保护乘用人员和电梯设备安全　（15）层楼　主令

4. 问答题

（1）答：1）采用永磁同步电动机作为电梯的曳引电动机时，由于这种电动机具有在低速状下实现大功率输出的机械特性，利于改变传统的电动机→减速箱→曳引轮→轿厢和对重等的传统驱动模式，实现电动机→曳引轮→轿厢和对重等的新型驱动模式。由于这种新型驱动模式的曳引机甩开了减速箱，使曳引机的体积和重量大大减小，才得以实现电梯无机房和小机房的愿望。2）由于曳引机没有减速箱，不需要润滑、加油和换油，使用成本低且环保。3）由于永磁同步电动机的转子没有电流，比一般 VVVF 电梯节能 20%～25%，使用费用低。4）一旦制动器失效，在永磁同步电动机定子绕组构成闭合电路的条件下，电梯的溜车速度不超过 0.4m/s，电梯的使用更安全。

（2）答：按 GB/T 10058—2009《电梯技术条件》的规定，电梯的整机性能包括：电梯起、制动加减速度；水平和垂直振动加减速度；轿内运行噪声；开关门噪声；机房噪声；平层准确度等。

（3）答：采用图 3-33 的继电器控制交流双速梯停靠在 3 楼待命时：1）由于安装在轿顶上的换速隔磁板插入位于井道里三楼处的换速传感器，使 3THG 复位，电路 03 和 T_3 接通，3THJ 得电动作，3THJ↑→3THJ$_{2.8}$ 和 3THJ$_{5.11}$ 断开。2）这时若电梯司机按下 2 楼的层楼按钮 2NLA 时，继电器 2NLJ 线包经 YXJ$_{5.11}$ 触点和开关 JHK$_D$ 从 02 和 03 线得电动作，2NLJ↑→2NLJ$_{3.4}$ 闭合→XKJ 线包经 2THJ$_{5.11}$、JXJ$_{11.12}$、1THJ$_{2.8}$、1THJ$_{5.11}$、1XXK、SKJ$_{13.14}$ 从 02 和 05 号线得电动作。XKJ 是图 3-16 继电器控制系统的下行控制继电器，其常开触点闭合常闭触点断开，这时若电梯司机按下关门按钮，电梯门关好后便会起动下行。

（4）答：采用图 3-37 的 PLC 控制交流双速梯在 3 楼停靠待命时：1）由于安装在轿顶上的换速隔磁板插入位于井道里三楼处的换速传感器，使 3THG 复位，图 3-43 中的 PLC 的输入点 0102 得电，图 3-45 中的软继电器 HR$_{003}$ 得电动作，HR$_{003}$↑→图 3-43 中的软继电器 HR$_{003}$ 的常开触点闭合常闭触点断开。2）这时，若电梯司机按下 2 楼的层楼按钮 2NLA 时，图 3-43 中 PLC 的输入点 0108 得电，图 3-45 中的软继电器

$KEEP_{(11)}0604$ 得电动作，$KEEP_{(11)}0604\uparrow\rightarrow$ PLC 内的软继电器 $1502\uparrow$，（1502 相当于图 3-16 控制系统中的 XKJ），由于 1502 得电动作，其常开触点闭合常闭触点断开，这时若电梯司机若按下关门按钮，电梯门关好后也会起动下行。

（5）答：采用图 3-62 所示电气控制系统的电梯司机下班时：1）司机或管理人员把电梯开到基站，使电梯的位置显示装置显示 1 字，这时 PLC 内的软继电器 $M_{600}\uparrow$。2）用专用钥匙扭动钥匙开关 TYK，使 TYK$\uparrow\rightarrow$ADJ$\downarrow$：①ADJ$_{8.12}\downarrow\rightarrow$照明灯失电；②ADJ$_{9.5}\uparrow\rightarrow$断开电源继电器 DYC 的第一条供电电路；ADJ$_{2.10}\downarrow\rightarrow X_{016}\uparrow\rightarrow M_{15}\uparrow\rightarrow Y_{006}\uparrow\rightarrow$GMJ$\uparrow\rightarrow$门关妥 MSJ$\uparrow\rightarrow$触点 MSJ$_{2.3}\uparrow\rightarrow X_{006}\uparrow\rightarrow$经 0.5s，$T_1\uparrow\rightarrow M_{15}$、$M_{500}\downarrow\rightarrow Y_{004}\downarrow$断开电源继电器 DYC 的第二条供电电路，电源继电器 DYC$\downarrow$，实现下班关门断电。

（6）答：1）主要优点：① PLC 是一种专为在恶劣条件下实现机电一体化而设计的工业控制计算机，具有抗电磁干扰、耐高低温、可靠性高、无故障时间长、输入和输出点有对应的指示灯显示其工作状态等特点。因此，采用 PLC 取代继电器控制电梯电气控制系统中的"中间过程控制继电器"后，使电梯的无触点控制程度提高，电梯的无故障运行时间增长。即使出现故障，维修人员只要熟悉控制系统的控制程序，就能根据 PLC 相关输入和输出点所对应的指示灯亮、灭情况，确认故障范围，迅速排除故障等优点。② 采用类似继电器控制的编程方式，使不熟悉计算机的一般电气工程技术人员经短期培训就能较快地掌握 PLC 在电梯电气系统中的开发应用问题。2）主要缺点：由于电梯行业采用的 PLC 多为继电器输出型，继电器的动作存在机械滞后时间，而且 PLC 在执行程序时是采用自上而下、自左而右地扫描和边扫描边解释边执行的工作方式，就存在扫描周期的问题。从而造成 PLC 的 I/O 点响应存在滞后现象。而这种 I/O 点存在的响应滞后现象，也就限制了 PLC 的应用范围，如多层站、两台并联、三台以上群控电梯就很难采用 PLC 进行管理、控制了。

（7）答：1）主要优点：①随着大规模集成电路技术的发展和日趋成熟、微型计算机软件和应用技术的不断完善，采用计算机取代 PLC 已是电梯电气控制系统今后的发展方向。采用计算机管理、控制的电梯电气控制系统，利于控制系统的管理控制计算机与各层站的召唤箱和操纵箱之间实现串行通信，简化并规范了通信线路，利于电梯制造企业的工业化生产、缩小系统各部件的体积、降低成本、节约能源、提高可靠性、增强通用性和灵活性，也易于实现多层站、两台并联、多台群控电梯的设计制造及实现复杂的管理、控制和远程监控功能等。②可靠性高、无故障时间长、维修方便。2）主要缺点：编程复杂，未经专业培训难以掌握。

（8）答：1）由于电梯额定运行速度由 0.5m/s 提高到 1.0m/s，首先要查看井道的顶层高度和底坑深度是否满足要求；2）若满足要求，查看曳引绳有几根，对于速度为 1.0m/s、载重 1000kg 的电梯需 5 根 ϕ13 曳引绳，而额定运行速度为 0.5m/s、额定载重量为 1000kg 电梯的曳引绳一般为 4 根 ϕ13，这就要考虑怎么在对重绳头板和轿厢绳头板上各加装一个曳引绳锥套的问题；3）将载重 1000kg、速度 0.5m/s 的曳引机更换成载重 1000kg、速度 1.0m/s、5 根 ϕ13 曳引绳的曳引机；4）将速度为 0.5m/s 的限速器更换成速度为 1.0m/s 的限速器；5）由于曳引机电动机功率增大了（一般由 7.5kW 增大至 11kW），因此控制柜中主拖动电路中的接触器和电抗器因容量不够均需更换；6）井道内的换速平层装置由于电梯速度由 0.5m/s 提高到 1.0m/s，换速距离增长了也需更换。

如果电梯速度再提高，需要考虑的问题就更多，需要更换的电梯零部件也更多。如果电梯的载重量增大了同样会造成许多电梯零部件在结构、规格参数方面的变化。这就是把电梯的额定运行速度和额定载重量称作为电梯众多参数中的主参数的起因。

第四章复习思考题的参考答案

1. 判断题（对打"√"，错打"×"）

（1）（×）；（2）（√）；（3）（×）；（4）（√）；（5）（√）；（6）（√）；（7）（√）；（8）（√）；（9）（×）；（10）（×）。

2. 选择题（填写被选项目序号）

（1）（B）；（2）（B）；（3）（B）；（4）（B）；（5）（B）；（6）（C）；（7）（B）；（8）（B）；（9）（B）；

（10）（C）。

3. 填空题

（1）20　75　　（2）105　92

（3）埋入式　焊接式　预埋螺栓固定式　膨胀螺栓固定式　对穿螺栓固定式　　（4）$0.1 + 0.035V^2$

（5）4　　（6）$\leqslant 1$　0.6　0.05　　（7）$0\sim0.5$　$0\sim1.0$　　（8）5　　（9）4 ± 2

（10）4　5　5　　（11）4　黄绿　分开　40　60

（12）监督检验合格　检验报告　合格证　允运证　30　登记注册

（13）永磁同步无减速器　井道底坑　上端站轿厢导轨　上端站对重导轨　井道顶板下方承梁上的走向和穿绕

（14）业主　工程监理

4. 问答题

（1）答：载货电梯因其轿厢面积不能限制其载荷超过额定载荷时，应做静载试验。做静载试验时，需在轿厢内放置150%的额定载荷，历时10min，曳引绳应没有打滑现象。

（2）答：电梯应分别按空载、满载两种工况，按厂家规定的通电持续率、每天运行不少于1000次，每天运行不少于8小时，各做1000次。电梯应运行平稳、制动可靠、连续运行无故障。

（3）答：曳引驱动电梯的平衡系数是电梯对重侧的重量平衡轿厢载荷变化的比例。由于在运行电梯对重装置的重量是固定不变的，对重装置的重量不可能随轿厢载荷变化而变化，为了取得最好的平衡效果，只能取$0.45\sim0.5$这个中间值。

（4）答：1）做平衡系数试验测试应备用的仪器和器材：①万用表；②钳型电流表；③与额定载荷相等的砝码。2）怎么做平衡系数试验测试：①按标准要求的正规做法：做电梯平衡系数试验测试至少应有三名技工和若干个民工共同协作完成，其中：A、一名技工负责在一楼组织民工按空载、25%、50%、75%、100%的载荷要求，给轿内搬运砝码，并按预先协商好的方法操作控制电梯向上、向下运行；B、另外两名技工在电梯机房，其中一名负责当电梯轿厢和对重处于水平位置时在曳引电动机运行绕组的引入线上测读钳型电流表的电流值，并报给另一名技工，这名技工负责按空载、25%、50%、75%、100%载荷，按向上、向下运行时分别测得的电流值绘制平衡系数试验曲线图，以向上和向下两条曲线的交点去确定电梯的平衡系数值。在平衡系数试验测试过程中一般需要通过多次增加或减少对重装置的对重铁块并分别进行上、下运行试验测试，才能确保对重系数符合$0.4\sim0.5$的要求。②简便的做法是给轿厢施加50%载荷，操作控制电梯上、下运行，通过增加或减少对重装置的对重铁块，做到电梯的下行电流略大于上行电流，以此确认轿厢在50%载荷时对重侧的重量略大于轿厢侧的重量，确保电梯的对重系数符合$0.4\sim0.5$的要求。

（5）答：1）在电梯机房内每台电梯必需单独设置一个能切断该台电梯电路的主开关；2）该开关的整定容量应稍大于该电梯所有电路的总容量，并具有切断该台电梯在正常运行情况下的最大电流能力；3）该开关应具有稳定的断开和闭合位置，若以闸刀为主开关，则手把向下位置应是断开位置；4）该开关应安装在机房入口处，能方便迅速接近和操作的位置，周围不应有杂物或有碍操作的设备或机构；5）如机房为几台电梯共用，各台电梯的主开关必须有与对应曳引机的明显识别标记；6）该开关如装在柜内，柜门不得上锁，应能随时打开；7）该开关不能切断下列电路：①机房、滑轮间、轿厢和井道（含底坑）的照明，②机房、轿顶和底坑的插座以及通风和报警装置等。

（6）答：1）电缆安装前应预先自由悬吊，充分消除内扭曲应力；2）多根电缆安装后应长短一致；3）随行电缆两端应可靠固定；4）电缆引入接线盒后应留足够余量、排列整齐并妥当紧固；5）轿厢坐压缓冲器后，电缆不得与底坑地面和轿厢底边框接触；6）随行电缆不应有打结和波浪扭曲现象；7）轿厢处于井道上极限位置时电缆也有一定余量，处于井道下极限位置时没有拖地情况；8）轿厢上下快、慢速运行时，没有出现与电缆架、电线槽及其他电梯部件擦、碰、挂现象。

第五章复习思考题的参考答案

1. 判断题（对打"√"，错打"×"）

(1)（√）；(2)（√）；(3)（√）；(4)（×）；(5)（√）；(6)（√）；(7)（√）；(8)（√）；
(9)（×）；(10)（×）；(11)（×）；(12)（×）。

2. 选择题（填写被选项目序号）

(1)（B）；(2)（B）；(3)（B）；(4)（A）；(5)（A）；(6)（A）；(7)（B）；(8)（B）；(9)（C）；
(10)（B）。

3. 填空题

(1) 15   2   上岗证   检查   (2) 50   中点   (3) 120

(4) 眼看   耳听   鼻闻   手摸   分析判断   (5) 缺油   断路   短路

(6) 坠落   碰挂   砸   坠落   挤压   碰挂   剪切   碰挂   安全意识淡薄   不遵守安全操作规程

(7) 万用表   慢速   (8) 按下急停按钮   照明灯开关   (9) 电梯轿厢是否

(10) 故障现象   盲目

4. 问答题

(1) 答：1）轿厢冲顶对重装置坐簧时，限速器和安全钳会动作。因为在轿厢冲顶、对重装置坐簧时会造成曳引绳瞬间松弛，就在曳引绳松弛瞬间，轿厢坠落的速度达到甚至超过限速器的动作速度，因而造成限速器动作。由于限速器动作，限速器通过钢丝绳及其传动机构带动安全钳动作。2）处理方法是如果由于对重装置坐簧造成曳引绳松弛，只能通过手动葫芦把轿厢吊起 8～10cm 并使限速器和安全钳完全复位，再通过手动葫芦把轿厢放下使曳引绳受力后，即可通过检修慢速运行对事故原因作检查、分析处理。

(2) 答：按电路原理图的电路结构，采用分区或分段送电的办法就可以做到比较快地分析、判断故障点并排除故障。

(3) 答：1）上轿顶的安全注意事项：现在的电梯轿厢一般不设安全窗，维修人员只能用三角钥开启层门，从开启的层门下到轿顶上。因此，参加维修的两人小组中，一人应通过检修慢速运行模式，负责把电梯开到适合从层门下到轿顶的处位。并不允许任何人进入轿厢内，电梯的运行模式由轿顶的维修人员指挥或控制。2）维修人员进入轿顶后的安全注意事项：维修人员进入轿顶后，应先按下电梯的急停按钮，再扳动照明灯开关，使照明灯点亮再开展维修工作，需控制电梯上、下运行时，应采用检修慢速运行速度。维修过程中轿顶和轿内的维修人员应密切配合，电梯的开或停，由轿顶的维修人员指挥或控制，防止发生事故。

(4) 答：1）迅速弄清故障的现象，包括询问故障发生时的在场人员或自己操作控制电梯作慢速（开始时尽量不开快速）试运行，以此力争迅速弄清故障的现象；2）在弄清故障现象基础上根据电梯机械部分的组成部件及每个部件的结构和作用原理，分析判断故障可能发生的范围和处位；3）根据分析判断初步确认和缩小了的故障可能发生的范围和处位，再通过眼看、耳听、鼻闻、手摸和其他机修方法确认故障点。

(5) 答：1）应有与发生故障电梯电控系统一致的电控系统原理图，并能读懂其控制原理（有的朋友修梯时不拿图纸，也能很快找到故障点，是这位朋友把所修电梯的主要电路环节记在脑子里了）和图中各电气元件的所在处位；2）迅速弄清故障的现象，包括询问故障发生时的在场人员或自己操作控制电梯作慢速（开始时尽量不开快速）试运行，力争迅速弄清故障现象；3）在弄清故障现象基础上根据所修电梯的电控原理，分析判断故障可能发生的范围和处位；4）根据分析判断确认和缩小了的故障发生范围和处位，再通过检查测量和其他方法确认故障点。

在检查确认不同控制类别的电梯故障点过程中：1）对全继电器控制电梯，如不能读懂电路原理图的控制原理是无法迅速准确找到故障点的；2）PLC 控制电梯的电路原理图比较简单、易读懂，至于 PLC 内的程序能调读能看懂最好，事实证明不懂 PLC 里的程序但熟悉电梯控制程序和外围电路的朋友也能迅速准确找到 PLC 控制电梯的故障点；3）计算机控制电梯和 PLC 控制电梯一样，控制柜里除计算机主控板外装设的器件大多为供电电源、输入操作和输出执行之类的器件。而计算机主控板和 PLC 本身发生故障的可能性又几乎为零，因此，计算机控制电梯和 PLC 控制电梯一样，只要能读懂电路原理图，熟悉电梯的控制程序（含故障代码）和外围电路的维修人员经过摸索也能迅速准确地找到计算机控制电梯的故障点。

第六章复习思考题的参考答案

1. 判断题（对打"√"，错打"×"）

（1）（×）；（2）（√）；（3）（√）；（4）（×）；（5）（√）；（6）（√）；（7）（√）；（8）（×）；（9）（√）。

2. 选择题（填写被选项目序号）

（1）（A）；（2）（C）；（3）（A）；（4）（B）；（5）（B）；（6）（B）。

3. 填空题

（1）桁架　驱动系统　运载系统　扶手装置　安全保护装置　润滑系统　　（2）27.3° ~ 35°　0° ~ 12°

（3）600　800　1000

（4）额定运行速度　倾斜角　提升高度　土建提升高度　名义宽度　名义长度　理论输送能力

（5）一周　检修运行　时间　40 ~ 48　主驱动　梯级链　扶手带链　2 ~ 4

（6）0.8　4　　（7）0.75　0.5

4. 问答题

（1）答：1）自动扶梯管理人员在上班开放自动扶梯前应先设定自动扶梯的运行方向。2）若设定自动扶梯的运行方向为上行方向，管理人员再用专用钥匙扭动上部钥匙开关 TYK_1 或下部钥匙开关 TYK_2，使其位于上行处位，这时 PLC 的 $X_{014}↑$：①$Y_{000}↑→SC↑→$扶梯定上行方向；②$Y_{004}↑→ZDC↑→$驱动电动机的抱闸线圈得电松闸；③$Y_{002}↑→QDC↑→$驱动电动机采用丫形减压起动运行，经 2.5s 左右，$Y_{002}↑→QDC↓$、$Y_{003}↑→YXC↑→$驱动电动机采用△联结全电压正常向上运行。

（2）答：按相关标准要求，自动扶梯应有以下安全防护装置：1）紧急制动的附加制动器；2）速度监控装置；3）梯级链伸长断裂和防护装置；4）梳齿异物防护装置；5）扶手带入口安全防护装置；6）梯级下沉防护装置；7）扶手带断带防护装置；8）围裙板间隙防护装置；9）停止运行装置和其他机械防护装置等。

（3）答：当扶梯的运行指令接通后，驱动装置上的制动器得电松闸，电动机得电运转，通过联轴器带动蜗轮副转动，与蜗轮同轴的传动链轮同步转动，并通过驱动链将动力传递给梯级链轮，带动梯级运行接送乘客；梯级链轮转动时，扶手驱动轮随驱动主轴同步转动，通过扶手带驱动轮以及扶手带张紧系统驱动扶手带与梯级同步运动。

参 考 文 献

［1］国家现行电梯专业技术标准和特种设备相关法律、法规及安全技术规范.

［2］张福恩，吴乃优，等. 交流调速电梯原理设计及安装维修［M］. 北京：机械工业出版社，1991.

［3］何乔冶，何峰峰，等. 自动扶梯与自动人行道基本结构及安装维修［M］. 北京：中国电力出版社，2004.

［4］张琦. 现代电梯构造与使用［M］. 北京：清华大学出版社，2004.